U0643191

抽水蓄能建设管理探索与实践文集

2023

国网新源集团有限公司　组编

中国电力出版社
CHINA ELECTRIC POWER PRESS

图书在版编目（CIP）数据

抽水蓄能建设管理探索与实践文集 . 2023/国网新源集团有限公司组编 . —北京：中国电力出版社，2024.3

ISBN 978-7-5198-6640-2

Ⅰ. ①抽… Ⅱ. ①国… Ⅲ. ①抽水蓄能水电站—工程技术—文集 Ⅳ. ①TV743-53

中国国家版本馆 CIP 数据核字（2024）第 045300 号

出版发行：中国电力出版社

地　　址：北京市东城区北京站西街 19 号（邮政编码 100005）

网　　址：http://www.cepp.sgcc.com.cn

责任编辑：孙建英（010-63412369）　董艳荣

责任校对：黄　蓓　李　楠　王海南

装帧设计：赵姗姗

责任印制：吴　迪

印　　刷：北京天泽润科贸有限公司

版　　次：2024 年 3 月第一版

印　　次：2024 年 3 月北京第一次印刷

开　　本：787 毫米×1092 毫米　16 开本

印　　张：24.75

字　　数：514 千字

定　　价：160.00 元

版 权 专 有　侵 权 必 究

本书如有印装质量问题，我社营销中心负责退换

编 委 会

主　任　郭　炬　吴　骏

副主任　王胜军

委　员　陈　峰　张学清　刘　薇　于　辉

编 写 组

组　长　张学清

副组长　刘　薇　于　辉

成　员　魏春雷　葛军强　茹松楠　王　凯

　　　　张菊梅　潘福营　秦鸿哲　李延阳

　　　　王瑞栋　息丽琳　马　赫　徐　祥

　　　　张记坤　宋嘉城　贾　涛　赵　毅

　　　　罗　胤　梁瑞信　陆金琦　张　航

　　　　孙　鹏

前　言

  抽水蓄能作为数智化坚强电网以及新型电力系统的关键支撑，近年来，产业定位和市场化发展方向得到进一步明确，行业发展进入了市场化开发、多主体投资、快速发展的新阶段。面对外部环境的深刻变化和艰巨繁重的建设任务，2023 年，国网新源集团有限公司紧扣国家电网有限公司"一体四翼"发展布局，大力推进集团化、集约化、专业化、平台化建设，聚焦高质量发展，科学识变，改革应变，完善工作机制，创新管理方式，加大标准化建设、机械化施工、绿色化建造和数字化管控力度，加快推进抽水蓄能"六精四化"管理体系建设，开工湖北通山、辽宁兴城等 9 个项目、1200 万 kW，投产新疆阜康、重庆蟠龙等 17 台机组、515 万 kW，开工投产规模再创新高，工程建设再创佳绩，各在建项目安全优质高效推进。

  在抽水蓄能电站建设过程中，涌现出一批安全、质量、进度、造价、技术等基建专业管理方面的先进经验和管理成效。国网新源集团有限公司组织基建系统各有关单位编撰完成 48 篇基建管理经验总结文章，进一步强化集团化、专业化管控，有效促进各基建单位交流互鉴，切实提升集团基建队伍技术和管理水平，全力推动集团抽水蓄能电站高质量建设。

  限于编者水平及掌握素材有限，书中不足之处，敬请读者指正。

本书编委会

2024 年 1 月

目　录

施工及设计技术方面

机电技术方面

安全质量方面

抽水蓄能电站大规模建设情况下的安全管控新举措探索与实践

王胜军，张学清，于　辉，王　凯，宋嘉城

（国网新源集团有限公司，北京市　100761）

摘　要： 国家抽水蓄能中长期发展规划发布后，抽水蓄能电站开发建设进入爆发式增长阶段。由于抽水蓄能电站分布地域广，普遍存在地质条件复杂、作业面多、施工周期长、安全风险高、作业人员高流动性等固有风险特点，随着抽水蓄能大规模开发建设，承包商资源配置趋紧、承载力愈发不足、新的安全风险凸显。面对新形势，本文结合抽水蓄能电站施工安全管理现状，系统梳理、提炼了八项新举措，创新实践"三查一联防"安全风险联防机制，以提升抽水蓄能工程的本质安全管控水平。

关键词： 抽水蓄能工程建设；安全管控；风险联防联控

0　引言

随着国家"双碳"目标的实施，新型电力系统构建不断深入，国家发布《抽水蓄能中长期发展规划（2021～2035年）》，提出到2025年，我国抽水蓄能投产总规模达到6200万kW以上，到2030年达到1.2亿kW左右[1,2]。在国家政策引导下，各投资主体加大抽水蓄能电站开发建设力度，抽水蓄能开发建设迎来爆发式增长。其中，国网新源集团有限公司（简称国网新源集团）2023年新开工抽水蓄能电站9座（1200万kW）、投产机组17台（515万kW），投产容量达3312万kW，在建装机容量达5931万kW，预计2024年新开工项目不少于6个，全年投产规模预计超过700万kW，将达到该公司"十三五"投产总量的1.5倍；南方电网储能股份有限公司在建抽水蓄能电站4座（480万kW），2023年5个抽水蓄能项目完成核准，开展前期及项目储备超3200万kW；三峡集团有限公司在建抽水蓄能电站11座（1630万kW）。据统计，截至2023年底，我国已投产抽水蓄能装机容量达5064万kW，核准在建装机容量超1.58亿kW。我国抽水蓄能电站建设迎来了史无前例的建设高峰期。随着抽水蓄能电站大规模开发建设，抽水蓄能进入高强度开发建设的新阶段，建设施工资源明显摊薄，参建各方安全履责能力弱化，施工安全管理新问题不断出现，工程建设安全稳定面临新的挑战。

近年来，习近平总书记针对安全生产工作，发表了一系列重要讲话并做出指示批示，要求树立安全发展理念，弘扬"生命至上、安全第一"思想。党中央国务院高度重视安全生产工作，做出了一系列重大部署，修订实施新《安全生产法》《刑法》，将安全生产违法行为纳入刑事处罚；颁布《中共中央 国务院关于推进安全生产领域改革发展的意见》，规定了"党政同责、一岗双责、齐抓共管、失职追责"的安全生产责任体系，实行重大安全风险"一票否决"，安全之弦越绷越紧，安全责任越压越实。面对当前形势，如何统筹好抽水蓄能电站建设发展和安全，保障工程建设安全稳定，将是推动抽水蓄能高质量发展的重中之重。

1 抽水蓄能工程建设安全管控形势

1.1 抽水蓄能电站工程建设难度大

抽水蓄能电站建设施工是一个涉及多单位、多专业和多工序的综合性系统性复杂活动，施工期间参建人员流动性大、人员构成复杂，高危和各类风险作业交叉并存、自然环境较差、地质条件复杂、建设周期长等不利因素成为制约安全管理的重要方面[3,4]。

1.1.1 参建人员组成复杂

抽水蓄能电站工程包含土建、机电和金属结构等多专业施工，涉及参建主体多，参建人数多，高峰期有 40 多个工作面同时作业，施工人员将近 3000 人[5]，施工作业人员多为临时雇佣劳务人员，异地就业居多，流动性大，文化程度偏低，难以通过短期管理形成安全作业行为习惯，违章作业时有发生。

1.1.2 高风险作业多

抽水蓄能电站工程常见施工作业 90 余项，涉及施工用电、洞室开挖、大件吊装、混凝土浇筑、高危试验等风险作业，除常见的自然灾害、交通安全、火灾隐患、临边临空、照明不足等因素外，施工中还面临爆破、高坠、触电、坍塌、物体打击、机械伤害、窒息中毒等高风险因素。

1.1.3 自然条件复杂

抽水蓄能电站工程建设地点多位于偏远山区，施工环境易面临多雾、降雪、霜冻、强降雨等恶劣天气，引发自然灾害的可能性始终存在。工程建设土石方开挖量大，大坝、库岸边坡、地下厂房和输水系统等洞室群开挖、支护受地质断层、蚀变带、溶腔等不良地质条件影响大，工程建设整体受地形、地质、水文等条件的影响，施工过程中易受泥石流、滑坡、坍塌等威胁，现场安全控制难度大。

1.1.4 建设周期长

抽水蓄能电站工程建设周期主要包括筹建施工期、主体施工期、完建期三个阶段，总工期长达 6～7 年，工程建设工期长、界面多造成管理难度显著加大。

1.1.5 数字化技术应用有待提升

抽水蓄能电站工程一般参照传统水利水电工程管理，工程建设整体安全数字化、信息化、管控水平有待提升，参建各方工作沟通、现场管控工作基本还停留在纸质文件、口头交流、微信群等传递沟通方式，缺乏统一高效的工程管理数字化管控手段。

1.2 新技术新设备应用风险增多

随着抽水蓄能大规模快速发展，施工机械化应用水平逐步提升，硬岩隧道掘进机（TBM）、无人矿卡、无人振动碾等新技术、新设备、新工艺有序在工程建设中推广应用，但与之相匹配的安全风险辨识、操作规程制定、应急处置措施还需要通过一定的实践进一步完善，由此带来的各类新型安全风险也需参建各方要高度重视。

1.3 安全监管最新要求

近年来，新《安全生产法》《电力建设工程施工安全监督管理办法》《防止电力建设工程施工安全事故三十项重点要求》《中央企业安全生产监督管理办法》等安全法律法规、行业规范及安全制度先后发布，突出强调"以人为本，坚持人民至上、生命至上，把保护人民生命安全摆在首位"，强化央企抓安全生产的政治属性，提出安全风险分级管控和隐患排查治理的"双重预防机制"等重要措施，进一步明确了对参建单位安全管理主体责任、工作内容和措施，持续加大安全生产事故处罚力度。

2 抽水蓄能工程施工安全管理问题分析

2.1 "重市场、轻安全"，从业人员安全意识和安全投入需要提升

施工企业普遍存在"重市场、轻安全"现象，对现场安全管理投入支持不足；参建单位部分管理人员对当前安全生产形势缺乏清醒的认识，掌控现场和处置现场安全管理的能力不足，对施工现场作业计划、风险隐患、队伍状态、管控状况、人员素质掌握不足，对安全生产工作的长期性、复杂性、反复性的特点认识不够，安全生产意识淡薄，缺乏敬畏。

2.2 安全履责能力欠缺，安全责任落实不到位

参建单位项目部安全工作标准和要求不高不严，安全管理工作粗放，安全主动履责能力欠缺，安全责任和压力传导层层递减，落实安全规范和反事故措施不严格，工程分包现象普遍，作业现场组织管理疲软，作业面管控关键人员主动履责意识差，到岗不履责、措施不落实等管理违章行为屡查屡犯。

2.3 技术管控能力、安全技能不足

抽水蓄能大规模开工导致设计、监理和施工力量摊薄，技术支撑力量不足，监理、施工现场管理人员投入不足且多为新入职从业人员，人员数量和业务技能难以满足现场需求。管理人员专业基础不扎实，安全风险辨识能力不强，技能素质不能满足新技术、新设备应用的要求，对风险管控缺乏有效组织，风险评估定级不全面、不准确，施工作业方案审批把关不严，成为制约安全生产的重要因素。

2.4 安全教育成效不足

施工作业人员普遍文化素质不高、个体安全意识较低、自我防护意识差、流动频繁，安全教育培训质效不高，行为违章经常性发生。

2.5 安全风险辨识不到位

安全风险辨识不全、预控措施落实不到位是现场安全问题的高发环节。随着新

技术、新设备的推广应用，硬岩隧道掘进机（TBM）、大坝无人碾压机群等设备投入现场施工，相关风险评估、对策评价、应急处置措施还有待持续完善，由此带来的新型风险辨识预控也成为现场安全管控的重点。

3 抽水蓄能工程施工安全管控新举措

为了适应抽水蓄能大规模建设，有效支撑高质量工程建设，国网新源集团始终把安全生产摆在一切工作的首位，牢固树立安全发展理念，坚持"生命至上、安全第一"思想，结合抽水蓄能工程建设实际特点，不断健全完善抽水蓄能工程施工安全管控新举措，提升安全管理基础化、规范化、标准化、科技化水平，努力推进本质安全建设，确保安全生产稳定局面。

3.1 健全安全基础管理体系，强化安全履责能力

（1）开展抽水蓄能建设工程行业安全管理规范研究制定。坚持依法治安，开展抽水蓄能建设工程行业安全管理规范编制，厘清参建各方安全主体主责，依法构建科学的工程建设安全保证体系、监督体系和履责体系，压实参建单位法定安全责任，推进参建各方依法安全履责。

（2）建立履责清单和评价考核机制。制定参建各方安全履责清单，建立承包商季度合同履约与安全管理评价机制，促进参建各方履责尽责，加大安全履责一票否决力度，并与招投标挂钩，推进各方安全责任落实。

（3）建立健全安全管控制度体系。强化集团化管控、集约化发展、专业化管理理念，建立健全安全管理制度标准体系，全面夯实抽水蓄能建设安全健康发展基础。

3.2 抓实建设资源投入管理，提升安全保障能力

（1）推行标准化项目部建设。研究制定抽水蓄能工程施工项目部标准化配置方案，明确项目经理及项目部组织机构及人员配置标准，任职资格，纳入招标、合同文件，严格项目经理在岗管理，定期开展履约评价考核，考核结果反馈各参建单位集团本部，切实提升资源保障能力。

（2）培育优质施工合作伙伴。开展设计、监理和施工承载力分析，积极引入有资质有实力的企业进入抽水蓄能建设市场，有序扩容施工资源。建立优秀分包商名录，督促承包商引进优秀分包队伍，破解当前施工力量薄弱、承载力不足的困局。

（3）推进全场景机械化施工。研究制定抽水蓄能工程施工机械化配置清单和量化评价指标，纳入招标文件，将投标机械设备投入审核作为开工条件，推进 TBM、多臂钻等机械化装备全场景应用，提升机械化施工水平，有效压降作业风险，提升工程安全保障能力。

3.3 强化双重预防机制落实，坚决防范人身安全事故

（1）实施安全风险数字化管控。加大数字化技术应用力度，实现作业计划、队伍准入、人员管控、施工风险的全过程数字化管控，研究将施工现场视频监控系统接入施工企业总部，督促施工企业实时掌控施工现场安全状况，督促指导项目部及

时履行安全主体责任，有效管控施工安全。

（2）强化隐患排查治理。制定超前地质预报和地质灾害排查治理技术标准，明确排查范围、频次和技术要求，规范地质灾害排查工作。建立洞室、高边坡、施工机械、砂石系统等全场景全专业隐患排查清单，根据新设备和新工艺的应用情况持续完善隐患排查表，形成隐患排查应知应会手册，提升隐患排查质效。

3.4 抓实安全设施标准化建设，提升安全防护水平

（1）实施安全设施场景化设计和标准化配置。滚动修编安全设施标准化图册和技术标准，明确抽水蓄能电站工程场内道路、洞室、斜竖井、大坝、机电安装等五类作业面以及骨料、混凝土、钢筋、钢管、管路等五类加工厂的安全设施配置标准，强化传动、转动部件以及临边、临空部位的安全防护，确保"安全设施紧跟施工作业面"。

（2）推行安全设施标准化达标验收。制定安全设施配置清单和验收标准，施工单位每月开展安全设施达标自查，项目建管单位每季度组织监理开展达标验收，国网新源集团每年开展现场督导和考核评价，确保项目安全设施配置达标。

（3）严格安措费全过程管控。依法依规制定安措费使用管理制度，规范费用计提、预付、验收、结算流程，监督指导施工单位将安措费真正应用到安全防护设施上，切实改善安全生产条件，降低事故风险和危害程度，提升安全防护能力。

3.5 抓实安全技术管理，提升安全技术支撑能力

（1）抓实施工技术源头管控。加强项目可研、招标文件阶段重大技术方案审查，优化枢纽布置和设备选型，从源头上降低项目施工和设备运行风险。严格落实施工方案编审批管理，规范超危大工程专项施工方案论证程序，确保施工方案科学合理、安全措施准确可靠。

（2）强化"四新"技术安全管控。开展 TBM 施工、无人驾驶等"四新"技术的风险辨识、评估、预控措施、应急处置措施研究，及时制定针对性安全管控措施，确保新设备的本质安全。

（3）严格分级安全技术交底。将安全技术交底制度化，规范各层级各类型安全技术交底内容、时间和范围，确保参建人员知晓作业风险、预控措施和管控要点。项目建管单位组织开展重大标段施工合同开工前安全技术交底，监理单位组织开展一般标段和单位工程开工前的安全技术交底；施工单位组织开展分部工程开工前的安全技术交底和站班会交底。

3.6 严格施工反事故措施应用，提升安全事故防范能力

（1）严格反事故措施管理。深刻吸取国内工程建设相关事故教训，滚动完善抽水蓄能工程施工反事故措施，从设计方案、施工组织、作业方案源头管控风险，提升本质安全水平。

（2）强化动火作业管理。制定动火作业票管理制度，根据地下厂房、斜竖井、机电安装、设备调试等不同施工场景建立动火作业分级分区管控机制，强化有限空

间等消防重点部位动火作业，严格落实动火安全技术措施和人员监护措施，消除动火作业安全隐患。

3.7 推进安全管控新科技应用， 提升安全数字化智能管控水平

（1）提升数字化管控水平。坚持向科技要安全，实施基建数字化管控，打造智慧工地、提升工程建设数智化水平，全方位管控作业现场，提升数字支撑安全工作水平。

（2）加大安全科技应用。推广抽水蓄能电站地质灾害卫星遥感监测技术、智能配电箱、防触电装置等技术应用，开展地下工程火灾风险评估与智能预警技术研究，提升地质灾害、地下洞室作业火灾等重大安全隐患防御治理能力。

（3）建立施工现场反违章工作机制。常态化开展反违章工作，建立以"一图一表一示例"为核心的公路隧洞、厂房、斜井开挖、压力钢管安装、机电安装等全过程无违章作业面创建标准，推进无违章工地建设。强化典型违章治理，常态化开展安全违章日常排查及专项治理，应用大数据和人工智能等技术，实现典型违章智能识别，遏制违章重复发生。

3.8 加大安全教育培训力度， 提升作业人员能力素质

（1）提升建管人员专业能力。建设单位每年组织开展安全质量现场观摩交流和专题培训班，不定期开展专项安全、技术交流，对建管单位、监理单位安全、专业管理人员开展专业培训，通过抓"核心人员"安全管理、专业能力提升，促进现场安全管控水平提升。

（2）提升作业人员安全能力。全面推广一站式安全教育培训中心，分场景分工种，针对性开展安全知识、技能培训和实践体验，强化安全文化渲染、安全意识培育、安全行为引导，实现安全培训、考试、办证一站式办理，提升作业人员安全认知和技能水平。

4 抽水蓄能施工安全风险联防联控新模式与措施

鉴于抽水蓄能电站工程建设自身特点和当前施工安全管理现状，在抓好抽水蓄能工程建设安全管控新举措基础上，为推动参建各方积极参与，主动履责，国网新源集团在贯彻落实国家电网有限公司"三查一联防"工作要求基础上，探索建立健全国网新源集团与建设集团二级单位共同开展"三查一联防"安全管控新模式，建立一种涉及多方面内容、多责任主体、多管理层级的安全管控新模式，初步建立各级责任清晰、分工细致、联防联控的安全风险管控机制，以确保施工安全风险分级管控和隐患排查治理双重预防机制高效运转。

4.1 联防联控体系构架

基于抽水蓄能电站项目的特点，为凝聚参建各方管控合力，建立"查业主、查施工、查设计和监理，共同防范建设风险"的抽水蓄能电站施工安全风险联防联控机制。在国家电网有限公司与各建设集团层面"三查一联防"架构下，国网新源集

团建立了局级和分局级联防机制，具体见图1。

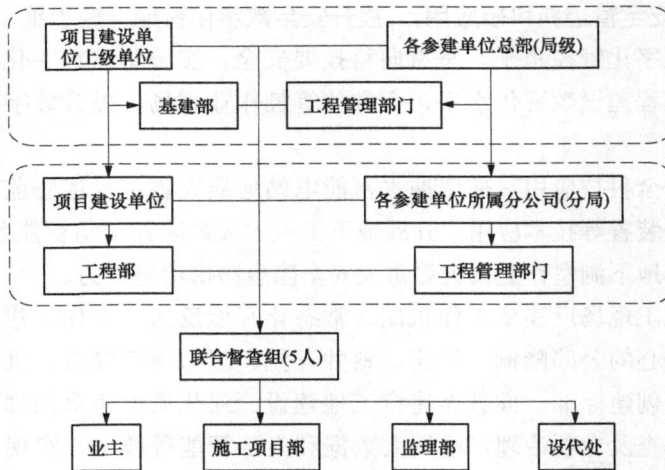

图1　施工安全风险联防联控机制体系架构图

4.2　联防联控机制运转

4.2.1　联络沟通

抽水蓄能电站工程主要参建单位各级风险联防联控对口部门建立日常联络机制，定期开展信息互报，做好常态化工作交流。根据各级安全工作总体部署，结合施工关键阶段或重大活动期间安全管控要求，适时组织联合督查。

4.2.2　联合督查

联合督查组成员一般5人，涵盖工程管理、设计、监理以及2～3个不同专业的施工专家。督查组成员在直接对口督查所属项目部的基础上，业主成员可督查项目监理关于建设单位重要管理要求的落实情况；设计成员可督查施工单位关于施工图纸、技术要求的落实情况；监理成员可督查施工单位关于监理指令的落实情况；施工成员可交叉督查其他施工项目部的重大风险隐患措施落实情况，同时可结合现场施工情况，就消除重大风险隐患向业主、设计、监理提出意见建议。

4.2.3　反馈整改及成果应用

（1）检查后，联合督查组当场反馈督查发现的亮点和问题，下发督查整改通知单。项目建设单位牵头组织问题整改。整改情况一个月内以反馈单的形式报建设单位本部。联合督查结束后，督查组成员应第一时间将现场督查情况，向本单位分管领导汇报。

（2）建设单位本部定期汇总联合督查情况，编制分析报告，向参建单位总部通报，对典型经验及做法视情况予以推广，对共性问题组织参建各方召开专题协调会共同研究解决。对联合约谈后，仍未改善的参建单位，纳入供应商失信名单。

4.3 联防联控机制应用实践

4.3.1 建设单位基本情况

国网新源集团是抽水蓄能电站开发建设的主力军和排头兵，目前在建项目 42 个、装机容量 5931 万 kW、分布在 20 个省（自治区、直辖市），正处于土建施工、安装调试、投产发电高峰叠加期，日均作业面 1000 余个，人数约 4 万人，且建设规模仍保持稳步上升，工程建设高风险作业数量多、持续时间长、参与人数众，公司基建安全形势复杂严峻。

4.3.2 建立联防联控机制

为积极主动应对当前安全形势，自 2021 年以来，国网新源集团大力推进联防联控机制建设，在国家电网有限公司"三查一联防"总体框架下搭建了集团两级安全风险联防联控机制，印发《抽水蓄能建设"三查一联防"实施方案》，与中国电建集团、中国能建集团、中国安能集团、中国铁建集团、中国中铁集团等五大建设集团的二级机构建立了安全风险联防联控机制和重大问题定期协调机制，明确了联防联控的职责、工作内容、运行机制和考核要求。

4.3.3 联防联控开展成效

自 2021 年以来，国网新源集团依托联防联控机制先后组织局级联防联控对蟠龙、厦门、潍坊、阜康、缙云、镇安、洛宁等 15 个在建抽水蓄能电站项目的安全风险管控情况开展了联合检查，对冬奥会保电、亚运会、防洪度汛等关键阶段安全隐患排查治理开展了联合督导，及时通报、协调处置施工现场风险管控、隐患排查治理等各类安全问题；定期组织召开局级联防联控专题协调会，协调局级层面解决施工资源投入、安全责任制落实等重大问题；国网新源集团所属项目单位也积极协同相应施工分局开展联防联控，组织开展消防、分包、交通、安全文明施工等一系列安全专项排查活动，加强参建单位后方对项目部的垂直监管和有力支持，加强项目部管理，压实施工主体安全责任。

通过两年实践，国网新源集团抽水蓄能电站安全风险联防联控取得预期目的，得到了参建各方总部的积极响应，有力保障了安全生产保持稳定态势。

5 结束语

当前，抽水蓄能电站正处于大规模开发建设阶段，行业高质量发展和政府安全监管形势对抽水蓄能施工安全生产提出了更高的要求。本文通过分析抽水蓄能电站工程的特点和安全管理现状，基于国家法律法规、行业规范等工程建设安全管理的要求，提出落实依法合规履责、保障建设资源投入、强化双重预防机制、提升安全标准化建设、加强安全技术管理、落实反事故措施应用、加大安全科技应用等八项具体措施，通过安全风险联防联控机制促进参建各方依法履责，为解决当前施工安全管控难点提供了新思路，为安全优质推动抽水蓄能建设为同行提供了有益借鉴。

参考文献

[1] 国家能源局 . 抽水蓄能中长期发展规划（2021～2035 年）[Z]. 2021 年 9 月 9 日 .

[2] 原诗萌 . 央企加快布局抽水蓄能助力新型电力系统构建 [J]. 国资报告，2023（4）：104-108.

[3] 温家华 . 抽水蓄能电站建设单位安全管理研究 [J]. 项目管理技术，2015，13（6）：107-111.

[4] 谢琦 . 抽水蓄能电站工程施工阶段安全管理研究 [J]. 工程建设与设计，2023（4）：211-213.

[5] 陈晶华 . 抽水蓄能工程建设安全管理研究 [J]. 电力安全技术，2023，25（3）：7-13.

作者简介

王胜军（1970—），男，正高级工程师，主要研究方向：水利水电工程设计、建设和运行管理，抽水蓄能电站标准化建设、机械化施工等。E-mail：shengjun-wang @sgxy. sgcc. com

张学清（1972—），男，正高级工程师，主要研究方向：抽水蓄能电站建设管理等。E-mail：xueqing-zhang@sgxy. sgcc. com

于辉（1981—），男，正高级工程师，主要研究方向：抽水蓄能电站建设运行安全、质量、进度、机电管理等。E-mail：hui-yu@sgxy. sgcc. com. cn

王凯（1980—），男，高级工程师，主要研究方向：抽水蓄能电站建设安全、质量、数字化管理等。E-mail：kai-wang@sgxy. sgcc. com. cn

宋嘉城（1990—），男，工程师，主要研究方向：抽水蓄能电站建设安全、质量管理等。E-mail：jiacheng-song@sgxy. sgcc. com. cn

基于安全设施场景化设计的无违章
工地建设模式与成效分析

姚　韧，李小双

（安徽桐城抽水蓄能有限公司，安徽省桐城市　231400）

摘　要：随着"十四五"规划进程，抽水蓄能电站的数量和规模不断扩大。如何有效管控各类违章发生，提高工地安全水平，防止和减少安全事故的发生，已成为抽水蓄能行业和社会各界关注的焦点。本文通过设计几类典型施工场景安全设施标准化，健全安全管理制度体系，提高本质安全水平，进一步推进无违章工地创建，并对此模式进行成效分析。

关键词：抽水蓄能电站；安全设施场景化设计；无违章工地；成效分析

0　引言

抽水蓄能电站基建现场作业面广且分散，施工现场人员、机械设备多且流动性大，现场施工便道交通体系形成慢，故安全管理难度大。在抽水蓄能电站的建设和运营过程中，由于安全设施不完善、人员意识不强及管理不到位导致的违章现象时有发生，各类违章时刻威胁着人员、设备的安全。本文以桐城抽水蓄能电站为研究对象，深入分析桐城抽水蓄能电站无违章创建所面临的问题，结合自身实际工作经验，分别从合理规划现场安全文明设施布置、建立违章智能识别分析系统、完善违章安全管理制度体系方面提出保障措施，为后续抽水蓄能电站的建设发展提供借鉴和参考依据。

桐城抽水蓄能电站位于安徽省桐城市境内，总装机容量为1280MW，共安装4台单机容量为320MW的立轴单级混流可逆式水泵水轮发电机组，工程总投资72.57亿元，总工期88个月（含筹建期）。按照可研工期，首台机组发电时间为2027年10月，全部机组投产时间为2028年10月。筹建期工程于2021年5月20日开工建设，主要包括4条道路、11条隧洞及业主营地等项目。截至2023年5月，道路路基基本形成，11条隧洞已全部贯通，总长为18.5km，主要隧道平均月进尺达180m，其中关键线路工程通风安全洞较里程碑计划提前5个月贯通。主体工程于2023年3月正式开工，厂房首层开挖完成较可研批复的计划提前半年，9月开展岩锚梁浇筑及下库大坝填筑。

1　安全设施本质安全管理

本质安全概念源于20世纪50年代世界宇航技术领域。通过设计制造使设备或系统在发生故障或者误操作的情况下也能保证安全。本质安全设计包括失误—安全、故障—安全功能。广义上的本质安全，是指通过对企业安全生产、建设环境中的人员、机械、材料、方法、环境、管理等进行系统管理，使各种危险因素处在受控状态，或者即使发生失控现象，也不会导致人员伤亡、设备损坏，实现各要素的安全可靠。对于抽水蓄能电站建设过程本质安全管理主要从以下两个方面入手：人员意识和设备设施。

1.1 人员本质安全措施

人员是本质安全管理最不可控因素，抽水蓄能电站安全管理和工程建设离不开人员，但部分人员的安全意识淡薄，对安全规定和操作规程不够了解，缺乏必要的自我保护意识和技能。这可能导致他们在施工过程中出现违章行为，增加了事故发生的概率。因此，为了避免人员的不安全行为，要提高人员的安全意识，有针对性地开展安全教育培训。针对此类人员问题，桐城电站从入场人员把关，运用安全体验馆整合各类培训资源，包括安全警示教育室、高处坠落体验、触电体验、安全帽撞击体验、火灾场景逃生、VR安全体验等，完成入场人员和违章人员高质量动态安全培训，利用VR设备采用"虚拟＋现实"安全体验模式，开展体验式安全教育，具体入场流程见图1。

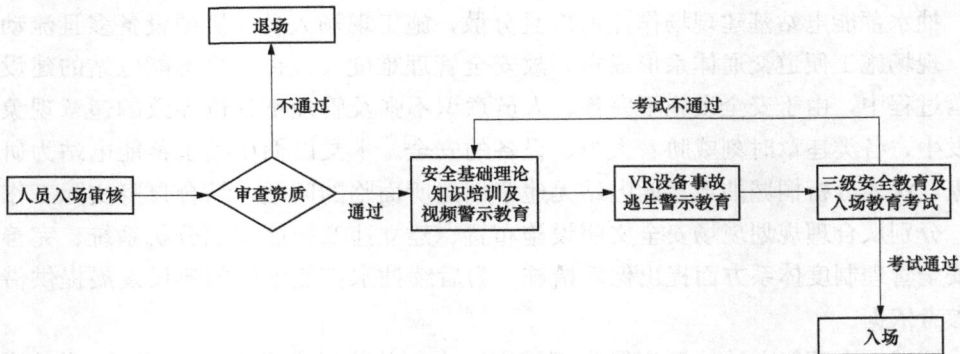

图1　人员入场教育流程图

虚拟现实（Virtual Reality，VR），是通过运用计算机仿真、人工智能等技术，利用可视装备将客观上存在或并不存在的东西呈现眼前的一种新技术，目前已广泛运用于各类教育培训，技术较为成熟，培训效果较好。

传统安全教育存在诸多问题，如教学手段单一、枯燥，纯粹照着书本、PPT等教学手段传授理论知识，已经无法满足目前的安全需求，教学过程中受教育者参与不足，受教育者对培训内容半知半解，特别是一些需要实践的项目，可能带有一定的危险性不能实际操作，缺乏充分的锻炼导致不能将理论实施转化为安全能力，这种灌输理论知识的方法效率低下。

基于沉浸理论（Flow Theory）可知，当人们在进行活动时如果完全投入情境当中，注意力专注，并且过滤掉所有不相关的知觉，即进入沉浸状态。沉浸体验是一种正向的、积极的心理体验，它会让个体参与活动时获得很大的愉悦感，从而促使个体反复进行同样的活动而不会厌倦。VR 技术带给人的沉浸式体验能营造氛围让参与者享受某种状态，提供参与者完全沉浸的体验，使用户有一种置身于虚拟世界之中的感觉，有效解决传统安全教育模式的缺点。

1.2 典型施工场景安全设施标准化

安全设备设施本质安全要求其从根本上具备防止发生事故的功能，操作者即使操作失误，也不会发生事故或伤害，或者说设备、设施和技术工艺本身具有自动防止人的不安全行为的功能。通过对设备设施进行全面保护，合理规划场地布置，确保设备在设计、制造、部署、维护和使用的全生命周期中不受到任何威胁的影响。

1.2.1 单体防护设施

通常要求做到安全环保、经济合理，根据设备类型不同，采取防护围栏、保护罩及警戒线等方式与周边环境隔离，从而达到保障安全生产的目的。设置地点如空压机房、发电机房、配电箱、预装式变电站、双筒绞车操作间、物料提升系统、值班室门禁、临时休息区等，见图 2。

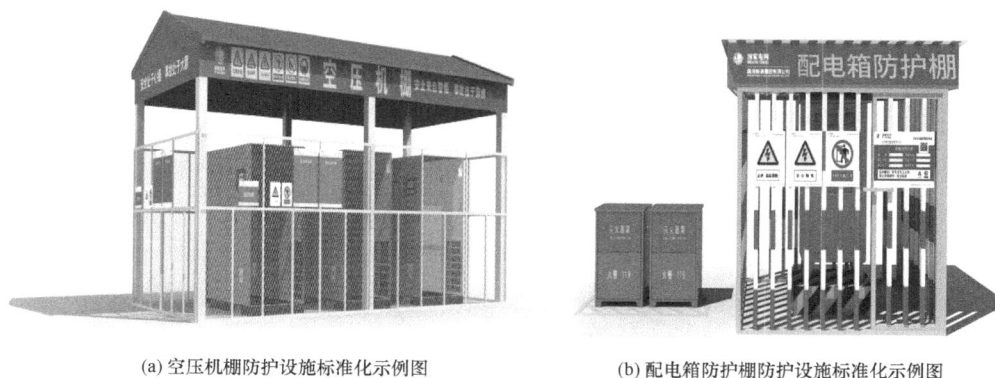

(a) 空压机棚防护设施标准化示例图   (b) 配电箱防护棚防护设施标准化示例图

图 2　单体防护设施标准化

1.2.2 场内道路工程

场内道路路面应平整、无积水和明显凹陷。道路沿线应设置限速、指示标识牌、减速坎、反光镜、测速装置、防撞墩、防护栏杆等交通安全设施。视距不良、急弯、交叉口等路段应配套设置警示标志、标线、减速、缓冲等安全设施。场内主要的施工临时道路应采取避险措施。现场存在一定危险的道路，如洞内道路等，应设置应急避险车道，必要时可在起始端前设置试制动车道等交通安全设施，满足会车要求。根据实际情况，场内主要施工临时道路可综合采用碾压混凝土、普通混凝土、泥结碎石等方式进行硬化，不定期洒水、清扫，确保养护到位，见图 3。

1.2.3 隧洞工程

隧洞施工作业、设备停放场地要设置安全标志牌，风水电管线应根据统一规划、布置，见图 4。洞室作业面实施封闭式管理，爆破作业周围应设置警戒区，并对警戒

(a) 转弯视线不良地段广角镜、防撞墩示例图

(b) 水稳层硬化示例图

(c) 危险路段安全设施设置

(d) 洞内道路车速提示

图 3　场内道路工程标准化

区内的生产设施和设备采取防护措施，隧洞开挖时，进洞深度大于洞径 5 倍时，应采取通风措施，对危险源（点）要设置警示、标识牌并加强警戒。

(a) 洞内安全设施布置示例

(b) 洞口龙门架通风系统布置示例

(c) 洞口安全标准化布置示例

(d) 进场交通洞与通风安全洞口标准化布置示例

图 4　隧洞工程标准化

1.2.4　竖、斜井工程

井口区域实行封闭管理，出入口设置人脸识别门禁系统，在竖井附近安全区域适当位置设置作业人员休息区。提升系统操作区域应围护隔离，防止非工作人员进入。现场在明显位置设置五牌一图、出入人员信息公示牌、施工工序牌及各类标识牌。井内通风和照明应满足要求，具体布置见图5。

(a) 竖井全貌示例图　　　　　　　　　　(b) 斜井标准化布置示例

图5　竖、斜井工程标准化

1.2.5　大坝工程

大坝工程建设区域应进行封闭管理，坝区主干道路应采用混凝土路面，各危险区域应在醒目位置配置齐全、规范的安全标志和夜间警示。现场施工设备和材料堆放区域实施定置化管理，标识清晰，下垫上盖，具体见图6。

(a) 大坝标准化布置示例　　　　　　　　(b) 坝区材料堆放示例

图6　大坝工程标准化

1.2.6　机电工程

施工区域应设置消防设施，配备相应的消防器材。设备安装部位设置人行通道、工作平台及爬梯，并配置护栏、扶手、安全网等设施。场地照明、温度要适宜，通风良好，地面平整。施工现场的孔洞、电缆沟应装有嵌入式盖板或防护罩。上下层交叉作业时，设置保护平台及安全网。大件吊装划定安全区，吊装行走区域设置隔离区，各层通道和吊物设置隔离措施，并专人看护，具体见图7。

(a)厂房区域分区封闭管理示例　　　　　(b)设备安装与运行隔离示例

图7　机电工程标准化

1.2.7　砂石料生产系统

砂石料生产系统应统一规划，封闭管理，合理布置，远离生活区，采取隔声措施。主要进出口处设有明显警示标志、"五牌一图"及道闸系统，严禁无关人员进入。在危险作业场所应设有事故报警及紧急疏散通道。合理规划生产区、办公区、交通、供用电、供排水等整体布置。各类设备设施应粘贴安全操作规程，配备防护罩，并定期维护，具体见图8。

(a)拌和系统全封闭示例　　　　　　(b)拌和楼安全防护示例

图8　砂石料生产系统标准化

1.2.8　TBM、SBM 施工安全设施

TBM、SBM 施工隧道内分别布置高压电缆、照明、风袋、进水管、出水管和污水管，隧洞内三级配电柜提供照明用电电源，施工隧洞内采用灯带照明，沿隧洞右侧洞壁布置。施工区域明显位置设置五牌一图、出入人员信息公示牌、施工工序牌及各类标示标牌，具体见图9。

首先，安全设施场景化设计是无违章工地创建的重要基础。无违章工地创建需要以安全设施场景化设计为前提，通过合理的设计和配置，消除施工现场的各种违章行为和安全隐患。安全设施场景化设计针对不同施工环境和工程特点，综合考虑到施工过程、人员配备、设备使用、现场管理等多个方面，制定相应的安全设施设计方案，从而保障施工过程的安全和稳定。

| (a) TBM始发区安全设施布置示例 | (b) 竖井SBM施工场地示例图 |

| (c) 斜井TBM始发区安全设施布置示例 | (d) 小断面TBM施工现场布置示例 |

图 9　TBM、SBM 施工安全设施标准化

其次，安全设施场景化设计与无违章工地创建相互促进。一方面，通过安全设施场景化设计，可以有效地减少施工现场的安全隐患和风险，为无违章工地创建提供良好的环境和条件。另一方面，无违章工地创建可以促进安全设施场景化设计的不断优化和完善。在无违章工地创建过程中，针对施工现场的实际问题和不足，可以及时调整和改进安全设施场景化设计，提高其针对性和有效性。

最后，安全设施场景化设计与无违章工地创建共同服务于施工现场的安全管理。两者的根本目的是一致的，即保障施工现场的安全和稳定，提高生产效益和社会责任。通过协同合作，可以更好地实现施工现场的安全管理目标，促进工程项目的顺利完成。

总之，安全设施场景化设计与无违章工地创建之间存在密切的联系和相互促进的关系，需要在施工过程中加以重视和支持，共同推动施工现场安全管理水平的提升。

2　信息技术助推无违章工地建设

桐城电站在筹建期工程提前策划电站安全管理提升工作，高标准完成安全设施定置化布置，健全完善规章制度体系、安全责任体系。强化安全风险管控，从施工方案、安全准入、安全技术交底、风险辨识评估、隐患排查治理、到岗到位监督等方面对安全风险作业进行全过程管控。利用信息化和智能化的手段，开展反违章工作,提升违章查纠效率。筹建期工程开工初期,提前建成投运视频智能监控系统和无人机智能巡检系统,建立违章抓拍和治理机制,推动安全管理水平不断提升。

2.1 视频智能监控系统增强违章查纠效率

当前的视频监控系统主要是由专门的监控人员实时监控并对历史录像进行维护,十分依赖监控人员的注意力,具有很大的局限性,不能全面保障现场安全。且通过查看历史录像的方式,无法保证现场安全管理的时效性。

桐城电站在传统视频监控系统的基础上开发,综合运用人工智能技术,利用 AI 识别系统,智能分析现场作业行为、实时查纠现场违章。视频智能监控系统是桐城电站研究开发的一套实时监测掌控施工现场安全情况的综合系统。通过在施工作业现场布置视频监控骨干网络,远程监控自动识别现场各类违章,实时推送短信警报信息至移动端,通过语音平台实时制止违章行为,确保施工现场安全可控、在控、能控。违章识别查纠流程图见图 10。

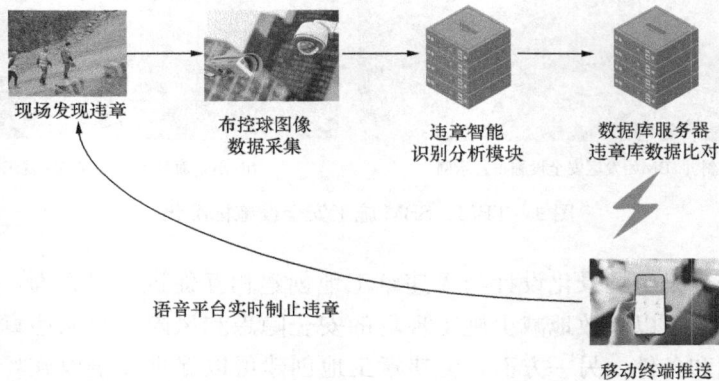

图 10 违章识别查纠流程图

视频智能监控系统是建立在对视频中目标的有效识别基础上,首先将场景中目标和背景分离,去除干扰因素,将目标行为与数据库规则进行比对,判断是否发生违章,并向管理员发出告警。管理员收到告警后,通过语音平台,实时远程纠正违章现象,促进了现场安全管控能力提升。

系统建设遵循"总体规划、分步实施"原则,建立主控中心与分区,连接采用光纤网络。项目前期综合考虑施工现场环境等因素,搭建星形以太骨干网络,在现场各主要施工位置,安装移动布控球等视频监控设备,具体位置见表 1。

表 1 移动布控球位置示例

编号	名 称	位 置
1	基建智慧管控中心	建设单位临时及永久营地
2	上库分区	上库大坝、上库进出水口,引水闸门井等
3	下库分区	下库大坝、砂石骨料加工系统、混凝土生产系统

编号	名称	位　　置
4	进厂交通洞区域分区	进厂交通洞、主厂房、主变压器洞等
5	开关站	开关站、通风安全洞、下库进出水口、导流泄放洞
6	上下库连接公路工区	上下库连接公路 1、2 号隧道

2.2　无人机自主巡检

抽水蓄能电站基建建设地形复杂，作业面分散，采用人力巡检模式不仅花费大量时间，个别作业位置高且险存在一定的危险性，而固定视频监控点位由于监控位置不可变动，往往存在一定的局限性。桐城电站运用无人技术，通过设定巡航路线，自动化巡检，极大提升了检查效率，并且随着技术发展，设备的抗干扰能力和极端天气应对能力不断提升，可以预见其广阔的应用前景。

2.2.1　无人机三维模型搭建

项目建设前期开展施工现场实勘，利用行业级无人机采集现场原始照片，将采集的原始地形地貌，通过 Smart3D 进行建模，创建施工现场三维模型，通过建立三维像对，生成像对点云，利用三维 TIN 网技术对模型进行纹理匹配和细节优化，具体流程见图 11。

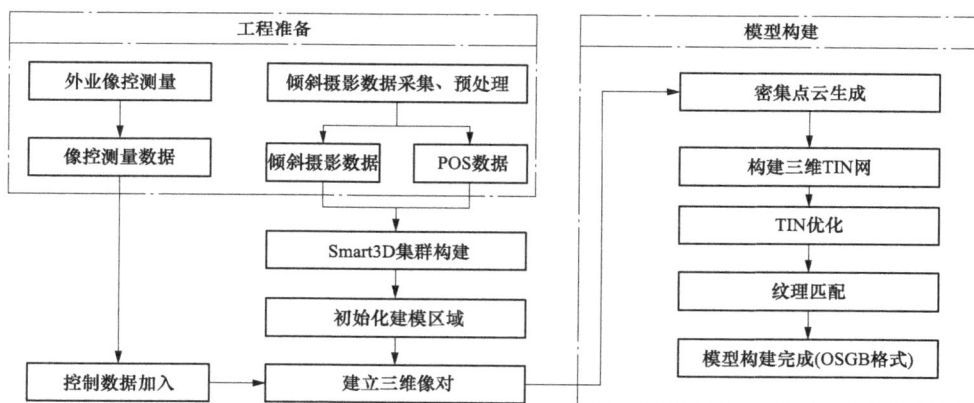

图 11　三维模型创建流程

2.2.2　无人机三维模型优化

数字地表模型（Digital Surface Model）包含了地表建筑物、桥梁和树木等高度的地面高程模型，能够真实表达地球表面的起伏情况，涵盖了除地面以外的其他地表信息的高程。在一些对建筑物高度有需求的领域有重要作用。桐城电站具体正射影像和 DSM 影像见图 12。

2.2.3　无人机智能巡检成效

本文无人机智能巡检已在桐城电站投入运行，围绕管理违章、行为违章及装置违章三大类规范，自 2022 年 10 月至 2023 年 9 月共发现典型违章事件 822 起，巡检

图 12　正射影像和 DSM 影像图

中通过无人机实时采集、分析、处理作业现场违章，初步实现基建现场安全在线管控，验证了数字化技术在基建安全反违章工作中运用的可行性和有效性。

3　成效分析

　　桐城电站超前谋划无违章工地建设，全方位开展安全风险管控和隐患排查治理，抓好人员入场准入培训。一是严格按照《国家电网有限公司水电工程施工安全风险识别、评估及预控措施管理办法》要求，全方位、全过程辨识施工生产、设备设施、作业环境、员工行为、生产营地和管理体系等方面存在的安全风险，形成《施工安全风险动态识别、评估及预控措施清册》；二是对安全风险实施动态管控，对三级及以上重大风险作业执行挂牌督查，实行分层管理和过程监督，监督检查施工风险管控措施及人员到岗到位情况，严格规范风险监管责任落实；三是规范隐患排查评估治理工作程序，结合日常巡查、周检查、月度检查及各类专项检查，全面排查工程区域内安全隐患，并利用安全周例会，定期开展隐患评估工作，明确整改期限及责任人；四是加大责任追究，对安全隐患治理不及时的责任单位、责任人进行严肃考核，并采用曝光、通报等形式进行处理；五是分年度制定安全教育培训计划，创新教育培训方法，细化教育培训方案，丰富教育培训内容，确保教育培训落到实处。

　　桐城电站逐步形成了良好的安全文明施工形象，现场作业环境得到了提升，员工的安全意识进一步提高，管理制度不断完善，管理水平不断提高，通过违章巡查、曝光、整改、惩处闭环管理，结合安全文化长廊、微信群、安全宣誓等各种活动，开展安全宣传和安全学习，逐渐形成了抽蓄安全文化，带动了各级人员积极参与安全管理，逐步减少现场各类违章的发生率。截至目前，桐城电站连续三年未发生员工和承包单位人身安全事故。违章数量不断降低，2022 年全年违章总体数据分析见图 13。

4　结论

　　基于安全设施场景化设计的无违章工地建设模式是一种有效的安全管理思路和方法。通过深入调研和分析工地的实际情况，完善现场安全标准化布置，提高人员

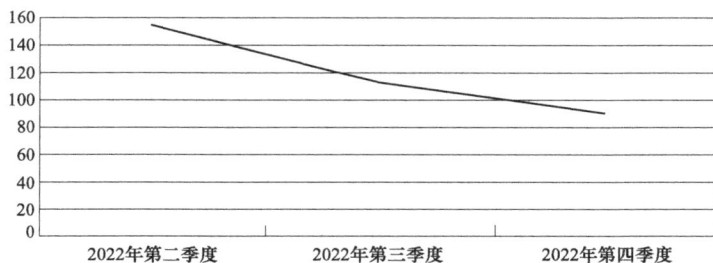

图 13　2022 年违章总体数据分析

安全意识，采用智能化、数字化的科技手段提升安全巡查效率，能够有效提高工地的安全水平和管理效率，降低安全事故发生率，值得在抽水蓄能电站建设行业推广应用。

参考文献

[1] 付茜，谭辉，白振宇，等．基于高质量发展的水利水电工程建设项目安全策划问题研究 [C] //中国水利学会，工程科技Ⅱ辑经济与管理科学，2022 年 11 月 8 日，北京，中国：564-568．

[2] 李箭．浅谈 BIM 技术在安全管理中的应用 [J]．建设监理，2021（10）：75-77．

[3] 中国安全生产协会．GB/T 33000—2016 企业安全生产标准化基本规范水力发电基建项目安全生产标准化建设规范及评价标准 [S]．北京：中国标准出版社，2016．

[4] Huimin Wang，Haijun Jiang. Design of the control sequence for monitoring and control system of Pushihe Pumped Storage Power Station [J]. CSAE2012，IEEE international conference on computer science and automation engineering，2012：329-331．

[5] 张忠桀．基于本质安全理论的抽水蓄能电站工程建设安全管理体系的应用研究 [J]．工程科技Ⅱ辑，2018．

作者简介

姚韧（1997—），男，助理工程师，主要研究方向：电力工程技术。E-mail：ren-yao@sgxy．sgcc．com．cn

李小双（1986—），男，助理工程师，主要研究方向：电力工程技术。E-mail：xiaoshuang-li@sgxy．sgcc．com．cn

抽水蓄能电站安全施工用电装置
研究与应用

徐龙土[1]，曾降龙[1]，王　洋[1]，杜　鹏[1]，徐晨辉[1]，

桑嘉衡[1]，崔　龙[2]，徐丽强[2]，曹南华[3]，王　闯[3]

（1. 河南洛宁抽水蓄能有限公司，河南省洛宁县　471700；

2. 宁夏青铜峡抽水蓄能有限公司，宁夏回族自治区青铜峡市　751600；

3. 山东潍坊抽水蓄能有限公司，山东省潍坊市　261000）

摘　要： 抽水蓄能电站工程建设面临作业人员较多、安全意识薄弱、用电设备种类繁多、工作环境复杂等主客观因素，给临时用电增加了很多管理上的难点，亟须借助现代化技术手段辅助现场施工用电管理。本文施工用电装置研究从抽水蓄能电站现场用电管理需求出发，将物联网技术融合传统施工用电安全管理，构建新型施工用电装置，实现配电设施智能化管理和控制，升级传统用电安全管理技术，推动现场用电安全管理规范化。通过洛宁抽水蓄能电站、青铜峡抽水蓄能电站等应用，进一步验证设备安全性、稳定性及可靠性，实现传统用电向智能化用电转变，有效提升现场用电安全管理水平。

关键词： 智能配电箱；电力安全监测；用电安全；智能锁

0　引言

　　抽水蓄能电站在新型电力系统源网荷储的各环节起到不可替代的作用，发展抽水蓄能提升电力系统灵活调节能力，是构建新型电力系统的关键手段。抽水蓄能电站工程建设安全管理是重中之重，现场施工用电具有临时性、多变性和复杂性特点，配电箱的安全管理直接关系到施工现场的电力安全和施工人员的生命财产安全，现场用电安全管理已成为重点。在数字经济和碳达峰碳中和双重驱动下，将物联网技术融合传统施工用电安全管理，对传统配电箱进行智能化改造，构建新型施工用电装置，实现配电设施智能化管理和控制，可有效提高现场配电设备安全性和可靠性，减少故障的发生率，对促进抽水蓄能电站有序施工建设和提高施工安全管理具有重要意义。

1　现场临时用电特点与安全通病

1.1　施工现场临时用电的特点

　　抽水蓄能电站工程建设现场环境复杂，涉及电力设备品类多、工作面广、作业点多、临时性强等特点。随着科学与技术水平的持续改进和数字智能技术广泛应用，

现场施工机械化和自动化程度的不断提高，施工现场的电力应用也随之不可或缺。电能具有很强的破坏力，尽管它为人们提供了方便，但是使用不当也会造成触电伤亡和火灾事故，因此，需要高度重视施工现场的临时用电安全管理，不能够存在侥幸心理，加强施工现场临时用电设备的管理和投入[1]。

1.2 施工现场临时用电安全通病

抽水蓄能电站作为一种复杂的大型工程，其施工过程中安全问题尤为关键，施工建设管理相比传统施工更难、更加复杂，现场施工临时用电存在安全通病，现场用电管理混乱、配电箱使用不规范、安全意识不强、配电箱门未上锁、"乱拉乱接"更是工地常态，已成为现场管理的重点。主要体现在以下几个方面：

1.2.1 私接乱拉

配电箱私拉乱接，存在严重的安全隐患。配电箱乱接是指在配电箱中，电源线、回路线、保护线等线缆被错误地连接或接触不良，这种现象多因人为操作失误、维修不当或老化损坏等原因导致的。乱接可能会引发电气火灾、电击伤害、设备损坏等严重后果，必须引起足够重视。

1.2.2 箱门管理

配电箱"有门不锁"存在着一定的安全隐患。现场施工过程中，普遍存在箱门不锁状态，施工现场往往存在临时用电情况，外加工人数量众多，箱门未锁情况下，工人随意开启箱门进行乱接乱拉电缆，这不仅会导致电缆损坏，还可能造成火灾和人身安全事故的风险。

1.2.3 临时用电线路过载

施工现场的用电接入设备需求往往很大，如果临时用电线路设计不合理或者工人私拉乱接电源，会导致电线路过载，增加电火灾的风险。

1.2.4 使用老旧设备

施工现场的临时用电设备往往年限较长，如果没有得到及时的维护和更换，设备老化可能导致电气故障、电击等安全问题。

1.3 用电设备智能化建设需求

1.3.1 总体目标

抽水蓄能电站施工周期较长，作业分布较广，现场施工用电设备随着工程进展数量逐渐增大，当前在用传统施工配电柜外观及形式虽相近，但箱内开关数量、功率大小、内部空间预留等均不相同。新型智能配电装置应充分考虑电站现场用电设备实际情况，除研制全新的智能配电箱，还应考虑对传统施工配电箱如何进行智能化管控，研究安全防触电节能保护装置，满足现场施工安全用电管理需求，解决施工现场的安全用电管理难题（见图 1）。

1.3.2 施工用电装置功能需求

在技术不断发展的当下，工业以太网、现场总线等技术不断发展，使得低压配电柜得到变革性突破，从内部元件到整套设备，均可以在通信化、智能化、模块化

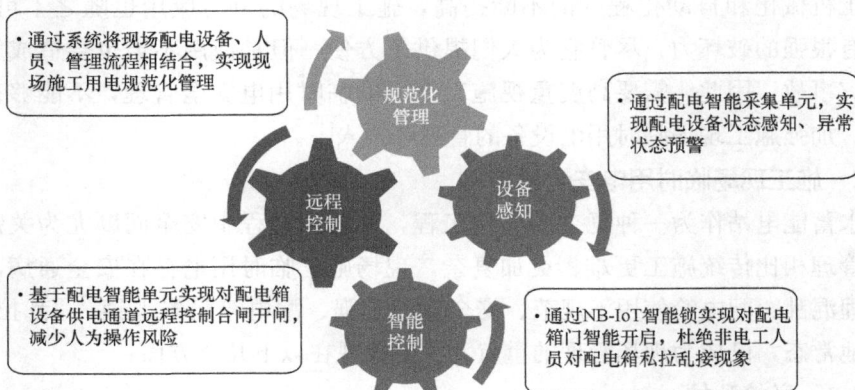

图 1 总体目标

的目标下，逐步实现智能化改进，性能也将得到持续提升[2]。施工用电装置应实现对现场用电设备的远程集中化、精细化管理，为工程监管人员提供了完善可靠的远程集中可测、可监、可控、可视的智能化手段。充分考虑电站现场用电设备实际情况，构建全新的智能配电箱、电力安全监测箱、配电箱门锁装置、研究安全防触电节能保护装置，满足现场施工安全用电管理各类需求，实现对现场配电设备安全状态实时监测、故障预警、箱门智能控制、远程合闸开闸控制、防漏电事故及用电安全巡检管理。解决施工现场的安全用电管理难题。

（1）设备状态监测。实现对配电设备短路、漏电、过流、过载、过温、过压、欠压、缺项等危险项目进行监测和上报。

（2）安全故障预警。通过及时预警功能和预警机制来发现用电回路的异常，平台和移动端均可接收到预警信息。

（3）配电箱门锁控制。可实现对配电设备箱门锁开启授权管理，避免人员随意开启及箱门不锁等管理难题。

（4）远程合闸开闸控制。实现配电设备远程合闸、开闸控制功能，可在紧急环境下线上操作配电设备，降低人员操作风险。

（5）用电安全巡检。实现现场施工用电设备安全巡检，包括塔杆线路及配电箱设备的年、季、月专项检查和日常巡检等。

2 施工用电装置设计方案

2.1 智能配电箱

2.2.1 设备组成与用途

随着技术不断发展，低压配电柜得到变革性突破，从内部元件到整套设备，均可以在通信化、智能化、模块化的目标下，逐步实现智能化改进，性能也将得到持续提升[3]。智能配电箱是基于物联网技术的新型配电设备，以智能控制为核心，通过物联网技术的集成应用，来实现配电箱内全天状态监视和智能控制，可在现场用电相对固定部位使用。智能配电箱实现二级施工电源柜和三级施工电源柜（见图2），主要由箱体、智能锁、智能断路器、显示终端、控制电路板、数据采集与传输单元等组成。

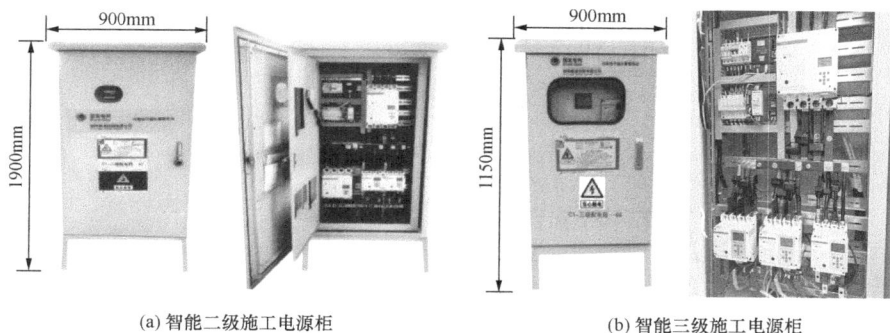

(a) 智能二级施工电源柜　　　　　　　(b) 智能三级施工电源柜

图 2　智能配电箱

智能配电箱是一种新型的智能供电控制设备，相比较于传统供电控制设备，其功能更强大，更智能、更加安全可靠，实现了电力参数监测、用电安全保障及远程控制功能，实现对开关柜的遥测、遥信、遥控等功能，实现了现场用电智能化管理的跨越。

2.2.2　智能配电箱功能

智能配电箱具备监测数据存储与传输、在线监测与控制功能，对配电箱内参数进行实时监测与控制。主要功能包括：

（1）状态监测。智能配电箱内总开关及各回路的电流、电压、功率、电能、分合闸状态、箱门开关状态、温湿度等各项参数实时监测。

（2）用电安全保护。智能配电箱在使用中对用电设备进行实时监控和保护，包括浪涌、漏电、过压、欠压、过热、过流、过载、短路等保护，最大程度地保障了用电安全。

（3）安全监测及预警。雷击、漏电、过压、欠压、过热、过流、过载、短路等情况发生或超出阈值时，箱门开关状态、温湿度等数据超出阈值时上报预警信息。

（4）远程控制。通过网络实时通信，在终端实现远程分合闸控制及远程开锁功能。

2.2　电力安全监测箱

2.2.1　设备组成与用途

电力安全监测箱是一种针对传统供电控制设备改造的监测设备，通过接入电力监测箱实现对电力信息采集与安全监测，既解决了现场用电安全的问题，同时也对配电箱的状态进行了实时监测。电力安全监测箱由电流互感器、电压互感器、智能锁、数据采集与传输单元等组成，以实现对传统配电箱内门状态和电力参数的实时监控（见图3）。

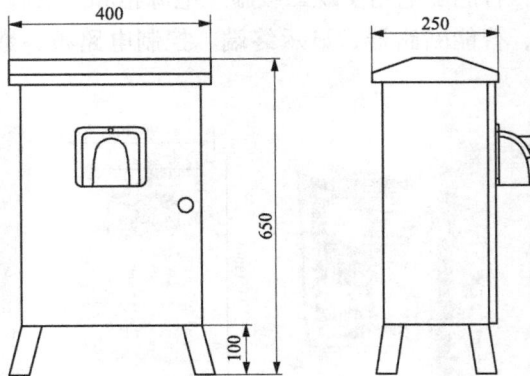

图 3　电力安全监测箱

工程建设过程中，现场存在大量传统施工电源柜使用，电力安全监测箱是在已有传统配电设备基础上，增加一台电力安全监测专用箱[4]，对传统施工电源柜进行电力参数监测，既解决传统配电箱安装内空间不足问题，同时实现对传统配电设备智能化改造，使得传统配电设备电力参数可被监测感知。

2.2.2　电力安全监测箱功能

（1）状态监测。智能配电箱内总开关及各回路的电流、电压、功率、电能、分合闸状态、箱门开关状态、温湿度等各项参数实时监测。

（2）安全监测及预警。雷击、漏电、过压、欠压、过热、过流、过载、短路等情况发生或超出阈值时，箱门开关状态、温湿度等数据超出阈值时上报预警信息。

（3）箱门锁远程控制。通过网络实时通信，在终端实现远程控制开锁功能。

2.3　智能锁控制单元

现场配电箱一般采用传统挂锁、柜锁方式管理，普遍存在箱门钥匙随意存放、复制、箱内操作无记录等情况。智能锁单元是集成现代物联技术新型电子锁，由锁芯、电子主板、开关量、数据采集与传输单元等组成，配电箱门采用智能控制锁单元应用可实现对配电箱门的开关状态实时感知监控与自动化控制，有效规避传统锁管理弊端，实现配电箱门安全管理（见图 4）。

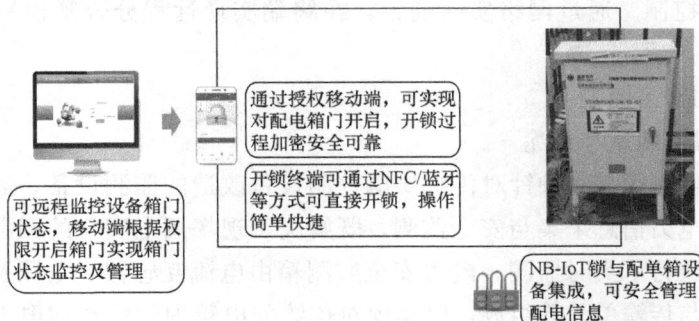

图 4　配电箱门智能锁控制

现场传统配电箱通过集成智能锁控制单元模块，可大幅度解决现场用电管理过程中箱门不锁、随意开启等管理难题，实现对现场配电设备在线监控，实时监测配电箱设备箱门开启状态、开启人员、时间等，规范现场配电箱设备日常管理行为，促进现场施工用电管理向智能化、标准化、规范化。

智能锁控制单元主要功能：

（1）箱门锁开启控制。通过 NB-IoT 智能锁实现对配电箱门智能开启。

（2）箱门开关状态监测。可对配电箱门开/关状态实时监测。

2.4　安全防触电节能保护装置

抽水蓄能电站建设所在地通常处在潮湿的环境中，而触电事故也更容易发生在高温、湿热的季节。现阶段，随着市场化竞争激烈程度的日益增加，部分电力施工企业为了最大化收益，对于施工项目往往存在侥幸心理，使用不合格的安全防触电保护装置，采用劣质导线或其他容易发生腐蚀的施工材料，从而容易导致安全事故的发生，影响工程质量，造成重大人员伤亡。因此。研究安全防触电节能保护装置存在必要性，当用电设备浸水漏电时，可以防止电流漏在水里，正常供给电流，预防触电事故。

安全防触节能保护装置主要功能：

安全防触电节能保护装置（见图5）可以在浸水时，通过有效避免瞬时电流对电力装置所带来的影响，利用缓冲、降温、洁净等方面的作用起到节能的效果，吸收来自裸露的带电部分的漏电电流来防止漏电或电击的同时，允许电力装置正常操作提高生产率保障人身安全。

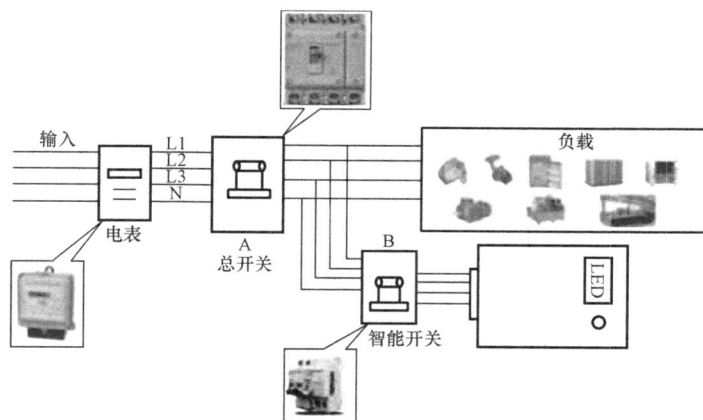

图5　安全防触电节能保护装置

2.5　航空插头

传统用电设备接线采用电缆穿越配电箱柜体，接到断路器出线螺母上，若电工责任心不强，或者非电工人员进行接线，易导致接线不规范发生触电事故。

航空插头主要功能：

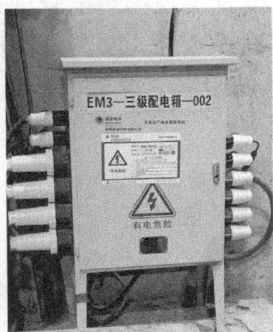

图 6 航空插头

航空插头（见图 6）为成品设备，使用时安装在三级配电箱侧面供用电设备接入，因航空插头采用"三相五线制"接法，用电设备接入时可有效避免保护零线漏接、一闸多机等违章，从本质上避免施工用电安全通病发生。

3 施工用电装置应用

3.1 现场应用情况

洛宁电站作为施工用电装置试点研发单位，在现场尾水调压井、放空洞、钢加工厂、观景台等部位应用智能二级配电箱和智能三级配电箱，对通风洞传统二级配电箱接入电力安全监测箱，实现其智能化改造，验证了设备稳定性及安全性，实现现场传统用电管理向智能用电转变，推进抽水蓄能电站工程建设向智能化迈进（见图 7）。

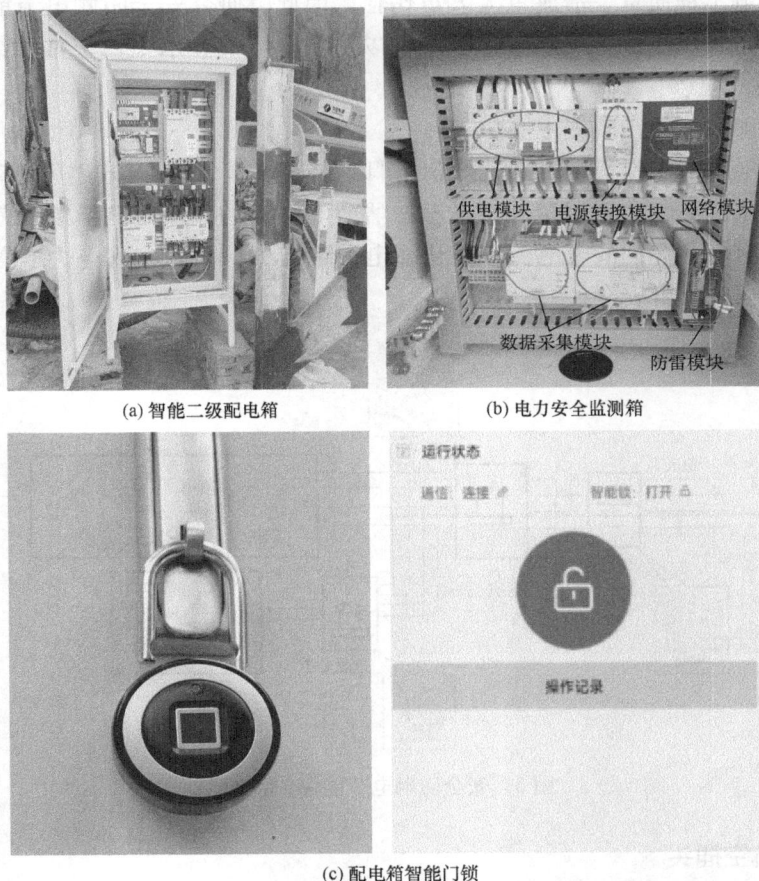

(a) 智能二级配电箱

(b) 电力安全监测箱

(c) 配电箱智能门锁

图 7 用电设备现场应用

青铜峡电站作为筹建期工程，将现场安全管理置于首要位置，现场施工用电采用智能化管控手段进行管理，高度重视现场临时施工用电安全。青铜峡电站已对现场业主营地、钢筋加工厂、空压机房、通风洞、碎石厂、拌和站、1号支洞、2号支洞等部位覆盖约80余台施工配电设备进行箱门锁智能化改造，实现现场配电箱门开关状态、操作记录实时监控，现场配电设备日常巡检开启，全面实现智能用电管理方式（见图7）。

通过智能配电箱、电力安全监测箱及智能锁控制单元应用，将用电管理智能化，实现对现场施工配电设备状态监测，实时感知配电箱内电流、电压、功率、功耗等电力参数及安全状态，实现配电设备箱门及开合闸远程控制。同时，智能锁控制单元作为一种简单实用模块，其应用可有效规范现场用电箱门管理，对现场随意"箱门敞开""私接乱拉"进行有效监督与控制，实现配电管理规范化，提升现场施工用电安全管理水平。

3.2 应用总结

抽水蓄能电站工程建设周期较长，施工临时用电设备量较大，用电设备使用位置分布较广且临时性较强，智能用电技术应用。结合洛宁电站、青铜峡电站现场实践总结提出以下应用建议：

（1）智能配电箱应用。智能配电箱由智能断路器、数显终端等电子产品组成，设备搬运易造成电子部件损坏。建议现场拌和站、砂石骨料、通风洞、交通洞等用电设备较为固定部位施工二级配电箱采用智能配电箱，不仅能够较好地进行设备监控，同时能够真实反映现场建设生产情况。

（2）电力安全监测箱。电力安全监测箱适用于现场各类型传统施工配电箱改造接入，解决传统配电箱内电力参数无法监测难题，但现场如需要频繁挪动、搬运会十分不便，可根据具体需求使用。

（3）智能箱门锁控制单元。建议现场所有施工配电设备均采用智能箱门锁控制单元，实现施工配电箱门管理规范化，杜绝箱门不锁、随意开启等常见通病，可有效降低现场事故发生率。

（4）安全防触电节能保护装置。安全防触电节能保护装置适用于潮湿环境供电设备使用，能有效避免设备漏电导致人身伤害事件。

（5）航空插头。应用航空插头作为避免一闸多机、接线不规范等安全通病整治的有效手段，可使施工用电安全管理基础进一步夯实，建议推广使用。

综上所述，随着物联网技术发展，传统用电管理向着智能化管理已成为必然，智能化用电管理不仅能够提高用电设备安全性、可靠性，同时实现现场用电管理实时监控、优化控制和安全监管。

4 结束语

智能配电箱、电力安全监测箱、智能箱门控制单元、航空插头的应用，极大地规范了施工现场临时用电安全管理，实现了现场用电负荷可视化，管理人员可通过查看各个配电箱负荷及用电量判断该作业面施工高峰时段，为组织、协调和调配施工资源提供决策依据；实现了用电安全风险提前预警，通过对过压、过载、过流等异常信息进行预警，管理人员能够及时采取相应处置措施，避免不安全事件的发生。自智能配电箱、电力安全监测箱、智能箱门控制单元应用以来，共检测到漏电保护动作 6 次、导体温度过高预警 14 次，湿度过高预警 8 次，均有效处置。经过智能施工配电箱的应用，有效杜绝了箱门不锁、一闸多机、接地、接线不规范等违章行为，施工用电安全通病得到治理，安全管理水平不断提升。

在网络信息技术、数字化技术等的全力支持下，低压配电柜的发展向着智能化方向迈进，随着现场总线技术、网络化通信化技术的结合，低压配电柜技术创新已经成为一种必然趋势。基于物联网技术对施工用电设备硬件进行革新，实现设备监控与防护，可有效提高电力设施的安全性和可靠性。但在施工过程中，临时用电的事故屡屡发生，安全隐患要想根本上彻底消除，还需要严格加强对临时用电的管理，抓好在施工用电过程中的每一个环节，保证施工人员的工作安全，使施工现场真正地做到安全生产。

参考文献

[1] 石起箭. 施工现场临时用电方案的编制及安全技术控制 [J]. 中国新技术新产品，2016（7）：177-178.

[2] 吴文彬. 现代低压配电柜的技术创新及发展趋势 [J]. 光源与照明，2023（2）：148-150.

[3] 田兵，李鹏，袁智勇，等. 基于磁电阻传感器的配电柜铜排电流测量方法 [J]. 南方电网技术，2019，13（7）.

[4] 王凯，王洋，杜鹏等. 抽水蓄能电站工程基建施工用电智能管控技术应用 [J]. 电网与清洁能源，2023，39（6）：144-150.

作者简介

徐龙土（1993—），男，本科，助理工程师，主要研究方向：抽蓄电站安全自动化防护装置应用等方面。E-mail：longtu-xu@sgxy. sgcc. com. cn

曾降龙（1995—），男，本科，助理工程师，主要研究方向：智慧化装备应急与预警等方面。E-mail：xianglong-zeng@sgxy. sgcc. com. cn

王洋（1982—），男，本科，高级工程师，主要研究方向：物联技术在安全工作中的应用等方面。E-mail：yang-wang@sgxy. sgcc. com. cn

杜鹏（1989—），男，本科，工程师，主要研究方向：智能控制单元在安全工作中的应用等方面。E-mail：peng-du@sgxy. sgcc. com. cn

徐晨辉（1996—），男，本科，助理工程师，主要研究方向：施工用电监控设备应用等方面。E-mail：chenhui-xu@sgxy. sgcc. com. cn

桑嘉衡（1999—），男，本科，助理工程师，主要研究方向：施工用电监控设备应用等方面。E-mail：jiaheng-sang@sgxy. sgcc. com. cn

崔龙（1990—），男，本科，工程师，主要研究方向：智能锁在安全工作中的应用等方面。E-mail：long-cui@sgxy. sgcc. com. cn

徐丽强（2001—），男，本科，主要研究方向：智能锁在安全工作中的应用等方面。E-mail：liqiang-xu@sgxy. sgcc. com. cn

曹南华（1984—），男，本科，高级工程师，主要研究方向：施工用电安全防触电装置研究等方面。E-mail：nanhua-cao@sgxy. sgcc. com. cn

王闯（1994—），男，本科，助理工程师，主要研究方向：施工用电安全防触电装置研究等方面。E-mail：chuang-wang@sgxy. sgcc. com. cn

轻便型隧洞施工安全防护台车设计及分析

王　凯[1]，胡紫航[2]，付志强[2]，潘福营[1]

（1. 国网新源集团有限公司，北京市　100052；

2. 山东泰山抽水蓄能有限公司，山东省泰安市　271000）

摘　要： 本文针对现有抽水蓄能电站凿岩作业平台普遍存在移动性、轻便性和安全防护性不足等问题，结合泰安二期抽水蓄能电站隧洞实际开挖需求，设计了一种轻便型隧洞施工安全防护作业台车，提出了具体的平台设计思路、要点、方案和内容，分析了该台车的特点。轻便型隧洞施工安全防护台车具有更优的防护性能、驱动性能和适用性能，且功能操作简便，具备良好的推广应用前景。

关键词： 隧洞；轻便型；安全防护；台车

0　引言

抽水蓄能是当前技术成熟、经济性优、最具大规模开发条件的电力系统绿色低碳清洁灵活调节电源。抽水蓄能快速发展是构建以新能源为主体的新型电力系统的迫切要求，是可再生能源大规模发展的重要保障。依据《抽水蓄能中长期发展规划（2021～2035 年）》，到 2025 年，我国抽水蓄能投产规模将达 6200 万 kW 以上；到 2030 年，投产规模达 1.2 亿 kW 左右；到 2035 年，形成满足新能源高比例大规模发展需求的现代化产业。隧洞开挖是抽水蓄能电站基建期重要的建设内容之一，传统隧洞开挖环境封闭、地质条件复杂，具有安全风险隐蔽性强和循环作业强度大等特点，已引起了诸多关注。张磊[1]针对南宁抽水蓄能隧道进出口里面窄、施工面小和作业设备难以入场的特点，提出采用光面爆破开挖施工技术，该技术施工成本低，能够节约工程爆材量、降低超挖和保障施工安全；方万堂等[2]将楔形掏槽技术应用到抽水蓄能电站的隧道开挖中；潘福营等[3]自主设计了一种具备主动防护功能的新型多功能凿岩台车，该台车具有较高安全性能，自动化程度高，在实际抽水蓄能电站隧道施工中获得较好应用；吴友旺[4]提出了隧道安全施工的具体管理对策；徐艳群等[5]提出了采用 TBM 设备进行隧洞掘进开挖，大大提升了抽水蓄能项目隧洞安全开挖效率，但适用范围限定在小型排水廊道和部分系统隧洞中。近年，随着在建抽水蓄能电站增多，隧洞开挖新设备使用越来越广泛，隧洞开挖机械设备因其使用、效率和配套等问题直接影响到整体施工的安全、质量和效益，越来越受到抽水蓄能电站建设和施工方的重视。目前隧洞开挖仍以人工使用自制作业平台进行钻爆为主，自制台车普遍存在结构计算缺失、整车重量大、移动不便、功能单一、安全防护性能不足等问题；造成施工效率不高且存有安全隐患[6-8]。随着我国抽水蓄能电站开发与建设对安全质量和进度要求越来越高，隧洞施工设备的安全和质量尚需严格把关。因此，针对现有抽水蓄能电站隧洞凿岩施工平台设计制造一种更具安全性、轻便性的多功能新型作业平台十分必要。

1 轻便型安全防护台车概况

山东泰安二期抽水蓄能电站位于泰安市徂徕镇境内，是国家"十四五"重大能源基础设施重点项目，总装机容量 180 万 kW，各种类型隧洞有 50 余条，主要形式包括马蹄形、圆形、城门洞形，隧洞直径从 5～8m 不等。针对电站特点，研制应用了轻便型隧洞施工安全防护台车，该台车克服了传统人工钻爆和支护台车存在的弊端，具有轻便移动、自驱动强、安全防护性能好、功能操作简便等特点。

2 轻便型安全防护台车设计

2.1 设计思路

轻便型隧洞施工安全防护台车是集平台防护性能、驱动性能、适用性能为一体的新型台车，设计制造具有一定安全保护、自驱动能力更强、功能操作简便的轻便型防护平台[3]。在作业过程中可伸出具有伸缩功能的作业臂和防护罩，从而支撑岩壁，采用主动支护方式对顶拱及侧壁松散岩体、零星岩石进行支护，以防坠落伤人，对施工人员形成一定保护作用，降低施工安全风险；通过作业臂升降，适用于不同洞径洞室开挖，降低施工成本；优化自驱动型式，可采用履带式或四轮驱动等方式，提升驱动性能，以便适应隧洞恶劣的路况，缩短平台行进时间，提高作业效率；优化平台结构型式，便于作业人员在平台上正常行走和作业。

2.2 设计要点

（1）防护平台的制作和安装执行安全施工及验收规范中相关要求；防护平台设计成整体的自行式平台形式，并满足 YT-28 手风钻机、钻杆安装等施工设备的使用要求；防护平台的支撑系统设计成一种高度可叠加的模块式结构使之能适应宽度为 9m，高度为 8～10m 洞室开挖要求。

（2）防护平台的结构设计必须要有准确地计算，确保在重复使用过程中结构稳定，刚度满足要求。对顶板变形同样要有准确地计算，最大变形值不能超过 5mm，且控制在弹性变形范围内；防护平台的设计长度为 6m，满足顶部圆弧形状的施工环境要求；防护平台设计时，承载顶部载荷符合最大载荷要求，设计按 2.0 倍校核。

（3）防护平台就位后用液压支撑腿承载，不采用行走机构承载；防护平台两端及其他操作位置需设置操作平台和行人通道，平台和通道均应满足安全要求；控制尺寸防护平台外形控制尺寸，依据设计断面和其他相关施工要求和技术要求确定；一般通行的施工机械控制尺寸在高度不低于 4m；防护顶板的作用是保持隧洞上方土石的原型及承担上部载荷，顶板主要由面板、弧形板、支撑角钢、立筋板活动铰构成。

2.3 设计方案

作业平台是由顶防护架体总成、液压机构、门架总成、主行走机构、液压控制系统、电气控制系统等组成，山东泰安二期抽水蓄能电站轻便型安全防护性台车是以宽度 8.5m、高 8m 洞径进行研制和设计，具体设计方案如图 1～图 4 所示。

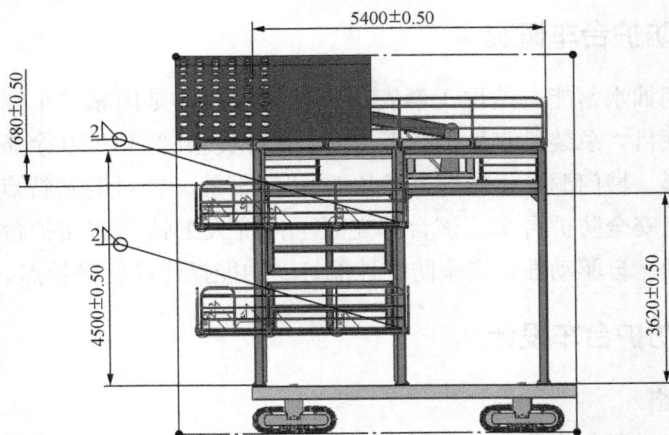

图 1　轻便型隧洞施工安全防护台车左立面（单位：mm）

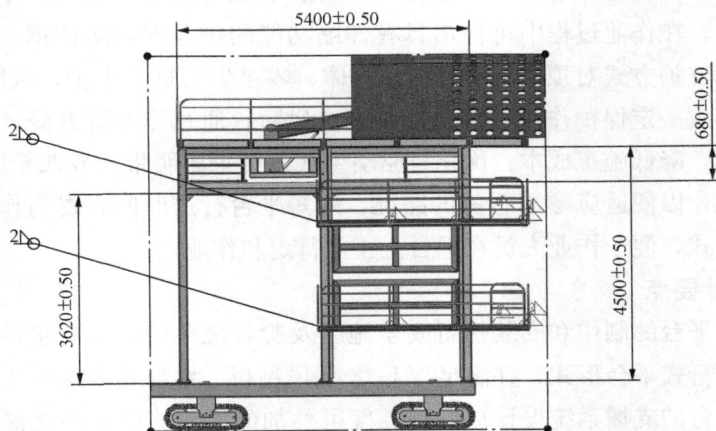

图 2　轻便型隧洞施工安全防护台车右立面（单位：mm）

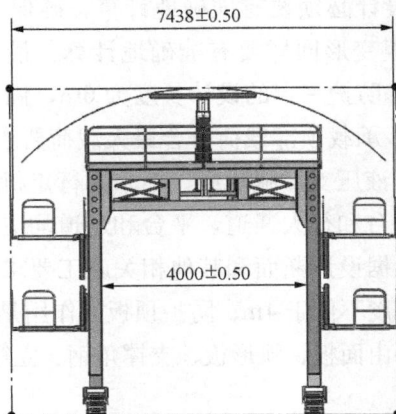

图 3　轻便型隧洞施工安全防护台车正立面（单位：mm）

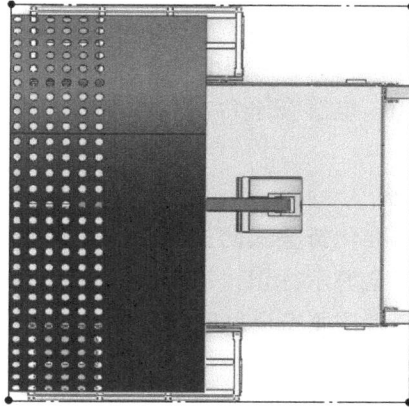

图 4　轻便型隧洞施工安全防护台车俯视

2.4　主体部分的设计与优化

2.4.1　主体台车尺寸设计

根据通风兼安全洞、进厂交通洞、输水系统施工支洞等抽水蓄能电站主要洞室工程断面尺寸，平台支撑高度为 6～9m、长 6m 左右、宽度不小于 7m（平台内部净空断面满足 20t 自卸汽车、3m³ 反铲和 ZL50 装载机通行要求）；两侧及前后设置吊耳，工作平台长度不小于 3.5m，宽度约 2m，两边沿洞身方向各设工作平台 2 个，具备可升降功能，平台尺寸将满足洞室开挖支护时平台支护和升降功能需要，支护高度/宽度能够调整，可适应大小拱形/矩形和梯形等不同形状的施工面，并使用新材料，满足抗弯、抗折和抗冲击的要求，保证其纵横向稳定性及相应的支护强度。平台净空高为 8.1m，平台的净空宽为 6.8m。

2.4.2　安全防护设施

综合考虑平台和人员防护要求，研究制造的平台整体能应满足安全防护要求，同时要对平台作业人员进行必要的安全防护，平台上部设置安全防护支撑装置。通过计算相关洞室Ⅳ类松动圈在防护罩所包含的范围和可能掉落的冲击力，防护罩按照平台所适用的断面洞室顶部Ⅳ类围岩松动圈内岩石 10% 脱落的冲击力设计，可以防护Ⅳ类及较好围岩段洞室局部坍塌和掉块。

2.4.3　移动装置

设计平台移动装置和动力，实现自行移动。配置自动行走驱动装置，行走装置可采用履带式，也可采用成熟的平台运载装置。平台移动速度可达到 2km/h 以上，攀爬坡度可达 12% 以上，同时能够在坡道上完成启动、停止及转向。

2.4.4　自动调节设备

设置自动伸缩装置，装置采用液压驱动等方式，实现平台自动升降调节功能，上下高度可调节范围不低于 6～9m；在实际施工中，平台高度可依据现场需求，实现上升和下降功能。

2.4.5 风水电管路

台车上预留风水电穿管，风水管均在平台左右侧预留 DN50 镀锌钢管保护套管，供每级平台穿引风水管使用，电管在平台左右侧预留 DN50PVC 套管，确保电缆与平台进行有效绝缘。

2.4.6 安全标准化设施

台车每层级平台均有标准化折叠式防护围栏，围栏底部固定，中间和上部用插销连接；每层平台均设置安全警示标识，顶部设置载荷标识，顶部移动部位设置行走警示标识；风水管预留套管按照安全色进行涂装。

2.4.7 作业平台设备开发

设置至少三层作业平台，具备一定的升降调节功能，能够满足安全防护相关规范要求，兼顾作业人员操作便利性，不会造成施工降效。2023 年在交通洞开挖时初步研制一台安全防护台车，如图 5 所示。主要为轻便型隧洞施工安全防护台车雏形，部分功能持续完善中。

图 5　交通洞轻便型隧洞施工安全防护台车

3　轻便型凿岩安全防护作业平台的特点

目前隧洞钻爆开挖支护台车均以人工使用自制作业平台为主，自制台车主要由施工分包队伍选择工字钢和螺纹钢筋、角钢等组合焊接而成，设计图纸、结构计算等无专业人员进行计算，基本根据洞室结构尺寸大小，由其按照经验进行现场组拼焊接而成。轻便型安全防护台车由专业厂家通过设计图纸、结构计算、工厂化加工成型、整体运输至现场，可适用洞径范围广，可根据现场洞径大小予以展臂操作，用于现场钻爆和支护使用等。具体传统钻爆台车与轻便型安全防护台车对比分析见表 1。

表 1 轻便型安全防护台车与传统型钻爆支护台车对比分析表

以城门洞形开挖台车为例	传统型钻爆支护台车	轻便型安全防护台车
台车尺寸（高×宽×深）/m	4×5×4～5.5×6.5×4.5	5.8×6.3×5.4
平台级数	二级平台/三级平台	三级平台
台车重量/t	8～14	10
结构计算	传统经验	专业计算
移动方式	转载机抬动	自驱动行走
移动速率 m/min	10～15（转载机端重行驶）	20～30（自行走）
适用洞径（高×宽）/m	6×7～7×8	5.5×7～7×9
防护性能	顶部无防护	顶部有防护
材料提升	汽车吊	台车起吊装置
自动化程度	固定翼	机械臂伸展
适用洞室	根据不同洞室尺寸调整	交通洞、通风洞、尾水隧洞
安全标识	人工安装悬挂	自带
载重量/t	5.3～6.18	9

3.1 平台自驱动功能特点

与现有的凿岩平台相比，新型凿岩安全防护作业平台，通过采用履带式或四轮驱动等方式在自驱动功能上实现了进一步优化，提升了驱动性能，可更好地适应隧洞恶劣的路况，缩短平台行进时间，提高作业效率。

3.2 平台结构设计的模块化

新型凿岩安全防护作业平台实现了平台移动动力装置及转向装置、平台门架结构及升降平台等相关部件有效的模块化组合，提高平台的紧凑型，降低平台总体重量，使得平台整体更具轻便性。

3.3 平台安全防护性能的升级

通过对平台防护罩和支撑装置动荷载及受力的有效分析和计算，设计平台可伸缩支撑装置的尺寸，同时选用更加适合的防护罩材质，顶部增设护盾，提高了新型凿岩安全防护作业平台的安全防护性能。

3.4 平台材料运输便捷

顶部平台设计了起升臂，材料运输至台车底部空间，通过顶部提升装置进行锚杆钢筋、网片、手缝钻机等小型和小宗物资材料的起吊，取代传统钻爆和支护平台通过汽车吊配合人工从侧面运输的风险。

3.5 轻便型设计特点

传统抽水蓄能隧洞开挖钻爆支护平台需要根据不同的洞径，采用工字钢、角钢、螺纹钢筋等组焊，一洞一台车，浪费材料，台车自重较大，移动不便，且不具有自驱动行走功能，本次设计台车自重较传统开挖7～8m洞径钻爆台车较轻，比5～6m洞径钻爆台车略重，主要因其功能配件增加了顶部护盾和起吊装置，但因其可自行走和可变径展臂,适用的洞径范围广。

4 结语

轻便型隧洞施工安全防护台车具有自驱动功能、对开挖支护施工人员具有安全保护能力,一定程度降低了施工安全风险,提高了作业效率。该台车高度和宽度可以调节,能适应多断面多洞形隧洞,适应宽度高度范围,应用范围广,且具有安全、高效、节约工程成本的特点。可在抽水蓄能电站和常规水电站以及公路铁路隧洞开挖支护作业中推广应用。

参考文献

[1] 张磊. 浅谈南宁抽蓄项目交通隧道爆破开挖施工技术 [J]. 人民黄河, 2023, 45 (S1): 167-169.

[2] 方万堂, 钱德敏, 刘军杰, 等. 光面爆破和楔形掏槽技术在鲁山抽蓄电站的应用 [J]. 云南水力发电, 2023, 39 (2): 189-192.

[3] 潘福营, 张兴彬, 殷康, 等. 新型凿岩安全保护台车的设计与实现 [J]. 工程技术研究, 2020, 5 (18): 11-12.

[4] 吴友旺. 沂蒙抽蓄电站隧洞施工安全技术创新 [J]. 山西建筑, 2020, 46 (2): 173-174.

[5] 李富春, 尚海龙, 徐艳群, 等. TBM 在抽水蓄能电站施工中的应用探讨 [J]. 水电与抽水蓄能, 2021, 7 (4).

[6] 潘福营, 张兴彬, 殷康, 等. 具备主动防护功能的新型凿岩台车结构浅析 [J]. 中国设备工程, 2020 (4): 19-21.

[7] 孙宏涛, 杨宇, 闵国政. 智能化三臂凿岩台车在隧洞工程中的应用 [J]. 建设机械技术与管理, 2022, 35 (5): 55-57.

[8] 潘福营, 张兴彬, 殷康, 等. 一种面向变断面洞室开挖的安全保护台车设计 [J]. 水电站机电技术, 2020, 43 (9): 61-63.

作者简介

王凯 (1980—), 男, 高级工程师, 主要研究方向: 水利水电工程(含抽水蓄能)工程建设管理等。E-mail: 59165381@qq.com

胡紫航 (1989—), 男, 工程师, 主要研究方向: 水利水电工程(含抽水蓄能)工程建设管理等。E-mail: 907239599@qq.com

付志强 (1983—), 男, 高级工程师, 主要研究方向: 抽水蓄能工程建设管理等。E-mail: 1322360697@qq.com

潘福营 (1971—), 男, 正高级工程师, 主要研究方向: 水利水电工程(含抽水蓄能)工程建设管理等。E-mail: 183983936@qq.com

基于卫星遥感技术的抽水蓄能电站地质灾害排查预警技术研究与应用

赵　毅，姜泽明，崔建尚

（陕西镇安抽水蓄能有限公司，陕西省西安市　710000）

摘　要： 为准确掌握施工期抽水蓄能电站地质灾害隐患点分布及变形情况，提升电站施工期安全水平，陕西镇安抽水蓄能电站基于光学遥感、雷达遥感、地基遥感等手段，构建了"天空地"一体化的地质灾害隐患"三查"体系，开展了基于卫星遥感的排查，基于地基SAR和无人机的详查，以及基于地质专家的现场核查，电站全域地质灾害隐患排查工作，通过不同层次、不同角度的排查工作，能够很好地查明抽水蓄能电站现场地质灾害隐患点，为新型电力系统建设和抽水蓄能电站安全施工提供支撑。

关键词： 抽水蓄能电站；地质灾害；卫星遥感；隐患排查；InSAR

0　引言

抽水蓄能电站是建设现代智能电网新型电力系统的重要支撑。抽水蓄能电站上下库大高差的特性决定了其在工程建设期内不可避免地要进行大规模的山体开挖，形成大量场地或公路高陡破碎边坡，极易诱发崩塌、滑坡等地质灾害，对项目建设安全造成持续性的严重威胁[1,2]。目前，抽水蓄能电站建设过程中，主要面临场地边坡地质灾害隐患突出、识别和监测难度大等突出问题，一旦发生突发性地质灾害，容易导致人员伤亡、设备损失、工程破坏、进度滞后等重大损失[3,4]。

长期以来，地质人员主要依赖专家经验，通过识别灾害体满足的基本地质环境条件，并采取地质测绘、物探等手段对灾害体进行识别与编目[5]。近年来，随着天-空-地一体化的"三查"体系进行重大地质灾害隐患的早期识别技术的提出[6]，及其在九寨沟、昆明等地区的广泛应用[7,8]，突破了以往地质灾害调查灾害隐患看不见、看不清、看不准的难题，且大大提高了仅依靠人工排查方法的工作效率。

基于此，陕西镇安抽水蓄能电站综合利用光学、雷达和北斗等多种卫星资源，并结合无人机和地面多源自动化在线监测传感技术，构建抽水蓄能电站地质灾害"天、空、地"多源立体监测预警体系，开展主要适用于崩塌、滑坡、采空区、回填土沉降和渣土边坡等地质灾害隐患排查、风险评估、重点监测、及时预警和突发事件应急处置，实现不同时空尺度相结合的地质灾害立体化、高精度、大范围的监测评估预警，着力提升抽水蓄能电站地质灾害风险管控能力和数字化水平，为新型电力系统建设和电网本质安全提升提供支撑。

1 研究区概况

陕西镇安抽水蓄能电站位于陕西省商洛市镇安县月河镇东阳村。电站距镇安县城公路里程 74km，距西安市公路里程 134km。地处西北电网负荷中心附近区域，地理位置适中。电站建成后主要服务于陕西电网，在电网中承担调峰、填谷、调频、调相及事故备用等任务（见图 1）。

图 1　镇安抽水蓄能电站下库蓄水后高分光学遥感影像立体图（2023 年 10 月 14 日）

工程等别为一等大（1）型工程。相应永久性水工建筑物主要建筑物（挡水建筑物、泄水建筑物、输水发电系统建筑物等）级别为 1 级，次要建筑物（护坡、挡土墙等）级别为 3 级，临时性水工建筑物级别为 4 级。电站装机容量 1400MW（4×350MW），设计年发电量 23.41 亿 kWh，年抽水电量 31.21 亿 kWh。综合效率约为 75%。

本电站枢纽主要由上库、下库、输水系统、地下厂房及开关站等建筑物组成。涉及的边坡主要包括上库库盆边坡、坝肩边坡、洞脸边坡、道路边坡等。边坡高度一般 100～215m，岩性以条纹条痕大理岩和花岗闪长岩为主，局部坡地覆盖层厚度几米～二十几米，天然条件下，岸坡的稳定问题主要为崩积物的稳定性。施工开挖后，岸坡下部大部分松散堆积物将被挖除。开挖后的岩石边坡由中厚层夹薄层状结构的结晶灰岩组成，岩体完整性差。

上库进出水口边坡由块碎石夹大孤石和结晶灰岩组成，天然边坡稳性较好。下库库边坡高度一般大于 100m，除了泄洪洞出口、进场交通洞进口段岩性为条纹条痕大理岩夹白云石、金云母大理岩互层外，其余均为花岗闪长岩，岩体中裂隙发育，边坡开挖后，易形成不稳定块体，产生掉块，局部段可能产生塌方。主厂房、主变压器室、尾闸室工程地质条件大致相同，岩性为微风化花岗闪长岩，多数稳定性好，但主厂房顶拱、上游边墙部位的少数块体在开挖过程中受爆破影响。输水洞线的上平段围岩以微风化结晶灰岩为主，少量石英片岩，整体稳定。下库进出口边坡整体稳定性好，局部块体稳定性较差。上下库连接公路线路长约 12km，公路沿线为斜坡与山脊相间地貌，路基挖方、填方相间，路基重大工程地质问题，主要工程地质问题为边坡稳定、高路堤和陡坡路堤抗滑稳定问题、路基偏压等。工程区雨水丰沛，公路沿线冲沟较多，需合理布置涵洞和涵管，防止洪水对路基的破坏；松散边坡段边坡容易形成坡面泥石流，开挖形成的高边坡、不稳定块体可能发展为边坡塌方或形成不稳定体。

2 研究方法

本文提出综合利用光学卫星、雷达卫星和北斗卫星等多种卫星资源，结合地面多源自动化监测传感设备，构建抽水蓄能电站地质灾害多源立体监测预警体系（见图 2），基于卫星遥感技术的抽水蓄能电站地质灾害排查预警技术研究与应用，开展地质灾害隐患排查、风险评估、重点监测、及时预警，实现不同时间尺度和空间尺度相结合的地质灾害立体化、高精度、大范围的监测评估预警。利用卫星遥感及综合在线监测等手段，针对重要和危险边坡进行综合单体监测，利用北斗、裂缝计、视频等在线监测设备的监测结果，设定合理阈值，对高风险隐患实时监测并及时告警。

基于上述手段，镇安抽水蓄能电站构建了由高精度光学遥感＋合成孔径雷达干涉雷达测量（InSAR）的"普查"、地基雷达干涉测量（GBSAR）＋无人机的"详查"、地面调查核实的"核查"共同组成的"三查"体系，从不同角度和尺度来提前识别和发现重大地质灾害隐患。

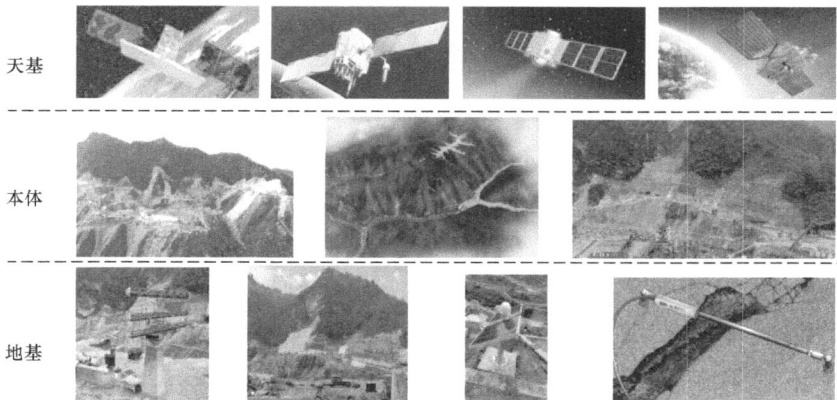

图 2 镇安电站地质灾害多源立体监测预警体系

3 基于光学卫星和雷达卫星的地质灾害隐患普查

3.1 基于光学遥感图像的地质灾害解译

光学遥感影像具有直观、形象、清楚等特点，尤其是高清、高分辨率、三维立体影像更是为地质灾害调查评价提供了重要依据。通常地质灾害隐患点的解译标志包括形状、色调、颜色、纹理、位置和布局等的差异性,结合地形地貌特征和图像智能识别算法,就能较容易地识别出历史上曾经发生过的古老滑坡体和具有明显变形迹象的区域,而这些部位往往就是隐患点。利用遥感图像识别滑坡可以确定其位置、类型、边界、规模、活动方式、稳定状态,并预测其对工程的影响程度,同时还可分析滑坡发育的岩性、构造、植被、水系等环境因素。

滑坡的识别主要是通过形态、色调、阴影、纹理等进行的。识别时除直接对滑坡体本身作辨认外,还应对附近斜坡地形、地层岩性、地质构造、地下水露头、植被、水系等进行识别。因此,在识别滑坡之前,首先应对滑坡的形成规律进行研究,以避免识别时的盲目性,使识别工作更容易开展,但对大部分滑坡来说,根据其独特的滑坡地貌,是比较容易辨认的。典型的滑坡在航片上的一般识别特征包括簸箕形(舌形、不规则形等)的平面形态、滑坡壁、滑坡台阶、滑坡舌、滑坡裂缝、滑坡鼓丘、封闭洼地等。陕西镇安抽水蓄能电站潜在不稳定斜坡体分布图见图3。

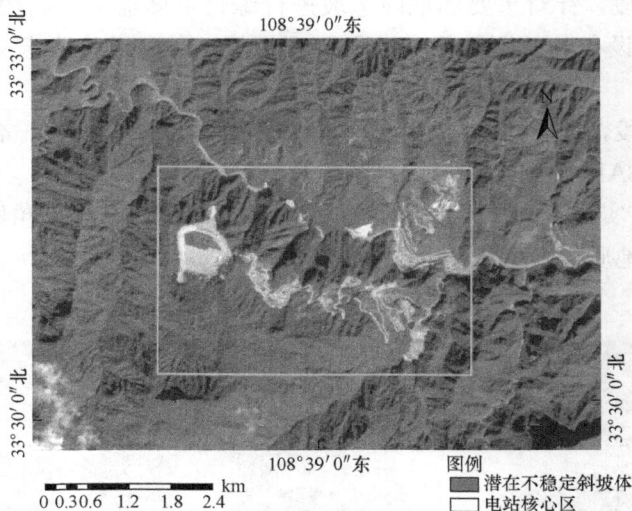

图3 陕西镇安抽水蓄能电站潜在不稳定斜坡体分布图

3.2 基于雷达遥感卫星的地质灾害隐患排查

成像雷达技术属于一种主动微波遥感技术,雷达成像原理是依靠自身发出的微波脉冲探测目标物体,接受目标物体反射回来的回波信号,根据信号的强度来进行成像。雷达遥感可以穿过大气层,能够全天候、全天时获取地面高程及形变信息,特别是其形变测量精度可达毫米级的优势使得其在地表形变监测中得到了广泛的应用。雷达卫星通过对重复轨道观测获取的多时相雷达数据,基于合成孔径雷达干涉测量技术(InSAR)反演研究区域地表形变平均速率和时间序列形变信息,进而获取厘米级甚至毫米级的形变测量精度。InSAR的优势是能对整个电站区域的缓慢地表形变进行有效识别和持续监测[9,10]。用其对一些地质灾害频发区或其他重要区域进行长期持续的形变观测，并通过对某些关键点变形的时间序列分析，判定相关区域当前所处的变形阶段，评估其危险性和风险。这一点对日常防灾减灾具有非常重要的作用。

3.2.1 雷达卫星遥感数据

为使本次地质灾害隐患排查更好地指导生产实践，本论文使用中分辨率 ALOS-2 和 Sentinel-1 雷达卫星遥感数据，完成了本次地质灾害隐患排查工作。ALOS-2 卫星是日本陆地观测卫星，ALOS 的后继星，又称大地 2 号，该卫星是目前成熟在轨运行的 L 波段合成孔径雷达卫星（见图 5），其频率为 1.2GHz。哨兵雷达卫星（Sentinel-1）为欧洲航天局哥白尼计划中的地球观测卫星的数据，Sentinel-1 是一个欧洲极地轨道全天时、全天候 C 波段雷达成像系统（见图 4），是 SAR 操作应用的延续。单个 Sentinel-1 卫星每 12 天覆盖全球一次。Sentinel-1 干涉模式幅宽为 250km × 250km，分辨率为 30m，采用 TOPS 模式成像，入射角 29°～46°，可获得高质量、大范围的干涉相位值。

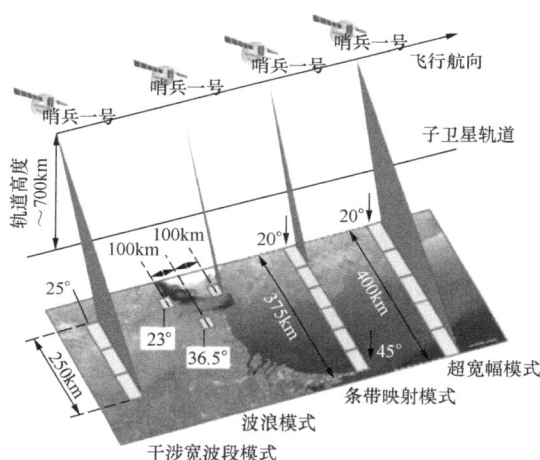

图 4　Sentinel-1 卫星 4 种工作模式示意图

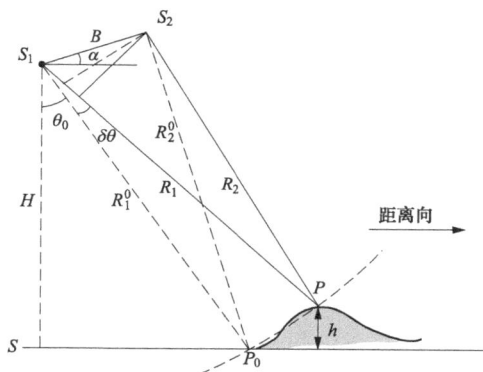

图 5　合成孔径雷达干涉测量示意图

3.2.2 SBAS-InSAR 数据处理算法

本论文采用 SBAS-InSAR 算法处理雷达遥感数据。SBAS 又称短基线集，是目前有代表性的高级（多基线）D-InSAR 方法之一[11-13]。该方法最初由 Berardino et al.（2002）提出，其初衷是用于提取低分辨率、大尺度地表形变。小基线集方法根据获取 SAR 影像序列在时间、空间基线的分布，首先将数据组合成若干个集合，即集合之内，干涉对空间基线距小，而集合间干涉对空间基线距大。在地表形变反演阶段，为了连接多个小基线集合，提高数据处理的时间采样率，引入奇异值分解方法，获取形变的最小范数解。

小基线集方法要求将 SAR 数据组合成若干个集合，即集合之内，干涉对空间基线距小，而集合间干涉对空间基线距大（见图 6）。以 PALSAR 其中一轨道数据为例，将在不同时间获取的同一地区 20 幅 SAR 图像，根据上述组合原则进行 SAR 影响配对组合。在此项目中，根据 PALSAR 的临界基线，和时间失相干条件，比如，选取集合内空间垂直基线在 150m 之内，时间基线在 120 天以内。根据上述时间基线距和垂直基线距范围，得到 M 对干涉组合。这里的干涉对组合不要求具有共同主图像，仅要求主辅图像都是按同一个时间顺序排列。以上的配对原则，使得少量 SAR 图像也能组合较多的干涉图。

在完成 SAR 图像对预滤波后，对主副图像各同名像素进行共轭乘，即可得到干涉相位值。获取的干涉相位是平地相位、地形相位、地表形变相位、大气相位以及噪声等多个信号分量共同贡献的结果。因此干涉相位 $\delta\phi$ 可表示为：

$$\delta\phi = \delta\phi^{\text{flat}} + \delta\phi^{\text{tpg}} + \delta\phi^{\text{deform}} + \delta\phi^{\text{atm}} + \delta\phi^{\text{res\_orbit}} + n \tag{1}$$

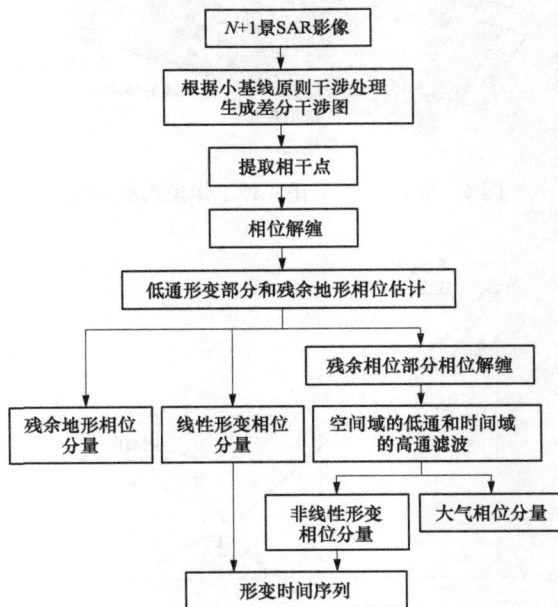

图 6　小基线集数据处理流程

其中，$\delta\phi^{\text{flat}}$ 是平地相位，$\delta\phi^{\text{tpg}}$ 为地形起伏引起的相位，$\delta\phi^{\text{deform}}$ 为地形形变相位，$\delta\phi^{\text{atm}}$ 为大气效应引起的相位，$\delta\phi^{\text{res-orbit}}$ 是轨道测量误差引起的相位，n 为随机噪声相位。地形相位 $\delta\phi^{\text{tpg}}$ 的去除通常依赖于外部 DEM 数据。

3.2.3 雷达卫星遥感排查结果

通过对 ALOS-2 和 Sentinel-1 雷达卫星影像开展数据配准、高相干点识别、干涉对组合、时序分析、形变区快速识别等技术手段，运用 SVD 方法得到陕西镇安抽水蓄能电站区域 2020 年 4 月～2023 年 10 月期间的地表形变速率（见图 7），和此期间地表形变区台账（见表 1）。

由于 ALOS-2 数据波段更长、分辨率高，因此穿透性能好，在植被区能获取更好的干涉效果，进而较 Sentinel-1 数据识别出更多隐患点。经筛选，选取 8 处变形区作为地质灾害潜在隐患点（见表 1）。典型潜在地质灾害隐患点排查结果及变形曲线见图 8。

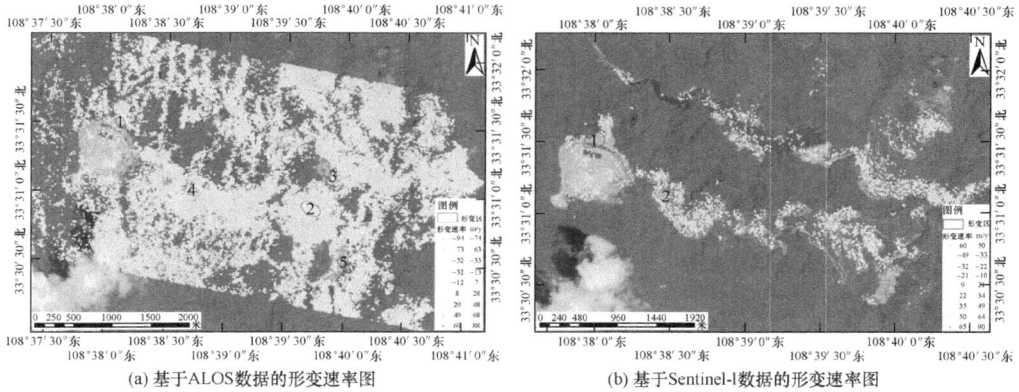

(a) 基于 ALOS 数据的形变速率图   (b) 基于 Sentinel-1 数据的形变速率图

图 7　2020 年 4 月～2023 年 10 月期间抽水蓄能电站地表形变速率图

表 1 陕西镇安抽水蓄能电站潜在不稳定斜坡区台账（2022 年 11 月～2023 年 10 月）

序号	位置	经纬度	形变速率（mm/y）	累计形变量（mm）	较前次改变量（mm）	规模（m²）	遥感卫星
1	上库大坝	108.635 159 33.525 087	−60	−216	−39	13 581	ALOS-2
2	1 号施工平台	108.661 923 33.515 084	−16	−93	−18	35 872	ALOS-2
3	Y6 路旁堆存场	108.664 951 33.519 266	−40	−135	−12	11 959	ALOS-2
4	3 号施工平台	108.645 324 33.517 004	−20	−100	−50	6406	ALOS-2
5	下库西磨沟倒渣场	108.66 6641 33.508 731	−47	−197	−54	16 208	ALOS-2

序号	位置	经纬度	形变速率 (mm/y)	累计形 变量 (mm)	较前次改 变量 (mm)	规模 (m²)	遥感卫星
6	上库大坝	108.633 243 33.525 132	−61	−59	−11	32 272	Sentinel-1
7	混凝土毛料临时 堆存场	108.641 275 33.518 695	−30	−41	−8	19 670	Sentinel-1
8	西磨沟碎石场	108.665 125 33.510 309	−32	−32	−7	16 637	Sentinel-1

(a)

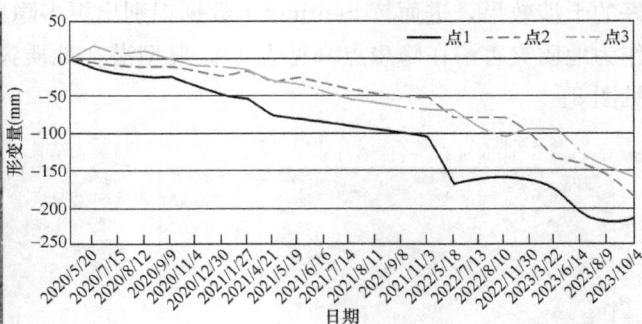

(b)

(c)

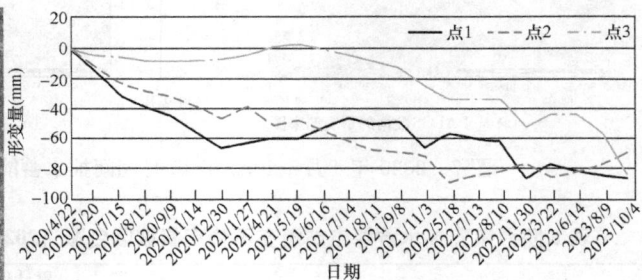

(d)

(e)

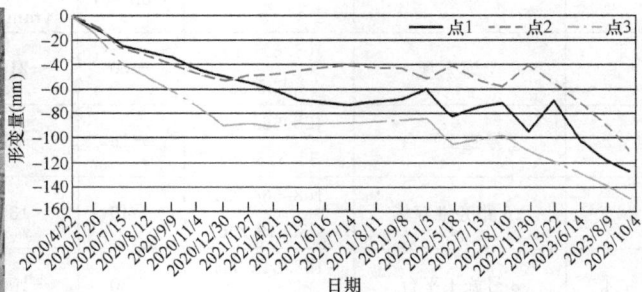

(f)

图 8　典型潜在地质灾害隐患点排查结果及变形曲线（一）

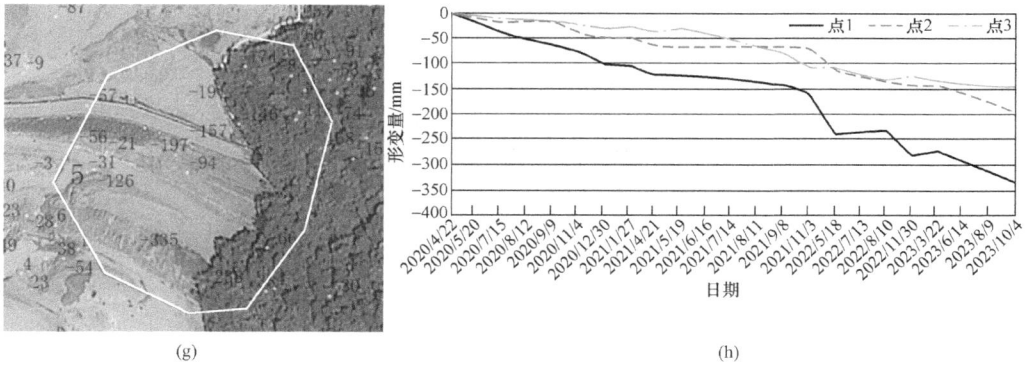

(g)　　　　　　　　　　　　　　　　　(h)

图 8　典型潜在地质灾害隐患点排查结果及变形曲线（二）

（a）、（c）、（e）、（g）—排查出的 4 处潜在隐患点；（b）、（d）、（f）、（h）—对应隐患点累计变形曲线

4　基于地基雷达和无人机的地质灾害隐患详查

4.1　地基合成孔径雷达干涉测量技术（GB-SAR）

地基雷达与传统的星载雷达相比，具有监测频率高、空间分辨率高、监测精度高和观测姿态灵活的特点，是局部重点区域监测的重要手段，被广泛地应用于滑坡、大坝、大型构建物监测中。镇安抽水蓄能电站施工区存在大量的开挖边坡，工程活动频繁，形变量大，植被稀疏，适合采用地基 SAR 进行形变监测，并依据形变识别出不稳定边坡，为工程安全建设提供数据支撑。

在 GB-InSAR 获取的相位中，受其他因素影响，其差分相位 φ_{diff} 并不只是有形变相位，而包含有其他部分。如大气相位 φ_{atm}，形变相位 φ_{def}，噪声相位 φ_{noise}。可以被表示为：

$$\varphi_{\text{diff}} = \varphi_{\text{def}} + \varphi_{\text{atm}} + \varphi_{\text{noise}} + 2k\pi \qquad (2)$$

其中，k 是整周模糊度。

4.2　GB-SAR 实现过程

地基雷达结果为散点状，为更好地对结果进行展示，需要用无人机对详查区域进行倾斜摄影建模，并在航拍影像上展示地基雷达的结果。地基雷达监测时间间隔较短，为了保证干涉相位的可靠性和弱大气延迟影响，选择相邻 2 个影像进行干涉对组合（见图 9），组成的干涉对图见图 10。干涉组合确定以后，对配准后的单视复数数据进行共轭相乘得到整幅图的干涉相位。此时的干涉相位包含形变相位、大气延迟相位和噪声相位。本区域的干涉图见图 11。

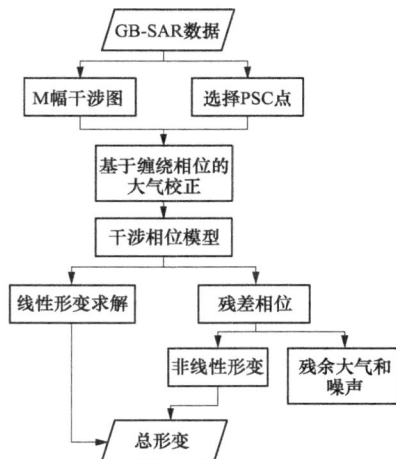

图 9　考虑大气时间相关性的
GB-InSAR 数据处理流程图

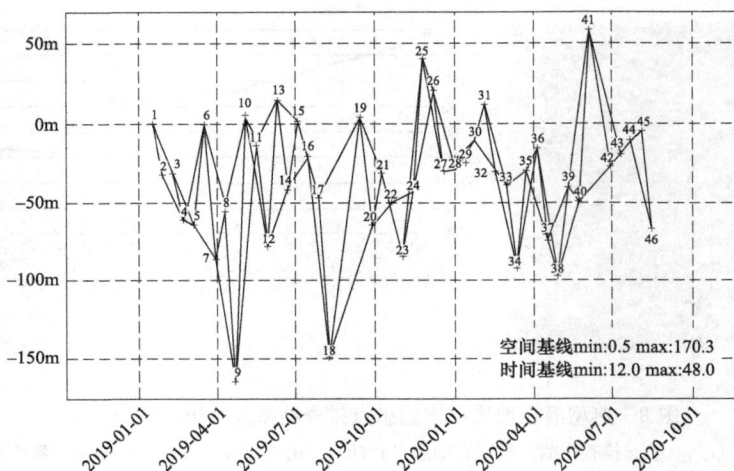

空间基线 min:0.5 max:170.3
时间基线 min:12.0 max:48.0

图 10 干涉基线分布图

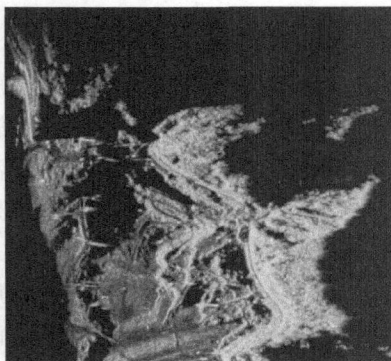

图 11 上库干涉图

上库盆高陡边坡众多，需对各个边坡进行体检，以评估各开挖边坡的稳定性。将仪器布设在库盆底，采用 10 分钟一次、360°全方位扫描对库盆进行观测（见图 12）。下库菌扒湾区域已开始蓄水过半，部分库岸边坡存在变形隐患，所以对下库库区进行体检（见图 13），评估菌扒湾边坡的稳定性。

通过对地基 SAR 数据影像开展数据配准、高相干点识别、干涉对组合、时序分析、形变区快速识别等技术手段，得到上库盆和下库库区监测期间的地表形变速率。

图 12 在上库盆盆底对库盆进行 360°观测

图 13 下库蓄水期间对重要边坡进行扫描

利用差分干涉测量技术，从潜在隐患的角度，对陕西镇安抽水蓄能电站上库库盆高陡边坡［见图 14（a）］和下库菌扒湾区域［见图 14（b）］形变速率进行分析，可以看出工程所处区域总体较稳定，上库盆存在 3 处潜在不稳定斜坡区域，下库菌扒湾存在 5 处潜在不稳定斜坡区域，均为目前正在施工的区域，最大形变速率为 13.85mm/d，不稳定区域分布信息如表 2 所示。典型隐患点速率图、分布范围及变形曲线见图 15。

| (a) 上库库盆地灾隐患排查结果速率图 | (b) 下库蓄水期重要边坡排查结果速率图 |

图 14　地基雷达排查结果

表 2　　　地基 SAR 排查出的潜在不稳定区域台账（2023 年 9 月）

序号	编号	位置	经度	纬度	形变速率（mm/d）	规模（m²）
1	GBSAR-9-1	上库盆边坡	E108.634221	N33.519734	7.14	10 517
2	GBSAR-9-2	上库盆边坡	E108.635159	N33.518952	11.63	4844
3	GBSAR-9-3	上库盆边坡	E108.630579	N33.519866	13.85	5012
4	GBSAR-9-1	下库盆菌扒湾	E108.65015	N33.527901	−4.12	4115
5	GBSAR-9-2	下库盆菌扒湾	E108.651479	N33.527283	−4.23	6255
6	GBSAR-9-3	下库盆菌扒湾	E108.652176	N33.52637	4.49	629
7	GBSAR-9-4	下库盆菌扒湾	E108.653247	N33.525805	−5.21	725
8	GBSAR-9-5	下库盆菌扒湾	E108.655962	N33.523857	6.87	9084

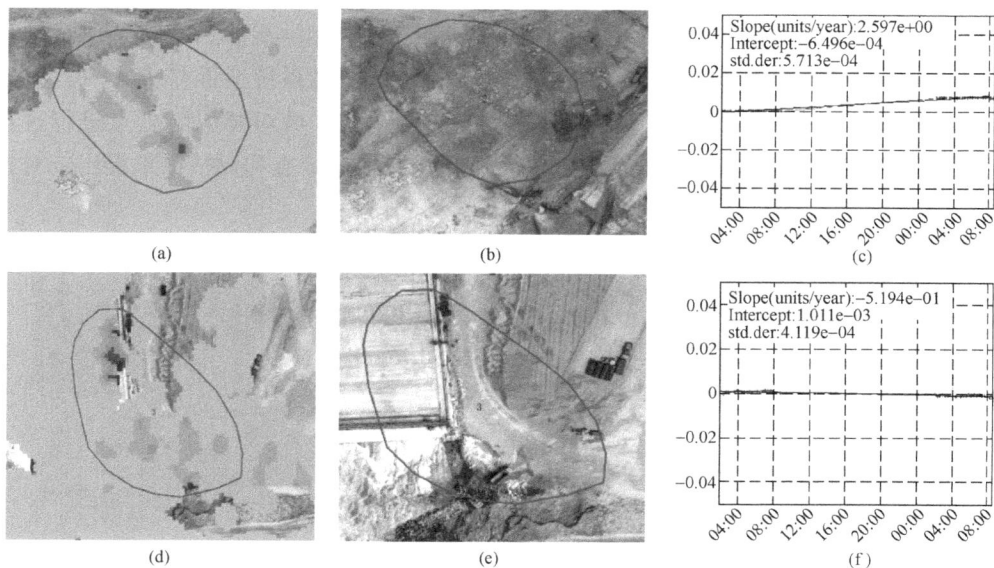

图 15　地基 SAR 排查出的典型地质灾害隐患点（一）

49

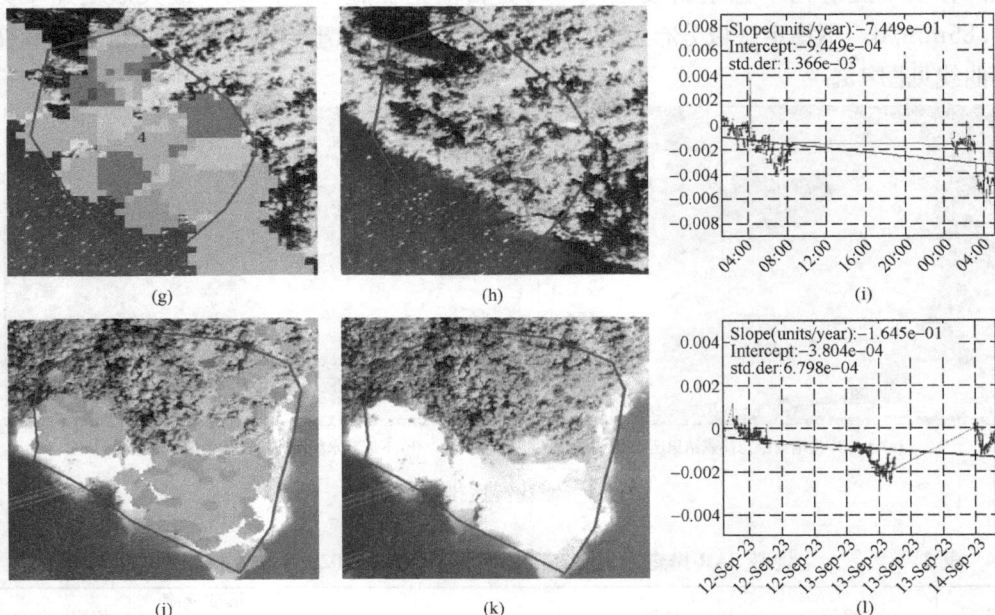

图 15　地基 SAR 排查出的典型地质灾害隐患点（二）

（a）、（d）、（g）、（j）—隐患点的速率分布图；（b）、（e）、（h）、（k）—隐患点范围；

（c）、（f）、（i）、（l）—隐患点变形监测曲线

5　基于地面调查核实地质灾害隐患核查

　　由于现场施工作业频繁，因此对于排查出的隐患点，需要进行现场复核，以确认变形是否存在，以及变形对施工作业有何影响。基于光学遥感、雷达遥感、地基雷达、无人机等手段对整个镇安抽水蓄能电站进行扫面性系统全面排查，一旦发现疑似隐患点，及时上报监理和业主等单位，并安排地质人员对疑似隐患点进行现场调查、人工排查、复核以及风险评估（见图 16），并根据调查和评估结果提出针对性的防治措施，将灾害隐患消灭于萌芽状态。

图 16　地质专家针对隐患进行详查复核

通过现场经验丰富的地质专家进行调查复核，进行隐患点的最终确认，并提出防治措施，这就是"三查"体系中的"核查"工作。一方面，核查工作能够对排查出的隐患点进行闭环；另一方面，该项工作能充分发挥卫星遥感覆盖范围大和地质专家现场经验丰富的优点，及时发现或排除地质灾害隐患点。遥感的结果与人工识别的结果，进行对比的分析。隐患提出来，能解决实际的问题。

6 成效分析

传统排查仅依靠人工在有限的路径和视线范围内，基于经验和肉眼亲见来搜寻、发现和确认地质灾害隐患，排查效率低，仅能发现已经出现明显变形的地质灾害隐患，且在高陡区域工作会对人的生命安全造成威胁。而只借助于遥感手段来识别地质灾害隐患又存在精度不够高的问题。基于此，由高精度光学遥感＋合成孔径雷达干涉雷达测量（InSAR）的"普查"、地基雷达干涉测量（GBSAR）＋无人机的"详查"、地面调查核实的"核查"共同组成的"三查"体系，可以在很大程度上解决这一问题，对于自然条件恶劣或其他因素限制无法开展地面观测的地区，遥感手段无疑是最为直接的信息获取方式，并且将遥感手段与人工排查方式相结合可以实现无明显变形区域的地质灾害隐患识别。将这一套方法应用于陕西镇安抽水蓄能电站的监测预警、应急抢险方面，取得了较好的成果。

（1）成功案例1。

2021年4月24日上午10时，上下库连接路（K6＋650)-CZ01北斗变形监测站累积位移量数据变化明显，项目部立即向公司及监理单位发布预警信息，并采取预警边坡跟踪监测机制，每小时推送一次监测数据报告，同时监理单位在第一时间组织五方人员对该边坡进行了现场联合勘察（见图17）。在预警通知发送后，该区域于4月24日晚大约23时49分许发生滑塌（见图18），避免了车辆和人员的伤亡和财产损失。

图17 五方现场联合勘察

图18 塌方现场

（2）成功案例2。

2022年7月30日凌晨2时左右，上库盆边坡发生方量超过30 000m³的边坡滑塌地质灾害，灾害发生后，立即组织现场应急处置，第一时间紧急联系技术人员，运用先进的高精度地基雷达非接触遥感监测设备，针对包括上库盆垮塌边坡在内的施工区及自然边坡开展风险实时动态跟踪持续扫描监测，并在 8 月 1 日 10 时左右成功监测到上库盆垮塌边坡坡顶高隐蔽位置存在早期变形迹象，及时发布了预警。避免了工程建设期间库盆施工车辆和人员的伤亡和财产损失（见图 19）。

图 19　现场照片及应急处置情况

7　结束语

　　遥感测绘技术拥有更广阔视角，能够从更宏观的角度、更宽广的视野，从上往下以"俯视"的角度来搜索、识别等地质灾害隐患。而传统调查排查则主要通过在有限的路径和视线范围内，基于经验和肉眼亲见来搜寻、发现和确认地质灾害隐患，其排查的重点为镇安抽水蓄能电站工程作业和日常活动区域内变形特征明显，且对人民生命财产安全构成威胁的各类地质灾害隐患点。两者排查识别的对象虽有较多交集，但并不会完全重合。因此，基于本论文构建的电站地质灾害隐患识别"三查"体系，实现了现代测绘和工程地质现场调查的优势互补与通力合作，实现了"人防"与"技防"有机结合，最大限度地识别出已存在的灾害隐患。下一步，将在垣曲、抚宁、哈密、牛首山等 6 个抽水蓄能电站完成推广应用，以构建更加系统完善的地质灾害排查预警技术方法体系。

参考文献

[1] 周春华，王金山，抽水蓄能电站工程建设场地地质灾害危险性评估 [J]. 山西建筑，2014（28）：60-61.

[2] 杨林，张小朋，多晓松. 抽水蓄能电站的特点和地灾成因分析及防治措施 [J]. 矿产勘查，2018，9（10）：2038-2043.

[3] 魏大川，彭书良，孙宁，广东梅州抽水蓄能电站左侧边坡监测预警的应用研究 [C] //第十三届全国边坡工程技术大会 2021：中国西藏林芝.

[4] 黄银伟，张利沙. 抽水蓄能电站塌滑堆积体稳定性研究 [J]. 浙江水利水电学院学报，2023，35（2）：21-24.

[5] 张勤，赵超英，陈雪蓉. 多源遥感地质灾害早期识别技术进展与发展趋势 [J]. 测绘学报，2022，51（6）：885-896.

[6] 许强，董秀军，李为乐. 基于天-空-地一体化的重大地质灾害隐患早期识别与监测预警 [J]. 武汉大学学报（信息科学版），2019，44（7）：957-966.

[7] 佘金星，许强，杨武年. 九寨沟地震地质灾害隐患早期识别与分析研究 [J]. 工程地质学报，2023，31（1）：207-216.

[8] 张晓伦，甘淑，袁希平. 基于"天-空-地"一体化的东川区沙坝村滑坡体时序监测与分析 [J]. 云南大学学报（自然科学版），2022，44（3）：533-540.

[9] 陈厉丽. 基于 SBAS-InSAR 的合肥市地面沉降监测研究 [J]. 合肥工业大学学报（自然科学版），2023，46（5）：685-690.

[10] 刘遵义. 基于 SBAS-InSAR 的露天煤矿排土场沉降监测与分析 [J]. 煤炭技术，2023，42（6）：192-196.

[11] 侯安业. PS-InSAR 与 SBAS-InSAR 监测地表沉降的比较研究 [J]. 大地测量与地球动力学，2012，32（4）：125-128，134.

[12] Xie, X. et al. A fractional filter based on reinforcement learning for effective tracking under impulsive noise [J]. Neurocomputing, 2023, 516：155-168.

[13] Gao, T. , et al. A modified interval type-2 Takagi-Sugeno fuzzy neural network and its convergence analysis [J]. Pattern Recognition, 2022, 131：108861.

作者简介

赵毅（1995—），男，助理工程师，主要研究方向：抽水蓄能电站地质灾害监测预警、地质灾害隐患排查，抽水蓄能工程建设等。E-mail：yi-zhao. za @ sgxy. sgcc. com. cn

姜泽明（1990—），男，工程师，主要研究方向：抽水蓄能土建施工。E-mail：zeming-jiang@sgxy. sgcc. com. cn

崔建尚（1999—），男，助理工程师，主要研究方向：抽水蓄能工程建设。E-mail：jianshang-cui@sgxy. sgcc. com. cn

抽水蓄能电站非接触式灌浆监测
设备研发与应用

王　凯[1]，胡乾亮[2]，刘　杰[2]，潘月梁[3]，宋振聪[4]，胡紫航[5]，
种法政[6]，钟聚光[7]

(1. 国网新源集团有限公司，北京市　100032
2. 山西垣曲抽水蓄能有限公司，山西省运城市　043700
3. 浙江宁海抽水蓄能有限公司，浙江省宁波市　315000
4. 河南洛宁抽水蓄能有限公司，河南省洛阳市　471000
5. 山东泰山抽水蓄能有限公司，山东省泰安市　271000
6. 新疆哈密抽水蓄能有限公司，新疆维吾尔自治区哈密市　839099
7. 湖南平江抽水蓄能有限公司，湖南省岳阳市　410400)

摘　要：水泥灌浆作为基础加固、防渗处理重要手段在抽水蓄能电站工程建设中至关重要。传统灌浆记录仪革新多是对通道数量、网络组建进行升级，在智能感知、数据存储、数据分析与验证方面没有较大转变，灌浆施工过程存在信息失真和人为干扰因素，严重影响施工过程质量及成本控制，灌浆监测技术亟须科技创新赋能。非接触式灌浆监测技术融合非接触式测量、区块链加密、分布式存储、数据挖掘等技术，实现灌浆施工过程数据感知、无网络采集与共享、异常数据预警、记录报告数据验证及统计分析。本技术经荒沟、垣曲公司先后开展研发与升级，已在宁海、洛宁、平江、泰山、哈密等电站灌浆工程应用，效果显著，为灌浆隐蔽工程质量及成本控制提供技术手段。

关键词：灌浆监测技术；质量控制；非接触式灌浆监测装置；灌浆数据采集器；灌浆数据验证

0　引言

　　水泥灌浆施工技术作为改善不良地基和大坝防渗的重要手段，对抽水蓄能电站工程施工质量严重影响工程安全。水泥灌浆施工一般采用灌浆记录仪实时监测施工中的压力、密度、流量及时间等关键参数，自动监测记录对现场施工质量和成本控制十分重要。传统灌浆记录仪在灌浆工程中已普及应用，随着我国水电建设规模的急剧扩增，巨大的市场空间推动传统灌浆记录仪生产厂家为了迎合市场需求，对灌浆记录仪开设后门，使其能够随意对灌浆记录报告数据进行篡改。部分厂家甚至对灌浆记录仪配套流量、压力、密度传感器开放可控、可调工具，可通过手机移动端

进行远程调整更改，其作弊手段多种多样且十分隐蔽难以发现。传统的质量管理依赖从业人员的专业素质与责任感，主要原因是信息不畅通导致管理不到位，灌浆过程的控制最终通过自动灌浆记录仪记录的资料间接反映，人为因素影响较大[1]。灌浆记录仪作为施工过程中各项参数监测记录仪器设备，早已被人熟练掌握和操作，施工过程中极易出现人为违规操作，直接影响工程质量和成本，工程质量难以进行直观检查和控制。如何解决灌浆隐蔽工程施工过程难监管、数据不及时、不共享、数据失真等问题一直是管理难点，亟须新的技术手段。本文通过非接触式灌浆监测技术研发与应用，提出灌浆施工过程监测成套技术与方法，实现施工过程灌浆参数可实时监控，通过新技术手段可分析验证施工过程数据的真实性和完整性，有利于保障工程安全和质量，降低工程成本，同时也推动灌浆监测技术及成套设备革新，提升工程建设管理水平。

1 非接触式灌浆监测技术应用必要性

1.1 现场监理旁站很难做到多方位管控

灌浆具有工作流程简单、施工单位法单一、昼夜施工等特点，过程施工质量及工程量受管理人员影响较大。同时考虑现阶段监理单位人员力量稀释的影响，现场有施工经验的监理人员难以满足施工需求，部分监理人员信念不坚定、责任落实不到位等问题因素，现场监理旁站很难做到多方位管控，施工质量存在大打折扣现象。

1.2 传统灌浆记录仪"后门接口"问题严重

当前灌浆施工都采用传统灌浆记录仪。这种记录仪最大的问题是仪器厂家都预留后门接口，为了迎合市场需要不惜将此后门泄漏给使用方，使用方可对灌浆数据随意人为修改。如修改浆液浓度、灌浆压力、进返浆流量等重要参数。

1.3 灌浆施工过程数据不共享

传统灌浆记录仪存在受技术、网络及环境影响较大，只能在灌浆现场使用。现场施工过程中，作业队伍使用的灌浆记录仪品牌繁杂，同一队伍使用多个品牌记录仪型号，现场灌浆施工数据不共享，信息不被掌握，工程建管人员对现场灌浆施工作业真实情况不了解，施工监管难度很大。

1.4 灌浆记录报告数据真实性无法验证

现场灌浆施工针对不同的结算方式，其修改手段也存在差异。如采取总价结算方式，施工单位会用稀薄浆液灌浆或者提前强行闭浆；若采取单价结算方式，"实际"灌浆量会严重超出合同工程量，甚至出现天文数字。总之，施工单位会通过各种手段交出一堆所谓"合格"报表，如此下来直接影响到电站工程的安全性、稳定性，导致埋下工程质量隐患，实体质量下降，甚至将造成质量事故，缩短其使用寿命；灌浆施工涉及的利益方较多，故而灌浆工程被戏称为"良心工程"，且这种说法近似是一种行业概况；因此过程施工管理不当的话不仅影响工程质量，且会大幅增加工程投资。

鉴于此，为了加强灌浆质量管控，引进非接触式灌浆监测技术意义十分重大，其设计出发点就是监测测量数据不可更改、不可编辑，实现对监测数据加密，从而真实地记录灌浆过程中的各种参数，并利用监测数据与施工方过程数据进行对比分析、数据验证，有效排查施工方数据异常，甄别灌浆记录报告人为违规操作篡改数据，极大提高数据真实性，有效监控施工过程数据篡改和造假，提高灌浆施工过程的公正性和透明度，为建设方对灌浆质量管控的重要补充手段，促进灌浆工程的规范发展，提高行业水平，向公众展示其对于工程质量的重视和对于社会责任的承担，从而提升企业形象。

2 非接触式灌浆监测设备组成

2.1 基于超声波测量技术的新一代非接触式灌浆监测装置

非接触式灌浆监测技术相比传统接触式检测具有测量精度高、易维护、安装便捷、外部环境干预性较小等特点[2]。新一代非接触式灌浆监测装置是在荒沟电站非接触式灌浆监测技术研究成果基础上，更进一步开展非接触式测量技术研究，以非接触式超声波测量技术为基础，研制适用水泥浆液密度测量智能感知设备和基于人工智能算法的浆液密度在线软测量方法，进而解决因 γ 伽马射线技术弊端的设备较大、较沉问题，对灌浆监测成套设备实现小型化、轻量化，达到单人可提行、便捷使用目标。设备实现小型化、轻量化，可在现场大坝趾板、边坡等灌浆施工部位使用。

2.1.1 装置外观与组成部分

新一代非接触式灌浆监测装置主要由机械部分、密度监测超声换能器专用管路、流量传感器、压力传感器、采集端、电路部分、数据处理单元、控制端等部分组成，各部分模块化设计方便维护，装置整体采用三防箱体封装保证防护等级，装置总重量约23kg，外形尺寸（720mm×525mm×245mm）可单人提行。装置内置高精度超声波非接触式密度仪、压力计、回浆流量计保证监测精度，装置留有外接进浆流量计接口，适用于现场大、小循环灌浆。

新一代非接触式灌浆监测装置实现设备小型化、轻量化，单人可提携，监测设备整机尺寸为70cm×50cm×25cm，重量23kg，设备由流量、压力、密度数据采集模块、供电等构成，结构设计见图1。

2.1.2 数据处理单元

传统灌浆记录仪感知数据存在单套数据样本，数据不可逆、数据验证难等问题，施工过程数据真实性、一致性无法衡量。数据处理单元对流量、压力、密度等感知数据实时采集、加密存储、安全传输、分析处理，是非接触式灌浆监测装置的"黑匣子"（见图2）。

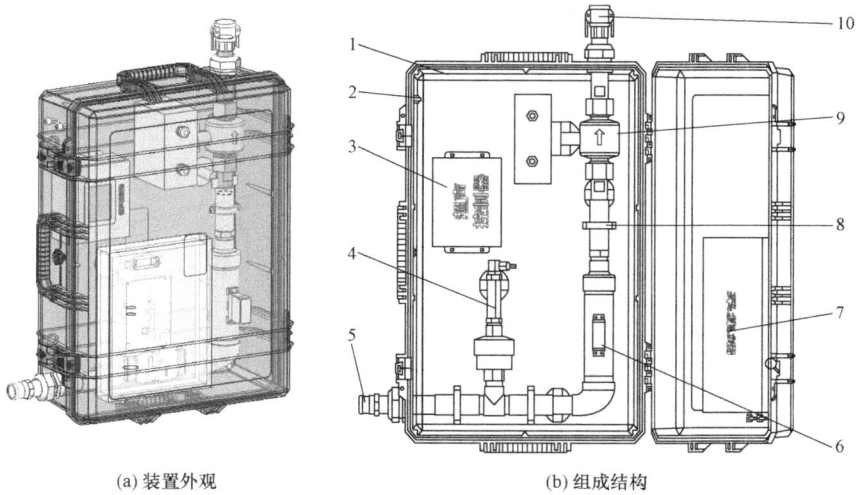

(a) 装置外观　　　　　　　(b) 组成结构

图 1　监测装置外观及结构

1—三防箱体；2—电源；3—超声控制模块；4—压力传感器；5—快速接头 A；
6—超声换能器组件；7—数据处理单元；8—快装卡箍；9—流量传感器；10—快速接头 B

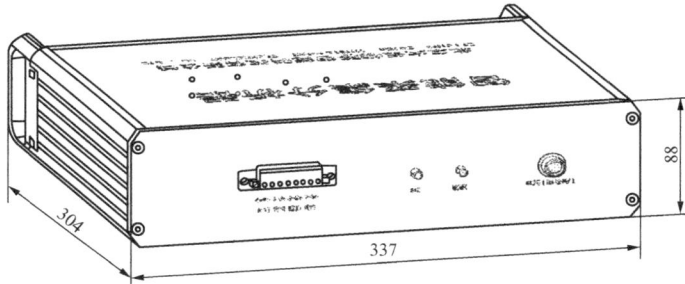

图 2　数据处理单元

数据处理单元由核心控制板、采集模块、控制程序组成，单元选用 4～20mA 四通道、12 位高精度、采样频率 4 次/s 采集模块，核心控制板处理器选用高速内核芯片，内置灌浆检测智能算法，用于控制数据的采集、储存与共享，数据处理单元利用分布式存储加密，极大保证了数据准确性及可追溯性，与上位机平板无线通信，单元整体防水封装设计。现场突然停电情况下，装置外置电池组自动启用，保障数据处理单元运行稳定。

2.1.3　现场安装使用

非接触式灌浆监测装置各部分采用模块化设计方便于现场维护，可实现快速拆装、部件替换，降低维护成本，为设备维护和清洁提供方便性。现场注浆管路接入与装置快接法兰接头，即可实现对灌浆施工过程流量、压力、密度指标实时监测。装置预留有外接进浆流量计接口，支持大、小循环灌浆法，可广泛用于水泥灌浆工程建设过程中。为灌浆隐蔽工程施工质量及成本控制提供新技术手段。

　　非接触式灌浆监测装置打破传统零散式安装方法，装置两端快接法兰将注浆管路快速接入快速接头 A 与快速接头 B，实现与现场软管快速组装（见图3）。

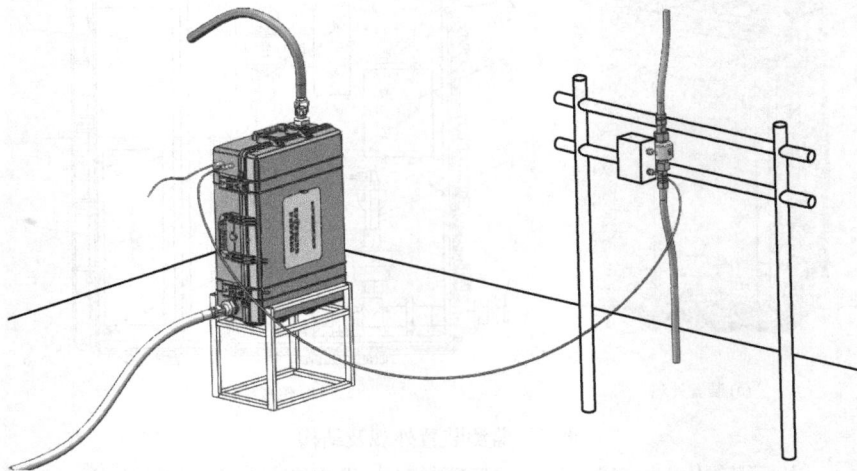

图 3　监测装置现场安装

　　（1）设备通信、电源连接。非接触灌浆监测设备电源箱接入 220V 电源，并将电源线两端插头别为插至电源箱和非接触灌浆监测设备主体上。

　　（2）现场灌浆管路连接。将非接触灌浆监测设备主体接入进浆管路上，流动方向自下向上。设备上下灌浆管路接口处安装快拆接头，上下接口分别安装公头与母头，实现管路快速拆下对接。

　　（3）外接流量计接入。大循环法灌浆，可将外置流量计接入进浆管路上，并将外置流量计接入非接触式灌浆监测装置预留孔处，实现进浆流量数据接入。

2.1.4　监测设备技术指标比较

　　与传统灌浆记录仪、基于伽马射线技术非接触式灌浆监测装置相比，基于超声波技术的非接触式灌浆监测装置具有明显优势，分析对比情况见表1。

表 1　　　　　　　　　　　　　监测设备技术指标比较

项目	传统灌浆记录仪	基于 γ 射线技术 非接触式灌浆监测 装置（一代）	基于超声波技术 非接触式灌浆监测 装置（二代）
测量技术	传统接触式	国家豁免 γ 射线技术	超声波技术，无污染， 认可程度高
设备体积及重量	体积中等，重量一般	体积中等，重量较重	单人提携小体积， 重量轻便
设备防护等级	防护等级高低不同	IP63 防护等级	防护等级高， TP65 防护等级

项目	传统灌浆记录仪	基于 γ 射线技术 非接触式灌浆监测 装置（一代）	基于超声波技术 非接触式灌浆监测 装置（二代）
设备供电电压	AC220V，高于 人体安全电压	DC24V，低于 人体安全电压	DC24V，低于 人体安全电压
设备安全防护	无	智能锁控制	智能锁控制
安装难易程度	较难，安装步骤烦琐	简单，快速接头 式设计安装简便	简单，快速接头 式设计安装简便
维护频率	容易挂浆封堵， 维护频率高	非接触无挂浆， 维护频率低	非接触无挂浆， 维护频率低
数据储存	主机单套数据	分布式储存（感知端、 控制端、平台端）	分布式储存（感知端、 控制端、平台端）
数据加密	无	加密	加密
数据共享	需要有网络	有网实时共享， 无网支持离线采集共享	有网实时共享， 无网支持离线采集共享

2.2 基于 AD-DA 技术的接触式灌浆数据采集器

2.2.1 采集器外观与组成部分

灌浆数据采集器是灌浆数据采集小能手，可对长委、华瑞、焊锡等各厂家灌浆记录仪传感器流量、压力、密度等传感器信号数据进行采集与存储，为工程建管人员提供数据服务。不仅实现现场灌浆施工方记录仪数据采集与共享、数据信息实时推送，同时也为现场灌浆记录报告数据准确性和一致性提供数据验证分析服务，真正解决灌浆隐蔽工程施工监管难题。灌浆数据采集器包括数据输入输出端口、采集模块、通信模块、数据处理器、显示屏及电源模块等部分组成，见图 4。

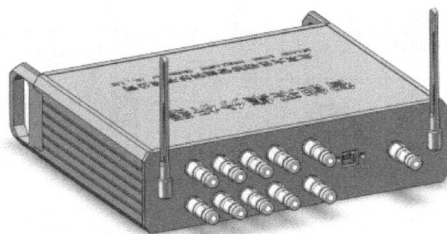

图 4 接触式灌浆数据采集器外观

2.2.2 数据采集方法与原理

灌浆数据采集器是基于 AD-DA 技术的智能物联网关，通过接口及编程实现高速 AD 转换及 DA 转换技术实现现场灌浆施工记录仪压力、流量、密度传感器信号实时采集，将 4～20mA 原始信号进行实时采集、加密存储、安全传输，实现现场灌浆记录仪数据采集与共享。灌浆数据采集器运行机理不仅实现了信号采集，同时也实现信号实时归还记录仪，保障现场灌浆记录仪作业同步运行。

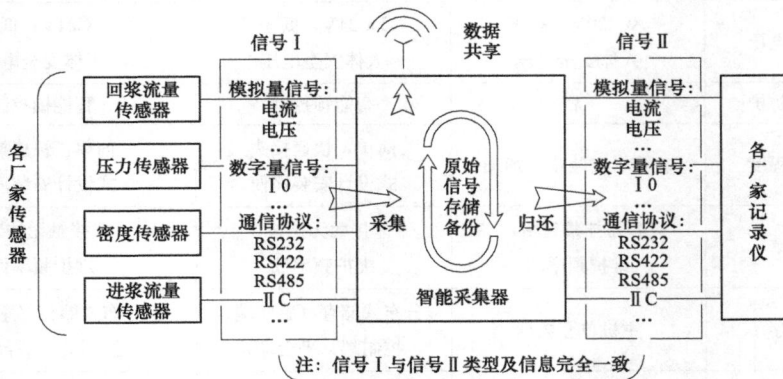

图 5　数据采集方法与原理

如图 5 所示，信号Ⅰ端为厂家记录仪信号采集接入，智能采集器通过 AD/DA 技术对原始信号进行采集备份，并同步将信号数据通过信号Ⅱ输出至厂家记录仪采集通道，实现对灌浆施工记录仪原始数据信号采集。

2.2.3　现场安装使用

接触式灌浆数据采集器各通道具有接入、输出接口及配套接头，可适配于现场施工方灌浆记录仪主机进行数据采集使用。如图 6 所示，灌浆数据采集器一般安装至施工方灌浆记录仪主机旁，施工方灌浆记录仪各通道传感器信号数据一般采用航空插头，灌浆数据采集器具有适配接入插头，可直接快速插拔接入。同时，灌浆数据采集器同一通道信号还具有输出信号插头，可直接插入施工方灌浆记录仪主机通道接入处，实现数据接入与归还，既可实现数据采集，又保障现场施工不受影响。

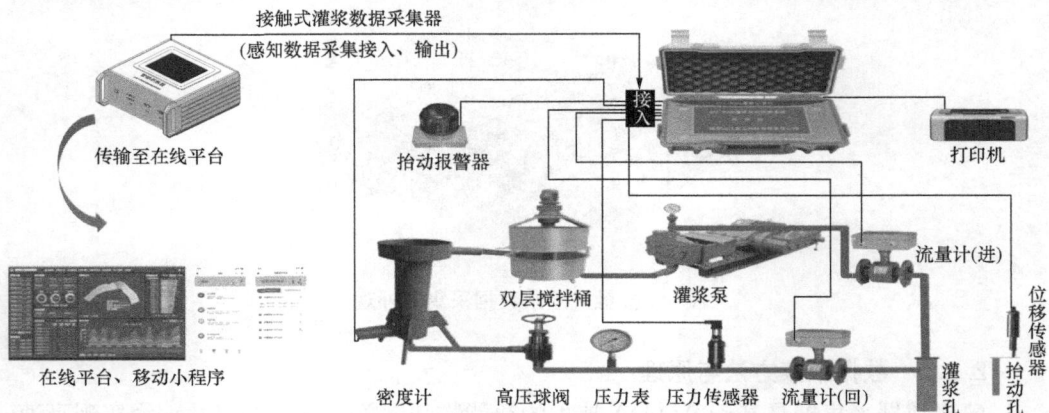

图 6　现场安装

3 非接触式灌浆监测设备技术特点

3.1 数据智能感知

基于 AD-DA 技术的接触式数据采集器实现现场施工方灌浆记录仪传感器流量、压力、密度数据感知，实现数据采集与共享，解决了现场施工作业多品牌灌浆记录仪数据接入难题；非接触式灌浆监测装置采用非接触式测量技术实现过程数据精准感知，为现场灌浆施工隐蔽工程质量监管提供新技术手段，可有效辅助工程建设管理。

3.2 数据融合性强

灌浆记录仪机型样式五花八门、品牌型号不一，实际灌浆施工过程中，各作业队伍采用记录仪品牌繁杂，同一作业队伍使用对长委、华瑞、焊锡等多品牌灌浆记录仪情况，信息存在多样性，数据源数据采集、共享难度较大。通过基于 AD-DA 技术的接触式灌浆数据采集器较好地解决了不同厂家品牌灌浆记录仪传感器数据采集接入，并利用数据融合技术实现对多源数据的动态实时采集和处理，有效解决数据来源多样、数据不一致、数据量大、数据实时性要求高等问题，解决了灌浆施工过程数据采集与共享难题，为灌浆隐蔽工程施工过程管理提供数据支撑服务。

3.3 数据可靠性高

灌浆记录仪作为灌浆施工过程参数采集计量工具，其数据的准确性对于灌浆质量尤为重要。传统灌浆施工过程中，自动灌浆记录仪不完善，记录数据多能人为改动，灌浆施工过程存在信息失真和人为干扰因素。非接触式灌浆监测技术实现数据从感知、存储、传输和处理全过程数据防护。物理设备端采用加密锁、智能锁控制技术进行终端防护保护，防止人为设备干预调整。数据处理采用分布式存储和加密，结合共识机制、智能合约等多种技术手段，实现传输和存储的数据进行加密处理，以确保数据的私密性和安全性[3]。新技术应用保证数据在传输和存储过程中不被非法获取或篡改，为数据安全传输和存储提供了保障，提高数据处理的可靠性和准确度。

3.4 数据可验证性

根据经验总结，利用灌浆自动记录仪作假主要分为三类：一是在施工现场篡改记录仪数据采集，例如替换记录仪主机、数据线上连接模拟器等；二是利用甲方提供的记录仪主机，在后方连接模拟器编造灌浆资料；三是利用电脑软件仿造与灌浆记录仪成果一致的灌浆数据[4]。虽然灌浆过程工艺数据库已经逐步建立，但数据的深度挖掘需要专业的数据存储和分析软件进行标准化支持[5]。非接触式灌浆监测技术数据验证采用多种方式，可对监测元数据、生成记录报告进行数据一致性验证，包括数据处理单元与监控主机、系统平台侧数据相互验证，防止外部人为干预数据、传输过程恶意篡改等因素导致的数据质量问题，保证数据的真实性、合法性与完整性。

4 非接触式灌浆监测技术现场应用

4.1 现场应用布置方案与建议

如图 7 所示，在现场灌浆施工布置图中，灌浆数据采集器一般配套安装在施工方使用的传统灌浆记录仪边上，对施工方传统灌浆记录仪传感器信号进行采集接入，实现数据采集、共享与验证；非接触式灌浆监测装置一般安装在现场某通道回浆管路上，独立开展灌浆施工过程数据监测，并对数据进行共享、验证分析。

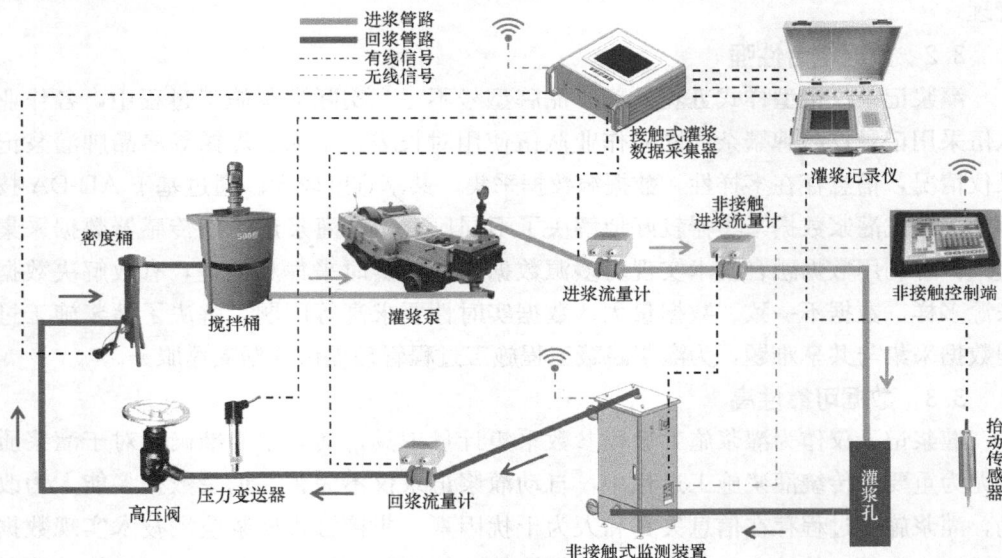

图 7　现场安装布置示意图

其中，建议对现场灌浆量较大、地质环境复杂等部位采用非接触式灌浆监测装置进行同步抽检监测，如大坝试验段灌浆、大坝固结帷幕灌浆、地质条件复杂地段灌浆等。灌浆监测时，非接触式灌浆监测装置的数据处理单元采集装置自带传感器数据，数据加密后，经无线通信传至上位机平板形成灌浆记录报告。可与同时段施工方灌浆报告相互比对分析验证，为灌浆质量提供数据基础。

建议对现场所有灌浆作业部位施工方灌浆记录仪设备端均采用灌浆数据采集器进行集成接入。灌浆数据采集器一般安装在施工方灌浆记录仪主机旁，实现施工方使用的传统灌浆记录仪传感信号采集接入，将施工过程中流量、压力、密度等参数指标动态推送至监管人员，对施工方灌浆记录仪报告数据比对验证，为灌浆施工量统计、施工过程质量管理提供重要数据支撑，为灌浆隐蔽工程管理提供技术手段（见图 8）。

现场无论是采用灌浆数据采集器或是非接触式灌浆监测装置，其监测过程数据统一反馈至灌浆数据智能监测平台，并将流量、压力、密度等数据实时信息推送至相关管理人员，工程建管人员可通过小程序信息实时动态掌握现场灌浆施工情况，

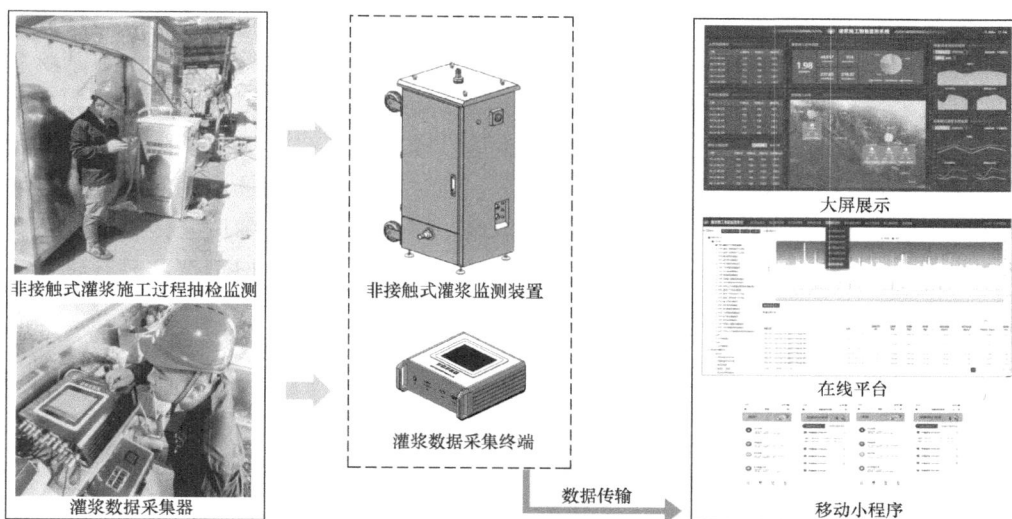

图 8　非接触式灌浆监测数据服务

实现灌浆施工过程数据采集与共享，为灌浆施工量统计、施工过程质量管理提供基础数据支撑。同时，平台利用监测数据对施工方灌浆报告数据进行实时比对，分析其数据差异情况，极大程度地保障了现场灌浆施工过程数据准确性和一致性。现场监控中心或集控中心可将灌浆施工智能监测系统综合展示接入监控大屏，为现场工程建设管理提供数据服务，实现施工全过程监控。

4.2　现场应用实施

非接触式灌浆监测技术已十分成熟，并随着各电站工程进展相继开始应用，现已在浙江宁海、河南洛宁、湖南平江、山东泰安、新疆哈密等电站相继开展应用，应用情况见表 2。

表 2　　　　　　　　　　非接触灌浆监测技术实施应用情况表

电站	实施应用时间	监测设备使用	监测部位
宁海电站	2021 年 12 月～2022 年 12 月	☑非接触式灌浆监测设备 □灌浆数据采集器	☑上库☑下库□输水系统
洛宁电站	2022 年 3 月～2023 年 8 月	☑非接触式灌浆监测设备 ☑灌浆数据采集器	☑上库☑下库□输水系统
平江电站	2023 年 6 月～2027 年 4 月	☑非接触式灌浆监测设备 ☑灌浆数据采集器	☑上库□下库☑输水系统
泰山二期 电站	2023 年 9 月～2028 年 9 月	☑非接触式灌浆监测设备 ☑灌浆数据采集器	☑上库☑下库☑输水系统
哈密电站	2023 年 11 月～2026 年 12 月	☑非接触式灌浆监测设备 ☑灌浆数据采集器	☑上库☑下库☑输水系统

　　灌浆数据采集器应用，为现场灌浆施工提供实时数据采集、共享及信息推送服务，解决了解决现场施工方灌浆作业多采用不同品牌灌浆记录仪数据采集、共享难题，打破了传统灌浆信息不畅壁垒，在不影响现场施工方灌浆记录仪作业使用前提下，对灌浆记录仪流量、压力、密度传感器信号采集接入，解决现场多厂家品牌灌浆记录仪数据采集、共享难题。如图9所示，通过在各电站现场应用实施，现已对现场施工方使用的长委、中大华瑞、成都华瑞、焊锡等不同品牌厂家传统灌浆记录仪流量、压力、密度传感器信号采集、共享，并为施工方灌浆记录仪信号数据计算结果，验证分析施工方灌浆记录报告数据篡改情况。

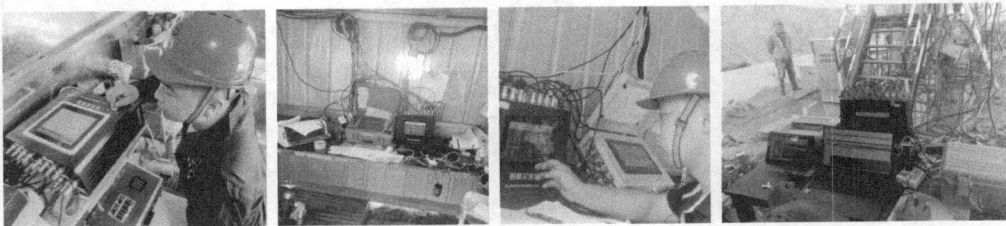

图 9　灌浆数据采集器现场应用

　　非接触式灌浆监测装置应用，为现场灌浆施工过程质量控制提供新的技术手段，通过对现场灌浆量大部位同步开展抽检监测，为现场提供公正、客观的监测数据，对施工方灌浆记录仪数据报告真实性进行验证，实现对现场灌浆施工质量过程管控，有效解决灌浆施工隐蔽工程施工过程质量监管难题，实现了非接触灌浆的数据监督作用。如图10所示，宁海、洛宁、平江、泰山、哈密等电站现场已将非接触式灌浆监测装置用于上下库大坝、交通洞、排沙洞等部位的帷幕灌浆、固结灌浆。

图 10　非接触式灌浆监测装置现场应用

　　非接触式灌浆监测技术不仅为现场灌浆隐蔽工程监管提供先进技术手段，解决数据采集、共享难题，同时也为现场施工过程质量和成本控制提供重要数据支撑，为工程监管人员提供数据、信息推送服务，有效辅助工程建设管理。

4.3　现场应用情况总结

　　非接触式灌浆监测技术应用解决了传统灌浆施工数据采集、共享难题，并为现场工程建管人员提供了实时信息推送、报告数据验证等手段，不仅为现场灌浆隐蔽工程监管提供先进技术手段，同时也为现场施工过程质量和成本控制提供重要数据支撑，有效辅助工程建设管理。经各电站现场非接触式灌浆监测技术应用发现，现场灌浆施工数据普遍存在数据异常情况，数据差异 30% 以上存在人为篡改报告情况。通过非接触式灌浆监测技术校验报告数据对比分析发现施工方灌浆数据，分析总结其施工方异常数据产生主要通过以下几种方式：

（1）报告篡改。直接修改灌浆记录报告中每 5 分钟过程数据的流量、压力、密度数值。

（2）强行摒浆。摒浆过程中有实际流量产生，通过记录仪主机直接将流量修改为 0L/min，以达到摒浆条件，提早完成施工，如图 11 所示。

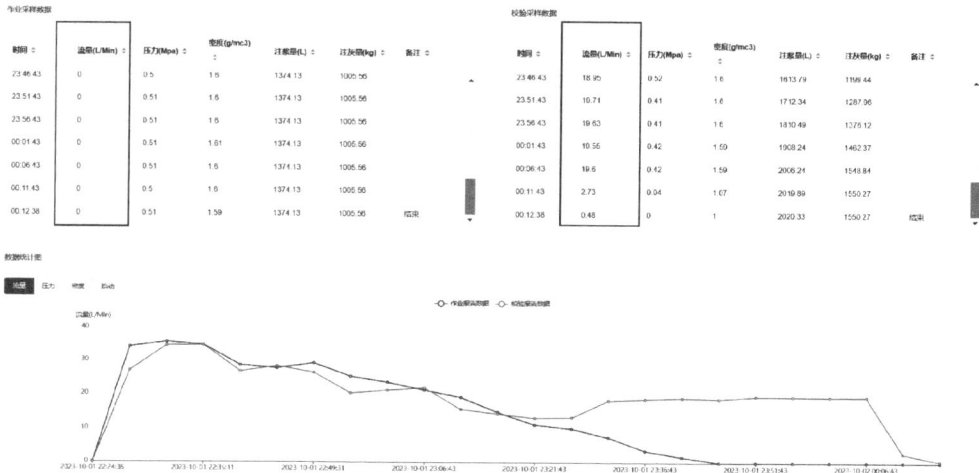

图 11　异常报告（疑似强行摒浆）

（3）注浆量、注灰量造假。实际施工过程中未产生或产生较小流量时，现场通过修改灌浆作业记录报告数据增加累计流量，进而产生注浆量、注灰量的情况，如图 12 所示。

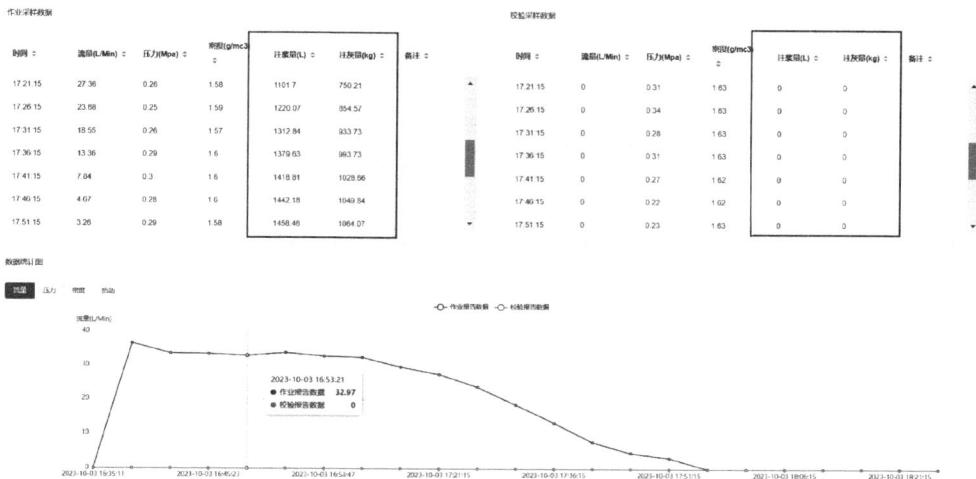

图 12　异常报告（疑似注浆量、注灰量造假）

65

（4）以水代浆。灌浆过程中向灌浆孔内注入水，以替代水泥浆液，进而达到产生注灰量的情况，如图 13 所示。

（5）三通行为。现场通过接入三通，避免了修改灌浆记录仪报告行为，从而达到加大灌浆量目的，如图 14 所示。

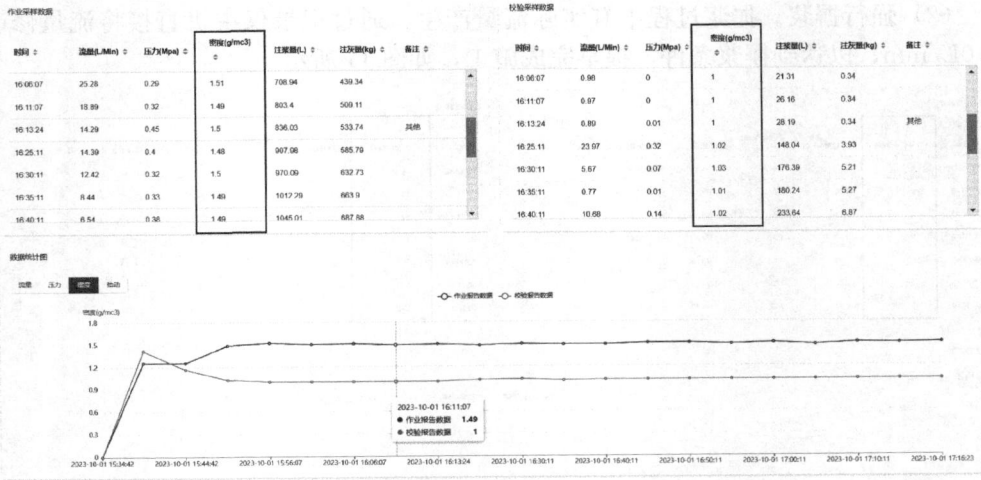

图 13　异常报告（疑似密度修改）

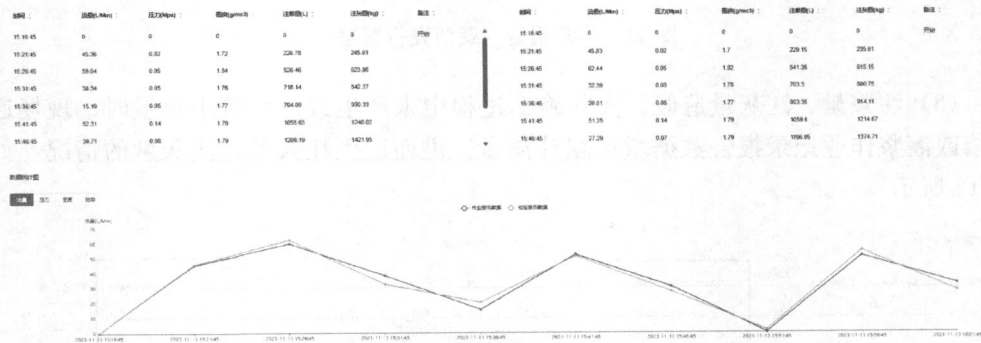

图 14　正常灌浆记录报告

4　结束语

　　非接触式灌浆监测技术应用实施为现场灌浆施工提供过程监控技术手段，解决了传统灌浆施工过程质量监管难题，实现对现场灌浆常用违规操作行为"可监督、可发现、可记录"，促进了灌浆施工过程质量控制水平提升。通过现场应用实施，虽然现场施工方修改灌浆作业报告过程数据的情况依然存在，但数量明显下降，注浆量、注灰量造假情况几乎杜绝，非接触式灌浆监测技术监测发挥显著作用，为现场灌浆隐蔽工程施工过程管控提供有效技术手段，有力地保证了施工全过程灌浆质量，迫使现场施工方不得不严格按规范执运行，现场施工向规范化转向，非接触式灌浆监测技术作用效果十分明显。

非接触式灌浆监测技术现已在浙江宁海、河南洛宁、湖南平江、山东泰安、新疆哈密等电站相继应用，后续安徽桐城、山西垣曲、山西浑源、浙江磐安等电站也将随灌浆工程施工进展相继开展实施，并伴随现场施工应用，非接触式灌浆监测技术也将不断进行革新、优化设备装置和数据验证等技术，推动灌浆行业设备技术革新，促进灌浆工程的规范发展，提高整个行业的水平。

参考文献

［1］潘龙龙．水利水电灌浆工程质量控制的探讨［J］.河南建材，2019（5）：227-229.
［2］唐国峰，崔志刚，刘锦程，等．非接触式灌浆智能监测技术在抽水蓄能电站工程应用研究［J］.水电与抽水蓄能，2022，8（6）：85-89.
［3］荣蓉．筑牢数字经济安全发展的密码防线［J］.信息安全研究，2020，6（11）：1053-1054.
［4］黄纪村，罗刚，吴世斌．大型水电工程水泥灌浆质量管理研究［J］.水利水电技术，2017，48（S2）：117-121.
［5］张帆，詹程远，林育强，等．灌浆施工全过程智能监测数据云存储与深度分析系统研究［J］.长江技术经济，2023，7（1）：93-97.

作者简介

王凯（1980—），男，高级工程师，主要研究方向：抽水蓄能电站工程建设管理。E-mail：kai-wang@sgxy. sgcc. com. cn

胡乾亮（1990—），男，中级工程师，主要研究方向：抽水蓄能电站工程建设管理。E-mail：qianliang-hu@sgxy. sgcc. com. cn

刘杰（1993—），男，助理工程师，主要研究方向：抽水蓄能电站工程建设管理。E-mail：jie-liu. yq@sgxy. sgcc. com. cn

潘月梁（1974—），男，高级工程师，主要研究方向：抽水蓄能电站工程建设管理。E-mail：yueliang-pan@sgxy. sgcc. com. cn

宋振聪（1988—），男，工程师，主要研究方向：抽水蓄能电站工程建设管理。E-mail：zhencong-song@sgxy. sgcc. com. cn

胡紫航（1989—），男，工程师，主要研究方向：水电与抽水蓄能电站工程建设管理。E-mail：907239599@qq. com

种法政（1991—），男，中级工程师，主要研究方向：抽水蓄能电站工程建设管理。E-mail：76039442@qq. com

钟聚光（1991—），男，工程师，主要研究方向：抽水蓄能电站土建施工管理。E-mail：juguang-zhong@sgxy. sgcc. com. cn

抽水蓄能电站工程试验检测与质量验评
数字化技术研究及应用

孟继慧，张金宇 ，潘月梁，王建忠

（浙江宁海抽水蓄能有限公司，浙江省宁波市　315600）

摘　要：试验检测与质量验评数字化技术研究及应用是抽水蓄能电站质量管理的先进技术手段，试验检测依据检测管理标准建立完整的委托、见证、取样、检测、报告全过程线上管理体系，实现业主、监理、施工、第三方试验室在现场试验检测的全面管理，对试验结果自动进行符合性评价，每一批次的实际进场数量与应检组数对比，判断实际检测数量是否符合要求；对检测频次未达到要求的检测项进行统计，自动推送信息，实时监督检测情况。质量验评系统依据质量验评管理标准为施工参建各方建立一套完备的线上验收评定流程业务体系，对各项检验结果智能计算，并且智能判定评定等级，与原材料、试验质检结果业务相结合，促进"三检制"落实，提高工序验评单元合格率、优良率计算时效性、准确性，能够及时发现每月项目单位质量评定问题，采取相应改进措施，精准管控工程建设质量。

关键词：数字化；智能化；试验检测；质量验评

0　引言

　　抽水蓄能电站工程施工面广，涉及专业多，施工周期长，现场施工人员变化频繁，填报资料数量巨大。试验检测与质量验评是质量控制的重要一环，而现场试验检测与质量验评的工作过程是连续、不间断或按一定频次进行的，在这个过程中，会经常出现质量信息传递不及时、资料填写滞后、统计分析困难等管理难题。

　　随着抽水蓄能行业的快速发展，智能化、数字化技术日益成熟，传统质量管理方式亟待创新升级，本文阐述以浙江宁海抽水蓄能电站现场试验检测与质量验评业务为试点，将传统质量业务管理逻辑与最新信息技术巧妙融合，开展试验检测与质量验评数字化技术研究及应用，解决施工现场质量数据采集、计算、传递、存储、统计分析等难题，为电站提供智能化管控手段，促进抽水蓄能电站建设数字化、智能化转型升级。

1　管理现状与需求

　　浙江宁海抽水蓄能电站工程可研工期长达 70 个月，高峰期参建人员多达 2000

余人，涉及试验检测与质量验评纸质填报资料超过 20 万份，相关质量数据的记录、计算、传递、统计分析、归档工作极为繁冗复杂。试验检测与质量验评是工程质量管理的重要环节，数据管理难点主要凸显在以下几个方面：一是传统人工手填现场质量数据工作量较大，管理标准规范难以完全执行到位；二是质量管理涵盖土建、金属结构、机电等多个类别，过程中纸质信息容易出现传递不及时，检测或验评结果发布延误，数据出错等情况；三是现场作业环境复杂，大部分纸质验收评定工作不能在现场及时完成，导致过程数据及检测结果容易收到其他因素干扰，数据单一呈现，不能作为系统性统计分析依据，管理者缺乏有效质量回溯手段。

随着质量管理者对于试验检测、质量验评业务数字化、智能化不断增长的需求，建设过程可以借助新技术手段解决数据采集、分析及利用问题，使得工程质量管理在标准化、精细化管理上得以进一步提升。本课题正是针对工程现场试验检测与质量验评存在的数据管理难点，开展数字化研究与应用，规范现场施工质量管理行为。其中，试验检测数字化技术是对工程建设中土建、物探、金属结构试验建立委托、取样、见证、报告全业务流程管理，实时统计检测频次，掌握现场抽检比例，动态监控关键指标结果分布情况并进行分析，自动生成委托及报告台账，为参建各方提供流程办理、资料发布、数据分析手段；质量验评数字化技术是对施工作业现场质量验评全过程管控，技术主要包括验评标准管理、工程划分管理、验评报审管理、验评月报管理、验评统计分析几个方面，为质量验评过程中的数据计算、结果判定、流程报审、报表统计、资料查阅提供智能化手段，提高质量验评业务的管理效率。

2 试验检测数字化技术研究

2.1 试验检测管理业务分析

现场试验检测管理是质量体系运行中的一个复杂控制过程，包括土建、物探、金属结构等工程专业，涉及试验室的各个岗位。试验检测管理系统建设基于国家、行业、国网公司相关试验管理标准及业务管理规范，定义试验检测类型，明确试验管理的主要业务范围。通过定义各试验类型的试验项目、试验标准、样品取样频次完成试验标准定义。在试验检测过程管理中，通过相关管理标准的引用、执行，实现试验委托、委托样品、抽样频次符合性、试验结果登记、试验结果判断、试验委托、试验样品登记、采样见证、验结果登记、试验报告、试验统计等工程试验全过程的管理（见图 1）。

试验检测系统通过建立委托、取样、见证、检测、报告及分析、材料跟踪、季/月/周报等全流程管理，实现报告发布、样品成果分析、检测频次统计，生成电子台账，并与质量验评报审资料共享（见图 2）。

2.2 系统技术架构

数字化智能试验检测技术研究遵从 SG-ERP 的技术架构管控要求，依照国网公司信息系统架构设计标准、系统部署标准、系统集成标准等建设。系统采用智能报

试验类别	土建		物探		金结

标准库	原材料	锚杆	钢板
	中间产品	拉拔	焊缝
	土工	灌浆	涂层

试验委托	业主委托	监理委托	施工委托		统计分析		
					抽检频次统计	样品成果分析	关键指标分析

试验报告	报告预警	报告发布	报告审核		试验台账	
					委托台账	报告台账

季/月/周报	试验季报	试验月报	试验周报		试验资质		
					试验人员	试验设备	温湿度监控

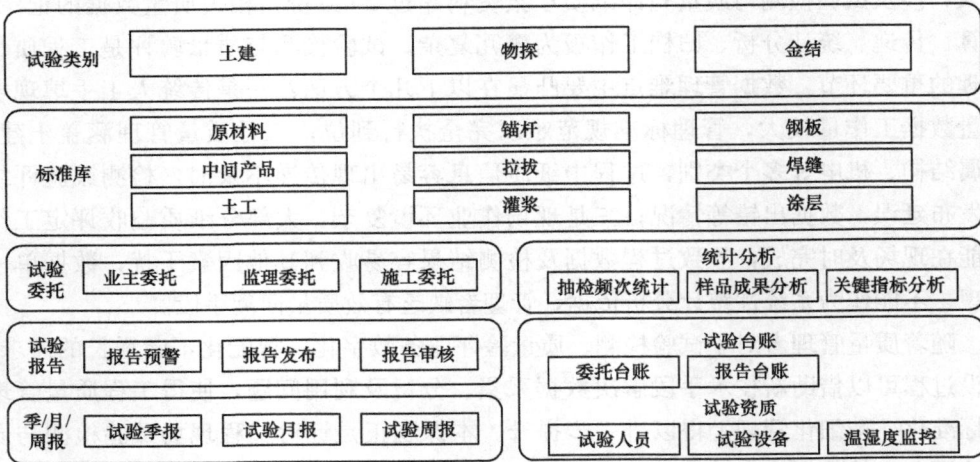

图 1 试验检测管理业务

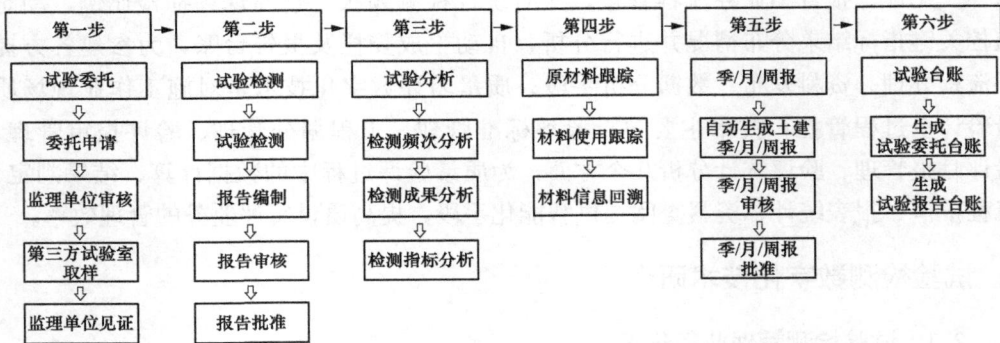

第一步	第二步	第三步	第四步	第五步	第六步
试验委托	试验检测	试验分析	原材料跟踪	季/月/周报	试验台账
委托申请	试验检测	检测频次分析	材料使用跟踪	自动生成土建季/月/周报	生成试验委托台账
监理单位审核	报告编制	检测成果分析	材料信息回溯	季/月/周报审核	生成试验报告台账
第三方试验室取样	报告审核	检测指标分析		季/月/周报批准	
监理单位见证	报告批准				

图 2 业务步骤

表、移动互联、数据分析等数字化技术，实现手机端和 Web 端的双端应用。系统支持 Oracle 和 Mysql 数据库，满足结构化和非结构化的数据存储、编码、解析、利用需求。系统通过智能报表、在线表单、智能任务提醒等技术实现表单数据记忆，在线编辑；对资料发布延期自动预警、告警，生成电子台账信息，能够解决传统的施工管理手段所带来的数据及时性差、准确性低等问题，满足动态建设信息分析评价，动态监控关键指标结果分布情况并进行分析，自动生成委托及报告台账需求，为施工各方提供流程办理、资料发布、数据分析手段（见图3）。

2.3 关键业务功能介绍

数字化智能试验检测系统依据试验检测管理标准为建立完整的委托、见证、取样、检测、报告全过程线上管理手段，实现业主、监理、施工、第三方试验室在现场试验检测的全面管理，通过对各方检测样品进行抽检，按检测频次自动进行符合性评价，实现对每一批次的实际进场数量与迎检组数对比，判断实际检测数量是否符合要求；对检测频次未达到要求的检测项进行统计，自动推送信息，实时监督检

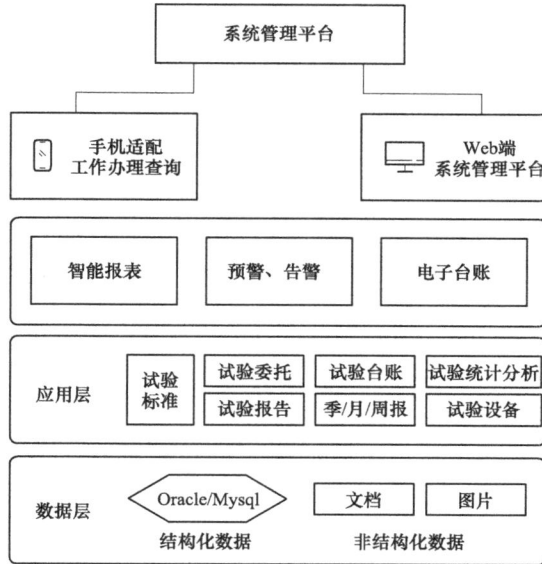

图 3　试验检测系统技术架构图

测情况。

　　系统采用智能报表、移动互联技术，对工程建设中土建、物探、金属结构试验进行全业务流程管理，实时统计检测频次，掌握现场抽检比例，对现场检测频次情况进行统计，通过图表等方式对试验检成果进行分析，生成分析报告，动态监控关键指标结果分布情况并进行分析，自动生成委托及报告台账，为参建各方提供流程办理、资料发布、数据分析手段。

2.3.1　试验标准库

　　依据国家、行业、企业标准进行全面梳理建立系统试验标准库，建立土建、物探、金属结构试验分类 83 项，检测项目及设计指标 1119 项，建立试验模板 82 个，为现场第三方试验检测应用提供标准规范指导及检测结果评定支撑（见图 4）。

2.3.2　试验模板

　　统一检测编码，实现现场委托方、施工工程、样品、配合比全信息分类及对应编码库。

　　第三方试验室发布的检测报告格式一般按照地方主管部门备案批准出具，对格式有一定要求，系统根据各种检测样品类型，实现委托、取样、检测报告等表单模板自定义管理，满足各种项目的管理要求（见图 5）。

2.3.3　委托申请

　　业主、监理、施工通过系统建立试验检测委托流程审核管理，采用智能化表单组件，与标准库关联，引用统一编码，生成数据信息，委托办理过程进行消息提醒，委托表单与检测报告实时关联，检测完成后报告发布情况可及时进行跟踪，提高现场试验管理工作水平（见图 6）。

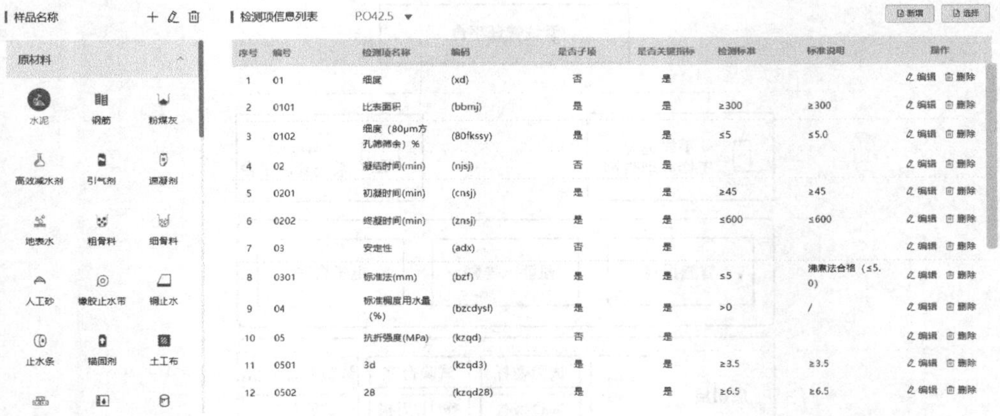

序号	编号	检测项名称	编码	是否子项	是否关键指标	检测标准	标准说明	操作
1	01	细度	(xd)	否	是			编辑 删除
2	0101	比表面积	(bbmj)	是	是	≥300	≥300	编辑 删除
3	0102	细度（80μm方孔筛筛余）%	(80fkssy)	是	是	≤5	≤5.0	编辑 删除
4	02	凝结时间(min)	(njsj)	否	是			编辑 删除
5	0201	初凝时间(min)	(cnsj)	是	是	≥45	≥45	编辑 删除
6	0202	终凝时间(min)	(znsj)	是	是	≤600	≤600	编辑 删除
7	03	安定性	(adx)	否	是			编辑 删除
8	0301	标准法(mm)	(bzf)	是	是	≤5	沸煮法合格（≤5.0）	编辑 删除
9	04	标准稠度用水量（%）	(bzcdysl)	是	是	>0	/	编辑 删除
10	05	抗折强度(MPa)	(kzqd)	否	是			编辑 删除
11	0501	3d	(kzqd3)	是	是	≥3.5	≥3.5	编辑 删除
12	0502	28	(kzqd28)	是	是	≥6.5	≥6.5	编辑 删除

图 4　试验标准库

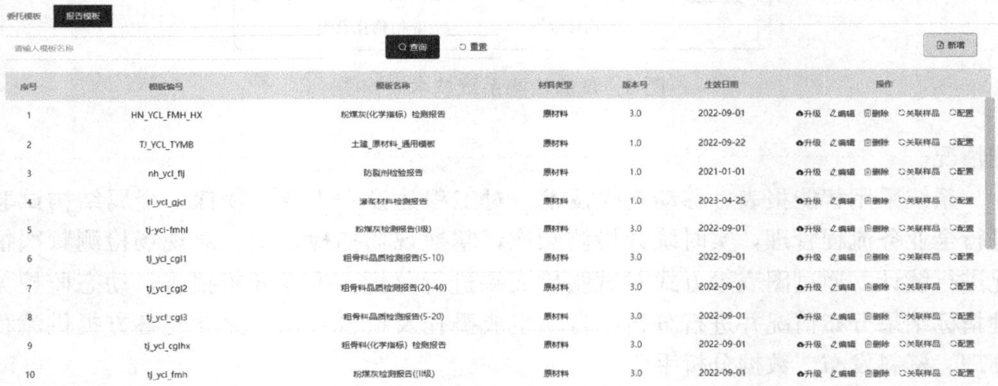

序号	模板编号	模板名称	材料类型	版本号	生效日期	操作
1	HN_YCL_FMH_HX	粉煤灰(化学指标）检测报告	原材料	3.0	2022-09-01	升级 编辑 删除 关联样品 配置
2	TJ_YCL_TYMB	土建_原材料_通用模板	原材料	1.0	2022-09-22	升级 编辑 删除 关联样品 配置
3	nh_ycl_flj	防裂剂检验报告	原材料	1.0	2021-01-01	升级 编辑 删除 关联样品 配置
4	ti_ycl_gjcl	灌浆材料检测报告	原材料	1.0	2023-04-25	升级 编辑 删除 关联样品 配置
5	tj-ycl-fmhl	粉煤灰检测报告(I级)	原材料	3.0	2022-09-01	升级 编辑 删除 关联样品 配置
6	tj_ycl_cgl1	粗骨料品质检测报告(5-10)	原材料	3.0	2022-09-01	升级 编辑 删除 关联样品 配置
7	tj_ycl_cgl2	粗骨料品质检测报告(20-40)	原材料	3.0	2022-09-01	升级 编辑 删除 关联样品 配置
8	tj_ycl_cgl3	粗骨料品质检测报告(5-20)	原材料	3.0	2022-09-01	升级 编辑 删除 关联样品 配置
9	tj_ycl_cglhx	粗骨料(化学指标）检测报告	原材料	3.0	2022-09-01	升级 编辑 删除 关联样品 配置
10	tj_ycl_fmh	粉煤灰检测报告((II级)	原材料	3.0	2022-09-01	升级 编辑 删除 关联样品 配置

图 5　预制试验模板

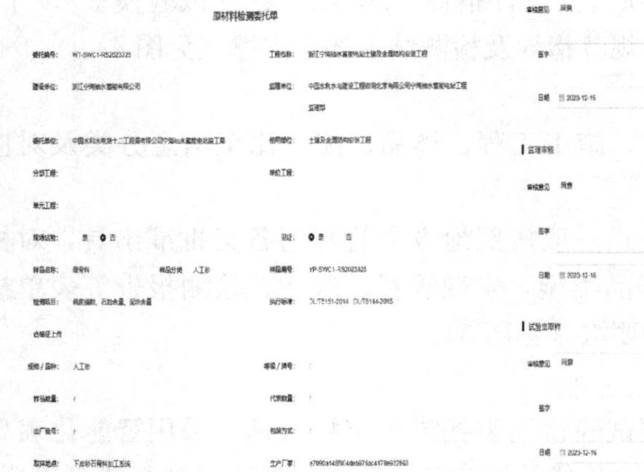

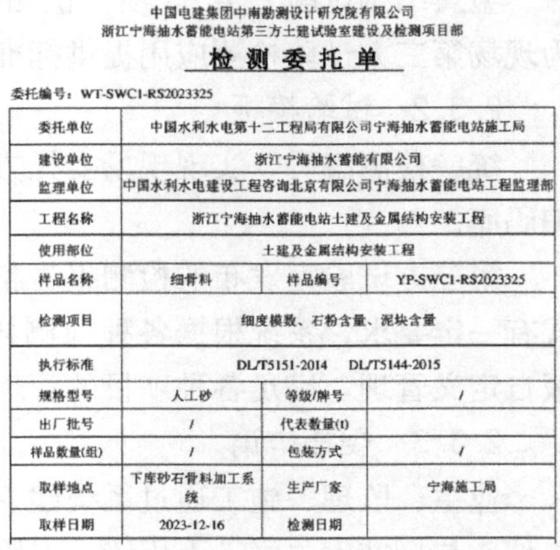

中国电建集团中南勘测设计研究院有限公司
浙江宁海抽水蓄能电站第三方土建试验室建设及检测项目部

检 测 委 托 单

委托编号：WT-SWC1-RS2023325

委托单位	中国水利水电第十二工程局有限公司宁海抽水蓄能电站施工局		
建设单位	浙江宁海抽水蓄能有限公司		
监理单位	中国水利水电建设工程咨询北京有限公司宁海抽水蓄能电站工程监理部		
工程名称	浙江宁海抽水蓄能电站土建及金属结构安装工程		
使用部位	土建及金属结构安装工程		
样品名称	细骨料	样品编号	YP-SWC1-RS2023325
检测项目	细度模数、石粉含量、泥块含量		
执行标准	DL/T5151-2014　DL/T5144-2015		
规格型号	人工砂	等级/牌号	/
出厂批号	/	代表数量(t)	
样品数量(组)	/	包装方式	/
取样地点	下库砂石骨料加工系统	生产厂家	宁海施工局
取样日期	2023-12-16	检测日期	

图 6　线上委托

2.3.4　试验检测

通过系统进行检测报告编制、审核及发布，结合试验标准库管理功能，自动判定检验项目是否符合标准，辅助试验人员对检测结果进行发布，检测报告按照检测样品提供的模板自定义打印，从表单样式、内容方面与现场管理要求保持一致，保障资料打印需要（见图7）。

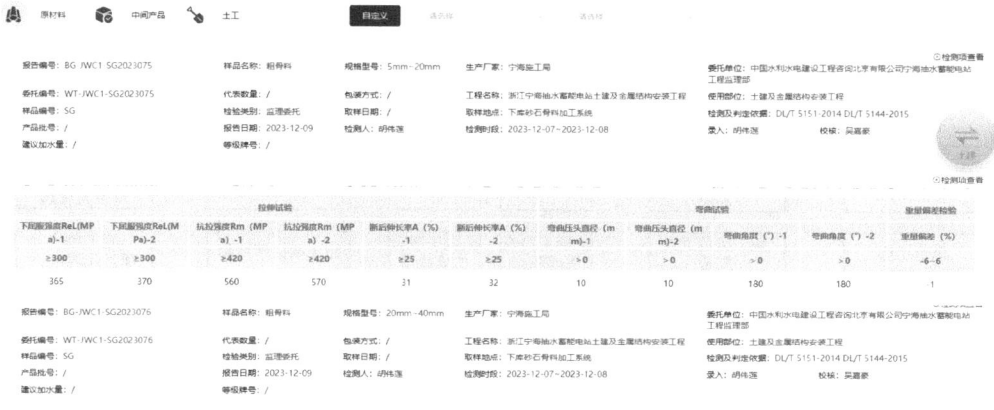

图 7　结果生成

2.3.5　统计分析

对试验检测频次、检测比例，关键控制指标等按照部位、时间、检测分类进行多维度统计及分析，对每月检测样品的成果进行汇总统计，根据检测结果自动形成委托、报告台账，生成季/月/周报（见图8）。

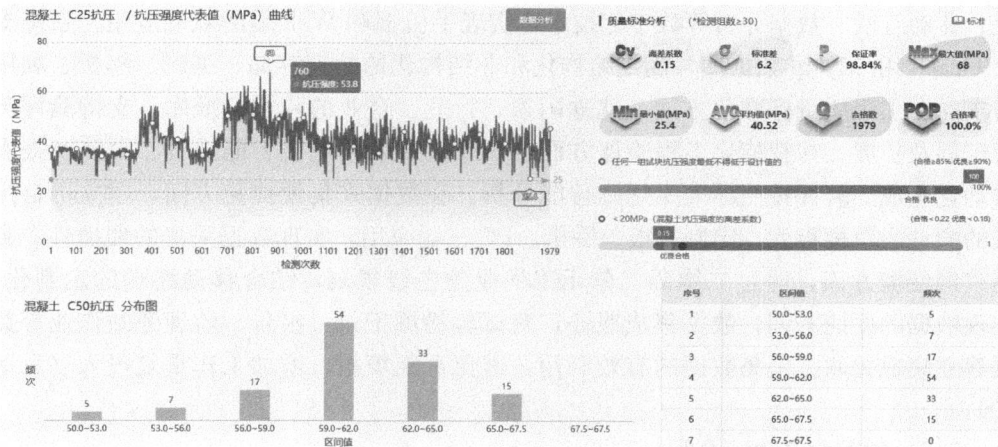

图 8　统计分析数据

3 质量验评数字化技术研究

3.1 质量验评业务分析

抽水蓄能电站质量验评规程分为单元工程质量验评、分部工程质量验评、单位工程质量验收，涵盖施工、监理、设计、业主等各方，以竣工资料归档为目标，对验评过程资料实现数据采集、信息填报、资料审核、结果分析等手段，实现工程质量验收评定流程管理（见图 9）。

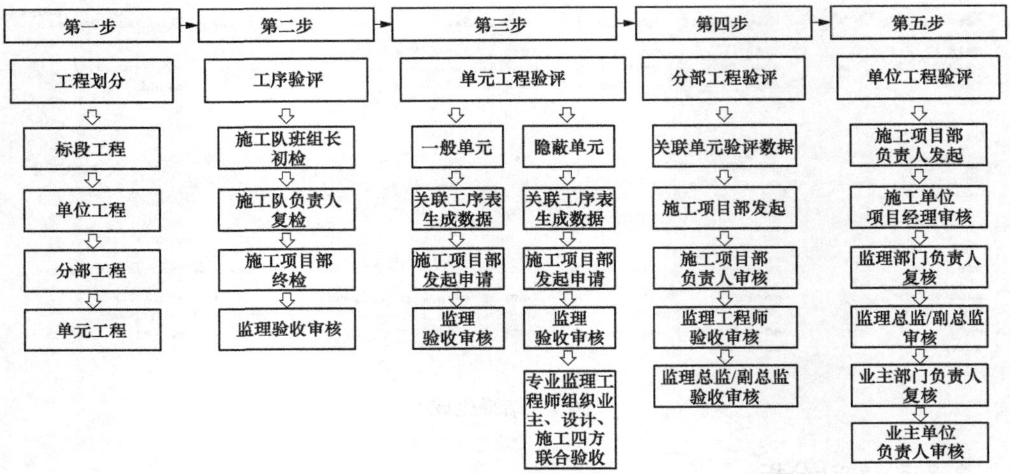

图 9　质量验评业务分析

3.2 系统技术架构

数字化智能质量验评技术研究遵从 SG-ERP 的技术架构管控要求，依照国网公司信息系统架构设计标准、系统部署标准、系统集成标准等建设。系统采用智能报表、移动互联、数据分析等数字化技术，实现手机端和 Web 端的双端应用。系统支持 Oracle 和 Mysql 数据库，满足结构化和非结构化的数据存储、编码、解析、利用需求。在工程质量标准化方面，建立国家、行业、企业的验评标准库，支持验评流程定制及扩展。在智能化工程验评方面，实现验评表单填报智能评价、台账及报表自动化生成、验评按照标准库规则智能分析。在数据采集便捷化方面，建立可自定义的验评表单模板库；定制平板、手机、PC 三端应用，实现数据采集的便捷性，数据查询便捷方面，通过二维码、单元工程业务主线规划，结合移动终端的定制化，实现数据的便捷查询，数据集成服务，对试验检测记录、报告、监理旁站作业等数据建立集成关联，提高数据的有效利用，避免重复填报，增加工作重复投入（见图10）。

3.3 关键业务功能介绍

系统主要目的是通过信息化技术将《抽水蓄能电站建设工程质量验收评定标准》中的标准表实现结构化，并基于基建管理信息系统上建立现场质量验评数据采集，

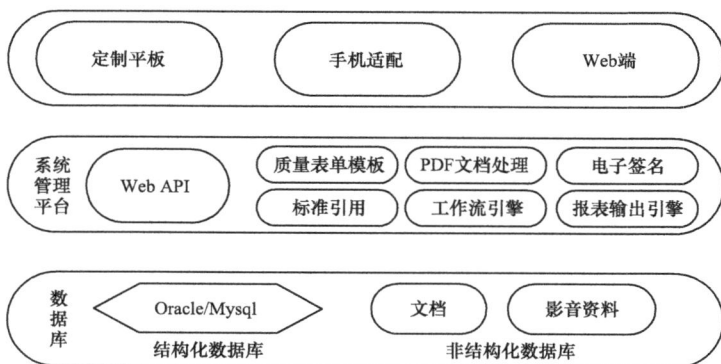

图 10　质量验评系统技术架构

进行大数据统计、分析、挖掘等技术，提高抽水蓄能电站基本建设工程施工质量管理水平，规范工程施工质量的验收过程与评定过程等。数据可利用，通过系统自动处理结构化数据进行实时统计、分析、评价，提高效率，降低人工工作量，降低传统人工方式工作失误率，提高工作效率。后期电子档案批量扫描，自动辨识二维码归属到部位，解决工程资料档案实时归档问题，解决传统人工扫描附件单个上传工作量较大等。

3.3.1　验评标准库

依据国家、行业、企业标准进行全面梳理建立系统应用标准库，涵盖土建、机电工程管理标准应用，建立土建工程（土石方开挖、喷锚支护、混凝土工程、土石坝工程）、金属结构工程（金属结构、启闭机安装）两大主专业 373 种单元类型标准项目（见图 11）。

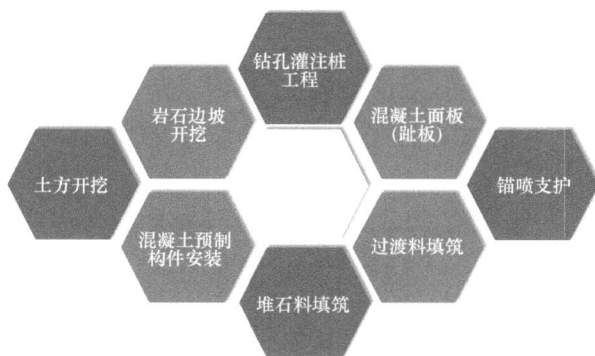

图 11　验评标准库

3.3.2　智能化表单

通过参数配置、输出表格、定制流程三层配置方式，利用表单解析技术，快速解析表单模板，支持表单自定义扩展，支持表单打印格式全适应，支持二维码及电子签证认证管理，满足现场资料管理及归档需要（见图 12）。

模板预览　选择流程　权限配置　　　　　　　　　　　　　← 返回

图 12　预制验评模板

3.3.3　智能化填报与审批

按照预制全套工序及单元评定表单，智能化填报验评数据，自动判定验评合格及优良结果，验评及时、高效。

系统建立超过 20 种数据算法逻辑，对工序表、单元评的数据进行自动计算及关联引用，实现表单内容主控项目、一般项目的实测值、合格数、合格率自动计算，对于文字描述的检测结论，可引用标准内容进行预置，从而智能判定验评等级，对各工序表的数据进行匹配计算，自动带入单元评定表数据，自动评定单元工程验评等级（见图 13）。

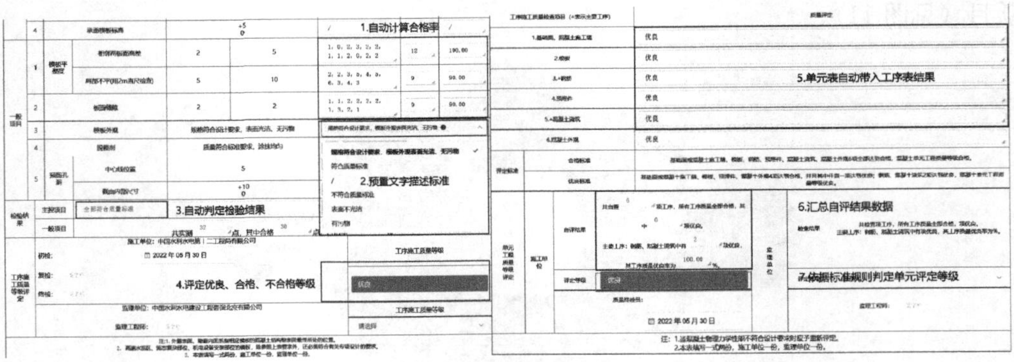

图 13　单元工程验评等级

通过集成国网公司高效的 BPM 流程引擎，根据项目需求可灵活配置业务流程，满足各层需要，实现质量业务流程的线上报审管理。

3.3.4　智能化分析

通过对标段、单位、分部工程等多角度质量评定结果进行统计分析，自动汇总验评数量、优良率、合格率，对工程建设过程中的历史信息快速回溯，并形成质量月报，方便现场管理人员对数据的实时查询，掌握各施工部位的验评情况（见图 14）。

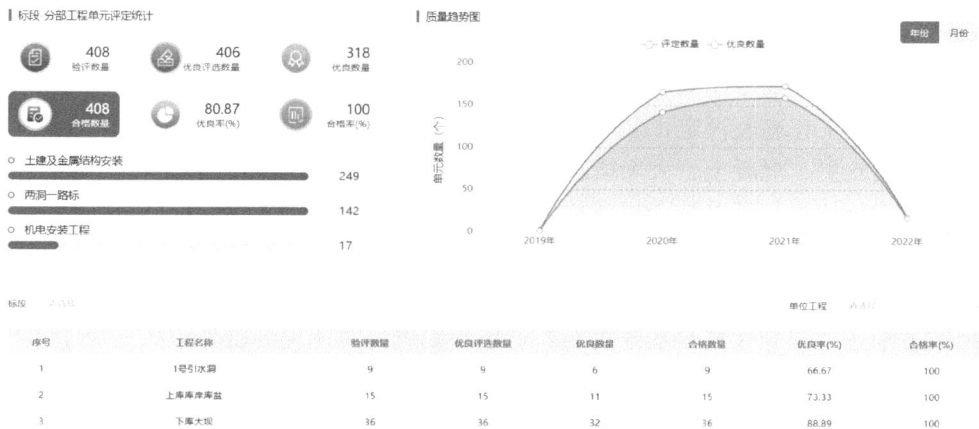

图 14 统计分析验评数据

4 数字化技术应用情况

4.1 试验检测应用情况

自试验检测数字化技术研发应用以来，宁海抽水蓄能电站已全面应用在土建、物探、金属结构试验工作中，涵盖原材料、中间产品、土工、钢板等 87 类检测材料，建立检测报告模板土建类 68 类、物探 10 类、金属结构 4 类，能够实现按照时间段、标段、类别等多维度自动统计分析功能，自动生成周、月报告及台账等，建立试验系统单点录入多点利用的关联关系，减少数据重复录入、统计工作量，提高试验检测流程办理效率。按照规范要求预制了各类材料、中间产品等检验频次要求，不满足要求时会弹出预警信息，避免了少检、漏检等问题。

试验检测数字化技术应用（见图 15）后，较好地解决现场试验漏检、少检、数据统计分析难、验评报告出具不及时影响验收评定等难题，目前已在山东潍坊、浙江磐安、新疆哈密等抽水蓄能电站推广应用。

图 15 现场试验检测应用

4.2 质量验评应用情况

质量验评数字化技术已全面应用在宁海抽水蓄能电站土建及金属结构安装工程项目、机电设备安装工程项目，支持电脑、手机、平板多种应用终端，涉及水电土建、机电、公路交通3个大类，开挖、混凝土等148个专业全部覆盖，预置单位/分部/单元/工序工程验收评定1127张电子表单模板，工程常用的岩石边坡开挖、洞室开挖、锚喷支护、混凝土、大坝填筑等5个专业（共41张表格）表单已全部实现验评数据智能化填报，可以结合规范标准要求实现验评的智能化管理，包括验评数据自动计算，表单之间数据相互关联，主控、一般项目等验评结论自动生成，验评等级优良、合格自动判定，提高了现场施工过程质量管控水平。

该技术还与全景化档案系统实现电子签章集成，实现现场验评审核、电子审批、档案归档推送的完整流程管理。质量验评数字化技术有效解决了现场施工验评资料收集难、表单报审不及时、验评问题无法回溯，资料不易共享、事后分析困难等验评难题，目前除浙江宁海抽水蓄能电站全面应用外，河南洛宁抽水蓄能电站、河北易县抽水蓄能电站、新疆哈密抽水蓄能电站等电站也相继投入使用。现场质量验评应用见图16。

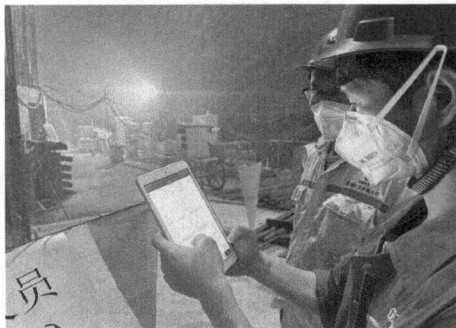

图16　现场质量验评应用

5　数字化应用价值

5.1　试验检测数字化技术应用价值

试验检测数字化技术在宁海抽水蓄能电站应用后，提升了试验从委托到检测报告发布的流程效率，为现场检测质量提高了监督及分析手段，提高了试验检测水平。

（1）结合检测标准规范，建立委托、取样、见证、报告全业务流程线上智能化管理，相对于传统施工现场任务重，签字人员多，人员分散，需专门安排人员上门对资料进行送审，签字流程存在后开展等问题情况，系统试验资料编制、审核、打印更高效，沟通工作更便捷。

（2）试验检测种类多，数据频率高，用户参与高，系统通过数据记忆技术建立个人记忆库，按照人员账户能快速生成试验报表通用、常用数据，并与用户习惯匹配，减少用户重复编写高频次数据工作量。

（3）数据高效利用，系统利用智能分析手段，将过程中庞大的数据源进行整理、归集，实时形成试验委托、报告台账，自动生成季/月/周报等，大大降低传统试验人员编制台账、工作报告资料时花费大量精力对日常数据进行收集、计算及编制工作。

（4）实时检测质量控制，以图表、文字多方式进行数据实时汇总、统计分析，并生成分析报告，避免传统试验人员数据统计不及时，现场检测质量情况掌握不全面，不准确性，提高试验检测控制水平。

5.2 质量验评数字化技术应用价值

质量验评数字化技术在宁海抽水蓄能电站应用后，提升了工程建设质量标准化、数字化、智能化，突破传统管理方法，提高现场管理水平，促进现场验评工作进一步规范，强化质量落实，降低现场管理成本，提高工作管理效率。

（1）系统通过数据记忆技术快速生成验评表单通用、常用数据，减少用户编写工作量，降低操作难度，相对于传统手工抄写效率低，出错率高，字迹不清晰，资料编写易返工，系统应用在数据填报、查阅、流转效率等方面大大提升，避免资料作废重复编制等。

（2）以国家、行业、企业标准为依据，建立标准库，实现验评表单智能运算逻辑体系，根据不同表单标准，配置相应算法，包括文字、数值等类型，系统智能计算检验结果，自动判定验评等级，同时将工序、单元、分部、单位等表单数据实现自动关联，降低人为数据计算错误，提高数据计算效率，避免过程控制与验评结果不符情况。

（3）通过灵活配置流程及模板，结合移动终端应用，提供消息提醒，建立线上审核机制，提高验评资料上报、审核等办理效率，解决施工队、项目部资料编制不及时，资料堆压，集中送审办理效率低等问题，过程资料自动存档，方便查询及归档。

（4）可实现与电子签章认证系统集成的技术手段，实现电子资料盖章、归档管理可行性，解决传统验评归档资料施工单位专人专力集中整理资料并手动扫描形成电子文件归档的繁重工作。

6 结束语

宁海抽水蓄能电站数字化试验检测与质量验评技术研究及应用，针对施工质量管理存在的痛点和难点，利用先进的装备和技术手段，实现统一技术平台架构、业务数据集成贯通、数据标准体系完善，有助于提升现场质量管理水平，促进抽水蓄能电站数字化转型升级及专业化发展。后续推广应用中，将继续推动电子签章的应用，打通与档案系统的对接集成，通过建设—运行—完善的循环过程，使系统更加便捷、高效、易用，为抽水蓄能电站基建数字化管控建设赋能增值。

参考文献

[1] 国家能源局 . DL/ T 5113.1—2019 单元工程质量等级评定标准 第 1 部分：土建工程 [S]. 北京：中国电力出版社，2019.

[2] 国家能源局 . DL/ T 5144—2015 水工混凝土施工规范 [S]. 北京：中国电力出版社，2015.

[3] 叶宏，孙勇，韩宏韬 . 抽水蓄能数字化智能电站建设探索与实践 [J]. 水电与抽水蓄能，2021，7（6）：17-20.

[4] 何平 . 抽水蓄能电站基建管理信息系统的设计与实施 [J]. 水电与抽水蓄能，2018，4（3）：36-42.

[5] 国家电网有限公司 . 一种水电工程土建试验数据统计分析方法和系统：中国，202110161386.4 [P]. 2021-06-08.

[6] 国网新源控股有限公司 . 一种基于北斗的应急信息智能传输系统：中国，202211477953.8 [P]. 2023-06-27.

作者简介

孟继慧（1971—），男，本科，教授级高级工程师，主要研究方向：抽水蓄能电站工程项目管理工作。E-mail：1098246533@qq.com

张金宇（1995—），男，本科，工程师，主要研究方向：抽水蓄能电站工程项目管理工作。E-mail：1098246533@qq.com

潘月梁（1974—），男，本科，高级工程师，主要研究方向：抽水蓄能电站工程项目管理工作。E-mail：413031104@qq.com

王建忠（1970—），男，硕士，高级工程师，主要研究方向：抽水蓄能电站工程项目管理工作。E-mail：wjz7050@163.com

无人驾驶机群在潍坊抽水蓄能电站上水库的应用

许双全，杨看迪，李希稷，李　绅

（山东潍坊抽水蓄能有限公司，山东省临朐县　210003）

摘　要： 当前我国正处于能源绿色低碳转型发展的关键时期，风电、光伏发电等新能源大规模高比例发展，对调节电源的需求更加迫切，构建以新能源为主体的新型电力系统对抽水蓄能发展提出更高要求。抽水蓄能水库工程堆石坝普遍填筑工程量大，填筑过程中作业效率、作业安全、作业质量的保证为工程的几大重难点，为解决上述重难点，项目创新性引用了无人驾驶运输技术并与无人碾压技术等进行有机结合，形成了一套针对抽水蓄能电站上水库的无人驾驶机群作业技术，取得了良好的成果。

关键词： 抽水蓄能；堆石坝；无人碾压机群；无人运输矿卡

0　引言

潍坊抽水蓄能电站位于山东省潍坊市临朐县境内。电站对外交通便利，工程区距临朐 29km，潍坊约 95km，距莱芜约 110km，距离淄博约 115km，距济南约 163km，靠近山东省中部负荷中心，地理位置优越。电站总装机容量为 1200MW，装设 4 台立轴单级混流可逆式水泵水轮机，单机容量为 300MW，额定水头为 326m。电站建成后在山东电网系统中将承担调峰、填谷、调频、调相、紧急事故备用等任务。

上库位于大峪沟沟首处，库区总体地势为西南高，东北低，东、南、北三面环山，采用开挖和筑坝方式兴建。库区地形总体呈下缓上陡，坝址以上控制流域面积为 $0.34km^3$，正常蓄水位（628.00m）以下水库容为 886.8 万 m^2，其中调节库容为 803.6 万 m^3。上库正常蓄水位为 628.00m，设计洪水位为 628.39m，校核洪水位为 628.49m，死水位为 598.00m。坝顶高程为 630.60m，环库公路长为 2211m，坝轴线处最大坝高为 151.5m，坝顶宽度为 10m。坝体填筑料全部来自上水库库盆开挖石料，坝体从上游向下游分为垫层区（2A）、过渡区（3A）、上游堆石区（3B）、下游堆石区（3C），同时大坝与岸坡接触部位设置过渡区（4B）。

1　施工重难点、创新点

潍坊抽水蓄能电站上库堆石坝填筑量 1300 余万 m^3，高峰填筑量 110 万 m^3/月，最大单层填筑面积 18 万 m^2。按设计技术要求，为符合工期要求如采用常规 25t 自卸车有人驾驶方案需进行 52 万次挖填循环，高峰期仅自卸车就会超过 100 辆同时作业，运输安全风险高，运输效率低，如何保证填筑施工效率及作业安全为一大重难点。

潍坊抽水蓄能电站上库堆石坝过渡料及堆石料碾压遍数为 8 遍（静 2＋动 6），振动碾有效碾压宽度 2m，在最大填筑面积时，振动碾共计需碾压 72 万遍，使用传统的人工智指挥振动碾或现场画好碾压条带后进行碾压，效率极低且碾压质量无法保证。在如此宽广的坝面上振动碾的碾压质量保障是一大重难点。

为保证施工作业安全，提升效率及施工质量，本项目创新引用无人驾驶运输车辆作为部分运输设备，除此之外本项目同时引用了无人碾压技术，将无人驾驶运输与无人碾压进行有机结合，创新形成了无人驾驶作业机群作业模式，并得以应用。

2 研究施工方法及路线

2.1 施工方法

（1）利用网络等手段，通过广泛调研，对国内外的类似工程施工情况和科研情况进行广泛查询，获取有关的详细资料，分析其应用于本工程的可能性与适用性，并进行多方面、大范围的实地考察调研。

（2）依据现行的施工技术规范、其他相关课题研究所取得的成果、方案比较、并向有关专家进行技术咨询，制定适合本工程现场施工条件和工程特点的施工方案。

（3）对方案进行论证，并根据抽水蓄能上库堆石坝碾压试验得出的结果，不断分析、总结、完善。

2.2 技术路线

（1）由研究组通过资料收集、信息汇总、分析整理、方案对比、专家咨询后确定本工程总的施工原则，以及总体施工方案。

（2）对总体施工方案进行分解，对每道工序、每个作业进行详细的分析和研究，确定各工序、各作业具体的施工方法。

（3）实施过程中，配置专人进行跟踪、分析、调整，及时应用于工程设计与施工。

（4）结合无人碾压机群和无人运输矿卡，对已实施的施工方案、施工方法及施工参数进行分析总结和评价，完成报告的编写，并作为研究成果。

3 堆石坝无人碾压技术探索及应用

3.1 仓面作业路径智能规划

构建大坝碾压机群协同施工作业优化模型，采用智能算法与智能仿真技术，通过对大坝碾压作业全过程进行实时动态仿真，综合考虑仓面碾压遍数控制要求，实现碾压作业路径智能规划。主要系统业务架构如图 1 所示。

实现办法如下：

构建大坝碾压机群协同施工作业优化模型，结合大坝工程系统提供的施工过程

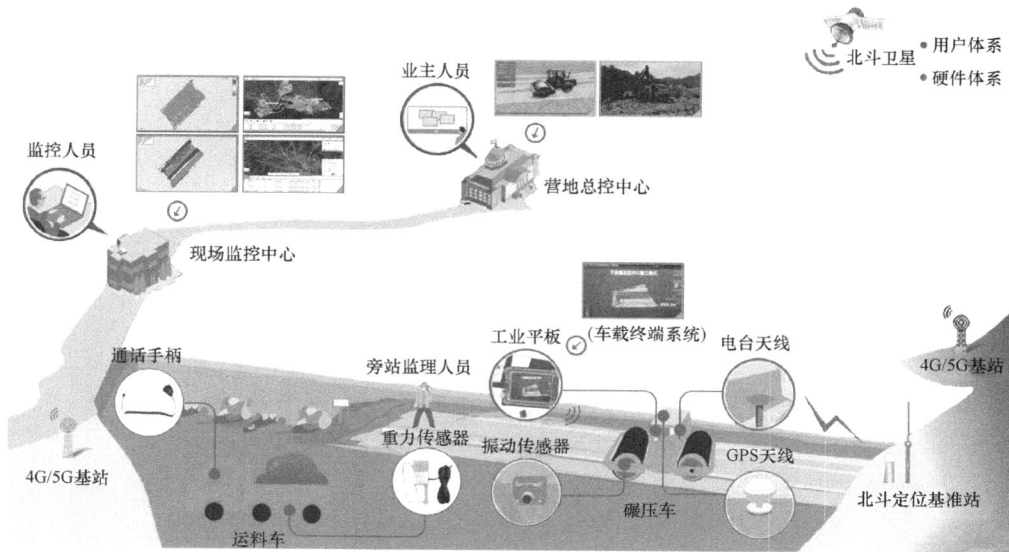

图 1　系统业务架构图

监控数据，采用智能算法与智能仿真技术，通过对大坝碾压作业全过程工艺进行实时动态仿真，实现大坝碾压施工过程实时动态智能仿真。

工艺管理包括工艺信息的新增和施工过程质量控制关键指标的初始化，当碾压机械进入指定工艺的区域后，系统自动判断碾压机械的运行状态是否按要求作业。

本系统主要实现功能内容如下：

深入分析现场各种工况，结合大坝工程系统提供的施工过程监控数据，建立大坝碾压机群协同施工作业优化模型。

在上述施工方案及进度优化基础上实现碾压机群碾压作业、转场、加油及其他工况下的路径动态规划；路径规划需要满足设计遍数控制要求，并能根据坝料性质及碾轮响应的不同实现对压实度的实时高精度检测，从而指导路径动态调整。

实现仓面施工三维可视化仿真，以此指导大坝碾压机群进行智能作业。建立大坝工程施工过程智能仿真与优化模型。基于施工信息，深入挖掘分析施工参数的动态变化特征，实现仿真参数智能更新，有效分析施工进度；基于实际进度/仿真进度与计划进度的对比分析，优化关键施工参数，智能生成纠偏策略，实现施工进度的智能控制与优化。实际碾压效果如图 2 所示。

3.2　碾压机械动态监控

基于自动控制、人工智能技术、计算机智能视觉等技术，研发无人碾压机群智能控制系统，实现坝面无人碾压机群作业路径协同智能规划、智能避障、智能循迹等功能，为提升水利水电工程智能化建设水平提供技术保障。

无人碾压机群协同作业技术，精准实时记录碾压全过程数据，并具有可追溯功能，有效避免常规质量控制的局限性，极大提升大坝填筑碾压质量，有效降低施工成本。无人振动碾结构形式如图 3 所示。

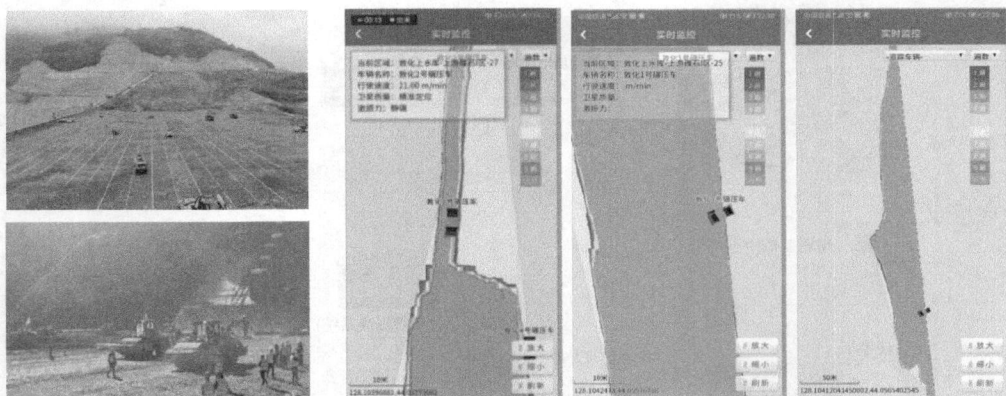

图 2　大坝碾压应用效果展示图

图 3　无人振动碾

动态监测施工单元碾压机械运行轨迹、速度、激振力和碾压高程等,并在跨平台的大坝施工三维场景中可视化显示,同时可供在线查询;可在总控中心和现场监理分控站对大坝混凝土碾压情况进行监控,实现远程、现场"双监控"。呈现效果如图 4 所示。

依据大坝碾压施工过程智能仿真成果,采用智能方法与技术对大坝碾压机群作业过程进行有效管控,以实现高标准碾压作业的目标。在碾压机上安装 GPS 定位仪、测速仪等,可以有效采集到碾压机械运行轨迹、速度、激振力和碾压高程等。采集回来的数据,存储到施工过程大数据库内,结合大坝施工三维场景,进行可视化显示。可视化效果如图 5 所示。

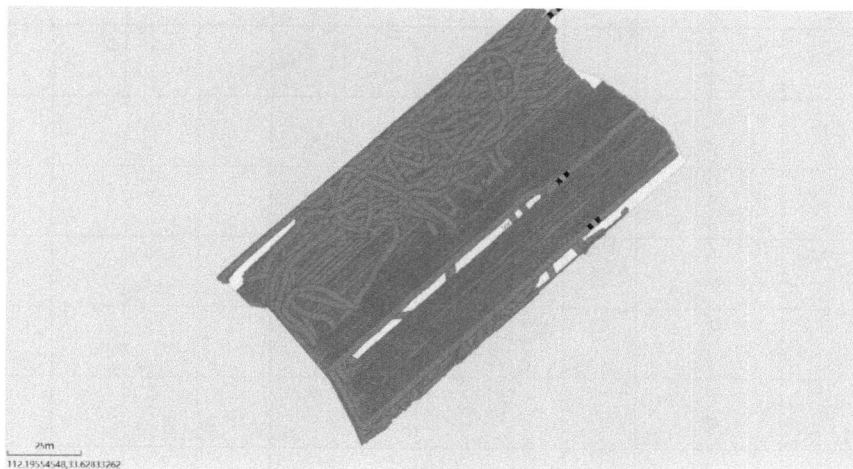

图 4　碾压遍数呈现效果图

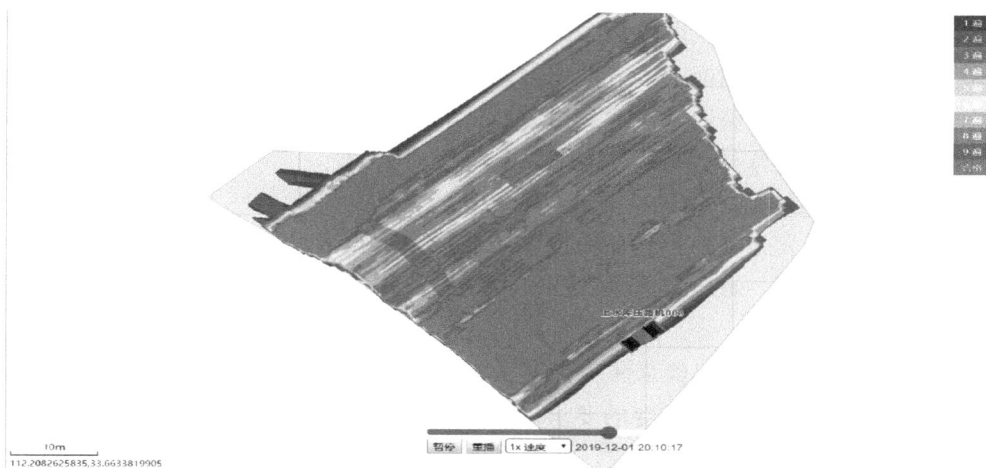

图 5　历史轨迹运行情况可视化显示效果图

3.3　质量数据的统计与可视化查询

统计展示系统对大坝碾压监测的各项指标作图文化直观展示，包含大坝碾压关键指标展示、大坝施工进度关键指标展示、大坝施工质量验评关键指标展示等，为管理人员提供分析、判断依据。

系统实现虚拟施工工艺场景与现场视频，工艺要求、引用标准等内容，将不同工艺可视化虚拟仿真交互与相应的现场视频、图片、引用标准等相匹配，让施工人员更能深刻地、直观地多角度体验，从而让其了解得更全面、更深刻。碾压机械的振动合格情况如图 6 所示。

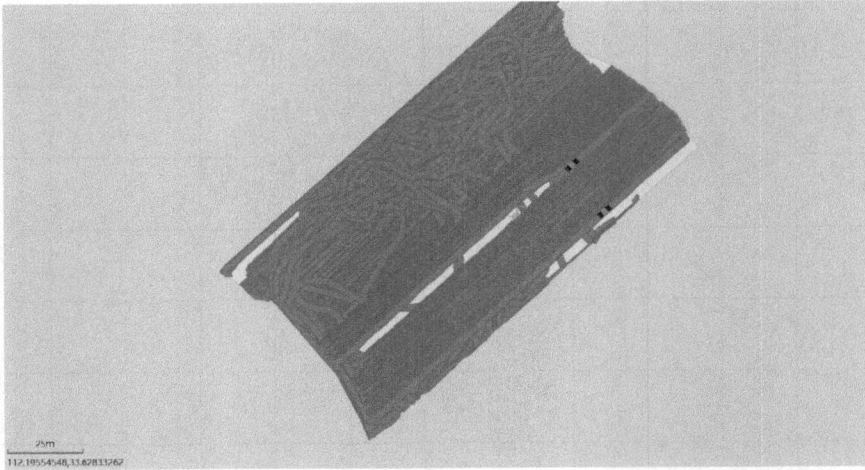

图 6 碾压机械的振动合格情况

3.4 质量控制指标超标报警

当碾压机械运行超速，以及激振力、碾压遍数和压实厚度不达标时，系统自动给车辆司机、现场监理和施工人员发送报警信息，提示不达标的详细内容以及所在空间位置等，并在现场监理分控站 PC 监控终端上醒目提示，以便及时指示返工或调整，同时把该报警信息写入异常数据库备查。

3.5 报表输出

在每个施工单元施工结束后，输出碾压质量图形报表，包括碾压轨迹图、行车速度和激振力情况图、碾压遍数图、压实厚度图、压实高程图和压实指标图等，作为质量验收的辅助材料。

在工程施工大数据库已经采集完成相关的生产过程数据之后，引入第三方报表分析工具，根据客户的统计维度的要求，分配生成不同的统计分析报表，在质量管理模块，根据客户的质量管理要求，输出碾压质量报表。

报表系统对需要集成的原始业务数据进行接入、过滤、转换和编码处理等系统功能开发，对清洗后的数据进行集中存储管理。根据业务管控的核心指标，对中间存储数据进行加工和运算，为信息展示、查询统计、监控预警等提供数据支持。

4 无人运输技术

无人驾驶运输系统由无人驾驶自卸车、云端智能调度、车挖与车装设备交互、车车与车路协同、远程驾驶、地图采集六大系统组成。涵盖生产管理、设备调度、智能采运、协同作业、安全监测、数据分析等方面，通过 5G 网络对数据进行保障。利用上述多种系统结合，实现无人运输车辆的高精定位、多车行驶路线计划协调调度，保证对车辆的精确控制及紧急情况下的远程接管，保障规模化采用智能汽车运输作业流畅性、突发情况时人员设备安全性。

无人驾驶矿车搭配完整的无人驾驶系统，具有高性能的智能决策能力，包括融合定位、融合感知、智能决策、规划控制等无人驾驶核心式模块。具备以下功能：①有人驾驶和无人驾驶模式自由切换；②车辆自检、故障自恢复；③360°全向感知，行人、车辆、落石、挡墙检测等；④自主循迹、避障、防碰撞；⑤自主装卸料；⑥车车协同、车挖协同、车装协同。无人运输车辆设备安装如图7所示。

图7　无人运输车设备安装图

5　关键技术应用效果

5.1　缩短工期

采用无人驾驶机群后，堆石坝每层填筑施工、验收、检测时间缩短，极大地缩短了工期。堆石坝验收流程为：三检人员对外观质量验收通过后通知现场监理验收，外观质量整改并验收完成后由终检通知测量人员及测量监理验收，测量监理验收通过后再通知试验监理及三方试验室进行现场实体质量检测，实体质量检测合格后方可进行下一层填筑。以堆石坝最大填筑层（18万 m^2）为例，平整度验收、外观验收、实体质量检测耗时约34h，占堆石坝填筑直线工期34h。采用本技术后，现场监理对碾压质量验收以碾压轨迹图为准，碾压轨迹图合格后即可将平整度验收、外观验收与进行实体质量检测同步进行，可有效减少堆石坝填筑直线工期34h。潍坊电站上水库堆石坝填筑量共计约1362万 m^3，采用堆石坝智能填筑技术后，可有效节省试验检测占用的直线工期约134d。无人设备作业均无需驾驶员进行换班作业，去除了人员换班、休息等时间，工期进一步缩短。

5.2　降本增效

堆石坝填筑工作面大，质量通病较多，为有效控制填筑质量，需配置大量的现场施工管理人员及质检员。以堆石坝最大填筑层（18万 m^2）为例，整个堆石坝填筑坝面拟分为5个填筑区，需不少于现场管理人员5人、质检员5人。采用堆石坝智能填筑技术后，系统实时将漏碾结果、漏碾区域推送至振动碾车载平板，提醒振动碾驾驶员进行补碾，无需人工统计碾压遍数，可将坝面现场管理人员及质检员数量分别降至 2 人。无人设备需求管理人员少，作业效率高，机群仅需 4 人便可完成轮班监督安全作业无需驾驶人员。

6　结束语

堆石坝填筑施工具有工作面大、高峰期施工强度大、质量通病多、质量控制难、人员投入大等特点。采用无人驾驶机群及无人驾驶运输技术，解决了堆石坝质量控制难、现场管理难度大的问题，提升了大坝填筑质量、降低了堆石坝填筑管理成本，取得了较为显著的社会效益和经济效益。这一工艺的应用不仅从根本上解决了抽水蓄能电站堆石坝填筑的施工难题，还为大型抽水蓄能电站上水库开挖填筑施工提供了宝贵的经验。

参考文献

[1] 甄先通，黄坚，王亮，等．自动驾驶汽车环境感知 [M]．北京：清华大学出版社，2021.

[2] 杜续，宋康，谢辉．无人碾压机轨迹跟踪算法及能耗规律研究 [J]．天津大学学报（自然科学与工程技术版），2021，54（8）：834-843.

[3] 陈祖煜，赵宇飞，邹斌，等．大坝填筑碾压施工无人驾驶技术的研究与应用 [J]．水利水电技术，2019，50（8）：1-7.

[4] 杨一帆，李辉．智能化趋势下的三一无人驾驶矿车设计 [J]．设计，2022，35（14）：90.

[5] 于海旭，杜志勇，魏志丹，等．我国矿区无人驾驶技术现状与发展趋势分析 [J]．工矿自动化，2022，48（S2）：82-87.

作者简介

许双全（1981—），男，高级工程师，主要研究方向：研究并应用堆石坝智能填筑技术来提升安全、提高质量、降本增效、改善工作环境。E-mail：shuangquan-xu @sgxy. sgcc. com. cn

杨看迪（1992—），男，高级工程师，主要研究方向：研究并应用堆石坝智能填筑技术来提升安全、提高质量、降本增效、改善工作环境。E-mail：kandi-yang@ sgxy. sgcc. com. cn

李希稷（1996—），男，助理工程师，主要研究方向：研究并应用堆石坝智能填筑技术来提升安全、提高质量、降本增效、改善工作环境。E-mail：xiji-li @ sgcc. com. cn

李绅（1999—），男，助理工程师，主要研究方向：研究并应用堆石坝智能填筑技术来提升安全、提高质量、降本增效、改善工作环境。E-mail：shen-li @ sgxy. sgcc. com. cn

进度
方面

关于集团管控模式下抽水蓄能工程进度
精益化管理的思考

葛军强[1]，秦鸿哲[1]，徐　祥[2]，张记坤[3]

(1. 国网新源集团有限公司，北京市　100761；

2. 江苏句容抽水蓄能有限公司，江苏省句容市　212400；

3. 山东泰山抽水蓄能有限公司，山东省泰安市　271000)

摘　要： 在抽水蓄能价格机制和中长期发展规划出台后，国网新源集团有限公司抽水蓄能电站建设任务势必将进一步加大。基于现阶段公司管理的电站数量多、分布地域广、工程进度管控难度大等特点，本文从加强公司集团化、专业化的角度出发，系统阐述了在集团管控模式下，抽水蓄能工程进度在管理制度、管理措施、管理研究方面精益化的具体举措，总结了阶段性进度管理成效及实践成果，明确了下一步管理提升措施，有利于进一步提升工程进度管控水平，保障公司高质量发展。

关键词： 抽水蓄能；工程进度；精益化管理

0　引言

随着"双碳"目标的落地实施、新型电力系统的构建，抽水蓄能作为能源转型发展的重要支撑，具有多项优势。在抽水蓄能价格机制和中长期发展规划出台后，各类资本竞相涌入，抽水蓄能建设进入加速发展阶段，竞争也愈加激烈。

国网新源集团有限公司（简称国网新源集团）作为我国最大的抽水蓄能专业化建设及运行公司，在建和纳入规划拟建电站基数多，66 座在运在建抽水蓄能电站分布在全国 22 个省（自治区、直辖市）。同时，在国家电网有限公司基建"六精四化"管理不断走深走实的大背景下，有必要对公司抽水蓄能电站建设工期整体情况进行系统梳理，与系统外抽水蓄能电站工期进行对比分析，进一步明确影响抽水蓄能建设工期的制约因素，不断深化工程进度精益化管理措施，实现抽水蓄能电站全过程工期精益化管理，巩固公司在抽水蓄能电站行业的核心竞争力和领先水平。

1　国网新源集团抽水蓄能工期现状分析

1.1　国网新源集团抽水蓄能工期整体情况

截至 2023 年 10 月底，国网新源集团管理抽水蓄能电站 66 座，装机容量 8440 万 kW，其中：运行 27 座、2887 万 kW，在建 39 座、5553 万 kW。

公司成立以来，全面投产抽水蓄能电站 19 座，建设周期（项目核准至全面投产）平均 88 个月（7 年 4 个月）。其中：筹建工程准备期平均 4 个月，筹建工程施工期（筹建开工至主体工程开工）平均 18 个月，主体工程施工期（厂房顶拱开始开挖至首台机组投产）平均 58 个月，首台机组投产至四台机组全面投产平均 8 个月。

"十三五"以前公司核准的 21 个项目，筹建工程准备期（项目核准至筹建期工程开工）平均用时 4 个月。"十三五"之后项目核准权限下放到省发展改革委，核准步伐加快，"十三五"以后核准的 26 个项目，自项目核准至筹建期工程开工平均用时 17 个月，项目核准至筹建期工程开工较之前长了 1 年时间，且有逐步增长趋势，公司抽水蓄能项目筹建工程准备期有进一步优化空间。

1.2 与系统外抽水蓄能电站工期的对比分析

国内其他投资主体通过加大资源投入、提前开展辅助工程建设等措施，加快推进项目建设，抽水蓄能建设工期不断被优化。其中，南网梅蓄电站（4 台 30 万 kW 机组）首台机组于 2021 年 12 月投产发电，创造了主体工程施工期 42 个月的国内抽水蓄能建设纪录；三峡长龙山电站（6 台 35 万 kW 机组）首台机组于 2021 年 6 月投产发电，主体工程施工期 53 个月，公司抽水蓄能主体工程建设工期有进一步优化的空间。

2022 年，调研了系统外 4 个电站，分别是梅蓄电站、周宁电站、长龙山电站和天台电站。除天台电站外，另外三家电站均已投产，工期统计见表 1。对比可知，系统外各项目土建工期与公司项目基本相近，但首台机组混凝土浇筑完成至发电的工期有较大优势。目前新源系统内平均 15 个月，最快厦门电站 10 个月，梅蓄电站仅为 8.8 月，公司抽蓄项目首台机组安装调试工期有进一步优化空间。

表 1　　　　　　　　　　系统外电站工期统计表

序号	电站名称	核准到首台机发电工期（月）	主体工程施工期（月）	厂房开挖工期（月）	首台机组混凝土浇筑工期（月）	首台机组混凝土浇筑完成至发电工期（月）	备注
1	梅蓄电站	77.7	42.2	22.1	11.3	8.8	四台机组
2	周宁电站	68.4	58.4	27.4	19.8	11.2	四台机组
3	长龙山电站	68.9	53.0	19.7	19.7	9.7	六台机组

2　抽水蓄能建设影响工期的制约因素

（1）征地移民。电站建设征地量大、搬迁安置移民多，用地征收和移民安置工作由当地政府负责，工作进度不可控，项目间差异较大。用地政策变化快、政府行政行为明显，相关费用标准调整频繁，造成协议变更多、费用变化大，常常影响工程开工和前期工程进展，导致核准至实质性开工用时较长。

（2）地形地质条件。地形地貌直接影响主要建筑物设计方案，项目间工程量差别较大，工期也不相同。不同地质条件采用不同的支护形式和施工方法，对施工进度影响较大，特别是地下工程。如通风洞开挖当围岩好时，最大月开挖进尺可达 150m 以上；围岩较差时，需要缩短开挖进尺、加强支护，采取"一炮一支护"措施，月开挖进尺在 50m 以下。

（3）区域气候条件。电站施工工期长，跨越几个冬季与雨季。北方气候寒冷，当年 11 月至第二年 4 月地面工程无法施工，地下工程在进洞 200m 以后，通过采取保温措施后才可以施工。南方地方夏季多台风、多雨，对工期也有影响。

（4）承包商履约能力。设计单位前期勘察设计深度和精度不足，地质条件变化大、工程变更多，影响工期变化。监理管控不到位、施工单位履约能力普遍不能满足合同约定，资源投入不足、分包和农民工管理不到位、分包队伍更换频繁等问题对工程安全、质量和工期影响较大。

（5）安全、环水保管理。电站现场地形陡峻、地下工程规模大、地质条件复杂，高陡边坡、大型洞室顶拱等部位施工安全风险高，加强安全风险管控、隐患排查治理、地质预警和超前预报等措施对工期有一定影响。外部对工程安全、环水保管理要求和监管日趋严格，影响火工品、建材供应和价格水平，给合同执行造成一定困难，重大活动安保和安全事故学习停工等因素也对工期影响较大。

（6）项目单位管控能力。目前，公司基建系统处于项目开工、建设、投产高峰期，建设管理任务繁重，各项目单位普遍缺少有经验的水工、地质和技经专业管理人员，工程技术和管理水平不高、标准制度和管控要求落实不到位等问题突出，工程安全、质量、进度等项目建设管控能力、协调能力不足。

3 抽水蓄能电站工程进度的精益化管理

3.1 制度体系方面

3.1.1 深入推进"六精四化"

国网新源集团有限公司贯彻落实国家电网有限公司 2023 年建设物资环保工作会精神，研究制定全面构建抽水蓄能工程建设"六精四化"管理体系指导意见，组建公司进度管理柔性工作团队，通过专题座谈、现场调研等途径，结合劳动竞赛和工程建设实际，制定"六精四化"进度方面一标准两清单（定性定量评价标准、管理提升措施清单、管理制度和技术标准清单），在专业管理上进一步聚焦"六精"，工程建设上进一步聚焦"四化"，推动抽水蓄能从"六要素"全覆盖向"六精四化"进阶提升，更好服务国家电网有限公司"一体四翼"发展布局。

3.1.2 修编进度管理制度、标准

一是修编《工程建设进度管理办法》。目的是加强集团化管控，适应大规模建设形势，加强进度过程管控，提升进度精准管控水平。新增了项目核准后《工期策划分析报告》编审要求，强化工期策划分析，合理设定机组投产发电目标。新增了每半年开展一次《进度计划执行分析报告》编制相关要求，加强进度过程管控，同时开展进度优化分析，提升进度精准管控水平。新增了项目核准后开展《项目开工准备工作计划》编制要求，加快推动筹建期工程实质性开工。新增了地下厂房开挖完成后开展《首台机投产专项推进方案》编制要求，加快机组安装调试工作进展。

二是修编《抽水蓄能电站工程进度计划编制导则》。目的是提升导则的科学性、先进性、实用性和可操作性，全面指导各基建项目单位工程进度计划编制和工期安排工作。进一步规范各阶段工期概念，明确工程建设总工期，指导可研阶段项目更好地规划工期目标。规范开工准备计划内容，有序、高效推进项目开工准备各项工作。进一步规范总体进度计划、年度进度计划体系，依托工期策划分析报告形成关键里程碑节点计划，依托总进度分析报告形成项目里程碑进度计划，依托年度进度计划执行分析报告形成年度控制性节点计划、年度里程碑进度计划。规范首台机组投产专项推进方案内容，统筹推进水道系统、倒送电等建设进展，全面加快机电安装调试进展，高效推进首台机组投产发电。

3.2 管理措施方面

3.2.1 围绕进度管理的具体措施

积极推动地方政府提前开展共建道路、移民安置点等工程建设和移民搬迁工作，为核准后尽快进入实质性施工创造条件。可研阶段采用一体化设计，督促设计单位在可研完成后立即开展招标设计，于核准前完成相关专题报告和筹建期工程等招标文件编审，具备招标条件，缩短核准后招标周期。在合同中合理设置"进度考核节点"，督促承包商保障资源投入，优化施工组织和工序衔接，保证合同工期实现。提前开展主机设备招标，为机组水力研发预留充足时间。开展调试工作标准化管理研究，合理安排试验顺序，做好各试验项目的有效衔接，优化机组调试及试运行安排。

3.2.2 开展进度精益化管理研究

开展《抽水蓄能电站全过程实施性工期分析研究》科技项目。细致划分"抽水蓄能电站建设工期主要影响因素研究""不同区位和不同规模抽水蓄能电站各阶段合理工期标准研究""抽水蓄能电站全过程工期精益化管控措施研究"三个课题，在广泛调研国内各主要抽水蓄能相关单位的工期管理情况的基础上，开展抽水蓄能电站工程建设工期分析研究，分析抽水蓄能电站的工期偏差主要影响因素，建立工期影响因素指标体系，形成抽水蓄能电站工期纠偏和工期优化案例库，制定抽水蓄能电站项目的合理工期标准，提出抽水蓄能电站项目建设各阶段可量化的组织保障措施、管理保障措施和技术保障措施，实现全过程精益化管控措施。对公司在抽水蓄能电站工程建设管控能力持续在行业内保持领先水平具有重要意义，为抽水蓄能行业提供新源方案。

4 进度管理成效及实践成果

4.1 形成抽水蓄能电站建设工期参考建议

4.1.1 抽水蓄能电站工程建设关键线路

根据国内部分已建、在建抽水蓄能电站建设实际工期分析，基本形成公司抽水蓄能电站建设相对合理的工期，适用于关键线路的抽水蓄能电站工程：项目核准→移民搬迁、用地报批、招标采购→通风洞开挖→地下厂房开挖→机组段混凝土浇筑→机电安装→首台机组调试、试运行、投产发电→后续机组投产发电→工程竣工。

4.1.2　建设工期参考建议

工程筹建阶段包含下列内容：

（1）筹建工程准备期。主要开展征地移民、林地和用地报批等筹建工程开工准备工作，工期根据项目实际具体确定。

（2）筹建工程施工期。筹建期工程开工至关键线路上的主体工程开工（一般为地下厂房顶拱开挖，下同），根据地形地质等建设条件不同，建议以通风兼安全洞开挖支护综合进尺 90～120m/月计算（含洞脸开挖支护工期）。

主体工程施工阶段包含下列内容：

（1）主体工程准备期。从主体标承包商进场到关键线路上的主体工程开工，建议工期 3～6 个月。

（2）主体工程施工期（4 台机组情况）。从关键线路上的主体工程开工到首台机组发电，建议工期 48～54 个月。其中：地下厂房开挖支护 22～24 个月，首台机组混凝土浇筑 12～14 个月，机电安装调试及试运行 14～16 个月。

（3）工程完建期。后续机组依次投产发电，建议工期 7～9 个月（发电间隔 2～3 个月）。

工程建设总工期，即筹建工程施工期、主体工程施工期、工程完建期三项之和，6 台机组情况下，建议增加 9 个月，其中地下厂房开挖支护和完建期分别增加 3、6 个月。寒冷地区项目，建议增加 4～6 个月。

4.2　强化进度管理，推进工期策划优化

2023 年，通过强化进度管理，推行工期策划分析，经系统优化后，主体施工工期平均 56 个月，基本满足可研工期，较公司已投产项目主体施工工期平均优化 2 个月。

4.2.1　近两年首台机组投产的项目

蟠龙、厦门、清原、阜康、镇安、句容、宁海、缙云等 8 个项目处于机电安装高峰期并计划 2024 年之前首台机组投产。此 8 个项目，可研批复主体工程施工期平均 56 个月。通过强化实施进度过程管控，研究制定首台机组投产专项推进方案，主体工程施工计划工期平均 58 个月，较计划工期平均优化 6 个月，且缙云电站首台机组混凝土浇筑工期 10.5 个月，厦门电站首台机组安装调试及试运行工期 10 个月，创造了主体工程施工期 47 个月，达到了新源系统内最快纪录。

4.2.2　其他项目

其他 30 个在建项目，可研批复主体工程施工期平均 56 个月。通过强化实施性进度过程管控，开展进度优化分析，主体工程施工工期计划平均 55 个月，较可研批复主体工程施工工期平均优化 1 个月，较已投产项目主体施工工期平均优化 3 个月。

5　下一步管理提升措施

综合考虑建设条件和资源保障，全面加强工期策划和进度分析，统筹建设全过

程各类计划精准管控，强化政企协调机制运转，加强先进施工装备、工艺和技术应用、精心组织、精细部署、精益管理，争创先进工期，打造行业标杆。

（1）深入推进"两个前期"。深化"两个前期"融合，加大新核准项目开工要素办理力度，围绕征地移民、用林用地、队伍招标三条主线，加快筹建期工作进展，缩短项目核准至主体工程开工时间，加快筹建期关键线路通风兼安全洞施工，推进地下厂房等主体工程尽早开工。

（2）强化施工组织和过程管控。强化地下厂房开挖、机电安装调试和启动试运行等关键线路的施工组织管理，加强作业面移交管理，优化土建、机电安装交叉作业和工序交接管理。加强非关键线路工期管理，紧密跟踪大坝、引水系统等非关键线路项目施工情况，及时发现、解决影响工程进展的问题，避免非关键线路项目转化为关键线路，对直线工期造成影响。

（3）加大先进施工装备、工艺和技术应用。编制抽水蓄能工程机械设备配置清单，制定机械化量化评价指标，加大 TBM、多臂钻、无人驾驶振动碾等先进或成套施工装备的应用力度，提升地下厂房等主体工程施工效率；推进设备工厂化组装、模块化安装，提升工厂制造占比，降低现场组装及调整工作量，提升安装质效。

（4）加快机电安装调试进展。统筹推进水道系统、倒送电等建设进展，实现机电与土建作业工序无缝衔接，推行调试标准化管理，有效衔接各试验项目，优化单机调试周期，全面加快机电安装调试进展。

（5）强化合同进度履约考核。规范招标环节的内控进度节点安排，优化施工合同工期滞后的分析、认定及惩处机制，研究设置"考核支付费""节点保障措施费"等激励合同条款，提高承包商积极性、主动性，保障资源投入，保证合同顺利执行。加强承包商考核评价结果在招评标工作中的应用，建立优秀分包商名录和"黑名单"，选择信誉优良、履约能力强的施工队伍，保证施工单位资源投入，避免因承包商履约问题对工程进度产生影响。

（6）充分发挥本部平台导向作用。深入合理工期研究，规范可研阶段总进度规划，深入开展工期策划、首台机组投产推进、进度执行偏差分析管理，科学合理精准制定工程实施性进度计划，制定提升工期管理的措施。加强基建数字化管控系统应用，加大进度管理典型经验推广力度，优化进度考核评价指标，对工期的先进性、进度计划的准确性、进度分析的科学性进行考核评价。研究制定进度管理精益化定性、定量评价标准，加强建设周期对比分析，开展工期对标分析，开展进度管理示范项目创建，组织开展进度管理查评，加快项目建设进度，努力打造行业工期标杆。优化公司机组投产奖励，提升机电安装调试管理，有效缩短建设工期。

6 结束语

国网新源集团有限公司通过抽水蓄能工程进度的精益化管理，合理优化各阶段建设工期，持续保持抽水蓄能电站建设管理的先进性。下一步将深化管理提升措施，进一步开展抽水蓄能电站建设工期主要影响因素研究，加快制定各阶段合理工期标准，实现抽水蓄能电站全过程工期精益化管理，持续保持公司在抽水蓄能行业的主力军和专业排头兵地位。

参考文献

[1] 国家能源局. 抽水蓄能中长期发展规划（2021～2035 年）[Z]. 2021 年 9 月 9 日.

[2] 任海波. "双碳"背景下抽水蓄能电站的发展与展望 [J]. 内蒙古电力技术，2022，（3）：25-30.

[3] 黄悦照. 关于抽水蓄能电站工程建设期阶段划分的思考 [C]// 抽水蓄能电站工程建设文集 2015，2015：9-12.

[4] 潘福营. 浅谈抽水蓄能电站工程建设的合理工期 [J]. 水电与抽水蓄能，2016，（6）：90-94.

[5] Q/GDW 46 10071—2023. 抽水蓄能电站工程进度计划编制导则 [S]. 国网新源控股有限公司，2023.11.

作者简介

葛军强（1981—），男，高级工程师，主要研究方向：抽水蓄能电站建设管理。E-mail：junqiang-ge@sgxy.sgcc.com.cn

秦鸿哲（1989—），男，高级工程师，主要研究方向：抽水蓄能电站建设管理。E-mail：hongzhe-qin@sgxy.sgcc.com.cn

徐祥（1991—），男，工程师，主要研究方向：抽水蓄能电站建设管理。E-mail：xiang-xu.jr@sgxy.sgcc.com.cn

张记坤（1993—），男，工程师，主要研究方向：抽水蓄能电站建设管理。E-mail：kai-wang@sgxy.sgcc.com.cn

抽水蓄能电站筹建期工期管理探讨

晏　凯

（安徽桐城抽水蓄能有限公司，安徽省桐城市　231400）

摘　要： 筹建期是为主体工程施工单位进场开工创造条件所需的时间，做好筹建期工期管理是抽水蓄能电站按时投产发电的重要保障。桐城抽水蓄能电站筹建期工程具有点多面广、作业面较分散、山势陡峻、桥隧比大等特点，施工安全风险、施工质量与施工进度管控等问题较为突出。本文主要以桐城电站筹建期工期管理为例，阐述了桐城电站征地移民管理、洞室开挖管理经验，有效提高了筹建期工程建设进度，为主体工程地下厂房开挖创造了有利条件。

关键词： 抽水蓄能；筹建期；工期管理；洞室开挖

0　引言

我国正处于能源绿色低碳转型的关键时期，风电、光伏发电等新能源大规模发展，电力系统峰谷差持续扩大[1]，对调节电源的需求更加迫切，构建以新能源为主体的新型电力系统对抽水蓄能发展提出了更高要求[2]。2022 年，全国投产抽水蓄能装机容量 880 万 kW，全国核准 48 座抽水蓄能电站，总规模达 6890 万 kW，年度核准规模超过之前 50 年的投产总规模；截至 2022 年底，已建抽水蓄能装机容量 4579 万 kW。目前，我国已纳入规划的抽水蓄能站点资源总量约 8.23 亿 kW，其中 1.67 亿 kW 项目已经实施，未来发展潜力巨大，抽水蓄能电站在电力保供和能源转型中价值凸显[3]。

抽水蓄能产业处于中长期发展"十四五"建设任务的关键时期，如何加快抽水蓄能电站的建设也逐渐成为行业关注的焦点[4]。抽水蓄能电站工程建设周期包括筹建工程施工期、主体工程施工期和工程完建期。筹建期是抽水蓄能电站实施的第一阶段，主要是为主体工程施工单位进场开工创造条件，主要工作内容包括对外交通、场内交通、施工用电、通信、征地移民以及招投标等。因此，保障抽水蓄能电站主体工程能否按时开工以及能否按时投产发电的关键因素是：如何做好抽水蓄能电站筹建期工期管理。本文以安徽桐城抽水蓄能电站为实例，对抽水蓄能电站筹建期工期管理经验进行探讨。

1　工程概况

安徽桐城抽水蓄能电站（简称桐城电站）位于安徽省桐城市境内，总装机容量为 1280MW，共安装 4 台单机容量为 320MW 的立轴单级混流可逆式水泵水轮发电机组。本工程施工划分为四个阶段：工程筹建期、施工准备期、主体工程施工期和工程完建期，其中工程筹建阶段 18 个月；主体工程准备期 10 个月，占直线工期 4 个月；主体工程施工期 54 个月；工程完建期为 12 个月；施工总工期为 88 个月。

工程区在大地构造单元上属扬子准地台（Ⅲ）、淮阳台隆（Ⅲ₁）、岳西台拱（Ⅲ₁²），处于北东向郯—庐深断裂与东西向青山—晓天断裂所构成的断块内，该断块为中元古代以来的长期隆起区。输水发电系统沿线山体雄厚，岩性以二长片麻岩为主，局部闪长岩脉侵入，多为熔融接触。断层、节理较发育，以 NNE 向、NW 向、NE 向陡倾角为主，断层规模较小，胶结一般~较差，与隧洞轴线交角较大。洞室围岩较完整~完整，局部完整性差，次块状~块状结构为主，岩体透水性微弱，中等~低地应力，围岩分类主要以Ⅱ类、Ⅲ类为主，成洞条件较好。洞室多位于地下水位以下，没有大的透水性构造，一般不存在危害性涌水问题。

2 筹建期施工重难点

抽水蓄能电站筹建期工期的主要影响因素包括：林地和土地手续办理、征地和移民搬迁、对外交通工程与通风兼安全洞建设、施工供电工程建设等。桐城电站筹建期工程特点是洞室工程多，桥隧比大，点多面广，作业面较分散，且山势较陡峻，施工安全风险、施工质量与施工进度管控难度较大。

与其他抽水蓄能电站不同的是，桐城电站对外交通工程纳入筹建期标段内，可与通风安全兼出线洞同时开工，不占筹建期直线工期；施工供电工程采取施工总承包（EPC）模式，由市供电公司建设管理，充分发挥国家电网有限公司供电工程建设管理专业优势，进而提高施工供电工程建设质量、效率及专业管理水平。因此，如何做好桐城电站征地和移民搬迁、通风安全兼出线洞开挖管理，是桐城电站筹建期工程管理的关键因素。

2.1 征地和移民搬迁

与常规电站相比，抽水蓄能电站影响范围较小、影响人口较少、影响专项设施相对简单；但与其他公路、铁路、管线等基础设施工程相比，抽水蓄能电站仍存在征地范围较为集中、征地期限相对较长等特点。抽水蓄能电站建设征地与移民安置工作难点主要包括：①抽水蓄能电站建设征地依据的基本法律法规及工作程序仍执行《大中型水利水电工程建设征地补偿和移民安置条例》的规定[5]，该条例规定相关补偿标准按照被征收土地所在省、自治区、直辖市规定的标准执行，而实际执行过程中地方政府经常要求按照县级文件的规定执行；②抽水蓄能电站所在地政府大多未处理过水电工程征地移民工作，对于政策法规的理解及认识程度相对较低；③被征地农民大多位于山区，相关移民政策认识程度较浅，部分人员经常以城市搬迁水平与山区对比，进一步增加了征地移民工作的难度；④筹建期工程开工的一项必要条件是土地手续办理，如何高效取得相关土地证书是保证项目合法合规用地的一大难点。

2.2 洞室开挖

桐城电站工程区地形狭窄，可利用施工场地较小，而筹建期工程主要是地下洞室开挖与道路工程建设。地下工程洞室多埋藏于山体内部[6]，且埋深较大，而施工期地下工程洞室开挖过程中常遇到断层破碎带、岩溶及地下水等不良地质条件。筹建期地下洞室具有数量多、洞线长、工作空间受限、地质条件复杂等特点，导致洞室施工时通风困难，作业环境差，安全风险较高，进一步增加了筹建期工程施工的难度。

3 征地移民管理

征地移民工作直接关系到被征地移民的生存与发展，其问题解决得当与否也是工程顺利进行的前提。为保障桐城电站征地移民工作顺利进行，成立由地方政府、项目单位、移民监理、移民设代组成的移民工作小组，以"两清单一办法"分解细化征地移民工作，严格制定时间节点，保证每一项工作有人负责、有人落实。桐城电站征地移民安置工作按照"政府领导、分级负责、县为基础、项目法人参与"的管理体制，项目公司派专人与地方政府对接桐城电站征地移民事宜，与地方政府建立有效的沟通机制，研究征地移民变更政策，及时有效协助地方政府解决移民政策问题；为被移民户做好政策解读与宣传工作，确保移民户搬得出、稳得住、能发展、可致富。

在土地报批过程中，坚持"先移民、后建设"的原则，成立以领导班子成员带队的土地报批工作组，加强与地方政府的沟通、协调，制定详细的土地报批计划，全力推进报批进程。在土地划拨过程中，因移民搬迁及环境条件限制，土地划拨不能一次性完成，采取分块分批次划拨土地，具备移交条件一块划拨一块，确保工程建设进度不受影响。

桐城电站永久用地报批工作从启动到取得用地批复仅用了 5 个月的时间，创造了同类项目新速度。在建设征地和移民安置方面，仅用不到一年时间，永久用地移交完成约 80%，移民搬迁及构建筑物清理工作完成约 90%，为筹建期工程顺利开工创造了有利条件。

4 筹建期工程工期管理

4.1 组织管理

结合桐城电站工程建设目标，坚持策划先行，以目标为导向，以制度为抓手，科学谋划工程管理方法，确保工程建设稳中有序。

4.1.1 超前谋划，夯实目标

筹建期工程开工前，召开总进度计划编制研讨会，以电站投产发电为目标，科学合理制定总进度计划；以施工组织优化与设计优化为依托，编制并印发两优实施方案。

4.1.2 强化责任，压实基础

为深入贯彻新时代党的建设总要求，坚持和加强党的全面领导，成立以领导班

子成员为主要责任人的党建共建领导小组，层层压实各单位、各部门、各工作负责人的职责。以网格化管理为手段，一图一表一示例为抓手，推动无违章示范作业面和安全文明设施标准化建设，强化参建各方责任联动落实，精准把控工程安全、质量、进度、技经管理。

4.2 网格化管理

结合工程建设实际，对桐城电站筹建期工程实施网格化管理，将桐城电站工程现场按照一定标准划分为单元网格，在现有的管理基础上，明确单元网格管理人员和工作职责；将管理责任落实到人，加强横向沟通和联系，建立健全"纵向到底、横向到边"的管理体系。通过实施片区网格化管理，明确管理责任，将责任落实到人、职责全面覆盖，优化管理力量配置，有利于施工协调组织、资源调配，达到参建各方齐抓共管、相互联动、高效协调解决问题的目标。网格化管理通过加强对工程现场的监督和管控，将过去被动应对问题的管理模式转变为主动发现并解决问题，使管理手段平面化，进一步提升工程建设管理能力和水平。

4.3 地质预报方式变更

桐城电站地下洞室超前地质预报设计的物探方法为地质雷达。在充分了解本区地层背景、岩性及物性基础上，结合洞室施工条件，将超前地质预报工作方式变更为瞬变电磁法[7]。假设隧洞地质预报长度 400m，地质雷达与瞬变电磁两种探测方式施工进度对比如图 1 所示。

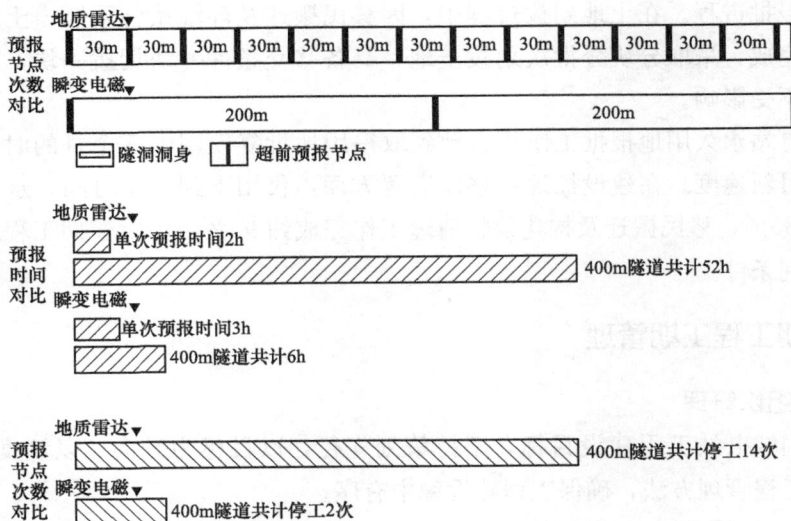

图 1　地质雷达与瞬变电磁施工进度对比图

地质雷达观测需进行 14 次，单次观测时间约 2h，共计需要约 52h；瞬变电磁在相同情况下，只需要观测 2 次，单次观测时间 3h，总计需要 6h。由上可知，在同等超前预报工作量的情况下，地质雷达所需总时长是瞬变电磁的 8 倍多。利用瞬变电磁法进行洞室开挖超前地质预报，大大减少了进洞观测次数，同时也减少了隧洞施工的停工次数，为施工总进度争取了更多的时间。

4.4 数字化管控

结合电站建设管理需求，研究开发基建数字化管控系统进度管理。以管理需求改进系统功能，以系统数据提升管理水平，将安全、质量、进度与投资有机结合，统筹推进工程建设，助力数字化智能型电站建设。

在全流程全专业上应用 BIM＋GIS＋GIM 数字孪生技术，将洞室开挖过程中揭露的地质参数直接录入到数字化模型内（见图 2），4h 内完成不稳定块体的合理判断，展示体积超过 $0.5m^3$ 的潜在不稳定块体，为工程建设提供围岩稳定性预测结果和预警建议。借助信息化、数字化模型解决地下洞室围岩块体失稳和围岩变形准确预判的难题，进一步降低工程建设安全管理、进度和投资控制的难度，实现在保证安全的前提下快速施工。

图 2　洞室开挖数字化模型

4.5 机械化应用

秉持"机械化换人、自动化减人、智能化无人"理念，通过实地调研、电话咨询与网络查询等方式了解掌握机械化施工先进工艺。积极应用 TBM、支护台车、多臂钻、湿喷台车、挖改钻等新技术、新装备，提高施工安全水平，稳步推进施工进展。

5 洞室开挖管理

桐城电站筹建期工程共开挖 11 条地下洞室，总长约 17.6km。筹建期洞室工程具有埋深大、地质条件复杂等特点，开挖难度较大。通风安全兼出线洞开挖工期是桐城电站筹建期工程的关键路线，因此本文主要讲解通风安全兼出线洞开挖的开挖管理。

5.1 洞口开挖管理

桐城电站通风安全兼出线洞洞脸边坡及洞口部位山体陡峭，施工作业面狭窄，根据现场实际情况，在原截水天沟位置增加一级边坡，原截水沟位置适当调整，为边坡开挖提供充足的作业平台；将槽挖式马道排水沟改为立模浇筑式马道排水沟，进一步降低边坡开挖难度。在开挖至洞口高程后，根据现场地质条件及时调整洞口超前支护参数，将超前管棚间距由 300mm 调整为 400mm，合理减少管棚数量。边坡开挖与支护采用挖改钻、支护台车、湿喷台车等替代常规脚手架作业，大大提高了边坡支护效率，同时也降低了高边坡支护的安全风险。

5.2 洞室开挖管理

在洞室爆破开挖阶段，贯彻"一炮一设计，一炮一确认，一炮一支护"的方针，根据洞身围岩情况及超前地质预报结果，优化爆破设计和装药参数，保证洞室开挖质量；钻杆长度由 2.5m 调整为 3.5m，提高爆破开挖单循环进尺，有效提升洞室开挖进度；在围岩条件较好的位置，将支护方式由挂网＋喷混凝土调整为喷混凝土，进一步减少洞室开挖干扰，进一步提高洞室开挖速度；在围岩条件差的断面，采取钢拱架＋喷锚支护，确保洞室开挖安全、高效。顺利实现通风安全兼出线洞贯通较计划提前 5 个月完成。

5.3 与主体工程无缝衔接

结合桐城电站主体工程招投标进展，超前谋划厂房开挖方案，将厂房中导洞变更至筹建期标段施工，有效促进中导洞提前开挖。在主体施工单位进场后，积极协调指导并帮助主体施工单位开展开工手续办理，开工后立即开展厂房扩挖工作，顺利实现主体工程与筹建期工程无缝交接。实现厂房首层开挖较计划提前 5 个月完成。

6 洞室开挖纪录

桐城电站筹建期工程共 11 条洞室，均较计划提前完成。桐城电站筹建期工程顺利完成，为主体工程施工创造了有利条件，实现了桐城电站地下厂房首层开挖支护较计划提前 5 个月。主要洞室开挖完成情况如下：进厂交通洞全长 1220m，较计划提前 5 个月；通风安全兼出线洞总长 1057m，较计划提前 5 个月；对外交通公路隧道全长 4460m，较计划提前 2 个月。主要洞室开挖完成时间记录见表 1，各洞室开挖月进尺记录见表 2。

表 1 洞室开挖完成时间记录表

序号	洞室名称	长度（m）	计划完成时间	实际完成时间	较计划提前（月）
1	进厂交通洞	1220	2023 年 2 月 28 日	2022 年 9 月 29 日	5
2	通风安全兼出线洞	1057	2023 年 1 月 31 日	2022 年 9 月 6 日	5
3	泄洪放空洞	680	2022 年 5 月 31 日	2022 年 4 月 19 日	1.5
4	对外交通隧道	4460	2023 年 2 月 2 日	2022 年 12 月 2 日	2
5	自流排水洞	6120	2023 年 7 月 31 日	2023 年 6 月 2 日	2
6	地下厂房首层	190	2023 年 9 月 7 日	2023 年 4 月 5 日	5

表 2 洞室开挖月进尺记录表 单位：m

序号	洞室名称	月平均进尺	单工作面月最大进尺	月最大进尺
1	进厂交通洞	153	177	177
2	通风安全兼出线洞	146	187	187

序号	洞室名称	月平均进尺	单工作面月最大进尺	月最大进尺
3	泄洪放空洞	135	141	276（两个工作面）
4	对外交通隧道	469	230	598（三个工作面）
5	自流排水洞	490	903	903

桐城电站各洞室开挖纪录均取得了不错的成绩：其中钻爆法施工取得了工作面单月进尺 230m 的成绩；TBM 施工日进尺由平均 10m 增加到平均 29m，创造了多项同类型 TBM 的全国纪录，单班 12h 最高进尺 33.8m，单日 24h 最高进尺 58.4m，单月最高进尺 903m。

7 结束语

对于抽水蓄能电站而言，筹建期主要是进行道路修筑及水工隧洞开挖，是主体工程开工的前置条件。对于筹建期工期的有效管控，不但能减少因窝工造成的相互扯皮，还能够为主体工程开工创造有利条件，同时可有效降低工程建设管理的有关费用。本文主要以桐城电站筹建期工期管理措施为例，阐述了桐城电站征地移民管理、组织管理、技术管理、洞室开挖管理的手段，有效提高了筹建期工程建设进度，为主体工程地下厂房开挖创造了有利条件。

参考文献

[1] 杨若朴，范展滔. 抽水蓄能电站在新型电力系统中的应用与展望 [J]. 中外能源，2023，28（9）：12-17.

[2] 卢涛，彭子康. 基于抽水蓄能电站经济效益与原理特点简介 [J]. 科技风，2018（33）：116.

[3] 张宗亮，刘彪，王富强等. 中国常规水电与抽水蓄能技术创新与发展 [J/OL]. 水力发电：1-7 [2023-10-25]. http://kns.cnki.net/kcms/detail/11.1845.TV.20230914.1729.006.html.

[4] 卢奇秀. 抽水蓄能建设提速驱动装备制造业升级 [N]. 中国能源报，2023-08-28（010）.

[5] 李湘峰，黄谨，潘菊芳. 抽水蓄能电站建设征地移民安置工作不同阶段关注问题的探讨 [J]. 水力发电，2023，49（9）：12-15.

[6] 董金良，段君奇，刘昌，聚广宏，仝帆，张岩祥，马军. 抽水蓄能电站地下洞室地质超前预报体系建立与工程应用 [J]. 水力发电，2022，48（2）：48-54，80.

[7] 吴强，郭佑国，晏凯. 瞬变电磁法在抽水蓄能电站地下洞室超前地质预报中的应用 [J]. 水电与抽水蓄能，2022，8（6）：37-44.

作者简介

晏凯（1992—），男，工程师，主要研究方向：水工结构设计、水电工程建设与管理等。E-mail：1743767554@qq.com

关于高效完成地下厂房开挖支护的探索与实践

史作言，吴　栋，吴小林

（浙江缙云抽水蓄能有限公司，浙江省丽水市　321400）

摘　要： 浙江缙云抽水蓄能电站地下厂房为典型的大跨度、高边墙地下洞室，其开挖支护施工是电站建设的关键线路。根据厂房结构特点、地质条件及施工影响因素，制定科学合理的开挖支护设计和施工方案，优化开挖分层和施工通道布置，合理配置施工资源，在开挖过程中采用控制爆破、安全监测、动态设计等技术措施，开挖质量得到有效保证，施工工期得到优化提升，提前可研工期3个月完成开挖支护施工，为同类型地下厂房开挖支护施工提供了宝贵的经验。

关键词： 地下厂房；施工优化；处理措施；工期安排

0　引言

抽水蓄能技术成熟，是目前大规模调节能源的首选。根据《抽水蓄能中长期发展规划（2021～2035年)》，2025年和2030年我国抽蓄装机规模将分别达到6200万kW和1.2亿kW，而实际装机有望超出规划预期。抽水蓄能电站地下厂房多采用地下布置形式，其开挖支护施工一般均为抽水蓄能电站建设的关键线路，地下厂房开挖支护的高效组织有极大的现实意义。

1　工程概况

1.1　工程布置

浙江缙云抽水蓄能电站位于浙江省丽水市缙云县境内，主要由上库、输水系统、地下厂房、地面开关站及下库等建筑物组成，属一等大（1）型工程，主要永久建筑物按1级建筑物设计，次要永久建筑物按3级建筑物设计。地下厂房内安装6台单机容量为300MW的混流可逆式水轮发电机组，额定水头589m，总装机容量为1800MW。电站上库正常蓄水位926.00m，死水位899.00m，有效库容865万m^3；下库正常蓄水位325.00m，死水位298.00m，有效库容823万m^3。

地下厂房系统工程由主厂房、主变压器洞、母线洞、排风竖井、排水廊道等组成。地下厂房采用中部布置方式，上覆岩体厚度508.2～567.1m，由主厂房（包括主机间和安装间）、副厂房组成。安装间布置在主厂房的左侧（按发电流向，下同）；副厂房布置在主机间的右侧。主厂房洞室开挖总长度为218m，厂房内采用岩壁吊车梁，岩壁吊车梁以上开挖跨度26m，以下为24.5m，厂房最大开挖高度为56m。主机间典型断面开挖尺寸为152m×24.5m×56m（长×宽×高），副厂房典型断面开挖尺寸为 21m×24.5m×56m（长×宽×高），安装场典型断面开挖尺寸为 45m×26.5m×26.17m（长×宽×高）。

1.2 地质条件

厂房围岩主要为微风化～新鲜钾长花岗岩，局部为流纹斑岩脉或玄武岩脉。厂房区断层较发育，主要断层有 F97、f111、f112、f84、f79、f60 等，宽 0.1～1.0m，与厂房大角度相交，对厂房围岩稳定影响总体较小，但是断层带内多为碎裂岩、泥质，有蚀变现象，容易产生掉块、塌落，洞室开挖后需及时支护。厂房区节理总体不发育，闭合为主，少量夹岩屑、泥（蚀变）等，以陡倾角为主，局部发育有缓倾角节理，无大的、确定性不利组合。与地下厂房对应的探洞地震波纵波波速为 4200～5200m/s，岩体完整性系数 0.56～0.89，局部为 2700～3800m/s（岩体完整性系数 0.24～0.48），厂房区岩体为块状～次块状结构，完整～较完整为主，局部为镶嵌结构，工程地质条件良好。

根据 PD08 主洞及其支洞围岩分类，结合洞内钻孔岩石质量指标及钻孔彩色电视成果，地下厂房洞室群围岩以块状～次块状、镶嵌结构为主，围岩为 Ⅱ 类、Ⅲ 类，断层破碎带为 Ⅳ 类、Ⅴ 类，地下厂房洞围岩基本稳定。

厂房顶拱：岩体较完整～完整为主，局部完整性差，断层 F97、f111、f112、f84、f79、f60 及流纹斑岩脉 λπ17、λπ27 及玄武岩脉 β24、β26，均大角度穿过顶拱，可构成顶拱块体的侧裂面。节理以陡倾角闭合为主，对围岩稳定性影响小。根据地质分析，断层之间、断层与节理之间无大的确定性不利组合，主要为断层附近的影响带及局部节理间不利组合形成的小的不稳定块体。

厂房水文地质及涌水分析：厂房洞室群地下水为基岩裂隙水，沿裂隙、断层呈脉状、带状分布，地下水总体活动较弱，围岩呈微～极微透水性，PD08 长探洞及两个支洞基本覆盖厂房区上方，探洞内结构面能基本反映厂房区的主要结构面及其导水情况，探洞厂房段的涌水量也能基本反映厂房区的涌水量，目前，探洞内渗水及滴水量很小，因此，厂房区产生大的涌水可能性较小，整体流量较小，可采用抽排和封堵处理。

1.3 设计支护参数

地下厂房顶拱主要系统支护为：两侧起拱圆弧设三排加强锚杆 C28@1m×1m，$L=8m$ 入岩 7.85m；顶拱圆弧段系统锚杆布置有：C28@3m×1.5m，$L=8m$ 入岩 7.85m 和 C253m×1.5m，$L=6m$，入岩 5.85m 交错布置。

地下厂房边墙主要系统支护为：C25@3m×1.5m，$L=6m$ 入岩 5.85m、C28@3m×1.5m，$L=8m$ 入岩 7.85m 交错布置；厂房所有部位（除岩台外）挂网喷 C30 混凝土，厚 15cm；挂钢筋网 A8@15cm×15cm，挂网龙骨筋 A12@1.5m×1.5m 与系统锚杆可靠焊接。岩壁梁上下分别设置两排预应力锚杆 C36@3m×1.5m，$L=10m$ 入岩 9.85m（后优化为 C32@3m×1.5m，$L=9m$ 入岩 8.85m）；岩壁梁锚杆两排 C36@0.75m，$L=10m$ 入岩 8m，一排 C32@0.75m，$L=8m$ 入岩 6.6m。

2 厂房开挖主要施工方法

2.1 施工分层及施工通道布置

按照"平面多工序、立体多层次"总体原则，根据厂房结构特性、施工通道布置情况，缙云电站地下厂房开挖支护施工从上到下共分为Ⅰ～Ⅸ层（9层）施工，具体分层如图1所示。

厂房Ⅰ层开挖高度10.74m，分为中导洞、中导洞底部预留2.14m保护层、上下游边墙；厂房Ⅱ层开挖高度8.96m，开挖总体分为两小层，分别为上薄层中部拉槽Ⅱ₁区、两侧保护层Ⅱ₂区开挖，下薄层中部拉槽Ⅱ₃区、两侧保护层Ⅱ₄区及岩台三角体Ⅱ₅区开挖；厂房Ⅲ层分层高度4.45m；厂房Ⅳ～Ⅶ层分层高度均为5.3m；厂房Ⅷ层分层高度8.45m，分两小层开挖，Ⅷ₁层（保护层）高度1.95m，Ⅷ₂层高度（导洞）6.5m；厂房Ⅸ层副厂房段分层高程高度4.9m、主厂房段分层高度2.2m。

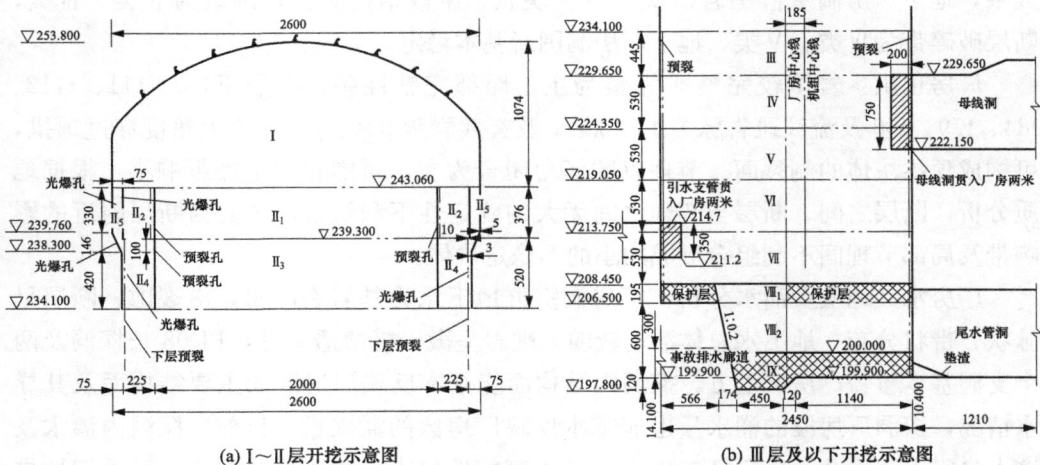

(a) Ⅰ～Ⅱ层开挖示意图　　(b) Ⅲ层及以下开挖示意图

图1　缙云电站地下厂房开挖分层示意图

根据与厂房相关的洞室布置情况，厂房开挖支护采用通风兼安全洞、进厂交通洞、母线洞、4号施工支洞（厂内透平油罐室）以及尾水支管为施工通道。具体施工通道布置如表1所示。

表1　　　　　　缙云电站地下厂房开挖支护分层及施工通道布置情况

开挖分层	高度（m）	施工通道
Ⅰ层开挖支护	10.74	通风兼安全洞
Ⅱ层开挖支护	8.96	通风兼安全洞为主通道，最后贯通进厂交通洞
Ⅲ层开挖支护	4.45	进厂交通洞
Ⅳ层开挖支护	5.3	进厂交通洞和母线洞

开挖分层	高度（m）	施工通道
Ⅴ层开挖支护	5.3	母线洞
Ⅵ层开挖支护	5.3	母线洞、4号施工支洞
Ⅶ层开挖支护	5.3	4号施工支洞
Ⅷ层开挖支护	8.45	尾水支管，提前贯入开挖部分
Ⅸ层开挖支护	2.2（副厂房区域4.9）	尾水支管

2.2 施工程序

Ⅰ层开挖：厂房Ⅰ层自通风兼安全洞扩挖段降坡进行中导洞开挖，前60m中导洞顶拱预留2m保护层开挖断面为9.5m×6.6m（宽×高），完成后再进行前60m中导洞顶拱保护层反扩开挖，反扩完成后进行导洞60m以后开挖，开挖断面为9.5m×8.6m（宽×高）不再预留顶拱保护层。开挖完成后中导洞剩余2.14m底板超前上下游边墙开挖，上下游边墙错距30m开挖跟进。

Ⅱ层（岩壁梁层）开挖：厂房Ⅱ层开挖先进行中部拉槽预裂，自通风兼安全洞15%放坡至上薄层（Ⅱ₁区）底部高程，进行中部拉槽上薄层爆破开挖，两侧边墙预留2.25m宽保护层滞后中部拉槽一排炮跟进。上薄层中部拉槽及保护层开挖结束后继续将15%出渣通道延伸至下薄层（Ⅱ₃区）底部高程，进行下薄层开挖支护，开挖顺序和上薄层相同。下薄层开挖支护完成后进行岩壁吊车梁岩台三角体开挖支护。最后自进厂交通洞升坡至Ⅱ层底部挖除预留15%的斜坡道。

Ⅲ～Ⅶ层开挖：厂房Ⅲ～Ⅶ层施工整体采取采用两侧边墙（周边）超前预裂，中部水平开挖的方法，其中Ⅲ层预裂在岩锚梁浇筑前完成，Ⅳ层、Ⅴ层一次预裂，Ⅵ层、Ⅶ层一次预裂。

Ⅷ～Ⅸ层开挖：主要包括厂房基坑、廊道的开挖，从尾水支管提前贯入，先进行4.5m×4.5m的导洞开挖，后进行二期修边；当不具体提前贯入条件时，采用预裂爆破进行开挖，并预留底板保护层。

2.3 工期统计

缙云电站主副厂房于2020年10月31日开始开挖，采取平面多工序、立体多层次的开挖支护方式，确保各层间施工的紧密衔接，避免不必要的工序停顿导致施工中断和资源闲置，于2022年7月31日开挖结束，历时21个月（628天），期间经历2个春节。具体时间如表2所示。

表2　　　　缙云电站地下厂房开挖支护工期统计表

序号	部位	开工时间	完工时间	实际工期（天）
1	厂房Ⅰ层开挖（含春节）	2020年10月31日	2021年5月10日	190
2	厂房Ⅱ层开挖支护	2021年5月11日	2021年11月3日	176
3	岩锚梁混凝土浇筑（含新增附壁墙）	2021年11月4日	2021年12月1日	27

续表

序号	部位	开工时间	完工时间	实际工期（天）
4	厂房Ⅲ层开挖	2021 年 12 月 18 日	2022 年 1 月 9 日	22
5	春节	2022 年 1 月 10 日	2022 年 2 月 14 日	35
6	厂房Ⅳ层开挖	2022 年 2 月 15 日	2022 年 3 月 22 日	35
7	厂房Ⅴ层开挖	2022 年 3 月 23 日	2022 年 4 月 18 日	26
8	厂房Ⅵ层开挖	2022 年 4 月 19 日	2022 年 5 月 23 日	34
9	厂房Ⅶ层开挖	2022 年 5 月 24 日	2022 年 6 月 16 日	23
10	厂房Ⅷ、Ⅸ层开挖（含1号机组清理及垫层浇筑）	2022 年 6 月 17 日	2022 年 7 月 31 日	44

注　1.2021 年 3 月 31 日Ⅰ层开挖爆破完成，4 月 30 日Ⅰ层支护完成，5 月 10 日顶拱安全评价验收完成。

　　2.2021 年 10 月 20 日Ⅱ层开挖爆破完成，10 月 26 日第一批工作面移交岩锚梁备仓，11 月 4 日岩锚梁首仓混凝土开仓浇筑。

　　3.因新冠疫情等原因影响多臂台车设备到场，降低了厂房支护效率，影响工期约 15 天。

3　厂房开挖施工经验及典型做法

3.1　厂房Ⅰ层开挖支护

缙云电站Ⅰ层开挖支护启动较慢，主要受筹建期标施工交叉作业和爆破施工组织协调影响。各电站要在主体工程施工准备期，加大资源组织协调好筹建期工程和主体工程的交面协调，减少施工交叉干扰，同时根据当地爆破作业管控模式，提前协调好爆破管理部门、施工单位、爆破分包队伍的相互关系，理顺爆破循环和爆破质量控制点，尽快形成高效的爆破作业循环，提高施工质量和效率。相关施工问题处理如下：

（1）为方便后续机电安装吊运，副厂房顶拱轨道范围作适当延长 12m 至主副厂房分界处，锚杆布置范围相应调整，增加锚杆 18 根、钢材 0.83t。缙云电站副厂房正压井、排烟井为内衬钢板设计，且不在副厂房轨道覆盖范围，施工时有诸多不便。建议设计时充分考虑副厂房吊物孔/通风井/排烟井等构造和轨道的相对位置关系，最大化利用副厂房顶拱轨道形成的临时施工吊机，方便施工。

（2）缙云电站地下洞室开挖揭露流纹斑岩脉 λπ27，岩脉呈弱风化状，与围岩呈断层接触，接触带有风化蚀变、挤压和掉块现象，规模相对较大，宽度可达 7～12m。厂房出露处为灰色，宽约 9m，上下盘与围岩呈断层接触，盘宽 10～20cm，碎裂岩碎粉充填，多有蚀变，呈黄绿色全风化土状，岩脉中间发育几条同产状节理。在相应出露位置增加锁边锚杆 60 根，参数为：C25@1m，$L=6m$ 入岩 5.85m，倾角 45°。同时为加强岩脉范围内的围岩变形、支护锚杆受力监测，在主厂房相应位置的上、下游侧边墙各增设 1 套多点位移计（四点式），并在上下游侧的新增 4 根锁边锚杆上相应布置 4 支单点式锚杆应力计。

（3）结合地质条件，厂房Ⅰ层增加随机加强支护锚杆 102 根，主要参数为 C28、

$L=6m$，C25、$L=6m$，C28、$L=8m$。

3.2 厂房Ⅱ层岩锚梁层开挖支护

缙云电站地下厂房顶拱地质条件较好，但在岩锚梁层开挖时，因岩脉接触带等影响造成边墙局部滑落。缙云公司积极组建涵盖各参建单位的岩壁吊车梁施工党员青年突击队，采取增加施工资源、限定临时支护工序时间、协调班组配合和工序衔接等组织措施和优化爆破参数、采用玻璃纤维锚杆等技术措施，克服岩脉、断层等不良地质条件，打造了岩锚梁开挖样板工程，确保了施工安全和质量。相关施工问题处理如下：

（1）根据专家咨询及相关技术研讨意见，设计明确将岩壁梁上下两排预应力锚杆C36@3m×1.5m，$L=10m$入岩9.85m调整为C32@3m×1.5m，$L=9m$入岩8.85m。

（2）为便于安装场端副厂房结构设计，将主副厂房吊顶牛腿延伸7.5m至端副厂房分界桩号。

（3）缙云电站岩锚梁层因岩脉接触带有风化蚀变、挤压和掉块现象，造成边墙局部滑落，为保证岩锚梁开挖成型质量，经技术研讨采用玻璃纤维锚杆作为岩台保护层的临时支护措施，利用其优越的抗拉性能在过程中保护墙面岩体不发生滑移、利用其脆性在岩台光面爆破时随岩体一同挖除，不影响岩台最终成型效果。缙云电站岩台保护层累计增加玻璃纤维锚杆191根，主要参数为C25、$L=3m$。

（4）组织设计单位提前明确不良地质条件下的典型处理方案，要求施工单位提前准备锚杆等施工材料，并在岩台开挖完成、测量复核后最短时间出具正式设计文件，保证施工时效。缙云电站岩锚梁补强处理分为A、B、C三种类型，共计增加预应力锚杆256根，参数C32@1m×1.5m、$L=9m$、$T=120kN$；砂浆锚杆247根，C36、$L=10m$；砂浆锚杆2根，C32、$L=9m$；锚杆应力计（三点式）5支，钢筋计5支。其中C形需要在岩锚梁下部增设附壁墙混凝土，共计12段127m，C形补强处理即附壁墙典型剖面见图2。

（5）结合地质条件，厂房Ⅱ层增加其他随机加强支护锚杆240根，主要参数为C28、$L=8m$，C25、$L=6m$，C22、$L=3m$。

3.3 岩锚梁混凝土浇筑

缙云电站岩锚梁总长394m，宽1.95m，外侧高2.6m，混凝土设计标号C30W6F50、工程量1655m³，锚杆1576根，钢筋260.6t，分34仓浇筑，因地质原因增加12仓共计127m长附壁墙混凝土、505根加强锚杆、10支监测仪器。缙云电站仅用27天就完成了岩锚梁和新增附壁墙的浇筑施工，比计划工期提前了33天。岩锚梁浇筑主要控制措施总结如下：

（1）配置具有多年岩锚梁混凝土施工经验的队伍和作业人员，根据工序配置各专业班组和足够作业人员，缙云电站岩锚梁浇筑高峰期投入各班组作业人员近120人，以满足流水作业资源需求。

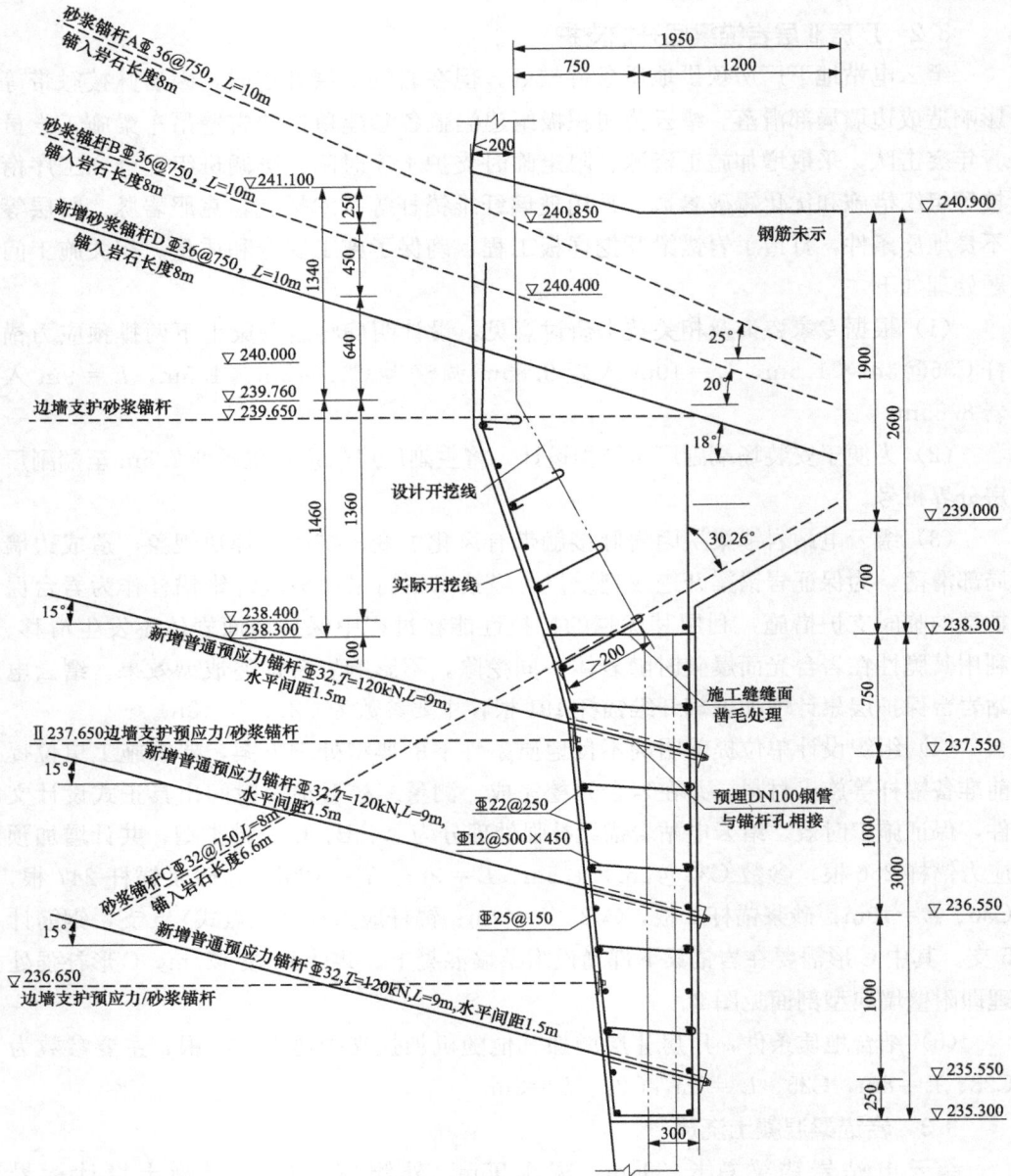

图 2　缙云电站附壁墙典型剖面图

（2）在开挖阶段提前策划岩锚梁混凝土浇筑准备工作，高度重视施工方案评审、关键原材料调研取样、混凝土配合比设计及现场试拌、工序时间优化等准备工作，并根据施工计划统筹安排检测、钢筋预加工、原材料储备等各项工作，确保开挖、支护、浇筑的高效衔接。

（3）严格执行施工计划，通过日形象进度图每日反馈各工序施工情况，保证支护、检测、备仓、验收、浇筑等工作有效衔接，形成流水化施工作业；建立现场值班制度，坚持每日现场协调会，各参建单位关键人员时刻在岗，监督各工序施工状况，协调解决现场问题，保证施工质量、工作衔接和计划执行；注重工序过程验收，建立"小工序验收"制度，要求验收人员在工序施工过程中即时参与、随叫随到，施工单位即时整改，提高施工质量和验收效率，节省验收时间。

（4）使用免拆模板、一体式成品旋转爬梯、碗扣式脚手架、预制钢筋保护层垫块等新型材料，提升安全质量保证率和施工效率；优化相邻混凝土施工间隔时间，保证混凝土施工连续性；组织工艺交流指导、定期安全质量检查、现场经验交流等活动，形成统一的施工标准并贯彻执行，提升施工效率。

（5）靠前指挥，缙云公司牵头多次组织现场协调会，增强各参建单位协同配合力度，设计单位快速明确附壁墙补强方案和技术要求，各参建单位通力合作，无缝对接完成锚杆安装与检测、监测仪器加急采购与安装、过程控制与仓面验收等工作，保证了工序有效衔接。

3.4 厂房中下层开挖支护

缙云电站中下层（Ⅲ～Ⅸ层）共计用时 7.5 个月（含春节），实际施工时间 6 个月，每层时间均为 1 个月左右，主要措施总结如下：

（1）掌控好进厂交通洞、母线洞、4 号施工支洞、引水支管、尾水支管等各厂房连接洞的开挖均衡性，缙云电站地下厂房各连接洞室均提前贯入厂房，确保先洞后墙法施工，对整体进度和围岩稳定均有利。同时做好施工通道整体布置，缙云电站在施工过程中利用多条母线洞作为四、五层开挖施工通道，确保各桩号开挖和支护工序作业均不停滞。

（2）在具备安全条件的情况下，可采取立体开挖方式节省总体开挖时间。如 4 号施工支洞在作为六、七层施工通道的基础上，可以尽可能提前开挖厂房五层。如利用尾水支管提前贯入厂房机坑，尽可能将管路廊道和机坑开挖完成。但要注意临时施工通道的稳定性、与厂房上部正在进行开挖作业面的中间岩体厚度控制和进度协调，必要时采取临时强支护措施。

（3）缙云电站中部开挖层高结合各施工通道、开挖合理高度等因素将三层优化为四层，层高由 7m 调整为 5.3m，Ⅳ～Ⅶ层开挖时每两层进行一次预裂爆破（深度10.6m），提高开挖效率。

（4）为更好地组织开挖和混凝土施工工序，减少交叉施工影响，缙云电站厂房端墙混凝土（靠安装场下部）、交通电缆洞衬砌及楼板混凝土优化为机电安装标施工，同时可以节约厂房开挖时间，降低满堂脚手架搭设等施工安全风险。

（5）建立良好的沟通协调机制，确保监理和项目部人员随时在岗，保证问题高效协调，并根据开挖循环时间统筹考虑各工序施工强度、工作时间、工作面协调要，配置好匹配的支护资源，严格控制支护工序施工时间，见缝插针协调安排监测仪器安装、支护检测等工作。

（6）协调设计单位提前确定不良地质区域的加强支护方案，节约协调和施工材料准备时间，缙云电站厂房三层及以下增加其他随机加强支护锚杆 74 根，主要参数为 C28、$L=8m$，C25、$L=6m$；预应力锚杆 21 根，参数 C32、$L=9m$、$T=120kN$。

（7）各类连接洞和阳角的锁口锁边支护、安装场等处沟槽开挖，较为影响各层的开挖支护循环时间，需加强协调控制。

（8）为方便机电安装施工，安装间底板开挖和混凝土浇筑要尽可能提前完成，先行具备交面条件，同时在施工中应充分考虑下层爆破飞石保护、施工通道等因素。缙云电站安装间浇筑施工在厂房Ⅴ、Ⅵ层开挖时进行，于 2022 年 5 月 31 日交面给机电安装标。

（9）安装场高程施工栈道锚杆、副厂房顶部施工轨道在厂房开挖过程中完成，排水廊道连接洞尽可能提前开挖完成，减少交面影响和机电安装施工难度。

4 结束语

缙云电站地下厂房开挖支护施工质量优良，安全高效，创造了岩锚梁浇筑工期记录，提前可研工期 3 个月完成开挖支护施工。本文系统总结了缙云电站地下厂房开挖支护施工实践，在阐述地下厂房开挖施工分层、通道布置、施工程序基础上，梳理了施工过程的问题处理和典型经验，可为其他抽水蓄能电站工程提供参考和借鉴。

参考文献

[1] 周强．杨房沟水电站地下厂房开挖施工技术［A］.施工技术，2019，48（11）：116-135.
[2] 焦凯，李俊，张晓辉．杨房沟水电站地下厂房开挖支护设计施工实践［B］.四川水力发电，2019，38（2）：83-87.

作者简介

史作言（1993—），男，工程师，主要研究方向：抽水蓄能工程建设管理等。E-mail：zuoyan-shi@sgxy.sgcc.com.cn

吴栋（1981—），男，高级工程师，主要研究方向：水利水电工程、抽水蓄能工程设计、施工、建设管理等。E-mail：dong-wu@sgxy.sgcc.com.cn

吴小林（1970—），男，高级工程师，主要研究方向：抽水蓄能工程建设管理等。E-mail：xiaolin-wu@sgxy.sgcc.com.cn

关于加快首台机组混凝土浇筑的探索与实践

尹　翔，梁瑞信，陆金琦

（辽宁清原抽水蓄能有限公司，辽宁省抚顺市　113300）

摘　要： 清原抽水蓄能电站工程在地下厂房开挖支护阶段，因受不良地质空腔结构处理影响，造成开挖施工工期延长，致使首台机组混凝土浇筑施工工期紧张。为实现首台机组发电目标，在混凝土浇筑阶段通过一系列加快首台机组混凝土施工的技术和管理措施，提高了机组各层结构混凝土施工效率，缩短了直线工期，将厂房首台机组混凝土浇筑施工工期缩短至 11 个月，为清原抽水蓄能电站工程地下厂房按期交面机电，实现安全准点发电创造了有利条件。

关键词： 首台机混凝土浇筑；施工工期；施工技术措施

0　引言

辽宁清原抽水蓄能电站位于辽宁省抚顺市清原满族自治县北三家乡境内，电站安装 6 台单机容量为 300MW 的立轴单级混流可逆式水泵水轮机，总装机容量为 1800MW，是振兴东北重点工程，"十三五"重点大型能源项目，也是东北地区目前装机最大的抽水蓄能电站。

清原抽水蓄能电站首台机组混凝土主要施工内容包括钢筋制作安装、水轮机埋件安装、机电一期埋件安装、电气、暖通、给排水以及消防等埋件安装、模板安装、混凝土浇筑等。清原地下厂房在开挖支护阶段，开挖过程中因受不良地质空腔结构处理影响，开挖支护施工工期延长，后续工序混凝土浇筑施工工期紧张。为此清原电站在施工过程中通过优化蜗壳层以下混凝土分层分块设计、通过采用蜗壳座环预拼整体一次吊装技术、蜗壳层以上框架结构混凝土快速施工技术，优化布置混凝土运输浇筑通道，加快工序验收组织，加强冬季混凝土施工保温措施等，实现了首台机组混凝土快速施工，混凝土浇筑施工工期由原计划的 15 个月缩短至 11 个月，从而为按期向机电安装交面、实现"安全准点"发电创造了有利条件。

1　清原抽水蓄能电站地下厂房混凝土施工概况

1.1　清原抽水蓄能电站地下厂房混凝土结构布置

清原抽水蓄能电站地下厂房由主机间、安装场和副厂房组成，呈"一"字形布置。总开挖尺寸为 222.5m×26.0m×55.3m（长×宽×高）。安装场布置在主机间右端，副厂房布置在主机间左端。主机间开挖尺寸为 158.0m×26.0m×55.3m，主机间内安装 6 台 300MW 竖轴单级混流可逆式水泵水轮机组，机组安装高程为 223.0m，主厂房顶拱开挖高程为 264.8m，底板开挖高程为 209.5m。主机间分五层布置，由上至下分别是发电机层、母线层、水轮机层、蜗壳层和尾水管层。首台机组发电机层以下一期混凝土总量约 12 503m³，月平均浇筑强度为 0.11 万 m³。

1.2 地下厂房主机段混凝土施工重点难点

机组混凝土结构复杂，机组蜗壳层以下为大体积混凝土，混凝土分层分块问题较难控制、混凝土浇筑质量控制难度大；蜗壳层以上为框架式板梁柱结构，机组机墩风罩外截面为正八边形，内截面为圆形井筒结构，在施工过程中须采取切实有效的施工技术措施才能保证厂房混凝土外观浇筑质量，且地下厂房混凝土施工布置条件差，施工限制因素多。由于地下厂房各工区施工交叉作业，机械设备布置及使用场地受限，材料运输、设备使用等均受到极大限制，在施工过程中必须制定合理的施工计划，加强施工协调。混凝土浇筑与机电安装交叉作业，施工干扰因素大。厂房机组机电埋件众多，且机电安装施工持续时间长，肘管、蜗壳等复杂机电埋件在厂房混凝土浇筑施工过程中均占用直线工期，在混凝土浇筑施工过程中须合理安排各工序施工顺序，预留足够的机电埋件安装施工时间，将机电埋件施工影响降至最低。清原电站地处东北严寒地区，极端最低气温为 -37.6℃，多年平均气温 -16.7℃，冬季混凝土施工也是地下厂房混凝土施工的重点和难点。

1.3 首台机组混凝土施工程序

厂房机组混凝土分两期浇筑，尾水管肘管及扩散段、厂房底板等属一期混凝土；锥管段外围混凝土、蜗壳外围混凝土、机墩、风罩、楼板、边墙以及结构柱等均为二期混凝土。

厂房基础混凝土浇筑→肘管安装前混凝土浇筑→肘管安装→肘管外侧混凝土→锥管层混凝土→蜗壳层混凝土浇筑→机墩混凝土、水轮机层及其板、梁、柱混凝土浇筑→母线层混凝土浇筑→风罩墙混凝土及发电机层板、梁、柱混凝土浇筑→发电机层以上构架梁柱混凝土浇筑。

2 加快首台机组混凝土浇筑采取措施

2.1 通过优化蜗壳层以下混凝土分层分块设计

在满足尾水管安装精度要求的前提下，结合主厂房 1 号机组段蜗壳层以下存在大体积混凝土，为提高尾水管外包混凝土浇筑的整体施工进度，同时解决尾水管层钢筋绑扎困难的问题，清原公司督导 EPC 总承包部发挥 EPC 总承包模式设计和施工相互融合的优势，通过对蜗壳层以下一期混凝土分层分块的设计优化，对主厂房 1 号机组蜗壳层以下一期混凝土分层分块进行了调整。

通过设计优化将地下厂房蜗壳层以下检修廊道侧混凝土从 6 层调整至 5 层浇筑；将地下厂房蜗壳层以下尾水管侧混凝土设计分 7 层浇筑优化为分 5 层浇筑，主要通过优化第一层以及第三层浇筑的分层厚度，通过浮托力计算选取了浇筑至覆盖肘管底 1.2m 处作为第一层浇筑的顶高程，第一层分层厚度为 从 1.05m 调整至 1.2m。第三层覆盖肘管顶部，须考虑肘管上覆混凝土重量不能过重而导致肘管变形，将第三层从 1.2m 层厚调整至 2.2m 层厚。通过对蜗壳层以下混凝土的分层优化,提高了检修廊道侧及尾水管侧混凝土施工进度,进而提高首台机组混凝土整体施工进度缩短直线工期 15 天。

为保证层高大于 1m 的大体积混凝土施工质量,控制尾水管外包混凝土每个上升层的绝热温升,EPC 总承包部根据设计要求对超过 1m 厚混凝土部位,按设计要求在大体积混凝土内部埋设冷却水管,通过初期和中期通水冷却,控制水温与混凝土温度之差不宜大于 20℃;冷却时混凝土日降温幅度不宜超过 1℃。在监理部指定的位置埋设电阻式温度计或热电偶测量混凝土温度,施工单位安排专人对大体积内部温度进行测量记录,其内容包括混凝土出机口温度、入仓温度、最高温度、表里温差、降温速率和尾水管外包混凝土施工作业环境温度的测量,按《大体积混凝土温度测控技术规范》(GB/T 51028—2015)要求编制温度监测报告,提交工程监理部。在满足施工图纸要求的混凝土强度、耐久性和和易性的前提下,改善混凝土骨料级配,加优质的掺合料等以适当减少单位水泥用量,降低混凝土的水化热温升。控制浇筑层间间歇时间。混凝土在施工期主要依靠浇筑层表面散热,散热效果的好坏受到浇筑厚度和浇筑层间歇时间的影响。通过层间间歇时间把混凝土内部的热量向表面散发,间歇时间控制原则:间歇时长要大于混凝土早期最高温度出现的时间。但过长的间歇时间于上层新浇筑的混凝土的防裂也是不利的,不宜超过 15 天。

2.2 通过采用蜗壳座环提前组拼、整体吊装技术,提升蜗壳层混凝土整体施工进度

为缩短首台机组混凝土浇筑直线工期,清原电站蜗壳座环采用安装间整体组拼,整体吊装方案,在安全间整体组拼一方面焊接作业施工环境好、质量更可靠,与在机坑内组拼相比,机坑内施工空间狭小,施工人员作业效率低,而安装间组拼工位平台布置更便于施工,效率明显提高;另一方面,座环分瓣吊装以及焊缝焊接提前进行、机坑具备座环安装条件后将其整体吊运至机坑就位,采用此方案可使座环分瓣吊装以及焊缝焊接不占用直线工期。通过现场实践表明:采取座环提前组拼、整体吊装方案较原方案在机坑内组拼焊接施工工期节约 15 天。

2.3 通过蜗壳层以上框架结构快速施工技术

清原电站机组蜗壳层以上混凝土为板梁柱框架结构混凝土,且全部按照免装修清水混凝土设计。为加快框架结构施工,采用清水模板成品规格进行梁、板、柱模板规划,对每一层框架的模板进行统一设计,按照尽可能少切割模板、少产生余料、拼缝纵横衔接、对缝一致的原则,提前进行模板拼装设计,在加工厂内按照模板拼装设计图纸将模板制作成需要的尺寸,并按照图纸对加工好的模板进行编号。模板安装时,按照模板拼装图将对应编号的模板安装在相应的位置即可,极大地提高了施工效率。此外,采用预制清水模板拼缝严密、对缝规整,比采用平面钢模板拼装、木模板补缺外观更加美观。

蜗壳层以上框架结构的传统支撑结构均采用扣件式钢管脚手架作为板梁底模支

架，其搭设工程量大，施工效率不高。清原电站施工过程中，采用了盘扣式脚手架作支撑架。盘扣式脚手架具有搭拆方便、快速、结构稳定等优点，通过采用盘扣式支架配预制清水模板，有效提高了板梁柱框架结构混凝土施工效率，水轮机层、母线层及发电机层三层框架结构（含机墩、风罩）由原设计方案计划的 4.5 个月工期缩短至 3 个月左右。节约工期约 45 天。

2.4 通过优化混凝土运输通道布置

在混凝土浇筑施工通道布置方面，利用尾水管及尾水扩散段形成机组混凝土浇筑下部运输通道，利用引水下平洞与尾水管层顶部高程 217m 平台形成肘管层至蜗壳层混凝土浇筑的中部运输通道，利用厂房上游中层排水廊道与厂房上游墙之间的运行期永久洞室作为机组混凝土上部运输通道，利用混凝土地泵配合 BLJ10.5-22 框架式布料机及施工桥机加吊罐同时入仓，形成混凝土垂直运输系统，为主厂房各机组全面同步施工创造了良好的通道条件，确保了机组混凝土快速施工。较单纯采用地泵加吊罐入仓，通过初步估算此种施工布置方案较可节省工期 30 天。首台机组混凝土浇筑封顶仓面照片见图 1。

图 1　首台机组混凝土浇筑封顶仓面照片

2.5 通过加快工序验收组织衔接，提高验收效率

EPC 总承包项目部将厂房混凝土浇筑与机电预埋划分到同一施工单位进行施工，减少了不同单位之间的相互干扰；实行首仓"四方联验"制度，首仓混凝土由 EPC 总包部总经理带队，组成四方联合验收小组进行验收，从而实现了一次性确定明确统一质量验收标准，从而减少因验收返工而耽误的工期；正常仓位验收因为涉及多个专业或单位施工，往往验收是一个专业一个专业的来验，专业之间没有沟通，容易造成反复验收，验收一次通过率几乎为零。清原电站通过发挥 EPC 总承包管理优势，加强了各专业之间的协调联动，1 号机组从下至上，共分为 29 仓浇筑，通过 EPC 总承包模式，基本可实现混凝土验收一次性通过率达到 51.7%。因此预计缩短

首台机组混凝土浇筑工期约 15 天。

2.6 地下厂房冬季施工措施

为保证冬季地下厂房混凝土浇筑强度和质量满足要求，清原电站在进厂交通洞，通风兼安全洞，出线洞洞口、各引水施工支洞洞口采用电动卷帘门进行封闭保温，可保证混凝土入仓环境温度达到 5℃以上。使用距进厂交通洞洞口只有 200m 的地厂拌和站对地下厂房机组混凝土施工进行供料。清原电站地下工程混凝土生产系统在最初设计时就按照冬季混凝土施工拌和站设计，整个拌和系统全部采用保温棚进行封闭，保温棚采用钢结构型式，建筑面积 1900m²，拌和系统的保温范围包括：骨料仓、配料机、胶带机、出料口、搅拌系统等。在拌和站主站处采用上下双层暖气，其他部位采用单层暖气，运料进出口处安设卷帘门，门的开启方便、快捷，尽量减少冷空气进入棚内，在室外温度在零下 20℃时，可确保保温棚内达到 0℃以上正温。

为了保证拌和系统砂石的供料保证率，在保温棚内骨料预热仓下设地热保温管，地热管采用 2 寸无缝钢管，间距 500mm 蛇形排列，隔墙处以 30cm 间距绕过，地热管下方铺设保温棉，管路由循环热水预热砂石骨料。拌和用水采用设置在搅拌机附近的蓄水池（11m×4.0m×2.0m、长×宽×高）供水，将锅炉内热水通过供热管道储存在蓄水池，蓄水池内热水与拌和站自动上水系统连接，保证混凝土拌和时使用热水。采取以上措施可确保冬季施工时，拌和站混凝土出机口温度达到 16℃以上，在冬季混凝土运输车罐体采用棉被保温，减少混凝土运输过程中热量流失。冰雪天气时与路面之间的摩擦阻力减小，路面光滑，给运输车辆安装防滑链，且低速行走，遇到冰雪天气时，及时清除施工便道上的积雪和冰层，采用装载机清理、路面人工撒融雪剂以及垫洞挖渣料（细料）、风化砂及随时铺垫路面，改善路面状况，保证冬季混凝土运输安全。

清原电站通过以上冬季混凝土施工保温措施，保证了 1 号机组冬季混凝土施工的供料强度，供料保证率达到了 100%，保证了地下厂房冬季混凝土施工的拌和和浇筑质量。

3 结束语

在清原抽水蓄能电站首台机组地下厂房混凝土施工过程中，通过采取一系列提高施工效率、优化施工程序的快速施工技术措施、加快工序验收组织衔接等有效管理措施，缩短了首台机组混凝土浇筑直线工期，较原施工进度计划提前了 4 个月完成，创造了地下厂房首台机组混凝土浇筑 11 个月施工工期的记录，较新源公司平均水平快 5 个月，已达到公司先进水平，为后续按期向机电安装交面、首台机组混凝土按期投产发电提供了可靠保障，所取得的经验可供公司后续抽水蓄能厂房混凝土施工借鉴参考。

参考文献

[1] 王亚晶. 承插型盘扣式钢管支架的工程应用及推广前景 [J]. 土木工程，2016，5（3）：74-78.

[2] 程志华. 大型地下厂房混凝土施工浇筑技术研究 [J]. 四川水力发电，2012，31（2）：54-56.

[3] 龙盎. 溪洛渡水电站地下厂房尾水肘管混凝土施工技术 [J]. 四川水力发电 2010，29（2）：94-97.

作者简介

尹翔（1981—），男，高级工程师，主要研究方向：电网土建施工技术。E-mail：xiang-yin@sgxy. sgcc. com. cn

梁瑞信（1989—），男，工程师，主要研究方向：电网土建施工技术。E-mail：ruixin-liamg@sgxy. sgcc. com. cn

陆金琦（1992—），男，工程师，主要研究方向：电网土建施工技术。E-mail：jinqi-lu@sgxy. sgcc. com. cn

关于加快抽水蓄能电站首台机组安装调试的探索和实践

付东成，张显羽，林观辉，余　睿，华伟琪

（福建厦门抽水蓄能有限公司，福建省厦门市　361107）

摘　要： 福建厦门抽水蓄能电站于 2019 年 11 月主体工程开工，2023 年 10 月首台机组投产发电，用时 47 个月，期间在新冠疫情等外部条件的影响下仍比计划工期提前 7 个月完成投产目标。其中机电安装和调试的工期优化为实现投产目标做出了巨大贡献。通过分析现场的实际情况，制定了科学的施工计划，重点对开关站和厂房机组段的合理工序安排和施工方法的改进优化，直接缩短了直线工期，提升了作业效率。福建厦门抽水蓄能电站的相关经验对同类型电站同阶段的基建安装投产管理工作有很好的借鉴意义。

关键词： 首台机；开关站；工期优化；安装调试

0　引言

我国可再生能源经历了规模化发展阶段之后，正迈向高质量跃升发展新阶段。截至 2022 年底，我国可再生能源装机突破 12 亿 kW，占全国发电总装机容量的 47.3%。新能源装机快速增长，需要可靠的调节电源作为支撑。抽水蓄能电站是电力系统目前技术最成熟、经济性最优的绿色低碳清洁灵活调节电源。2021 年，《抽水蓄能中长期发展规划（2021～2035 年)》印发实施后，抽水蓄能产业进入高质量发展新阶段。我国"十四五"期间抽水蓄能核准规模累计已超过 1 亿 kW。水电水利规划设计总院和中国水力发电工程学会抽水蓄能行业分会近日联合发布的《抽水蓄能产业发展报告 2022》显示，截至 2022 年底，我国已建抽水蓄能装机容量 4579 万 kW。目前，已纳入规划的抽水蓄能站点资源总量约 8.23 亿 kW，其中已建、核准在建装机规模 1.67 亿 kW，未来发展潜力巨大。优化电站的建设周期，提高经济效益和社会效益，实现高质量发展成为电站建设的重要课题之一。

1　电站工程概况

福建厦门抽水蓄能电站（简称厦门电站）位于福建省厦门市同安区汀溪镇境内，距厦门市直线距离约 33km。电站靠近负荷中心，建成后主要承担福建电网调峰、填谷、调频、调相及紧急事故备用。

电站由上库、输水系统、地下厂房、地面开关站及下库等建筑物组成。电站额定水头 545m，上库正常蓄水位 867.00m，死水位 842.00m，有效库容 753 万 m^3。

下库正常蓄水位 306.00m，死水位 275.00m，有效库容 703 万 m³。

输水发电系统位于上、下库间山体内，引水和尾水系统均采用两洞四机的布置方式，分两个水力单元，压力管道采用斜井方案，上、下库进出水口均采用闸门竖井式。输水系统主要包括上库进/出水口、引水主洞、引水钢岔管、高压支管、尾水支管、尾水岔管、尾水调压井、尾水隧洞及下库进/出水口等。

地下厂房位于输水线路的中段，距上、下库进出水口距离分别约为 948m 和 1466m。厂房所处位置山体雄厚，地面高程在 500m 左右。引水隧洞经过岔管分岔后以单机单管方式进入主厂房，与厂房轴线交角为 70°。地下厂房安装 4 台单机容量为 350MW 的混流可逆式水轮发电机组，总装机容量为 1400MW。

地下厂房由三大主洞（主副厂房洞、主变压器洞、尾闸洞）、母线洞和出线洞、进厂交通洞、通风兼安全洞、排水廊道、自流排水洞等附属洞室组成。主副厂房洞、主变压器洞、尾闸洞三大主洞平行布置：主副厂房洞开挖尺寸为 177m×25m×56.5m（长×宽×高），主变压器洞开挖尺寸为 168.5m×19.5m×22.8m（长×宽×高），尾闸洞开挖尺寸为 111m×8m×19m（长×宽×高）。主厂房洞与主变压器洞之间设 4 条母线洞以及主变压器交通洞、电缆交通洞；主变压器洞与地面开关站间设 500kV 电缆出线洞。厂区三大洞室从上游往下游依次平行布置，主副厂房洞与主变压器洞的净间距为 40.0m，主变压器洞与尾水事故闸门洞的净间距为 30.0m 进厂交通洞布置在安装场端部，通风兼安全洞布置在主副厂房端部。环绕三大洞室外围布置三层排水廊道。

电站采用地面户内 GIS 高压配电装置型式。500kV 开关站位于下库库尾右岸环库公路边，场地高程 321.00m，布置 GIS 室、继保楼及地面出线场，对外交通通过下库环库公路与外部连接。500kV 出线洞采用一坡到底的布置方式，出线洞长 807m。

2 开关站施工探索实践

2.1 标段交叉面分块移交

开关站在土建标无法实现整体交面情况下，通过分块移交工作面（继保楼、GIS 楼基坑），保证机电标能尽快开展 GIS 楼、继保楼的主体施工。同时为保证在 GIS 楼结构施工时，不影响土建标 500kV 出线洞衬砌结构施工，机电标在 GIS 楼地下一层布置一套门形钢结构运输通道。

2.2 总体施工面分区施工

开关站场地施工时，对开关站的场地进行施工分块，以出线塔架区域施工为主，其他区域次之的指导思路分成 5 个区，确保了开关站如期完成。

2.3 调整和优化工序

由于 500kV 开关站出线洞位于开关站场地最内侧，土建标无法按照合同约定时间向机电安装工程移交。在 500kV 开关站不具备整体施工的情况下，对土建结构、建筑装修、电气一次、电气二次专业施工进行优化和工序调整（见图1），通过增加施工资源，在机电设备安装、调试及后期开挖、埋管、埋件中采取多部位、多点面同时开展施工，保证了倒送电节点目标实现。同时综合考虑给排水、消防、电气、土建等专业的施工工序，优化各专业的施工工序搭接，避免了因施工工序安排不合理，导致的返工、降效。

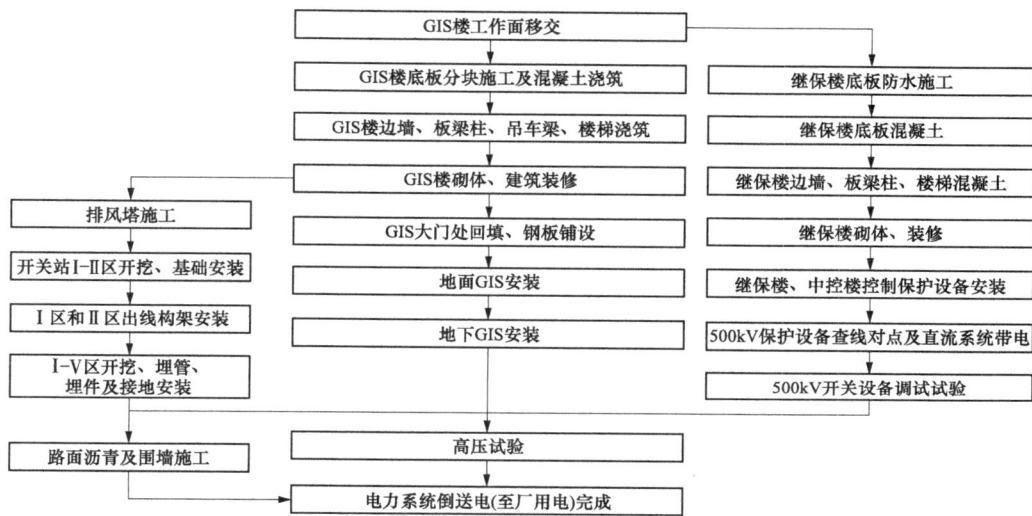

图1　500kV开关站倒送电施工关键工序（优化）

2.4　合理配置资源增加设备投入

因开关站场地不具备塔吊布置条件，优化现场施工布置，采用50t汽车吊作为起重设备，大大缩短起重设备基础施工及安装工期。混凝土浇筑时采用63m长天泵进行浇筑，大大缩短了混凝土浇筑准备和浇筑的工期。

在GIS楼、继保楼结构施工时，优选采用了盘销式钢管脚手架及支撑架技术及方柱扣加固技术，同时承重脚手架不再考虑周转，避免了因混凝土等导致脚手架周转不过来的影响，保证了在结构施工时既缩短了施工工期，又提高了架体的安全性。

3　机组段施工探索实践

3.1　优化施工关键线路

优化施工关键线路，制作返点平台，水轮机导水机构采取一次定位安装方式（见图2）。

（1）锥管、底环安装高程、中心以座环加工后的基准进行安装。

（2）底环和下止漏环安装验收完成后，其底环上平面为机组高程基准，下止漏环中心为机组中心基准。

（3）挂钢琴线和经检验过的钢卷尺，将机组高程返点至下机架机坑边墙—高程基准线1、发电机机坑边墙—高程基准线2和发电机层边墙—高程基准线3。采用精密水准仪返点，全站仪复核。将机组中心返点至机坑里衬衬板上和肘管衬板上。均布8点，方位与下止漏环测点对应，测点高程一致，在一个水平面上。

（4）下机架在转轮吊入前先进行预装，确定中心和高程及浇筑基础后吊出、定子中心使用转轮中心或机坑里衬返点中心作为基准。上机架中心以盘车数据确定机组转动部分中心后，以发电机轴颈为基准，确定后浇筑基础二期混凝土。

（5）下机架高程使用高程基准线1，定子高程使用高程基准线2，上机架（预装）使用高程基准线3。

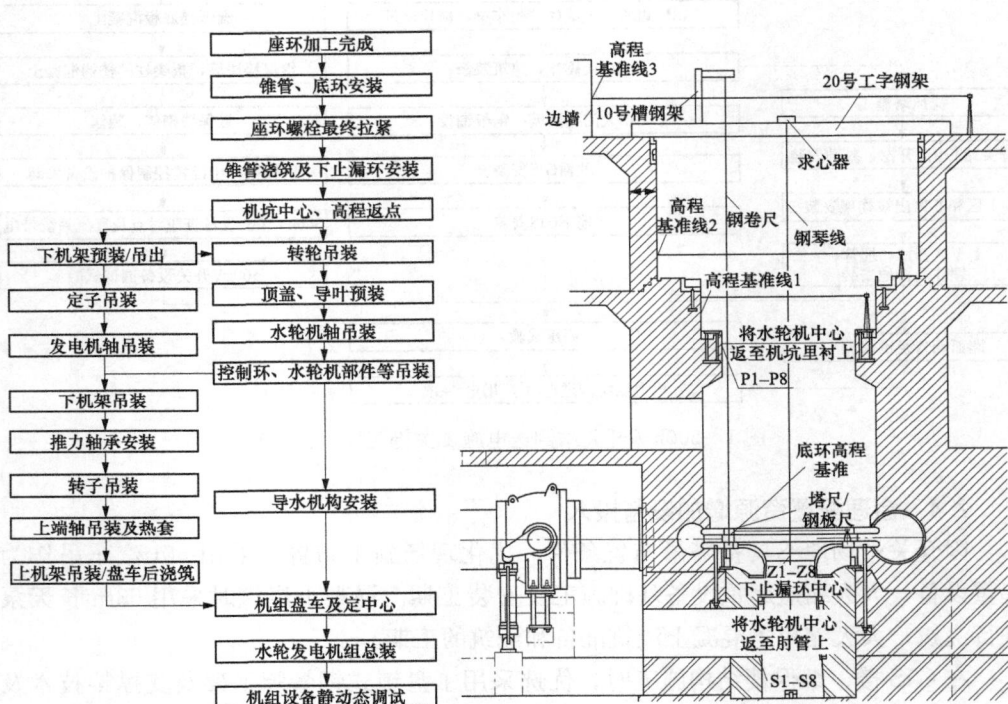

图 2　机组安装工序和中心基准测量示意图

3.2 严格控制焊接质量

在尾水肘管、蜗壳/座环分瓣面、定子组装、上下机架焊接过程中，严格控制焊接预热、施焊工艺，特别是蜗壳/座环焊接过程中实时监测焊接变形，积极做好焊缝的消氢消应工作，要求施工项目部内部对焊工采取奖励措施，焊接一次合格率达到98%以上，避免了返修导致工期延长。

3.3 优化现场各作业平台

在蜗壳/座环分瓣面、定子组装、定子下线以及转子组装及安装过程中，对施工工装、平台进行优化，使其更适合现场安装、更稳固及便利，从而达到提高功效的目的。

4 机组调试和投产管控探索和实践

4.1 人员配置方面
4.1.1 做好施工单位人员管控
要求施工单位安排经验丰富的安装调试人员，同时做好合同执行，让施工单位看到本项目独特的工程特点，愿意投入更多的资源到项目部。

4.1.2 充分发挥业主优势
组建一支有安装、调试、生产运维经验的业主管控队伍，并提前策划，在重要节点和重要问题上邀请集团内、行业内的专家来现场精准指导。安装调试现场多个劳模、"工匠"汇集。在安装调试过程中出现的设计、制造、安装等技术和质量问题，都能得到妥善解决和快速消除。

4.2 调试管控方面
4.2.1 超前谋划
提前 3 个月召开现场设计联络会，梳理 300 余项问题，提前发现问题，提前明确阶段性目标，对主要调试步骤提前桌面推演。给足施工单位和各供货厂家提前改善优化的时间，使参建各方一旦启动调试即进入一个较熟悉的状态。

4.2.2 做好关键调试项目推演
在每日的调试工作协调会之后安排关键调试项目的桌面推演，业主牵头，设计、监理、施工单位、设备厂家对即将开展的调试项目从流程上推演一遍，对可能出现的问题开展"头脑风暴"提出解决思路。

4.2.3 把控节奏
公司分管领导主持调试会议，在对总体调试项目通盘考虑的基础上，把控调试节奏，快速决断，避免了因施工单位和厂家相互"扯皮"造成工期拖沓。

5 其他方面管控实践

5.1 施工计划方面
做好工程节点的管控和策划。业主编制了生产准备、倒送电、首台机组投产三张工作节点进度表，共 200 余项具体工作，逐一落实到人，使每个工程的微小节点都能得到预判，用这三张表格调动一线部门内在潜力，驱动物资采购、上级协调、资料准备等各项工作，使之都能做到提前规划、提前准备。

5.2 生产管控方面
5.2.1 立足生产人员的自我培养
2016～2017 届员工送至机电安装期的单位跟班学习机电安装，2018～2021 届员工至成熟的生产单位跟班学习生产运维。开始安装调试时，电站自身已经具备了支撑安装调试的技术团队。

5.2.2 生产体系超前介入
设备部安排固定的专人负责调试，各班组配合；运行部专门抽出一名值长，全程跟随调试，担当生产运行工作和基建调试工作的"联系人"。安排一名熟悉安装调试和生产运维的中层副职，统管运行部和设备部，全程协调现场工作。既保证了在安全管控上运行人员和调试人员核心"制约机制"的存在，又确保了遇事不卡壳、不拖沓、不扯皮，在安全生产规则内守住安全底线的同时，遇事当场决断，第一时间灵活解决。消除进度和安全之间可能出现的"矛盾"，保证了调试流程的完全顺畅。

5.2.3　生产制度和基建制度的有效衔接

在深刻理解现场安全核心机制的基础上，使生产期的安全生产制度"坐落"在基建期安全生产制度上，两者有机结合。把握相互校正、相互制约、相互提醒的安全核心机制，严格执行站班会，灵活使用"关键调试项目运行交底单"等方式灵活解决相关制度不对应的问题。

5.3　与电网调度保持良好沟通

利用设联会、图审会等机会，积极主动与调度沟通，临近倒送电、机组调试等时段，每周当面向调度相关处室汇报一次工作，增加调度对电站工作的熟悉度，有效保证了调度对电站调试工作的支持力度。

6　结束语

抽水蓄能电站机组的安装、调试和投运工作是抽水蓄能电站工程建设的点睛之笔，需要充分考虑各种因素对首台机组投产的影响，采取相应的措施进行协调和处理。本文开关站施工、机组安装和调试等方面总结了福建厦门抽水蓄能电站在首台机组投产过程中遇到的问题和解决办法，应用了一些新的工序思路和施工的方式方法，可供其他同类型同施工阶段的电站参考。

参考文献

[1] 梅祖彦. 抽水蓄能发电技术 [M]. 北京：机械工业出版社，2000.
[2] 邱彬如，刘连希. 抽水蓄能电站工程技术 [M]. 北京：中国电力出版社，2008.
[3] 张超，颜昌梅，叶飞，等. 梅州抽水蓄能电站机组总装工艺 [J]. 水电站机电技，2022 (11)：16-18.

作者简介

付东成（1986—）男，高级工程师，主要研究方向：抽水蓄能电站设备安装管理、抽水蓄能电站设备生产运行等。E-mail：dongcheng-fu@sgxy. sgcc. com. cn

张显羽（1986—）男，高级工程师，主要研究方向：抽水蓄能电站建设、抽水蓄能电站工程管理等。E-mail：xianyu-zhang@sgxy. sgcc. com. cn

林观辉（1993—）男，工程师，主要研究方向：抽水蓄能电站设备安装管理、抽水蓄能电站设备调试等。E-mail：guanhui-lin@sgxy. sgcc. com. cn

余睿（1987—）男，高级工程师，主要研究方向：抽水蓄能电站设备安装管理、

抽水蓄能电站设备生产运行等。E-mail：rui-yu@sgxy.sgcc.com.cn

华伟琪（1988—）男，工程师，主要研究方向：电气设备管理研究、发电电动机消防设备等。E-mail：weiqi-hua@sgxy.sgcc.com.cn

关于提升上水库填筑施工效率的探索与实践

陈洪春，段玉昌，徐 祥，梁睿斌，洪 磊，李 明

（江苏句容抽水蓄能有限公司，江苏省句容市 212400）

摘 要： 江苏句容抽水蓄能电站上库填筑达 2850 万 m^3，填筑规模巨大。主坝填筑量 1700 万 m^3，填筑高度 182.3m，是世界最高的抽水蓄能电站大坝，坝基条件差，填筑料源紧张；库盆填筑量 1150 万 m^3，填筑高度 120m，为世界规模最大的库盆填筑工程，填筑料较杂，有土料、石料、土石混合料等。句容电站上库填筑施工强度高，持续时间长，运输压力大，安全风险突出，料场岩性复杂，填筑料紧张。本文就提升上库填筑施工效率的探索与实践进行简要交流。

关键词： 句容抽水蓄能电站；堆石坝；库盆；填筑；效率

0 引言

江苏句容抽水蓄能电站（简称句容电站）上水库主坝坝高 182.3m，坝顶长度 810m，坝顶宽度 10m，最大坝宽 600m，主坝填筑量达 1700 万 m^3，库盆最大填筑高度 120m，填筑量达 1150 万 m^3，是世界最高的抽水蓄能电站大坝、最大的库盆填筑规模、最高的沥青混凝土面板堆石坝。上游坝坡坡比为 1：1.7，下游坝坡坡比不同高程分别为 1：1.8 和 1：1.9。主坝坝体填筑材料分成垫层区、特殊垫层料、过渡区、上游堆石区、下游堆石区等，上游堆石料、过渡料采用上库内开采的新鲜弱、微风化白云岩填筑，下游堆石料采用库内开挖的新鲜弱、微风化白云岩与闪长玢岩混合料填筑；库盆由一库底大平台及库周 1：1.7 坡比的开挖坡形成，库底平台由半挖半填而成，库盆填筑料较杂，有土料、石料、土石混合料等（效果图见图 1、上库主坝与库底三维模型见图 2、开挖填筑分区见图 3）。

图1 上库效果图

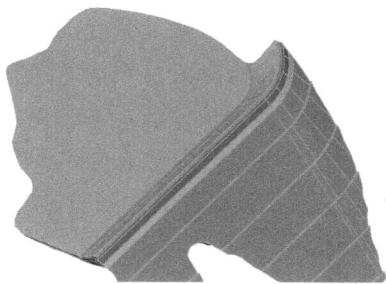

图 2　上库主坝与库底三维模型图

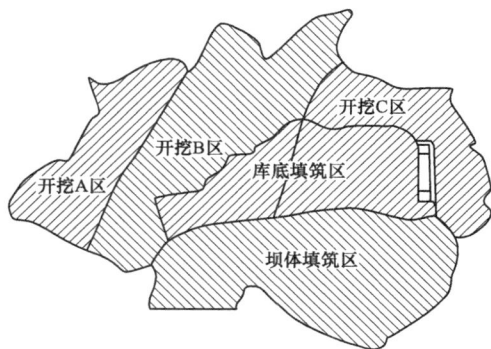

图 3　开挖填筑分区图

1　上库填筑施工特点及难点分析

1.1　上库填筑施工特点分析

（1）句容电站主坝坝高 182.3m，为世界第一高的抽水蓄能电站大坝，与国内已建常规水电面板堆石坝相比，也仅次于水布娅（233m）、猴子岩（223.5m）、三板溪（185.5m）等。上库填筑方量大，上库大坝、库盆填筑量约 2850 万 m³，为一般抽水蓄能电站的 6～10 倍（抽水蓄能电站土石方规模比较表1）。

表 1　　　　　　　　　抽水蓄能电站土石方规模比较

编号	电站名称	土石方开挖量（万 m³）	填筑量（万 m³）
1	厦门	1100	460
2	金寨	762	479
3	绩溪	800	486
4	宁海	500	310
5	溧阳	2188	1605
6	句容	2235	2850

（2）句容电站上库施工范围小、坝体开挖填筑高差大，上库库盆仅 0.64km²，坝体填筑最低高程为▽90m 附近，最大开挖高度▽351m，高差达 260m 以上，在如此狭小空间完成开挖、运输、填筑施工，开挖与填筑施工干扰大，前期存在高料低用、后期存在低料高用问题，施工道路布置困难。

（3）句容电站上库库岸、库盆开挖料岩性复杂，库岸、库盆开挖存在闪长玢岩脉与白云岩夹杂分布，其中闪长玢岩脉质量差，遇水易崩解，不宜集中堆置用作坝体主堆石填料，另外，开挖过程中不设转运堆场，开挖渣料直接上坝，同时施工过程中需在保证高开挖强度下尽量剔除该类开挖料并运往坝体主次堆石区和库盆。

1.2　上库施工难点分析

基于以上特点分析以及结合堆石坝施工基本程序，句容电站上库大坝、库底填

127

筑施工存在以下重难点：

（1）填筑施工强度高，持续时间长。句容电站填筑量大与国内已建常规电站面板堆石坝相比，填筑方量位居前列。超大填筑规模带来的问题是施工强度高，持续时间长。根据施工规划，上库大坝库盆施工工期48个月，高峰时段月平均填筑强度100万 m³，持续16个月。从高峰时段填筑强度和月高峰填筑强度来看，国内外抽水蓄能电站上库填筑施工没有这样的先例（句容抽水蓄能电站与国内常规电站面板坝填筑规模及施工强度比较见表2）。如何在如此大面积区域保证高强度、高质量施工，在上坝道路布置、坝面规划、坝面资源配置等方面提出了很高的要求。

表 2　　句容抽水蓄能电站与国内常规电站面板坝填筑规模及施工强度比较表

编号	电站名称	最大坝高（m）	填筑总量（万 m³）	最大月高峰填筑强度（万 m³）	填筑工期（月）	高峰持续时间（月）
1	三板溪	185.5	871.4	72		
2	瀑布沟	186	2227	167		1
3	糯扎渡	261.5	3400	138	51	2
4	水布垭	233	1566	75.1/61.8	45	4
5	滩坑	162	980	86/61		9
6	天生桥一级	178	1870	70		
7	紫坪铺	156	1100	80		
8	长河坝	240	3417	134.5	38	21
9	句容	182.3	2913	172.3	48	16

（2）填筑运输压力大，安全风险突出。上库库底平台由半挖半填而成，在0.67km²内边挖边填，施工场地狭小，开挖与填筑高差近300m，运输作业路线长、任务重、强度大，同一时段上部有多个料场及进出水口开挖，下部有大坝填筑碾压，交叉作业多，安全管控难度大。填筑施工完成需要布置多期施工道路，并根据填筑施工进展及时进行调整，是填筑施工的难点之一。

（3）填筑料源紧张平衡，土石方动态调配难度大。上库闪长玢岩岩脉分布广泛并极易蚀变，断层较发育，岩性复杂。主坝填筑料全部来源于上库库盆及库岸开挖料，大坝主堆石料、过渡料、垫层料及反滤料对工程开挖料源质量要求较高，需采用白云岩开挖石料，次堆石填筑采用白云岩、闪长玢岩，其中闪长玢岩含量不超过33％，岩性复杂易蚀变对料源使用产生较大影响。主堆石料、过渡料、垫层反滤料要求采用白云岩等好料，次堆石料填筑要求不低于67％的白云岩等好料。在不考虑反滤垫层料加工损失情况下，需要的白云岩等好料量约1616万 m³，按照自然方到压实方1.25折合系数，折合自然方约1300万 m³，而根据招标设计的地勘资料，白云岩等好料主要分布在A、C区，而A、C区白云岩好料开挖量约1100万 m³，尚差约200万 m³的白云岩好料需要从B区补充，而B区的白云岩总量约520万 m³左右。

如何在高强度开挖施工过程中，在不设转运堆场前提下，保证料物料性和强度两个方面满足土石方平衡要求，是句容电站上库施工的难点所在。

2　影响上库填筑施工效率问题及应对措施探索

2.1　施工道路的超前谋划与科学管理

（1）为了保证高强度填筑运输下的安全管控，句容公司超前谋划，在招标设计阶段单独列支临时道路安全防护费、上库临时施工道路费用，在主体标工程安全策划及施工方案中，明确要求道路上方应实施被动防护网、边坡破碎带实施锚喷支护，易出现松动岩体部位实施主动防护网。料场开挖以 A、B、C 区为面，各个运输队为点，联合坝面填筑分区、料源需求，并结合现场交通安全运输管理，精确规划每一辆渣土车运输路径及终点，实现料场到填筑面料源运输高效合理。

（2）上库填筑施工道路复杂，随着大坝、库盆填筑高程的变化需要动态调整施工道路。在上库开工前，组织设计单位、监理单位、施工单位严格审定施工方案，科学规划 21 条上库施工临时道路，将山顶取料点及仓面卸料区竖向分成 A、B、C 三个区域，横向分为三个高程（上库车辆分区分流管控见图 4），实现了正常情况下各区域内车辆分区分流运输作业，当某部位堵塞时，能从同高程的临近区域借道通行。所有道路宽度不小于 12m 并硬化路面，做到"小雨不停工，大雨雨后能开工"。

（3）为保证上库填筑道路运输安全，在道路临空侧因地制宜设置波形梁钢护栏、防撞墩及防护坎，防止车辆冲出；靠山侧结合实际采取及时清理大体积边坡挂渣、主动防护网稳定少量碎石、被动防护网挡住零星滚石等措施防止上部落石；安装路灯，安排专人维护，为交通安全创造条件。同时加强道路维护保养，成立 28 人组成的道路维护队伍，配置 7 辆洒水车、1 台吸尘车，保证良好通行条件。在高峰期 200 辆车每日运输近 3000 车次的情况下，有效保障电站的交通安全。

（4）科学管理，强化车辆、驾驶员，以及日常监督检查。严把车辆入场关，进场车辆除证件齐全、车况良好外，还需满足出厂期三年内要求，确保车况良好。实行"定人、定岗、定机长"管理，每日出车前驾驶员对车辆进行安全检查，经机长确认无误后，准许上路。车辆安装北斗/GPS 定位装置，实时定位跟踪运行轨迹。强化驾驶员管理，驾驶员除证照齐全、实际驾龄不低于 2 年外，还需经驾驶技能考核合格，方可上岗，以确保技能达标。每日出车前，由运输班组负责人检查驾驶员精神状态，防止酒驾及疲劳驾驶。每周对运输班组开展安全教育，持续提升驾驶员安全行车意识。强化日常监督检查，在场内施工道路安装 21 处监控摄像头，借助网络，管理人员可通过手机及电脑实时查看场内车辆运行状况，设置 8 处雷达测速点，同时不定期开展交通安全检查，查处超速、抛洒、强行超车等行为，确保行车安全。

2.2　土石方利用的精细化与科学化控制

（1）针对土石方填筑施工进度和料物利用，在招标设计阶段委托高校开展上库开挖与填筑施工仿真研究，对坝体填筑程序分区优化，对填筑过程施工仿真，对石

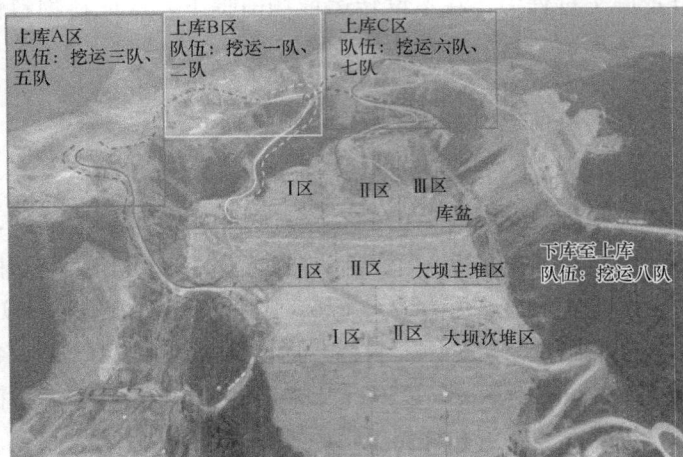

图 4　上库车辆分区分流管控图

方爆破开挖过程施工仿真，对上库场内交通运输仿真。在施工过程中委托高校和相关科研单位针对每季度实际施工进度、物料平衡情况、道路布置与运输、坝面规划与填筑强度等进行分析，为月度、季度、年度施工计划制定提供支持。

（2）针对填筑料源进行物料性控制，成立业主、设计、监理、施工四方料源鉴定小组，明确责任人，对施工过程中每一茬炮进行料源鉴定，鉴定料源性质、确定运往地点等，以保证开挖料的有效利用，尤其是保证白云岩好料的利用。

（3）针对土石方动态平衡与进度控制，句容公司深度介入，根据工程精细化管理需要，针对上库土石方平衡问题，明确工程部及监理深度介入土石方调运和料源管理，参加每个季度的土石方平衡分析，对土石方调配中遇到的及可能存在的问题及时研究并采取对策。

2.3　填筑特性的精准性把控

句容电站上库主坝和库底填筑 5m 高程区间工程量分布如图 5、图 6 所示。主坝坝体填筑最大部位位于高程▽175～▽215m 之间，库底自▽112m 开始填筑开始逐步增大，在库底▽232m 高程填筑量最大。填筑施工开始前，对各个阶段道路布置、车辆通行密度、施工强度等进行分析，形成对施工过程特性的整体把握和认识，并在不同阶段采取不同的控制措施，以保证施工质效的提高。

（1）初期阶段，初期（▽150m 以下）填筑工作面小，道路布置困难（现场仅布置一条上坝道路），填筑料上坝是主要控制因素，填筑效率主要受上坝道路制约。在坝体施工到 130m 高程附近，增加右岸原来林场消防通道作为第二条上坝道路，该通道对于保证 150m 高程附近施工发挥了重要作用；另外，针对右岸 6 号主路坡度较陡问题，随着 A、B 区开挖，通过降低道路进口高程，减少道路纵向坡度，提高该路段的运输强度。

（2）中期阶段，中期（▽150～▽230m）填筑工作面大、道路布置容易（同时布置 3～4 条上坝道路)，料场开挖、填筑料运输、施工资源配置、坝面施工组织等是制约施工效率的主要因素。随着上部开挖高程的降低以及坝体填筑高程的升高，上坝道路布置基本控制在 4 条，该阶段主坝面积在 12 万 m^2，库底填筑面积也达到约 15 万 m^2。通过严格要求施工资源投入，提升整体填筑效率，高峰期有大坝 32t 振动碾 8 台、库盆 26t 振动碾 7 台、推土机 12 台、自卸车 150 辆。针对制约坝体填筑的要素，如水管式沉降仪埋设施工、碾压挖坑灌水质量检测等，相应的采取加快措施。

(3) 后期阶段，后期坝体填筑工作面相对变小，坝轴线长，上坝道路布置困难，填筑料上坝是主要制约进度要素。坝体超过▽234m 高程后，主坝坝体逐步变窄、变长，开挖高程降低至库盆范围，上坝道路布置困难，为了提高库盆施工效率，在库底▽237m 高程扩大 1 号通风交通洞，保证上坝强度。

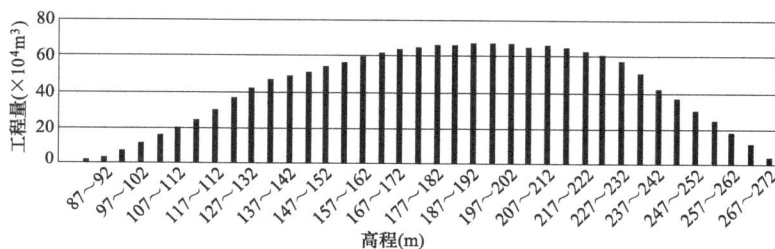

图 5　主坝 5m 区间高程工程量分布图

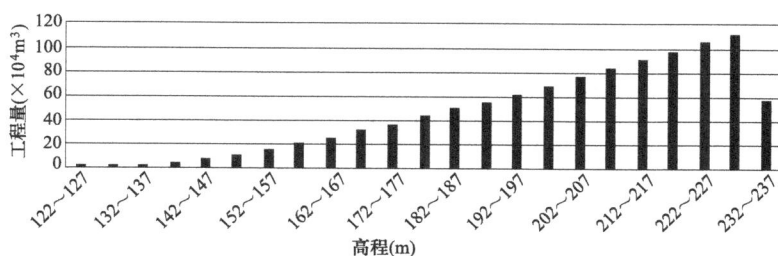

图 6　库底填渣 5m 区间高程工程量分布图

2.4　填筑过程采取的相关措施

句容电站上库填筑量巨大，为了保证顺利完成填筑施工任务，电站工程确定"挖得出、运得上、填得下"的 9 字方针，并据此拟订了一系列的具体措施，提升填筑施工质效。

(1) 振动碾压选定 32t 重碾。

句容电站在主体土建标招标前，外委高校及科研机构进行上库大坝、库底回填区现场碾压及室内试验研究，初步选定招标阶段碾压试验参数。在上库大坝正式开始填筑前，编制碾压试验实施细则，合理安排各填料碾压试验场次、参数，先后开展了 47 大场 125 小场碾压试验，组织 24 次专题会，对试验成果进行评审，并邀请以院士、大师组成特别咨询团进行大坝填筑参数咨询，确定各项填筑参数，为施工打下了坚实基础。具体参数见表3上库大坝填筑参数。

表3　　　　　　　　　　　　上库大坝填筑参数表

序号	填料种类	料源	压实厚度（cm）	碾压机具	碾压遍数	洒水量
1	上游堆石料	弱、微风化、新鲜白云岩石料	80	32t 振动碾	8	10%
2	下游堆石料	弱、微风化白云岩与蚀变闪长玢岩的混合料	80	32t 振动碾	8	适量
3	过渡料	弱、微风化、新鲜白云岩石料	40	26t 振动碾	8	10%
4	反滤料	人工轧制新鲜成品骨料	40	20t 振动碾	6	10%

（2）优化质量检测工序衔接。

根据设计要求，堆石料每填筑 60 000m³ 进行试验检测，检测采用挖坑灌水法，在不考虑完全测出含水量的前提下，坑测法理论需要 4.5h，影响大坝大规模填筑施工进度。为了抓好试验检测工序衔接，缩短质量检测影响时间，句容公司组织各方研究确定大坝试验检测工作的思路、原则、程序，减少试验检测工作对大坝填筑施工的影响。

1）保证试验检测的及时性。句容公司组织监理业主、监理、施工、试验检测等单位建立试验检测联络群，在碾压完成后第一时间将碾压遍数图层发至群里，在监理现场查看后，通知试验检测单位进行现场检测。

2）调整部分试验人员管理。将挖坑人员调整为施工单位人员，由施工单位统一安排，试验检测记录人员为第三方试验室有相应资质人员，既提高了挖坑检测效率，也保证了试验检测的独立性。

3）保证挖坑作业的连续性。因挖坑检测时间跨度长，遇到用餐时间、午休等特殊情况，现场就地倒班进行挖坑，保证挖坑检测结果的连续性及快速性。

4）应用机械振动筛进行粒径筛分。填筑料需要将测坑内全部石料进行颗粒筛分，传统的人工筛分耗时较长，采用机械振动筛大大地提高了筛分效率，减少了检测时间。

5）建立含水量预测机制。填筑料质量检测最重要的指标是孔隙率，填筑料含水量的大小将决定孔隙率的大小，含水量一般采用室内烘干进行检测，所需时间 8～10h，为了加快孔隙率数据得出，句容公司组织监理业主、监理、施工、试验检测等单位总结已完成主堆石料、次堆石料、过渡料含水量成果，采取保守含水量估计法对孔隙率进行计算，大大提高了孔隙率检测效率。

（3）创新填筑全过程工艺。

1）推广应用堆饼填筑施工工艺。句容电站上库填筑面积大，在调研公路工程施工的基础上，研发推广应用堆饼法填筑施工新工艺，在大面积铺料填筑前，利用少量填筑料提前制作多个较大参照物，使得推土机操作手有明显的推料摊铺厚度参照，大大加快推土机推料速度，层间平整度控制在 5cm 以内，减少了返工时间。

2）应用上坝料自动加水系统。句容电站上库主堆石、过渡料加水 10%，其中 5% 在运输过程加水，在上坝料运输道路上建立自动加水系统，可实现不同料源按设定比例自动加水，智能加水站自动识别车辆、自动称量、自动计算加水量、自动加水，有效缩短加水时间，提高车辆通行率。

3）应用附加质量法检测技术。填筑质量检测以第三方土建试验室现场挖坑检测孔隙率及颗分级配为主，同时应用附加质量法对大坝填筑质量进行大规模（每 2000m² 一个检测点）无损检测，包含在挖坑检测点的原位检测。附加质量法检测既是对挖坑灌水检测的验证，又是对大面积进行质量检测的补充，具有快速、准确、实时和无破坏性等特点，为大坝填筑施工提供了一种便捷实用的重要检测手段。附加质量法检测能够实时、快速测定堆石体密度，发现和揭露堆石体内部缺陷，对不合格部位及时补碾，达到控制大坝填筑碾压施工质量的目的。

4）应用数字化大坝系统。现场运输车辆用北斗/GPS 定位技术，实现运料车的实时定位，跟踪运料轨迹，对违规操作进行记录，并安排专人指挥运料车辆，防止料源运错。填筑碾压过程数字化大坝系统采用北斗 RTK 高精度定位技术及智能传感技术，实现现场碾压施工过程的数据采集，跟踪施工过程轨迹，实时计算碾压遍数、振动碾压遍数、碾压速度、激振力等关键指标。

3 提高上库填筑施工效率实践效果分析

3.1 填筑进度与工期

上库主坝填筑自 2018 年 9 月 24 日开始填筑，2022 年 9 月 28 日主坝达到坝顶高程。历时 48.1 个月。各年度（12 月底）实际填筑施工高程与初期整体进度计划形象对比。由表 4 可以看出：上库 2020 年 12 月前施工进度一直滞后于整体分析拟订的施工进度，最高滞后达到 3～3.5 个月时间，2021 年 3、4 季度开始，在高程▽200～▽230m 区间进度逐步赶上。

表 4　　　　　　　　　　上库实际进度与整体分析进度形象对比

对比时间	实际进度平均高程（m）		整体分析平均高程（m）		进度时间偏差	
	主坝	库底	主坝	库底	主坝	库底
2018 年 12 月底	105	—	110	—	滞后 1 个月	—
2019 年 12 月底	150.2	150.6	159.6	159.5	滞后 2.2 个月	滞后 2.2 个月
2020 年 12 月底	182.6	181.2	202.6	200.8	滞后 3 个月	滞后 3.5 个月
2021 年 12 月底	230.6	224.4	232.4	219.8	滞后约 0.2 个月	提前 1 个月
2022 年 9 月底	272.4	230	258.6	228	提前 2 个月	提前 1 个月

3.2 坝体填筑强度

上库主副坝及库底填渣各年季度平均月填筑强度如图 7 所示。2019 年度前坝体填筑主坝150m高程以下，地形狭小上坝道路布置困难，且坝基条件复杂，基础处理工作量大，前期填筑强度一直较低。2020年度增加右岸上坝道路，但由于右岸道路较陡，整体上强度处于上升，2020年4～12月填筑573万m²，单月平均72万m²。2021年进入填筑最大部位，上库主坝填筑最大面积（▽190m附近）约13.5万m²，库盆填筑最大面积（▽234m）约25.5万m²，上坝道路达到3～4条，上坝强度有大幅上升，2021年2～12月填筑1130万m²，单月平均超过100万m²，其中四季度平均月填筑强度达到140万m³，高峰月强度达到172.3万m³，创造堆石坝月填筑强度记录。

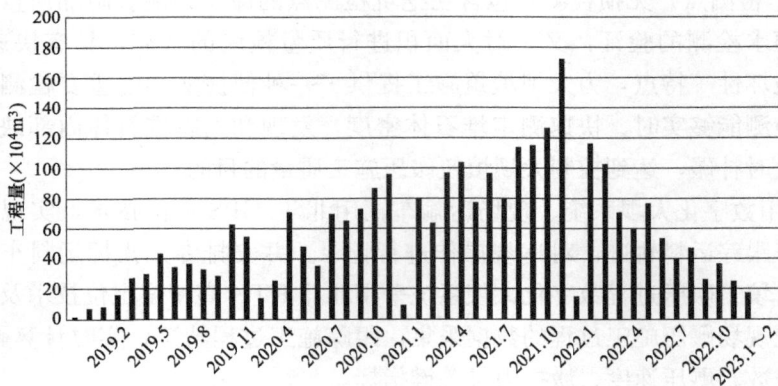

图7 月度填筑强度图

4 结论与总结

句容电站作为典型的超大规模库坝填筑工程，特点及难点突出，曾连续4个月单月填筑突破110万m³，创下单月填筑量172.3万m³，创造世界抽蓄施工纪录，过程中开展了一系列的工程实践和探索，归纳有以下几点可供其他工程借鉴：

（1）依靠科学手段，前期委托的科研工作对工程施工期实施策略提供了充分的科学依据，尤其在土石方动态调配方面，将进度、道路运输、坝面资源配置等有机结合起来，为工程动态控制提供了可靠依据。

（2）工程特性的深入认识是采取有效管控的前提，句容上库施工过程前期也出现滞后情况，之所以后期能够赶上和提前完成，得益于对项目特性的整体把握，在关键时间节点和部位采取正确的应对措施。

（3）施工资源的有效投入是提升填筑施工效率的有效保证，抽水蓄能电站填筑工程不同于洞室开挖，通过抢抓关键施工期，保证资源的有效投入，及时解决施工过程中遇到的各类问题可以大大提升填筑施工进度。

参考文献

［1］段玉昌，徐剑飞，梁睿斌，等．附加质量法检测技术在句容抽水蓄能电站堆石坝中的应用

［M］．中国电力出版社，2020.

作者简介

陈洪春（1968—），男，本科，正高级工程师；主要从事抽水蓄能电站工程建设管理工作。

段玉昌（1992—），男，工程师，主要从事抽水蓄能电站工程建设管理工作。E-mail：1518735894@qq.com

徐祥（1991—），男，工程师，主要从事抽水蓄能电站工程建设管理工作。E-mail：xuxiangtc@163.com

梁睿斌（1990—），男，工程师，主要从事抽水蓄能电站工程建设管理工作。E-mail：liangrb90@163.com

洪磊（1993—），男，工程师，主要从事抽水蓄能电站工程建设管理工作。E-mail：1172863878@qq.com

李明（1991—），男，助理工程师，主要从事抽水蓄能电站工程建设管理工作。

造价方面

常态化巡审背景下抽水蓄能造价精益化管控探索

息丽琳，张菊梅

（国网新源集团有限公司，北京市　100052）

摘　要： 随着抽水蓄能电站建设的快速发展，工程建设监管力度不断加强，各级巡视巡察、内外部审计已日趋常态化。工程建设作为巡审重点，造价管控更是重中之重，若要减少工程造价巡视问题的发生，必须加强抽水蓄能造价精益化管控。本文总结近年来巡视巡察、内外部审计中发现的造价类相关问题，分析问题产生主要原因，对造价精益化管控进行实践探索。

关键词： 抽水蓄能；造价管控；精益化

抽水蓄能电站建设正处于高速发展阶段，受到各界高度关注，对电站建设过程的监督越发严格，巡视巡察及内外部审计已趋于常态化，抽水蓄能造价精益化管控迫在眉睫，本文就此方面提出一些浅见和探索。

0　引言

《抽水蓄能中长期发展规划（2021～2035 年)》出台后，抽水蓄能建设进入快车道，新源公司在建项目由早期的年度在建 5～6 个，发展到 2023 年在建项目高达 40 个。抽水蓄能年度投资由早先的不足 100 亿，到目前年度投资预算高达 350 亿元。抽水蓄能建设数量、体量的变化引起国家、行业和企业的高度关注。《关于进一步完善抽水蓄能价格形成机制的意见》（发改价格〔2021〕633 号）发布后，国家发展改革委对 31 座抽水蓄能电站开展了定价成本监审工作，并进一步开展标杆电价研究和将抽水蓄能推向市场的探索。近年来，国网新源集团迎接巡视巡察、内外部审计的频次呈快速增长趋势。2021 年至今，国家电网有限公司迎接中央巡视下沉至新源公司、迎接审计署审计 4 次均延伸至新源公司；同时还迎接国家电网有限公司巡视 1 次、经济责任审计 1 次；以及公司内部开展多次巡察、经济责任审计和专项审计。习近平总书记《在二十届中央审计委员会第一次会议上的讲话》中提到要构建集中统一、全面覆盖、权威高效的审计监督体系，要做到如臂使指、如影随形和如雷贯耳。因此，抽水蓄能建设管理工作将面临常态化的巡审工作，工程建设造价管理又是历次巡视巡察、审计的重点检查内容。面对日趋常态化的巡视巡察和内外部审计，必须提高各项造价管理行为的依法合规性，精益造价管理水平。

1 巡审常见问题及成因分析

1.1 常见问题

总结近三年巡视巡察、内外部审计发现问题，涉及造价管控类问题主要集中在合同签约执行、变更索赔、结算支付等方面。

1.1.1 合同签约执行方面

合同期签约方面主要表现为条款设置层面：一是合同界面不清晰，不同合同涉及类似工作内容、工作范围，如：某项目的勘察设计合同和个别标段施工合同中均涉及"五系统一中心"的设计内容，但二者工作范围、设计深度等关键信息表述不明、界面不清，造成内容重复的重大歧义。二是合同条款前后不一致，如：某项目机电设备安装施工合同中技术部分 2.3.1 款描述"费用由发包人承担，承包人报价时应扣除相应试验费用"，2.3.5 款却描述"费用包含在本合同承包人的相应项目价格中，在实施过程中，由发包人按照实际试验数量和本合同约定的试验项目单价从本合同承包人进度款中扣除。"

合同期执行方面主要表现为合同约定条件和要求执行不到位，如：某项目工程管理专业技术服务合同中普通档案管理岗位要求人员专业为档案管理相关专业；经检查该岗位技术服务人员中 1 人为会计专业，1 人为汉语言文学专业，1 人为体育教育专业，3 人专业均不满足合同要求。

1.1.2 变更索赔方面

变更索赔方面主要表现为：一是以变更形式规避招标采购，如：某项目通过合同变更将独立的变电站信息安全测评（等级保护测评）与安全防护评估服务项目直接委托给施工供电工程承包商；某项目将负荷试验过程中需用的电容器设备租赁服务项目以合同变更形式直接委托给机电安装标。二是以合同变更改变实质性条款，如：某项目通过合同变更修改人工费调整依据，将合同约定的可再生定额站发布的《水利水电工程造价信息》中人工费环比价格指数调整为国家统计局和地方造价信息网发布的人工费指数；某项目以补充协议形式变更材料费调整范围及幅度，增加工程造价；某项目以补充协议形式缩短付款周期、延长预付款扣回时间，增加业主方资金成本。三是事项处理不及时，如：某项目索赔意向通知书提出时间距索赔发生时间 1146 天；某项目索赔通知书发出时间距索赔意向通知书发出时间超 3 年；某项目公司自收到监理单位审核后的索赔通知书之日起至批复超过 120 天。四是支撑性资料不完善，如：某项目批复的停工补偿费用相关工程量签证单中未具体说明现场窝工人员、设备的数量和天数；某项目批复索赔费用的资料中未见某新增材料相关单价证明。五是未及时开展反索赔，如：某项目施工单位两次焊渣飞溅造成大坝保温层损毁，项目单位未向责任方索赔，承担全部修复费。六是单价审批不严谨，如：某项目新增有 3 份变更钢筋石笼多计钢筋工程量、块石材料单价未采用合同单价；某项目路基边坡防护变更综合单价中计列了不适用现场实际的机械设备；某项目批复变更新增单价中土石方松实系数计取不准确。

1.1.3 结算支付方面

变更索赔方面主要表现为：一是标段竣工结算滞后，如：某项目 4 个标段已于 2019 年 12 月 26 日前办理竣工验收，截至 2020 年 9 月 30 日尚未完成竣工结算工作，最长滞后近两年。二是进度款结算滞后，如：某项目有四期进度款未按合同约定的"按月结算，每月 10 日前提交进度付款申请单"进行。三是未按合同约定结算，如：某项目监理实际出勤人月数少于监理合同进场计划约定人月数，进度款结算时未按合同约定扣减相应费用；某项目监理合同约定水电费等费用自理，审计发现进度款结算时未按约定扣减水费。四是重复结算，如：某项目进度款结算楼地面变更时未对已按原方案结算的费用进行扣除；某项目计量上、下斜井石方开挖时按全断面计算，未扣除应单独计量并单独结算的导井开挖工程量。五是超进度结算，如：某项目业主营地进度款结算中对尚未实施的项目进行了结算。

1.2 成因分析

通过对巡视巡察、内外部审计中所发现的造价管控类问题的分析，造成其产生的主要原因：一是造价管控意识不强，业务能力欠缺，风险识别不足，敏感性不高。二是缺乏对政策法规的研究理解，管理制度掌握不深入，管理流程不熟悉。三是对合同了解不全面、不深入，合同运用不熟练，部分概念不清、各类工作内容、费用范围界面模糊。四是基础工作不扎实，对现场实际情况缺少了解，过程资料的收集整理缺乏系统性、逻辑性、完整性。五是内部专业管理部门间的沟通不及时、信息不畅通。

2 精益造价管控的探索实践

面对新形势、新挑战和新要求，基建部在总结以往经验的基础上，调整工作思路，发挥基建部平台作用，加强集团化管控，调整分级审批权限，探索过程管理，补充"四新"技术应用计价依据、提升集团造价队伍整体实力，争当抽水蓄能行业造价管理排头兵，确保在市场竞争中持续保持领先。

2.1 完善制度体系建设，主导完成能源行标制定

积极参与行业标准制修订，主导完成《水电工程执行概算编制导则》《水电工程完工总结算编制导则》《抽水蓄能投资编制细则》等 3 项能源行标研究并报能源局发布，其中抽水蓄能投资编制细则由国网新源集团牵头制定，组织相关单位专业人员积极参加标准制定过程中的大纲讨论、初稿审查、征求意见稿审查等多环节，促使集团技经人员熟悉行业标准，打开眼界格局，掌握标准背后制定的原因，为协调处理商务争议问题打下基础。

修订《抽水蓄能技术经济管理办法》、制定《概算管理实施细则》《合同执行管理实施细则》，突出集团化管控特点、优化调整审批权限，明确工程造价管理具体流程和标准，增补编制抽水蓄能完工总结算报告环节，促使项目单位在主体标段完工

结算后，及时总结提炼工程管理经验并开展造价分析工作。明确规定概算执行情况分析模板、招标限价编制模板、标段完工结算报告模板和方式，促进项目单位工程造价管理职责清晰、流程明确，完善制度体系建设。

2.2 转变事后管理思维，建立事前、事中防范机制，从源头管控风险

加强概算源头管控，按照前期阶段、筹建阶段、施工阶段和竣工验收四个阶段，梳理识别抽水蓄能造价管控风险点 153 项并提出针对性措施，促进做实、做准可研概算。严格招标最高限价编审，加强工程量清单和施工方案评审，编制并印发《抽水蓄能电站最高投标限价编制指导手册（试行）》（基建〔2022〕27 号），确保合理编制招标最高限价。建立合同变更和索赔月度报送机制，变事后备案管理为事前监督防范，加强变更索赔源头管理，降低审计风险。

2.3 研究抽水蓄能过程结算管理，推进集团结算质效持续提升

在全过程精益造价管控理念指引下，基建部在原标段结算时限规定基础上，通过采取计划管理、现场督导、专项协调、超前研判提醒等方式强化标段结算管理，基建部启动抽水蓄能电站工程分部结算研究，探索工程结算新思路和新举措，梳理标段结算规范性资料清单 53 项，研究制定加强工程标段结算管理的 16 条具体措施，全面加强建设项目标段结算质效，助力投产项目及时转资。

2.4 聚焦机械化施工计价依据测定，完善四新技术应用计价依据

严格落实精打细算控造价思维，探索"四新"技术应用的合理成本，开展定额动态调整方法研究，组织完成数码电子雷管应用、混凝土面板涂覆型止水结构、小断面 TBM 应用等 3 项补充定额测定，3.5m 直径 TBM 成本测定成果促使投资节约 30%；策划电动自卸汽车台时费、7.2m 斜井 TBM 补充定额测定事项，为机械化施工推广提供经济支撑，确保机械化施工计价有据可依、造价科学合理。同时在补充定额测定过程中，将可研项目落实在基建项目单位，通过研究环节的专家讨论，间接开展人员培训，提升技经人员对定额本质的认识，掌握工程建设过程中新增变更单价的审核和处理原则及方法，提高专业水平和素养。

2.5 以"集团化"理念促进项目单位造价水平整体提升

邀请造价管理行业专家，对 38 家单位的 51 名技经骨干人员进行造价专业培训，提升合同执行和商务纷争处理能力；组织开展 12 次科技项目研讨活动，60 人次造价专业人员交流提升，多角度拓宽专业人员视野；以"传帮带"模式开展执行概算编审，促进专业人员广泛交流；通过多种模式打造优质造价管理队伍，适应集团化、精益化管控需要。

总之，在常态化巡审背景下，抽水蓄能造价精益化管控需要从制度建设、全过程造价管理、合同管理和变更控制以及专业团队培养等多个方面进行探索和实践。只有这样才能够实现抽水蓄能电站的可持续发展和经济效益的最大化。

参考文献

[1] 张敬平，王建杰，丁文敏，等．电力工程造价全过程精益化管理研究［J］．设备管理与维修，

2019 (16): 29-30.

[2] 乐武. 围绕全过程全方位造价控制提升技经精益化管理水平 [J]. 低碳世界, 2016 (13): 30-31.

[3] 刘淇. 以审计成果应用助力经济安全发展探究——电网企业如何做好审计"后半篇文章" [J]. 经济师, 2022 (6): 119-120.

作者简介

息丽琳 (1978—), 女, 高级工程师, 主要研究方向: 抽水蓄能电站技术经济等。E-mail: xixi1121@s126.com

张菊梅 (1982—), 女, 高级经济师, 主要研究方向: 抽水蓄能电站技术经济等。E-mail: zhangjumei@sgxy.sgcc.com.cn

抽水蓄能电站最高投标限价编审管理经验总结

马　赫，张菊梅，息丽琳

（国网新源集团有限公司，北京市　100052）

摘　要： 针对抽水蓄能电站最高投标限价编制及审核过程中常见问题，进行总结提炼，以科学、严格控制建设投资为导向，归纳最高投标限价编制管理建议，为后续抽水蓄能电站最高投标限价编制提供帮助。

关键词： 最高投标限价；编审常见问题；管理建议

0　引言

随着我国风电、光伏清洁能源的大规模开发利用，配合新能源消纳的抽水蓄能电站建设数量日益增加，国家对抽水蓄能电站的监管日趋严格。2021 年，国家发展改革委发布《国家发改委关于进一步完善抽水蓄能价格形成机制的意见》（发改价格〔2021〕633 号），自 2022 年 1 月开展对全国范围内抽水蓄能电站的监审核价工作，并于 2023 年 5 月发布《关于抽水蓄能电站容量电价及有关事项的通知》（发改价格〔2023〕533 号），核定了第三监管周期抽水蓄能容量电价，改变了以往只核价不监审的模式。容量电价审核本着"从严从紧"原则核定，对超出概算部分投资、与生产经营无直接管理投资等进行核减。新政策的出台实施，对抽水蓄能电站成本控制、合理造价提出更高要求。最高投标限价作为投资管控的重要一环，在招标设计阶段成为业主管控投资的重要手段，本文通过对抽水蓄能电站最高投标限价编审过程中常见问题及管理经验展开研究，为今后抽水蓄能电站编审最高投标限价提供参考。

1　最高投标限价编审常见问题

1.1　设计单位提供资料不完整

部分设计院提供招标图纸不完整，主要表现为部分细部结构无设计方案，招标未提供细部结构图纸，工程量清单项目特征缺失，最高投标限价编制无据可依，只能按主观经验进行估算，费用出现较大偏差。如：钢筋石笼防护、主/被动防护网、防雨棚、人行栈道和不锈钢栏杆等。

1.2　项目特征不满足组价要求

项目特征是最高投标限价编制的关键因素，在招标文件工程量清单中，常存在项目特征缺失、特征描述过于宽泛、缺少关键信息等问题，尤其是绿化和环保专业以清单出项时，项目特征不完整情况更为普遍。如：钻孔项目特征未提供钻孔深度、土石方开挖未提供岩石级别、植被混凝土未提供厚度等。

1.3 清单出项不符合规范要求

主要表现为清单出项不规范、清单出项笼统、清单漏项等，造成清单出项与行业计价体系不匹配，特别是应包含在综合单价中的措施项目重复在一般项目中出项。如施工、安装工程中辅助性材料单独出项，植物栽植不区分树种、规格出项，钢岔管水压试验漏项，一般规定中出项夜间照明、仪表检测率定、施工期排水等。

1.4 计量单位设置不合理

计量单位设置不符合《水电工程工程量清单计价规范》（2010 年版）要求，导致投标人按常规计量单位报价，导致单价错误，给合同执行中工程计量带来困难，增加了合同索赔风险。如：喷素混凝土按 m^2 计量，植被混凝土按 m^2 计量，边坡草籽播撒按 kg 计量，管路防锈按 kg 计量等。

1.5 设计标准不合理

招标设计标准是决定工程投资的直接影响因素，部分项目设计标准偏高，导致费用增加。如：厂房地面采用环氧金刚砂、房屋建筑工程采用较高标准装饰材料、结构混凝土含筋率偏高等。

1.6 乙购物资参考品牌不属于同一档次

部分乙购材料、设备在技术文件中给出三种参考品牌，但存在参考品牌不属于同一档次，国产品牌和进口品牌混列等问题，给投标报价和承包人选定材料、设备带来困难。常见于业主营地、厂房装修中的装饰装修材料设置。如：成品管路支吊架、防火门、坐便器、洗手台等。

1.7 清单工程量不合理

未改变设计方案的情况下，招标工程量与可研工程量存在较大偏差，招标清单漏计工程量，清单工程量盲目参照类似项目，未做合理调整。如某项目引水标高压管道土建招标工程量比可研工程量增加 4.7 万 m^3 石方开挖、2.7 万 m^3 灌浆、2300t 钢筋制作安装，某项目招标工程量清单漏计高压管道及尾水支管，导致投资偏差 5150 万元，主副厂房漏计部分支护工程量，导致投资增加 1420 万元。特别是房屋建筑工程，盲目参照类似项目，存在工程量及项目名称未做修改直接套用现象。

1.8 分标概算未根据招标范围及时调整

部分项目分标概算编制完成时间较早，招标设计阶段随着招标范围调整，设计单位未同步调整分标概算，导致最高限价成果与分标概算对比分析结论不准确。如某项目引水标未及时调整分标概算，导致分标概算少计列 5000 万元等。

1.9 限价编制与工程实际脱节

以套用定额编制限价为主，缺少工程实际经验，存在定额选取不合理，价格编制与招标文件脱节的现象。如岩壁吊车梁定额选取不合理；钻孔设备选取与孔径孔深不匹配；施工供水、施工交通运行维护周期与投运时间不匹配；一般项目只参考类似工程确定价格等；固结灌浆超灌定额消耗量偏高未做调整。

1.10 工程计价概念不清晰

限价编制人员对工程计价的内涵和概念不清晰。如安措费计算时未扣除设备费用，未扣除供给其他标段的骨料；限价编制不考虑项目特征，面板混凝土未按项目特征采用天然砂组价；设备费用不考虑摊销，如施工通风设备按采购费全额计取未摊销；此外，存在一些粗心错误，如同批次相同设备价格不统一，个别材料费漏记等。未结合土石方平衡计算回填土价格，碎石回填单价漏记碎石价格等。

1.11 编制人员之间缺乏沟通

由于编制人员之间缺乏沟通，在同一批次不同标段的限价编制中，通用性材料和相同设备价格不统一并且偏差较大，如同批次招标的安全监测设备常存在此类问题。另外，工程量清单中不可避免会存在一些无定额子目，清单价格编制时可参照类似项目中标价或其他行业定额组价确定。因参照项目不同或用其他行业定额选取不合理，造成价格差异较大。如：化学灌浆、调物孔安全省力型盖板、铝扣板墙面、不良地质段开挖、厂房钢网架等。

1.12 未能准确调研价格信息

准确的基础价格是合理限价的基础，在限价编制中存在材料、设备价格调研不够细致，与市场价格水平不符的现象。如排水沟盖板、沥青胶泥、土工布等材料价格不准确，电热风幕、水泵等设备价格不准确。

2 最高投标限价编审建议

2.1 编审限价过程问题及时反馈

编审最高投标限价是对招标文件的再次审核，应依据招标技术文件、招标图纸、工程量清单，限价编制过程不仅是将技术要求费用化的过程，也是对技术文件、招标图纸、工程量清单匹配的校核，是对技术要求设置是否合理的校验，限价编制人员应作为招标文件审核的最后一道关口，在限价编制过程中应及时反馈招标文件不规范、技术要求不合理的问题，避免因上述问题导致产生费用偏差。

2.2 招标图纸、工程量清单、技术文件需统一

招标图纸、工程量清单、技术文件作为投标报价的主要技术文件，是编制最高投标限价重要依据，也是发生合同争议的重要参考文件，三者应统一且相互印证、相互补充。避免招标图纸工程量与清单工程量不符，招标图纸技术参数与工程量清单项目特征不符，工程量清单项目招标图纸缺失等问题。

2.3 总价项目合理出项

《水电工程工程量清单计价规范》（2010 年版）规定："水电工程不方便计算工程量的措施项目可以在清单一般规定和施工辅助设施中以'项'为计量单位编制"，以总价方式计量支付，总价中包括直接费、间接费、其他费用，以及利润和税金等全部费用。一般规定和施工辅助设施应依据清单计价规范措施项目清单编制，避免部分电站考虑对某些工作内容单独考核管理，将应包含在费率中的内容，在一般规定和施工辅助设施中出项，由此导致费用扣除不准确、费用重复计算等问题，如：施工照明设备及用电费、竣工场地清理费、工程定位复测费、项目移交前维护费等。

避免部分电站将应包含在定额消耗量内的工作内容，在一般规定和施工辅助设施中出项，由于定额消耗量是计算其他直接费、间接费、利润的基础，在消耗量中扣除材料、机械消耗量等易导致取费计算不合理，综合单价计算不准确，如：桥式起重机使用费、螺栓、灌浆注浆管等。

2.4 工程量清单项目特征应规范、准确

项目特征是反映分部分项工程量清单项目价格水平的关键信息，是影响最高投标限价编制及投标报价的关键因素，工程量清单项目特征编制应符合《水电工程工程量清单计价规范》（2010 年版）要求，项目特征应准确、全面、精练反映技术特征及技术要求。

3 结束语

随着投资管控要求的日趋严格，对限价编制及审核人员能力提出更高要求，一是需要投入更长的编审时间，在编制、审核过程中充分消化招标文件，针对招标文件不足提出修改完善意见。二是编审人员需要更深入地掌握造价专业知识，领会行业规程规范、企业管理制度要求下的潜在管理目的，科学准确计算最高投标限价费用。三是更广泛地了解、掌握其他专业技术标准和技术要求，积累更多管理经验，从技术上和管理上对招标文件提出更多建设性编审建议。

参考文献

［1］王勤学．浅谈最高投标限价编制的重点及方法［J］．中国水能及电气化，2022，10（211）：68-70.

［2］黄薇．浅谈对最高投标限价的认识和理解［J］．中国招标，2022（10）：113-115.

［3］谢家慧．关于最高投标限价编制和管理要点的探讨［J］．中国建筑金属结构，2022（3）：88-89.

［4］齐国周．施工方案措施的选取对投标报价的影响［J］．工程造价管理，2021（2）：97-102.

［5］水电水利规划设计总院，可再生能源定额站．水电工程工程量清单计价规范（2010 年版）［M］．北京：中国电力出版社，2010.

作者简介

马赫（1986—），男，高级工程师，主要研究方向：工程技术经济管理。E-mail：he-ma@sgxy.sgcc.com.cn

张菊梅（1982—），女，高级经济师，主要研究方向：工程技术经济管理。E-mail：jumei-zhang@sgxy.sgcc.com.cn

息丽琳（1978—），女，高级工程师，主要研究方向：工程技术经济管理。E-mail：lilin-xi@sgxy.sgcc.com.cn

3.5m 直径 TBM 在隧洞直线段与转弯段掘进工效实证研究

张菊梅

（国网新源集团有限公司，北京市 100101）

摘 要：本文基于洛宁抽水蓄能电站排水廊道和自流排水洞 TBM 掘进施工实例，运用现场测定与调研收资相结合的方法，分析 TBM 在地下洞室转弯段和直线段的施工工效及消耗量，开展施工工效变化的敏感性分析，形成小断面 TBM 在抽水蓄能洞室掘进施工中不同场景下的工料机耗量，促进 TBM 在抽水蓄能洞室开挖应用中计价更加合理、规范。

关键词：3.5m 直径 TBM；消耗量；排水廊道与自流排水洞；施工工效

0 引言

TBM（Tunnel Boring Machine，全断面隧道掘进机）是集机械、电子、液压、激光、控制等技术于一体的高度机械化和自动化的大型隧道开挖衬砌配套设备[1]。TBM 工法在安全、质量、环境保护和进度上有着突出优势。但传统 TBM 设备无法适应抽水蓄电站洞径小、长度短、弧段多、转弯急、坡度大、岩石好的特点。经优化设计、整合断面，优化设备、简化功能后，小断面、小转弯半径 TBM 被引入到文登抽水蓄能电站排水廊道和自流排水洞开挖掘进中并获得成功[2]。随后在宁海、洛宁、桐城、平江和缙云等电站排水廊道及自流排水洞开挖中得到应用，在安全、质量和进度上显著凸显了机械化施工的优势。但小断面 TBM 在抽水蓄能电站地下洞室开挖中的报价成本远高于钻爆法施工，在经济效益上不具优势[3]。为应对建筑业劳动人口短缺和进一步在抽水蓄能地下洞室施工中推广机械化施工，研究小断面 TBM 施工的合理成本具有十分重要的意义[4-5]。本文依托洛宁抽水蓄能电站 TBM 掘进施工实例，区分地下洞室掘进时转弯段和直线段施工场景，研究不同场景下的施工工效，为形成小断面 TBM 施工定额和合理进行掘进计价提供支撑。

1 工程特点

1.1 排水廊道及自流排水洞特点

洛宁电站地下厂房周边布置三层排水廊道，廊道内布置排水孔，形成环形排水幕，排水廊道采用城门洞形，开挖断面 3.00m×3.00m，总长约 2393.42m。自流排水洞长 2036.5m，总长度 4430m，同时与中层排水廊道连通，断面形式为城门洞形，净断面尺寸 3m×3m，详见图 1。

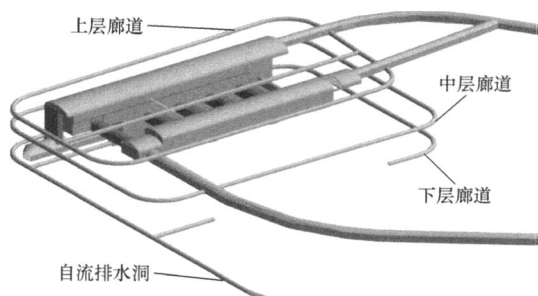

图 1　排水廊道及自流排水洞布置方案图

为引入 TBM 设备施工，洛宁电站地下厂房排水廊道及自流排水洞将断面统一调整为 3.5m 直径。TBM 设备由厂房通风兼安全洞运输至洞内进行组装和始发、掘进，沿厂房螺旋式往下开挖经三层排水廊道，再经自流排水洞开挖至终点。自流排水洞出口段采用人工钻爆开挖，TBM 施工完成后在洞内进行拆除运出。

1.2　施工工艺

TBM 的施工过程可以概括为 TBM 组装→TBM 步进→整机调试→TBM 始发、试掘进→TBM 掘进→TBM 到达及拆卸。TBM 掘进分早晚两个班组施工，早班工作时间 07：00—19：00，晚班工作时间 19：00—次日 07：00，设备维保时间于早晨 07：00 开始，大多时间约 2 个小时，工作内容为流体检查、水管电缆延伸、轨道运输储存、现场安全文明施工、刀具检查，若更换刀片，则维保时间根据刀片数量相应延长。

TBM 掘进作业流程如图 2 所示。

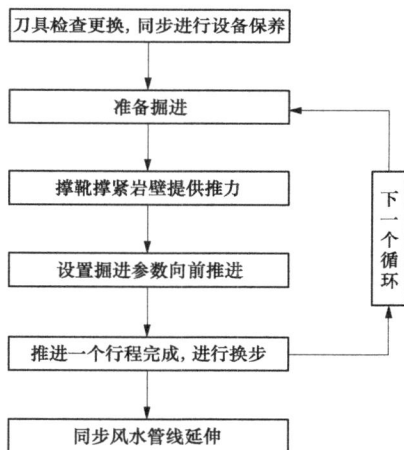

图 2　TBM 掘进作业流程

2　研究方法

本研究按照现场测定与调研收资相结合的原则[6]，根据 TBM 法施工特点，设计掘进产量记录表和各类资源消耗量统计表。搜集整理洛宁排水廊道及自流排水洞 TBM 开挖的施工方案、作业指导书及设计方案等资料，对统计数据中偏差较大项进行剔除，然后按照数理统计的方法进行处理、计算、分析，获取相关的资源消耗量数据；再根据定额编制方法提出工、料、机消耗量。具体如下：

2.1　人工总消耗量

根据工程实际投入的各工种人员及其数量，以及实测样本反映的作业时间计算各实测样本中人工总工时消耗量。不同工种根据作业内容划分为机上人工和非机上人工两类，机上人工最终将折算进入相应施工机械台时费中，非机上人工最终将根据技术等级划分、归类汇总后直接进入 TBM 掘进定额子目的人工项目中。

2.2 材料总消耗量

材料消耗量根据现场每个工作班消耗的材料的种类及消耗量计算循环内各类材料的总消耗量。对统计数据中材料消耗明显异常的数据进行原因分析后做出剔除。

2.3 施工机械总台时消耗量

根据工程实际投入的各型号施工机械及其数量，以及记录表中反映的工作时间计算施工机械总台时消耗量。

2.4 计算 TBM 单位开挖量对应的工料机消耗量

根据实测记录表中记录的实际开挖产量数据，计算对应开挖量下的工料机消耗量，在数据处理过程中默认实际开挖量和出渣量相同。

3 直线段与转弯段施工工效测定

洛宁电站排水廊道围绕厂房布置，从掘进日进尺分布看，效率明显低于直线段的自流排水洞。因此将排水廊道和自流排水洞分开测算，分别代表转弯段和直线段。这一划分与抽水蓄能电站地下洞室布置一致，是最为普遍应用场景。洛宁电站掘速度曲线图和月进尺见图 3、图 4，转弯段掘进月进尺显著低于直线段掘进月进尺。

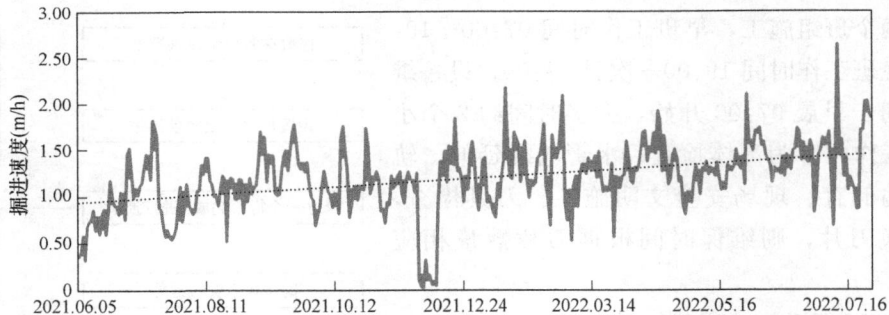

图 3　TBM 掘进速度曲线图

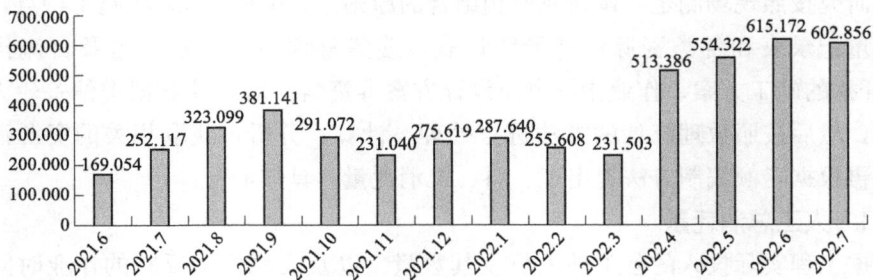

图 4　TBM 掘进月进尺图（单位：m）

3.1 掘进产量及工效

以天为单位记录洛宁电站现场 TBM 有效掘进时间、掘进长度和掘进方量。其中，有效掘进时间为 TBM 全部作业时间中的纯掘进时间，开挖方量为当日班组实际开挖的渣石方量。相关计算公式如下：

有效掘进时间＝TBM 全部作业时间－∑TBM 非掘进时间（班前人员进场时间、会议时间、维护时间、出渣时间、文明施工时间、其他时间）

平均掘进速度＝TBM 掘进长度（m）/TBM 有效掘进时间（h）

掘进时间利用系数＝TBM 有效掘进时间/TBM 全部作业时间

洛宁抽水蓄能排水廊道及自流排水洞 TBM 开挖施工开始至开挖结束，共历时 422 个工作日，剔除记录缺失和有明显错误的天数后，有效工作时间 4084.95 小时，TBM 平均掘进作业利用率 40.33%，累计开挖总长度为 4969.52m，累计掘进方量为 48 630.64m³。

从图 3 及图 4 发现：TBM 设备在排水廊道受弯曲段限制，进尺量水平显著低于以直线段为主的自流排水洞区域。经测算，本工程 TBM 设备的平均掘进速率为 1.22m/h。其中，2021 年 6 月 5 日～2022 年 4 月 8 日，TBM 在排水廊道段掘进施工，平均掘进速率为 1.10m/h，比平均掘进速率降低约 10%；2022 年 4 月 9 日～2022 年 8 月 1 日，TBM 设备在自流排水洞段掘进施工，平均掘进速率为 1.40m/h，比平均掘进速率提高约 15%。TBM 在自流排水洞的施工工效约为排水廊道的 1.27 倍。

3.2 工料机消耗量

3.2.1 人工工时消耗量

根据现场每日人员配置数量、工作时间和掘进方量，计算每工作日单位石方人工消耗量。将掘进期间（422 天，剔除数据缺失和掘进方量为 0 的工作日）划分为转弯段（排水廊道）、直线段（自流排水洞）两部分，分别计算每段 TBM 每掘进 100m³ 的工班长、工程师、技师、普工的平均消耗量。

3.2.2 材料消耗量

TBM 掘进涉及材料可以分为刀具、油料（液压油/齿轮油）、油脂、高压电缆、轨道、维保、出渣及其他 8 类，其中刀具、油料（液压油/齿轮油）、油脂相关的材料费用计入 TBM 掘进定额的材料费中；维保材料费用计入 TBM 台时费的材料费。由于刀具、油料、油脂不是每日领用，因此通过对排水廊道和自流排水洞两段分别汇总上述材料消耗量，再除以掘进总方量，得出单位方量上述材料实际消耗量。

3.2.3 机械台时消耗量

根据现场记录计算实测的机械台时消耗量，然后结合开挖完成产值计算成果，最后折算为定额形式消耗量。洛宁电站排水洞 TBM 掘进施工除了 TBM 及配套设备以外，还包括 TBM 掘进过程中使用的其他辅助机械设备，根据现场实际观察，其他机械费可按 TBM 机械费的 3% 考虑。

3.2.4 工料机消耗量计算结果

洛宁电站排水廊道和自流排水洞人工、材料、机械每 100m³ 消耗量测算结果如表 1。单位开挖量中转弯段的人工消耗量（包含班组长、技师和普工）是自流排水洞的 1.87 倍，材料消耗量相同，施工机械台时费约为 1.27 倍，直线段较转弯段人工和施工机械耗量极大节约。

表 1　　　　　　洛宁抽蓄 TBM 转弯段和直线段实测掘进消耗量表　　　　单位：100m³

编号	项目名称及规格	单位	消耗量	
			排水廊道（转弯）	自流排水洞（直线）
一	人工			
1	班组长	工时	59.48	31.82
2	技师	工时	11.90	6.36
3	普工	工时	166.55	89.09
二	材料			
1	刀具	套	0.69	0.69
2	油料（液压油/齿轮油）	kg	21.97	21.97
3	油脂	kg	2.65	2.65
三	机械			
1	TBM	台时	9.27	7.31
2	其他机械费	%	3.00	3.00

4 基本直接费计算

4.1 基础价格确定

4.1.1 人工预算单价

人工预算单价按照现场施工人员实发工资表测定。将生产人员按照班组类别、工种类别分别计算对应的工时单价，具体测算成果见表 2。

表 2　　　　　　　　　　人员实际平均工时单价　　　　　　　　单位：元/工时

人工类别	班组长	工程师	技工	普工
掘进班（非机上）	38.24	—	23.03	21.63
掘进班（机上）	—	47.90	—	—
维保班	37.36	30.36	27.31	—
出渣班（非机上）	—	—	—	19.69
出渣班（机上）	—	—	23.64	—

4.1.2 材料预算价格

材料价格均为各标段承包人使用的各种材料的综合价格，TBM 开挖施工过程中主要消耗的材料为滚刀刀具，经现场收集的价格材料，刀具单价为 25 000 元/套、油料（液压油/齿轮油）单价为 25 元/kg、油脂单价为 19.5 元/kg；其他基础材料（如水、电）的预算单价主要根据承包人项目实施期的合同价格确定。

现场材料统计表包括施工过程中消耗的其他零配件，该部分材料费计入 TBM 掘进维护保养费中，不在掘进直接费中单独出项。

4.1.3 施工机械台时费

按照《全国统一施工机械台班费用编制规则》，机械台时费包括两类费用。第一类费用包括折旧费、维护保养费（包括大修理费和经常修理费）、安装拆卸费等，第二类费用包括机上人工费、燃料动力费和其他费用等[7]。

本文 TBM 设备台时费主要根据上述费用组成编制，但由于本项目 TBM 设备的特殊性，按照《TBM 寿命台时及残值率分析计算报告》中的分析，TBM 主机相关部分不考虑大修理费。同时由于 TBM 设备十分庞大且各个零件众多，整个设备的安装和拆卸异常复杂，不同于一般机械设备，必须要制定完备的安装拆卸计划且在生产厂家的指导下完成，故安拆费单独列出，不计入 TBM 设备台时费中。因此本文 TBM 设备台时费具体包括折旧费、维护保养费、机上人工费以及燃料动力费[8]。

经计算，TBM 设备在转弯段台时费包含折旧费 2330.20 元/台时（台时寿命按照 GB/T 34652—2017 要求 15 000h 计算）、维修保养费 1097.45 元/台时，机上人工费 207.13 元/台时，电费 375.68 元/台时，合计 4010.45 元/台时；在直线段（自流排水洞）的台时费包含折旧费 2330.20 元/台时（台时寿命按照 GB/T 34652—2017 要求 15 000h 计算）、维修保养费 1024.98 元/台时，机上人工费 125.14 元/台时，电费 375.68 元/台时，合计 3856.00 元/台时。

4.2 基本直接费计算

以实际测定的转弯段（排水廊道）和直线段（自流排水洞）工料机消耗量，结合相应的人材机单价，计算基本直接费。经测算，转弯段 TBM 掘进施工基本直接费为 622.43 元/m³；直线段 TBM 掘进基本直接费为 501.32 元/m³，直线段的直接成本是转弯段的 80%，见表 3。

表3　　　　　　　　　转弯段与直线段基本直接费表　　　　　　　单位：100m³

编号	项目名称及规格	单位	转弯段（排水廊道）			直线段（自流排水洞）		
			消耗量	单价（元）	合价（元）	消耗量	单价（元）	合价（元）
1	人工				6150.40			3290.14
	班组长	工时	59.48	38.24	2274.84	31.82	38.24	1216.92
	技师	工时	11.90	23.03	273.95	6.36	23.03	146.55
	普工	工时	166.55	21.63	3601.61	89.09	21.63	1926.67
2	材料				17 819.35			17 819.35
	刀具	套	0.69	25 000	17 218.37	0.69	25 000.00	17 218.37
	油料（液压油/齿轮油）	kg	21.97	25.00	549.27	21.97	25.00	549.27

编号	项目名称及规格	单位	转弯段（排水廊道）			直线段（自流排水洞）		
			消耗量	单价（元）	合价（元）	消耗量	单价（元）	合价（元）
	油脂	kg	2.65	19.50	51.71	2.65	19.50	51.71
3	机械				38 273.28			29 022.99
	TBM	台时	9.27	4010.45	37 158.52	7.31	3856.00	28 177.66
	其他机械费	%	3.00	37 158.52	1114.76	3.00	28 177.66	845.33
4	合计	元			62 243.03			50 132.48

4.3 直接费用对掘进效率的敏感性

研究显示 TBM 设备掘进效率与掘进基本直接费用中的人工和机械消耗量直接相关，选取掘进效率为 1～1.5m/h 的 6 个样本，按照上文的人、材、机价格水平进行测算直接费用变化情况，其结果见图 5。TBM 设备掘进直接费用随着掘进效率的提升而下降，掘进效率每提升 10%，直接费用下降约 6.6%。因此在抽水蓄能电站地下洞室采用 TBM 施工时，建议结合项目实际方案和地质条件等相关因素合理确定掘进效率，从而更准确计量项目实际掘进成本。

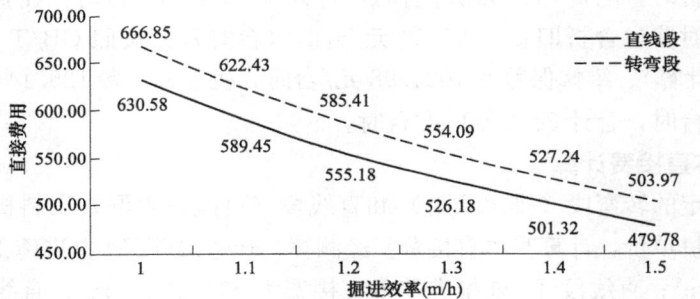

图 5　直接费用对掘进效率敏感性分析图

5 结论及建议

本文以洛宁电站 TBM 施工实际数据为基础进行研究，通过现场测定法获得转弯段和直线段人工、材料、机械消耗量，并对机械效率变化开展敏感性分析，用实际数据论证转弯段对 TBM 掘进效率具有较大影响，连续直线段的施工效率是转弯段的 1.27 倍，施工直接成本是转弯段的 80%。建议后续抽水蓄能电站在选用小断面 TBM 进行地下洞室开挖时，在岩石强度合理范围内，按照转弯段和直线段的比重来确定 TBM 掘进报价更符合工程建设实际。另外，本研究主要是针对掘进段的成本分析，在实际工程应用中，还应包括 TBM 的安装和拆卸费用以及其他施工辅助工程费用。

参考文献

[1] 鹿俊皓，王江，柯贤博．秦岭复杂地质环境隧洞 TBM 快速掘进技术研究 [J]．水利建设与管理，2022 (10)．

[2] 李富春，徐艳群，施云龙．我国抽水蓄能领域 TBM 应用探讨 [J]．建筑机械，2021 (5)．

[3] 周小松．TBM 法与钻爆法技术经济对比分析 [D]．西安理工大学，2010．

[4] 陆丽娟．双护盾 TBM 施工定额研究 [D]．甘肃农业大学，2016．

[5] 王元红，梁跃武，李民江．水利工程 TBM 掘进人工成本实例分析 [J]．云南水力发电，2018，34 (2)：181-186．

[6] 乔天霞，佟德宇．沥青混凝土面板整平胶结层施工消耗量研究 [J]．建筑经济，2022，43 (S1)：256-260．

[7] 杨媛媛，黄宏伟．围岩分类在 TBM 滚刀寿命预测中的应用 [J]．地下空间与工程学报，2005 (5)：721-724．

[8] 中国机械工业联合会．GB/T 34652—2017 全断面隧道掘进机　敞开式岩石隧道掘进机 [S]．北京：中国标准出版社，2017．

作者简介

张菊梅（1982—）女，高级经济师，主要研究方向：抽水蓄能电站技术经济等。E-mail：jumei-zhang@sgxy.sgcc.com.cn

加快推进抽水蓄能标段完工结算浅议

孔　娅，孙爱梅，王轮祥

（山东沂蒙抽水蓄能有限公司，山东省临沂市　273400）

摘　要： 为满足国网新源集团对基建工程项目在全部投产后 18 个月内编制完成竣工决算报告的时间要求，沂蒙公司通过保障变更批复文件的执行效力、与监理合署办公提升审核效率、过程审计中完成新增单价审核定案、及时解决突发状况等措施，快速推进标段完工结算工作，在全部机组投产后 7 个月内即完成主体标的完工结算审计定案，为 18 个月内完成竣工决算报告编制筑牢了前期基础。

关键词： 协调沟通；合署办公；过程定案

0　引言

根据国网新源集团及时高效完成竣工决算报告编制的要求，基建工程项目应在发电机组全部投产后 18 个月内编制完成竣工决算报告，而竣工决算的前提是各施工标段的完工结算报告经审计单位，即第三方的审核，发包人、承包人、审计单位三方签字盖章无异议后方可提交财务部门进行竣工决算报告的编制。目前，承包人普遍"重现场，轻内业，重过程，轻收尾"，承包人常常将变更项目积压到工程结束才开始着手处理。由于施工合同建设周期长、关联事项多，原始记录材料缺失以及人员更替频繁等原因，导致现场完工后再处理商务问题变得十分棘手[1]。因此在施工过程中同步完成商务问题处理是提高标段结算质效的关键举措。这对发包人管理调度水平，承包人、监理人协同配合等方面提出很高要求。

1　主要措施

1.1　合同执行过程中加强沟通，保证价格批复文件的执行效力

从首个承包人进场，沂蒙公司就树立了发包人与监理人、承包人是平等的合同关系的理念，各方在项目建设过程中对存在异议的地方务必及时沟通来解决。根据沂蒙公司的工程变更流程，设计修改通知下发后，承包人根据合同变更原则及施工方案进行变更项目组价，并报送至监理人，监理人审核后报送发包人审批。监理人和发包人对于新增项目变更单价正式印发审核意见之前，对于与承包人报审单价任何不同的审核意见，都要有与承包人的沟通环节，达成一致意见后才会印发正式文件。若承包人对监理人或发包人的审核单价有异议，三方会在共同咨询跟踪审计单位之后再予以确定。经多方确认后发包人正式印发变更单价批复文件，如此保证每个项目都会按照批复单价据实结算。

1.2 过程审计即完成新增单价审核，完工定案仅审量，效率显著提高

按照沂蒙公司跟踪审计单位每年 4 月和 10 月进入工程现场审计的时间安排，将每年的变更单价分为两个时间段提交跟踪审计，分别为上年 10 月至 3 月、4 月至 9 月两个时间段。审计单位进场前由承包人按施工标段将发包人批复单价做好单价审计定案表，审计单位对此时间段的发包人批复单价有审减时，经承包人对审减单价同意后，由承包单位按照最终审计单位审定的单价做好定案表，在审计单位撤点前由审计单位、承包人、发包人三方签字确认。此单价一经定案，在竣工结算阶段承包人将按照此单价计入竣工结算报表，发包人、承包人双方均不能再提出重新调整变更单价的意见，同时审计单位也不得在竣工结算审计时对已审定的单价进行调整。如此既可减少了审计单位最终完工结算审计阶段的工作量，达到快速定案的目的，也督促了审计单位在过程审计中更加认真谨慎[2]。

1.3 与监理中心合同办公，优化组织机构和审核流程

2018 年 7 月，发包人与监理人开始实施合署办公的管理模式，重塑了发包人和监理人造价管理组织和管理流程，提高了造价管理效率和质量，多角度的融合使得商务问题的解决更加公平公正。一是整合资源，提高技经管理人员互补性。发包人与监理人合署办公后，重新明确了合同造价管理 AB 角，杜绝了合署办公前造价管理环节中因发包人或监理人员休假、出差而形成停滞、降效情况，造价管理体系整体性增强，实现人员无缝替位。二是合同造价管理一站式服务，承包人少跑腿，增强了合同管理的服务属性。合署办公后，发包人和监理人员共用一个办公室，承包人在办理结算、变更等商务问题时，只跑一次，每次均能找到负责人，杜绝了合署办公前反复跑和"白跑"的情况发生，三方误解因此变少，造价人员服务属性强化。三是专业讨论时间增多，变一人独立审批为小组研讨。合署办公前，因工作地点分散，存在距离障碍，造成商务问题处理过程中各行其是，增加管理成本。合署办公后，办公室里的专业讨论增多，需要以小组会方式展开的讨论随时可以进行，必要时可随时加入发包人工程专业人员，实现了发包人和监理人、造价和工程双专业的融合，真正做到了技术经济的融会贯通，使得商务问题处理更严谨、更公平、更合理。优化前、后商务问题处理流程见图 1 和图 2，合署办公前后处理商务问题数量变化见图 3。

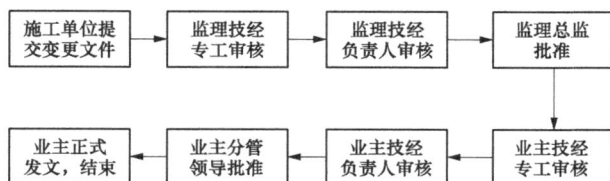

图 1　优化前商务问题处理流程

1.4 勇于担当应对突发状况，妥善处理费用减少收尾纠葛

2020 年新冠疫情发生后，沂蒙公司通过分析工期影响、计算投入产出比，在内

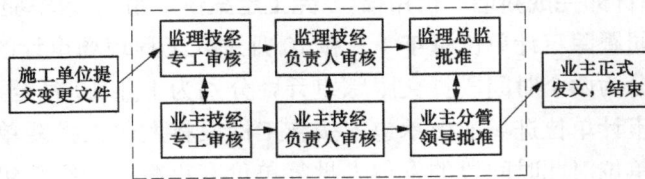

图2 优化后商务问题处理流程

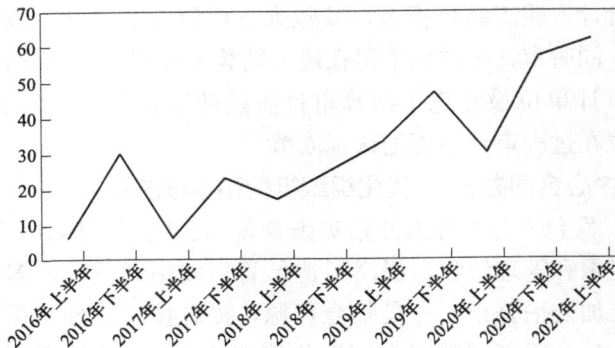

图3 合署办公前后处理商务问题数量变化

部达成了投入专项防疫措施费用于保障参建单位疫情防控投入和促进复工复产的一致意见。后又通过取得律师意见、履行"三重一大"决策程序、上报新源公司并通过股东大会专项审议后完成流程上的合规性。同时积极响应防疫常态化管理要求，对参建单位进行防疫措施费补偿，切实保障工程持续保持安全平稳建设的态势。在沂蒙公司的主动作为下，将新冠疫情的不良影响降到了最低，相关合同变更事项在首台机组发电前全部妥善处理完毕，为主体标段顺利完工结算打下了基础。

1.5 对症下药多管齐下，破解结算老大难

沂蒙公司在标段完工结算最后收尾阶段，针对个别标段技术、经营人员沟通不畅、效率不高的情况，每周由发包人牵头召开完工结算协调会，发包人、监理人、承包人三方的技术、经营人员均要列席，对本周各项工作的完成情况进行总结，对遇到的问题及时协调处理，并安排下周工作计划。遇到的疑难杂症，务必一次讨论清楚透彻，做到问题"周周清"，避免了二次拖延。针对承包人企图以"拖"字诀达到自己的期望价格的常见做法，沂蒙公司抓住承包人对各项目部有年度产值及流动资金最低额度的刚性考核要求，从产值、资金两方面对承包人进行约束，促使承包人主动投入资源进行完工清算。

2 主要成果

截至2022年3月沂蒙电站全部投产，累计签订施工类合同19份（含2份尾工项目合同），其中永久补水及施工供水工程施工合同、业主营地工程施工合同、场内道

156

路工程施工合同等 11 份合同已在发电前全部完工结算完成并经第三方审计定案，大大减少了后期的工作量和工作难度。3 个土建主体标在首台机组投产发电后即开始梳理未处理完成的变更项目清单，按照"周周有计划、周周有进展"的工作节奏，在全面投产发电后 2 个月完成完工结算，机电安装标也在全面投产发电后 6 个月完成完工结算。审计单位全力配合沂蒙公司的标段完工结算审计工作，全部标段的完工结算审计均在 2022 年内完成，为竣工决算工作的开展提供了准确的数据支撑。

3 结束语

从上面几条管理经验可以看出，完工结算最后的收口工作虽然是在现场作业基本结束后进行，但是控制重点还是在过程，甚至是工程刚刚开始的时候[3]。例如发包人要树立商务问题跟随现场实施情况同步处理的理念并层层传达到经办人员将理念落地实施，要营造经营、工程、安全乃至财务各部门协作互助的氛围[4]，要充分利用审计单位、经研院、基建部等可利用的外部力量等，诸多有利因素叠加并在工程的推进过程中不断固化，才能顺利推进标段的完工结算。

参考文献

[1] 刘环宇，郭武，朱晓雨．浅析工程项目收尾阶段的项目管理 [J]．四川水利，2023（10）：165-168.

[2] 李建平．浅析建设单位施工过程结算控制要点 [J]．江西建材，2022（10）：413-141，423.

[3] 王俊．工程竣工结算常见争议的预防分析 [J]．天津经济，2023（8）：73-75.

[4] 霍博文．提高工程项目结算审查质量的方法探讨 [J]．建设监理，2023（8）：49-51.

作者简介

孔娅（1989—），女，高级经济师，主要研究方向：概预算管理、工程造价、合同管理等。E-mail：ya-kong@sgxy.sgcc.com.cn

孙爱梅（1983—），女，高级经济师，主要研究方向：概预算管理、工程造价、工程审计。E-mail：aimei-sun@sgxy.sgcc.com.cn

王轮祥（1990—），男，高级工程师，主要研究方向：工程建设、水工管理等。E-mail：lunxiang-wang@sgxy.sgcc.com.cn

抽水蓄能电站概算执行动态管控经验分享

尚立明，胡潇予，刘文媛，郑成成

（陕西镇安抽水蓄能有限公司，陕西省西安市　710061）

摘　要：概算投资管理是抽水蓄能电站工程建设期成本管理的重要手段，对抽水蓄能电站项目的全面成本管理意义重大。基于此，本文立足于抽水蓄能电站建设的全过程、全方位视角细化总结了概算执行动态管控措施，希望对抽水蓄能电站工程建设期概算投资管控工作有所启示和帮助。

关键词：抽水蓄能电站；概算执行；动态管控

0　引言

陕西镇安抽水蓄能电站（简称镇安电站）是国家"十三五"规划的重点能源项目之一，2016年3月由陕西省发展改革委核准，2016年8月5日开工建设。项目总投资88.51亿元，总装机容量140万kW，年发电量23.1亿kWh，单位千瓦动态投资6322元，单位千瓦静态投资5108元。计划于2024年6月首台机组投产发电，2024年底4台机组将全部投产发电，为西北电网贡献镇蓄力量。

建设方在建设工程项目管理中履行全面成本管理尤为重要，建设期通过概算投资管理既能实现成本管控目标，也能细化为管理措施推进工程建设。镇安电站工程自开工以来，在概算投资日常管控中，面对"山大坡陡沟深"的地形地貌条件造成的施工布置难题、数十处高度超过百米的高陡边坡施工安全风险防范难题、地质条件复杂引起的垮塌高度达150m的滑坡体处理，地下洞室开挖中岩爆、涌水、卡钻、裂隙处理，以及土石方数量不平衡的多次调整等施工技术难题，累计审批了数以千份的设计变更、千万元的合同变更和索赔，商谈签订了数十份调整合同额的补充协议，跟踪分析了多个单项超概项目，以及常态化开展了合同回归及概算回归统计分析等工作。概算投资管控工作中遇到的难题多、商务处理问题数量大。镇安电站在概算投资控制中始终以核准概算总投资为红线、以不超概算为底线，按照"精打细算管造价，动态跟进控概算"的思路，以"定制度立规矩、重流程抓管控、明职责强意识"为主要抓手，积极有序开展概算投资动态管控。

1　确定制度树立规矩

无规矩不能成方圆。工程开工后，首先开展集团公司概算管理相关制度的辨识和落地。其次立足电站工程建设及公司管理模式实际，细化概算投资管控要求编制实施细则。

（1）工程开工准备工作中，辨识概算投资管控相关制度是重要一环。新源公司制度体系中概算投资业务的管理制度、管理手册及管理办法，是开展工作应遵循的"法"，也是业务管理人员应上好的"第一课"。必须熟悉并掌握这些制度中的管理职责、管理环节、管理内容、管理流程等，树立概算回归意识，把控重点环节，遵循报审、检查、备案等流程，为概算投资管控工作打好基础、起好步。

（2）随着征地与移民项目推进、共建道路和前期标段开工建设、主体工程招标采购工作全面启动，结合项目公司部门职责设置实际，启动编制《×××概算管理实施细则（试行）》。一是明确管控目标、部门职责、管控流程、评价考核等要求；二是确定日常管控措施，包括年度计划分析和分解、年中执行分析和调整、月度执行统计和通报，以及合同签订后和完工结算阶段的概算回归等；三是细化执行概算编制职责和流程，结合投资计划管理要求动态管控执行概算。

2　注重流程抓实业务

流程管控是业务合规管理的重要抓手，概算投资管控应注重基础资料完整性、统计分析准确性、报审批备及时性等全流程并抓好落实工作。

（1）基础不牢，地动山摇。概算投资管控工作应打好基础工作。一是收集概算投资编制的基础文件，包括水电工程、公路工程及房屋建筑工程等现行的概预算定额、编制规定及费用标准，设计概算文件、核准概算文件、分标概算文件等。二是开展统计表格模板的设计，按合同口径和概算口径分别设计，即采用合同版和概算版分别管控的思路，合同版统计分析直观，在管理层面易沟通；概算版统计分析紧扣概算专业划分，可研、招标、施工图及竣工等各阶段易对比。两版本可以相互补充、相互验证。三是合同回归和概算回归常态化开展，从工程完工总结算、竣工决算等制度要求出发，准确判定招标项目对应的概算科目、完整构建 WBS 编码、系统固化标准表格，做好回归基础工作。

（2）数据是概算投资业务的主要表现形式，管控的关键环节是大量数据的统计与分析。一是准确开展执行概算的编制及年度修订。量和价是执行概算的主要数据，让设计"龙头"人员管住量的关口尤为重要，编制环节要对可研、招标和施工图三阶段工程量梳理、估算及对比分析，在每年度修订环节主要对施工图阶段数据进行更新和对比分析。各级工程管理人员对量进行审核也需常态化，主要通过施工合同进度款结算报表中固化的工程量偏差分析表分析和预警。二是合同版应立足于合同的类型、数量、签约额、年度完成额、月度计划额、合同剩余额、完成百分率等要素，并纳入建管费、税费、融资利息等费用类项目，动态统计并按月度、季度和年度定期分析。三是概算版应立足于扩大单位工程、单位工程、分部工程，及概算的数量、单价、合价，执行概算的数量、单价、合价、合同来源、已完成金额、剩余金额等数据，动态统计并定期分析。四是有效完成主要施工类、设备类及服务类项目的招标限价编制工作，对工程量清单应准确回归概算，测算项目单位工程概算额、概算内外价差等费用，从而对招标项目是否超概、是否存在可研及招标两阶段的设计变更等进行研判，为合同项目概算管控打好基础。

（3）上报、审核、批复、备案等管理环节主要是依据制度提高执行力，在日常管控中应掌握好基础资料、运用好造价技能、更新好统计数据、动态分析好概算相关数据，并积极预警概算管控风险。

3　确定职责强化全员意识

概算投资管控是建设方、设计方、监理方和各参建方的综合联动过程，细化各方管控机构、职责和人员，把工作落地，提升管理成效。

（1）建设方管理是主导、是核心。一是计划合同部作为牵头部门，应设置概算及投资管控岗位，固定专人管理概算投资业务，按期按节点做好投资计划、资金计划、概算回归，并引领公司的专项业务水准。二是每年或关键形象节点的概算投资数据更新后，向公司领导汇报，并向各部门负责人通报。包括概算及投资完成情况、合同剩余额、概算剩余额等。对有偏差或有超概算风险的及时预警。要督促好关键少数共同算好概算账。三是细化各部门合同及费用管控职责，落实合同承办人及业务联系人。计划合同部将动态管控数据及时分发并解读，督促其管控好相关概算费用，从而形成公司全员管控合力。

（2）紧密联系设计概算编审人员，从估算到概算，设计概算编审人员最有解释权。一是在工程开工后，应邀请主要编审人员开展设计概算投资交底，就编制过程的调整变化、基础价格水平、费用类估算标准等事项详细沟通，研讨标段合同工程量清单及设计变更单对概算管控的影响，这也是公司业务人员难得的培训机会。二是不定期开展座谈，反馈概算执行情况和标段设计变更导致费用变化情况，提升设代处负责人概算投资的管控意识，并从造价管理角度向设计院的专业分院反馈项目执行情况。三是要求设代处配备专职造价管理人员，对设计变更调整费用把关，并对新增项目编审符合现场实际的预算单价，提升设代处业务人员概算投资的管控意识。

（3）监理中心在概算投资管控体系中必不可少，既是监理合同约定的主要职责所在，更是建设方开展建筑安装工程概算投资管控的第一道关口。一是根据监理管控职责，分解建安合同项目概算投资管控重点，督促抓好投资计划年度和年中调整的编审，建好台账，落实考核条款等，促使监理管控职能有效发挥。二是采取联合办公模式，通过周例会、月例会、造价专题会等形式，提升监理合同管理人员管控意识和业务技能。

（4）万丈高楼平地起，一砖一瓦皆根基。电站建设中的各参建方也是概算投资管控的重要环节，应树立共同体理念，立足于合同金额落实好一个个概算投资管控的小目标。一是对建筑安装施工类合同参建方，用合同条款去管理，用投资计划去引领，用结算手段去管控，用业务技能去共赢。二是对物资购置类合同供货方，统筹考虑施工进度计划、物资到货计划、投资计划、资金计划之间的匹配性，严肃合同支付条款执行，不冒进也不抠唆，要算好财务费用的成本账，合情理也要合权益。

目前镇安电站项目正处于投产发电倒计时，主要项目合同尚未完成完工结算，暂时无法展现概算投资管控的最终成效。在七年多的建设期，概算投资管控工作立足全过程、全方位开展了相应的措施细化，有主动作为的经验，也有总结教训的心得。以上分享仅仅是抛砖引玉，不妥之处，望同行们批评指正。

参考文献

[1] 国家能源局．水电工程执行概算编制导则（2023 年版）．

[2] 水电水利规划设计总院，可再生能源定额站．水电工程设计概算编制规定（2013 年版）．北京：中国电力出版社，2014.

[3] 水电水利规划设计总院，可再生能源定额站．水电工程费用构成及概（估）算费用标准（2013 年版），北京：中国电力出版社，2014.

[4] 水电水利规划设计总院，可再生能源定额站．水电工程工程量清单计价规范（2010 年版）．北京：中国电力出版社，2010.

[5] 中华人民共和国住房和城乡建设部，国家质量监督检验检疫总局．GB/T 50326—2017 建设工程项目管理规范．北京：中国建筑工业出版社，2017.

[6] 国网新源控股有限公司．基建工程执行概算编制导则（试行）（2012 年版）．

[7] 国网新源控股有限公司．国网新源公司工程建设技术经济管理办法［新源（基建）Y011-2021].

作者简介

尚立明（1975—），男，高级工程师、一级造价工程师，主要研究方向：蓄能电站工程技术经济管理。E-mail：liming-shang@sgxy. sgcc. com. cn

胡潇予（1995—），女，助理工程师，主要研究方向：蓄能电站工程造价管理。E-mail：xiaoyu-hu@sgxy. sgcc. com. cn

刘文媛（1992—），女，工程师，主要研究方向：蓄能电站工程造价管理。E-mail：wenyuan-liu@sgxy. sgcc. com. cn

郑成成（1988—），男，高级工程师，主要研究方向：蓄能电站工程管理及造价管理。E-mail：chengcheng-zheng@sgxy. sgcc. com. cn

抽水蓄能建设工程施工合同纠纷处理经验分享

张事成，刘世锋

（安徽金寨抽水蓄能有限公司，安徽省六安市　237333）

摘　要： 抽水蓄能电站工程施工合同纠纷的起因较为复杂，且存在多种类型，往往会影响工程建设的顺利推进。抽水蓄能电站工程建设管理者在具体的管理事务和决策活动中对于合同纠纷发生的必然性和后果要有预见性。本文选取了金寨抽水蓄能电站变更索赔处理和案件应诉中呈现的部分典型案例，总结施工合同纠纷处理经验，分析得出变更索赔处理过程中应关注的重点，提出了加强建设管理具体措施建议。

关键词： 抽水蓄能；施工合同纠纷；变更；索赔；诉讼

0　引言

近年来，随着我国能源转型的加快推进，新型电力系统加快构建，抽水蓄能电站作为电力系统和电网安全稳定高效运行的重要调节手段，基于其容量大、单位造价相对低、调节能力强等技术特点，其功能作用更加得到重视，进入了快速发展阶段。抽水蓄能电站施工过程中往往受到地质条件、社会环境等多种因素影响变更索赔事项相对较多，发、承包双方容易出现合同纠纷，往往未能在第一时间完成处理。

金寨抽水蓄能电站在建设过程中共发生了千余项变更索赔，大多数争议项目通过协商的方式予以解决，其中与某承包人的施工合同纠纷升级为诉讼案件。本文结合金寨抽水蓄能电站处理变更索赔项目争议处理和案件应诉情况，从建设单位视角总结管理经验，提出纠纷预防措施，希望能够给抽水蓄能建设者提供帮助。

1　变更导致的合同纠纷处理

1.1　地质缺陷引起的纠纷

1.1.1　案例背景

某进场道路工程 L 大桥 9 号桥墩位于河岸坡与河床交接部位，其中 9-1 号桩基于 2015 年 12 月 1 日开始钻孔，2016 年 2 月 1 日完成灌注水下混凝土施工；9-2 号桩基于 2015 年 12 月 10 日开始钻孔，施工过程中多次出现卡钻、漏浆等问题，承包人多次打捞钻头，并回填块石、黏土进行反复冲孔，采取向护筒底浇筑混凝土进行封底，护筒外抛填黏土袋进行加固防止漏浆等措施，最终于 2016 年 8 月 6 日完成灌注水下混凝土施工。2018 年，承包人就 9-1、9-2 号桩基钻孔相关的措施费用及工期延期相关费用提出了索赔。

承包人索赔的主要理由：根据发包人、承包人、设计及监理共同签字的《工程地质缺陷及施工措施鉴定表》，9号桥墩桩基位置较地勘钻孔位置有偏差，岸坡岩面倾斜较大，钻孔揭露出现地质缺陷情况，承包人遇不利物质条件时，采取的合理措施而增加的费用和工期延误由发包人承担。

发包人认为：招标地勘资料选定的勘察点和实际施工的桩位点存在的位置偏差符合规范要求；9号桥墩地质缺陷认定的内容与地勘报告揭露的地质情况，并无实质性区别；岸坡岩面倾斜属于地形描述，承包人可以在现场查勘时发现，属于可预见的不利物质条件；9-1号施工正常而9-2号桩基施工工期较长，其主要原因是承包人的施工措施和管理不到位。

1.1.2　合同纠纷处理情况

该项目的主要争议在于不利物质条件是否可预见，发承包双方对各自需要承担的风险分歧较大且缺乏施工过程记录资料，承包人后就该项纠纷提出诉讼。法院一审判决认为：由于《工程地质缺陷及施工措施鉴定表》的存在，可以认定为构成不利物质条件；同时该种不利物质条件并没有在合同中明确指出，同时结合大桥设计优化导致桥墩位置变化的情况，应当认定施工中地质缺陷是属于不可预见的物质条件。同时综合考虑施工情形本身的复杂性及承包人自身存在施工措施把握问题，法院最终判定索赔费用由承包人承担40%，发包人承担60%。

1.1.3　合同纠纷揭示的风险与防控建议

地质缺陷是抽水蓄能电站工程施工过程经常会遇到的问题，根据不同的地质缺陷情况，往往需要采取不同的施工措施，但地质缺陷并非一定是不可预见的自然物质条件，可预见的不利物质条件产生的影响一般认为是包含在合同价格中。地质缺陷采取的施工措施是否需要另行支付费用，应根据合同约定的风险、计量计价规则等综合分析确定。

笔者建议，一是进行地质缺陷认定及确认处理措施时，应同步明确相应费用的计列方式。二是督促承包人在施工准备阶段做好现场查勘工作，结合施工过程中揭露的地质情况适时开展超前勘探工作，勘察设计单位应根据设计变更的具体情况开展补充勘察工作。三是施工过程中，发包人应当督促勘察设计单位及时进行地质素描，并明示相对招标阶段的变化。四是发现地质缺陷应及时明确处理措施，并督促监理及时记录处理措施的实施情况。

1.2　投标报价异常项目引起的纠纷

1.2.1　投标报价偏高项目的纠纷

某绿化工程结算时发现个别品种灌木结算费用明显偏高，结算工程量相对合同工程量增加了2倍，分析其投标单价分析表发现，承包人按种植乔木进行组价，单价为386.31元/株，总价为139.07万元。发包人发现结算费用异常后，组织监理复核工程量，确认竣工工程量为6637株；并与承包人就结算价款进行了协商。参照工程清单计价规范中工程量偏差相关条款，就调整结算价款达成一致意见。具体为：超过原合同工程量15%的部分，其结算价格参照安徽省定额和市场信息价调整到

22.31元/株,调整后的总结算价款为165.50万元,相对按原合同价格结算的价款降低90.89万元。

1.2.2 投标报价偏低项目的纠纷处理

某进场道路及上下库连接道路的挡土墙原设计为C15素混凝土,合同工程量约4.22万 m³,投标报价约260元/m³。2016年4月,承包人提出挡土墙施工遇到诸多困难,如现场施工交通条件不便,开石方外运困难,混凝土供应能力有限等,要求发包人协调解决。经设计单位明确,混凝土挡墙中可掺入不超过25%的片石,C15素混凝土变更为C20片石混凝土。2016年5月,发包人按变更后价格与原价格基本持平的原则下发了设计修改通知单,并在随后的进度款结算中按260元/m³的价格办理暂结。2017年9月,承包人以经营困难为由要求C20片石混凝土按定额和市场价格进行变更估价。

经分析,施工阶段图纸中挡土墙工程量约5.5万 m³,相对合同工程量增加30%。道路挡土墙投标单价约为市场价格水平的70%左右,人工、机械费用、材料单价均下浮较多,而桥梁部位的C25片石混凝土的投标价格处在市场价格水平的合理范围。挡墙基础开挖按合同约定的计量规则含在挡墙混凝土单价中,基础开挖量与现场地形相关,实际基础开挖量与挡墙混凝土工程量的比值较大。发包人最终参照桥梁部位的C25片石混凝土和投标的基础价格并结合模板的理论含量、基础开挖的实际方量进行组价,批复价格为367元/m³,并明确针对施工期材料价格上涨,另行按合同物价波动条款计算价差,拒绝了承包人将材料的投标价格低于投标时市场价格的风险转移给发包人的诉求。

1.2.3 报价异常项目管控建议

合理的不平衡报价是承包人获利的正常方法,但报价明显异常项目,发承包双方往往出现较大争议,在施工过程中也极易出现管理失控等风险。这类风险的管控措施主要应在合同签订之前,笔者建议:一是在评标阶段,做好清标工作,加大对不平衡报价的评分权重。二是合同谈判阶段,应再次清标,并要求承包人澄清异常报价的原因,同时合同文本应约定工程量变化超过合理幅度后的价格调整方法。三是施工阶段,应做好异常报价项目的工程量管控,严格控制变更,防止异常报价项目的工程量出现大幅变化。

投标报价偏低的项目,施工过程中承包人往往会以各种理由要求变更。发包人在此情形下进行变更决策时,应与承包人达成变更价格的协议,要求承包人及时申报并审定价格,避免变更实施后承包人出现反悔,加大问题处理难度。投标报价偏低的项目发生变更时,应当对照合同对招投标文件进行全面分析,相对招标条件确实发生变化的部分应合理支持,同时要避免将应由承包人承担的风险全部转嫁给发包人。

1.3 施工场地布置引起的合同纠纷

1.3.1 承包人临建设施布置不合理引起的纠纷

某道路工程的招标文件明确提供三块施工用地,承包人的投标方案为在施工用地 1 内布置拌和站。2015 年 9 月，承包人选择在施工用地 1 距离居民区较近一侧建设拌和站（另一侧需承包人先进行场平施工），临建布置方案经监理和建设单位审核同意，拌和站建设过程中，当地居民以拌和站运行将产生粉尘和噪声污染联名上访阻止拌和站建设。经当地政府协调未果，承包人放弃在该处继续建设拌和站并申请采用商品混凝土。发包人在回复拌和站问题的文件中同意了承包人在桥梁等部位采用商品混凝土，同时明确：承包人拌和站选址离居民点较近，应评估拌和站建设运行噪声、粉尘对居民的影响，并承担相应的社会风险。2016 年 5 月，承包人在三块施工用地中另一处施工用地 2 建成拌和站。因当地商混站多次组织不明身份人员阻扰承包人自建拌和站的施工，2016 年 8 月，承包人请求发包人出面协调拌和站启用事宜。发包人在回复中明确：承包人应自行解决拌和站启用带来的相关问题并承担相应的责任后果，涉及方要求承包人处理好商品混凝土供应合同问题。2017 年，7 月，承包人开始从发包人委托其他承包人建设的混凝土生产系统领用混凝土。

主要争议：承包人要求发包人补偿 2015 年至 2017 年 7 月期间商品混凝土价格与自拌混凝土投标价格的差价并承担未建成拌和站的安拆费用及停工损失；发包人认为拌和站的布置及设计方案不合理，承包人事实上在另一处施工场地上建成了拌和站，拌和站未及时建成的原因在承包人自身；商品混凝土与自拌混凝土的差价属于承包人的风险，发包人按合同物价波动条款可承担混凝土原材料价格上涨的风险。

承包人将该项争议纳入诉讼范围，一审法院判决认为：不能证明拌和站建设地址调整是发包人原因导致的；发包人作为业主方负有对整体工程用地的管理调配职责，承包人对施工的规划安排负有直接责任；施工用地的报批手续是工程管理需要，但并不能减轻或免除承包人作为施工方对其自己施工行为及其后果应承担的责任。最终法院判定承包人关于该项索赔的费用主张不予支持。

1.3.2 发包人招标布置规划考虑不当引起的纠纷

某工程招标文件中施工用地规划将压力钢管加工厂布置在紧邻集镇的临时用地上。承包人 2016 年进场后建议将招标规划位置的钢管加工厂与下库布置 2 区的办公生活用地互换，获监理及发包人批复同意。2018 年 7 月，承包人在下库布置 2 区完成钢管加工厂建设。2022 年 1 月，承包人提出钢管加工厂场地互换后增加的场平施工费用索赔。

施工场地建设费用是合同约定的总价项目，双方对钢管加工厂场地互换的责任、原规划办公生活用地的场地平整规模及费用存在较大争议。

2022 年 1 月，发包人组织会议对钢管加工厂与承包人办公生活设施用地互换的原因和责任进行了认定，会议认为：钢管加工厂在钢管加工、防腐作业时必然存在噪声、异味等问题会对周边村民造成影响，筹建期标段在原位置曾建设拌和站因周边村民反对而未建成，30m 处有村民居住，而布置 2 区离村民房屋约 150m；原位置靠进场道路一侧的道路对于钢管运输坡度偏大，从另一侧需穿越集镇；认定招标规划的钢管加工厂位置考虑不周全，场地调整的责任与承包人无关。

招标规划位置的钢管加工厂用地由其他承包人负责；下库布置 2 区招标条件为原始地貌，场地面积为 1.24 万 m²，投标的办公生活设施用房的占地面积为 2930m²，但投标的场平规模及费用不详，在场地调整时也未进行论证分析。关于投标的场平规模和单方造价，发包人与承包人进行了多次协商，于 2022 年 3 月达成如下共识：投标的场平规模以临建用房占地面积为基数参考工业用地建筑密度推算相应的场平面积，单方造价按变更后实际造价水平并考虑现场地形条件下布置钢管加工厂和办公生活设施的差异按一定比例计取。

此案例属于招标布置规划对现场客观因素考虑不周而在施工阶段变更的情况。从整个招投标及施工过程来看，原招标钢管加工厂布置设计确有不足，未充分考虑钢管加工厂受现场条件制约的情况，承包人结合现场环境、运输等因素提出钢管加工厂场地布置调整的建议，从程序上得到了发包人、监理认可，且三方以现场事实签证形式对调整后场地平整工程量进行了确认。

1.3.3 施工规划布置纠纷风险及防控建议处理

发承包双方对施工规划布置有各自应关注重点，发包人应当关注施工规划布置对工程外部环境的影响，对其他承包人的影响，这是容易出现纠纷的主要原因。

上述两个索赔案例均涉及受外部环境影响而变更施工规划布置的问题，情况较为相似，但处理结果却截然不同。第一个案例，发包人及时在相关文件中明确了承包人应承担自建拌和站选址不当的风险，为后续处理争议留下了较好的书面依据。第二个案例，在场地互换决策时，没有及时分析施工布置规划调整的责任，没有及时场地互换导致的工程规模和费用变化。

结合法院判决及索赔事项处理结果，本文对于此类事项及类似事项总结了以下经验：一是发包人在承包人进场提交施工布置中，提示承包人充分考虑风险，明确承包人对施工布置负责。二是承包人自建拌和站受阻的深层原因是牵涉到地方商混站的利益，对于类似事件，发包人应借力地方政府，创造好的建设环境。三是当承包人提出变更建议时，发包人应要求承包人对其方案变更的必要性、合理性进行分析，避免承包人将投标风险转嫁给发包人。四是在协调承包人调整施工安排时，宜督促承包人提出多套方案比选，同步分析造价影响并协商费用处理方式。

2 合同义务履行不符合约定导致的纠纷处理

2.1 合同双方义务约定不明的引起的纠纷

2.1.1 案例背景

某道路工程部分路段在 500kV 高压线路影响范围内，根据《民用爆炸物品安全管理条例》，在城市、风景名胜区和重要工程设施附近实施爆破作业的，应当向爆破作业所在地设区的市级人民政府公安机关提出申请，该道路工程的爆破施工，需办理爆破作业项目许可审批。发承包双方在合同谈判纪要中明确"承包人同意在进点后尽早办理爆破作业单位许可证及爆破作业人员许可证，发包人将提供协调"。

根据《爆破作业项目管理要求》行业标准，办理爆破作业项目许可证需要相关单位的爆破作业单位许可证、爆破安全评估合同、爆破监理合同、爆破安全评估报告等材料。承包人进场后委托工程当地的爆破工程公司进行爆破作业并办理许可相关程序。两个月后爆破作业项目许可通过当地公安机关审批。随后发包人就爆破监理发布了招标公告，并与相关单位签订了爆破监理、爆破评估合同。

在现场施工基本结束后，承包人提出因发包人未及时进行爆破评估单位及爆破监理单位招标，要求索赔爆破许可审批通过前共 70 天的窝工费用。发包人会同监理人核实后对施工资源进场后的前 11 天窝工情况予以了确认并办理了签证。

2.1.2 合同纠纷处理情况

发承包双方就办理爆破作业项目许可所需的爆破评估、爆破监理等应由哪一方委托发生了争议，且发包人对事后才提出长时间窝工的合理性不认可。承包人的主要理由是合同谈判纪要约定的两个许可证并非是爆破作业项目许可，且发包人后续进行了爆破监理、爆破评估的招标采购。发包人的主要理由是：合同谈判时就爆破许可进行了协商，承包人作为有经验的承包人理应知道办理许可的相关要求，同时法规及行业标准也没有明确表示爆破评估、爆破监理的应由发承包人哪一方进行委托，且许可所需的材料事实上均是由承包人办理的。

从双方争议的理由来看，爆破许可前置程序中双方的义务，合同约定并不清晰；承包人在施工后期为了索赔而将进场后较长时间不能进行爆破作业的责任推给发包人。双方协商过程就爆破许可对工期的影响达成了共识，但关于窝工的费用存在较大分歧。承包人后将该项目纳入诉讼范围。

2.1.3 合同纠纷揭示的风险与防控建议

工程合同中需要注意的细节问题较多，本案例中发包人虽已在合同谈判阶段考虑到爆破作业许可办理问题，但纪要的文本对爆破作业项目许可表述并不准确，且对发包人需要配合的义务的表述是模糊的，未能进一步考虑到爆破监理及爆破评估的委托及相应的费用问题。

施工合同对双方的义务约定不明的，一般认为相应的合同责任或风险应由发包人承担。就此案例的揭示风险，笔者建议采取以下防控措施，一是发包人应规范建设程序，落实开工前的各项必要条件，例如爆破监理等服务项目应在相应的专业工程开工前完成招标采购。二是发包人应提高合同文本的编制水平，在招标文件编制、合同谈判等阶段要结合法律法规和工程经验，尽可能厘清工程建设的各项流程，准确阐述发、承包双方的责任和义务，避免出现含义模糊、权责不明的语言文字。三是加强施工过程中的沟通和记录，及时锁定事实，降低事后处理进一步扩大损失的可能性。

2.2 施工干扰引起的纠纷处理

施工过程中受到来自非承包人内部的干扰因素时，需要由相应的主体履行协调义务，若干扰因素不能及时消除，必将导致工期、费用的损失。抽水蓄能常见的施工干扰主要有村民阻工、不同施工项目间的相互影响。

2.2.1 村民阻工引起的纠纷处理

出现村民阻工，大多数情况下需要发包人会同地方政府进行协调，并承担相应的工期、费用损失；但如果是因为施工措施不到位损害他人利益，则承包人应承担协调善后的义务，如边坡挂渣、爆破损毁、噪声扰民等。承包人为消除影响而采取的非常规的工程措施、水保环保措施等，可纳入工程变更由发包人承担。

金寨电站进场道路近交通洞的路段受个别村民阻工的影响，该路段通车的工期滞后近两年，对后续主体工程施工造成了一定影响。该村民阻工的主要原因是其与村集体间存在征地补偿款分配纠纷，得不到支持，多次上诉至法院，均败诉。村民阻工，虽然发、承包双方可能都没有过错，但如果处理不当，给承包人和整个工程建设都可能带来难以挽回的损失。发包人应借力地方政府及时协调和处理征地款项分配纠纷，创造好的建设环境。

2.2.2 不同标段临近工作面的相互影响

某承包人 A 承建的 500kV 出线洞的出口与另一承包人 B 承建的 GIS 楼工作面较近。因 500kV 出线洞的工期较计划滞后，承包人 B 开始施工 GIS 楼时，承包人 A 尚未完成 500kV 出线洞衬砌，两个承包人的施工安排多次发生冲突。发包人为此组织两个承包人进行了协调，明确 500kV 出线洞衬砌混凝土运输车从 GIS 楼内部通行，由承包人 B 在 GIS 楼 KZ21-17 与 KZ21-18 混凝土柱间设置型钢通行通道，增加的通道施工费用 6.2 万元，由发包人承担。

同一工作面的不同工作或者不同施工项目临近工作面的工作容易出现干扰，承包人应负责其标段内各种工作的协调，并在监理的协调下与其他承包人相互配合彼此的施工安排，并按合同要求提供施工便利。

2.3 承包人拖延工期引起的纠纷

2.3.1 承包人主动停工与被动停工的纠纷

2017 年 9 月，某道路工程承包人因经济利益诉求问题主动停工，根据发包人和监理单位向承包人下发的函件描述"2017 年 9 月开始，项目部开始拒绝参加各类工程会议，拒绝报送安全管理等各类工程文件；9 月 21 日开始，项目部拒绝签收监理文件；9 月 24 日，项目全线停工，管理人员相继撤离"。在此背景下，监理于 2017 年 9 月底下发通知，要求十九大期间工程现场所有参建单位停止三级及以上风险作业。

2020 年 9 月，承包人通过诉讼的形式向发包人提出费用索赔，承包人在索赔中主张 2017 年十九大期间其应监理通知停止路基高边坡爆破开挖与高边坡支护等三级以上风险作业施工，发生人员、设备窝工，要求发包人补偿窝工费用，并提供了承包人、监理、发包人三方签证确认的窝工签证单。

发包人在该纠纷中主张在监理下发停工通知前，承包人已经主动停工，施工人员已撤离现场，不存在因监理通知而被动窝工的事实。发包人还表示根据承包人当季度报送监理的风险动态识别文件显示，当季度并不存在三级以上风险作业。

该索赔纠纷以诉讼的形式发生，一审法院认为：在索赔事件发生前期的年度报送以及动态报送中，承包人主张的路基高边坡爆破开挖与高边坡支护均作为三级以上风险作业，基于施工作业本身特性的稳定性及固定性，对于索赔时段的此类施工应当作为三级以上风险作业。同时根据监理日志记录情况，承包人在该时段是部分施工，部分未施工，而承包人主张的三级以上风险作业处于监理日志记录的施工路段，故对于承包人主张的窝工费用应由发包人承担。

2.3.2　合同纠纷揭示的风险与防控建议

承包人出现拖延工期的情况，若未及时形成书面记录，或相关管理文件没有对当时的实际情况进行甄别而留下不严谨甚至相悖的记录，不能形成承包人违约的有效证据，导致承包人将其违约后果转嫁给发包人。

笔者建议：一是承包人出现恶意违约行为时，发包人应及时索赔追责，保障发包人权益，并留下书面文字或影像资料记录。二是工程管理过程资料要客观反映真实情况，签证、往来文函及监理日志等资料要保持内容的一致性。

3　诉讼方式处理合同纠纷的经验

合同纠纷通常通过协商、调解、仲裁、诉讼四种方式解决。协商解决争议是最常见也是较为快速解决争议的方式，也是应该首选的最基本的方式。但由于工程建设的复杂性，发承包双方协商不能形成彻底解决共识情况下，选择调解或诉讼，可有效解决合同纠纷。

金寨电站道路工程的合同纠纷，终审判决发包人承担费用约 200 万元，远低于承包人起诉起诉的 5245.84 万元，同时也远低于此前协商阶段发包人预计的费用。该诉讼案件，发包人能取得较满意的结果，主要应诉经验有：

3.1　加强组织协调

金寨公司在收到应诉通知书后，及时成立由公司领导班子成员、相关部门负责人组成的应诉领导小组，和代理律师、法律、计划合同、工程、财务等部门及监理单位相关人员为成员的应诉工作小组，制定印发了案件处理工作方案，明确了具体任务和责任，提高了应诉工作效率。同时，通过多方渠道联系了多家律师事务所，在公司领导和相关部门与律师事务所分别进行面试后，选定了代理律师，及时投入了案件应诉工作。

3.2　及时提出反诉

金寨公司在积极应诉的同时，主动维护企业合法权益，结合案涉合同工程履行的实际情况，对原告中交二航局就案涉合同工程工期延误事项提起反诉，并向法院提交了大量的证据文件。

3.3　加强基础资料收集分析

由于本案专业性较强，代理律师专业经验不足，金寨公司在应诉中既充分发挥代理律师作用，但也不完全依赖代理律师。针对原告提交的大量证据材料和索赔要求，主要采取以下程序处理：一是对原告所有证据材料进行逐条逐句地审查、分析和讨论，查找其存在的问题，判断其真伪。例如在原告主张的管理费项目中，审查出原告提供的财务凭证中存在伪造、变造等虚假事项以及虚列管理成本等诸多问题。二是对金寨公司和监理的各项台账、记录及文件等与案件相关的证据资料进行查找、梳理和整理。例如在原告主张的商品混凝土项目中，查找出金寨公司在 2015 年协调商品混凝土事件的文件中明确了原告应承担其自建拌和站选址不当的风险，作为我方的有利证据。三是对收集的证据材料和原告提交的证据材料进行对照分析，从真实性、合法性、关联性、逻辑性以及严密性等方面进行反复推敲、斟酌，确定应诉策略，提出高质量的质证意见。例如在原告主张的 B 级爆破分包项目中，我方从技术上、法律上以及证据上针对性地提出质证意见，有效驳回了原告的不合理诉求，为该项目的有利判决奠定了基础。

3.4 全程参与庭审

为保证代理律师在庭审过程中能有效应对各种问题，每次案件庭审，公司均委派法律、计划合同及工程等专业技术人员全程参与。相关人员多次在庭审中及时向代理律师提供参考意见、补充证据材料和关键信息，有力地保证了我方在庭审辩论中的优势。

3.5 做好与承办法官和鉴定机构的交流沟通

为了让法官和鉴定机构充分了解本案真实情况，防止被原告误导，公司法律、计划合同及工程等专业技术人员多次与法官和鉴定机构人员进行直接交流沟通，详细介绍本案相关的实际情况，亮明了我方维护国家经济利益的态度，使法官和鉴定机构对案情有充分的了解和认识，为法院做出公平判决发挥了积极作用。

4 结束语

在抽水蓄能电站建设过程中不可避免地会受各种因素的影响，导致施工合同纠纷的产生。在抽水蓄能行业蓬勃发展的今天，为了抽水蓄能行业得到较好发展，确保工程项目工作顺利有序地开展，建设单位需要认识到对施工合同管理的重要性，并在此基础上对施工合同纠纷中存在的问题进行深入分析，总结经验，在后续的管理中采取有效措施，尽量避免纠纷的产生。限于笔者经历的案例有限，尚未能对各类合同纠纷进行全面分析，笔者抛砖引玉，期待业内专家分享更多的案例，提升抽水蓄能电站合同管理水平。

作者简介

张事成（1993—），男，一级造价工程师，主要研究方向：水电工程建设管理、工程造价等。E-mail：1945711689@qq.com

刘世锋（1979—），男，经济师，主要研究方向：水电工程建设管理、工程造价等。E-mail：6582841@qq.com

基于设计方案优化的投资控制方式探讨

陈　聪，韩宛庭，张　亮，李海超

（内蒙古赤峰抽水蓄能有限公司，内蒙古自治区赤峰市　024000）

摘　要： 本文基于内蒙古芝瑞抽水蓄能电站在工程招标和施工详图阶段，通过设计方案优化有效控制工程投资的实践，总结电站建设过程中通过严格图纸审查、强化设计方案对比，有效降低工程投资，提高电站经济性的经验进行分享。强调优化设计在项目投资控制方面的重要作用，展现优化设计带来的显著效益，促进电站在工程建设中加强技术经济方案比选，强化部门协同，全过程、全专业管控实现投资控制效果。

关键词： 设计优化；抽水蓄能电站；工程经济性；投资控制

0　引言

抽水蓄能电站建设应牢固树立全过程管理理念，设计阶段的质量更是直接影响项目的经济效益，如何加强设计管理对造价控制至关重要。抽水蓄能电站工程的可行性研究阶段、招标设计阶段、施工图阶段存在设计深度不同，设计成果差异较大，给投资控制增加了困难。在工程建设阶段，通过在各设计阶段补充更详细的勘探和设计论证资料，严格施工图审查，并根据工程揭示的地质条件面貌，重新论证设计方案或优化调整设计方案，对工程投资控制具有重要作用。

1　工程概况

内蒙古芝瑞抽水蓄能电站位于内蒙古自治区赤峰市克什克腾旗芝瑞镇境内，距克什克腾旗（经棚镇）有县级公路"经山线"相通，公路里程约75km，距赤峰市公路里程约150km。

本工程为大（1）型一等工程，规划装机容量1200MW，装机4台，单机容量300MW，额定发电水头443m。年发电量20.08亿kWh，年抽水电量为26.77亿kWh，暂以2回500kV线路接入规划的500kV紫城风电汇集站。枢纽建筑物主要由上库、水道系统、地下厂房系统、下库等建筑物组成。上库库盆采用全库沥青混凝土简式面板防渗形式，大坝采用沥青混凝土面板堆石坝，最大坝高73m；下库拦沙坝、拦河坝均采用沥青混凝土心墙堆石坝，最大坝高分别为27.00、34.00m。

2　工程优化

在内蒙古芝瑞抽水蓄能电站的招标设计和施工图设计过程中，工程优化是关键一环。建设单位作为投资主体，充分发挥建设单位主导作用，定期组织各参建单位进行设计方案比选及施工图会审，在保证工程建设任务的前提下，合理优化工程施工总平面布置以及建筑物结构，避免工程开工后发生布局调整等问题影响施工进度，在施工过程中根据揭露的地质条件，及时调整地下洞室支护方式及优化压力钢管结构形式，在满足设计要求的前提下力求减少工程投资。本电站工程建设中主要开展了如下设计优化工作：下库泄洪措施由放空管优化为放空洞；下库泄洪排沙洞进口开挖支护方式优化；引水隧洞及压力管道结构设计优化；地下厂房开挖支护参数调整；上库库外堆石料场植物措施优化；主变压器洞开挖支护方案调整；引水调压室开挖支护设计优化；尾水系统开挖支护设计优化；Y4 号公路设计优化；Y5 号公路设计优化。

2.1 下库泄洪建筑物由放空洞优化为放空管

招标设计阶段，为进一步优化方案布置、减少工程投资，对放空洞布置方案进行优化设计。考虑到下库放空洞属于非常工况，使用概率小，但投资较大，招标设计阶段，通过大量方案比选工作，对下库泄水建筑物布置方案进行了优化设计，取消了原可研阶段推荐的放空洞布置方案，采用蓄能专用库右岸坝肩岩基挖槽埋设放水钢管＋出口设锥形阀消能的放空设施布置方案，且满足了电站在施工期和运行期对放水管出口部位永久征地用地的需求。

优化后，由原方案的钢筋混凝土结构的放空洞结构方案调整为钢管外包混凝土的结构方案，土石方开挖工程量减少 9.4 万 m^3，投资减少约 400 万元；锚杆工程量减少 5588 根，锚索工程量减少 91 束，投资减少约 293 万元；喷混凝土工程量减少 1071m^3，投资减少约 106 万元；衬砌混凝土工程量减少 7116m^3，减少投资约 674 万元。考虑放空管增加钢管以及阀室等投资，合计整体节约投资约 1132 万元。

2.2 下库泄洪排沙洞进口开挖支护优化

根据水电咨水工〔2019〕64 号关于印送《内蒙古芝瑞抽水蓄能电站下水库放空洞布置及优化设计专题、泄洪排沙洞闸门布置及隧洞断面优化设计专题咨询报告》的函，鉴于有压隧洞结构复杂、运行条件差，仍按无压隧洞设计，但优化了断面尺寸；综合考虑导流、初期蓄水和运行期洞内检修等要求，泄洪排沙洞将长期处于过水状态，仅在水库初期蓄水、运行期补水和洞内检修时需闸门挡水。因此，取消泄洪排沙洞进口工作闸门，采用叠梁门挡水是合理的。建议据此进行进口闸设计；优化闸室平台道路，减少开挖边坡规模。以下具体优化为：

（1）关于闸门及启闭机优化，取消原平板工作闸门及启闭设备。

（2）关于 Y1 路至补水泵站段道路，原设计方案按照双车道，路基开挖宽度为 10m 考虑，调整后设计方案按照单车道，路基开挖宽度 7.1m 考虑。

（3）由于原工作闸门取消，相应部位的胸墙也取消，泄洪排沙洞进水塔体形进行优化设计，进水塔由原设计长度 17.4m 优化为 11.3m。

（4）对 1 号和 2 号泄洪排沙洞进洞点进行优化设计，进洞点较原设计方案向上游 6m 左右。

（5）原泄洪排沙洞进水塔平台设计两个启闭机房，由于取消工作闸门，设计对启闭机房进行优化设计，取消启闭机房，改为投资更省的排架。

整体节约投资约 1091 万元。

2.3 引水隧洞及压力管道结构设计优化

2.3.1 引水隧洞

招标设计阶段，两条引水隧洞平行布置，1、2 号引水隧洞闸门井井前段长度分别为 244.97m 和 226.04m，1、2 号引水隧洞闸门井井后段长度分别为 704.62m 和 717.30m，与竖井式进出水口相连部位中心线高程为 1463m，与引水调压室底部隧洞相连部位中心线高程为 1456m。由于引水隧洞前半段所处地层为玄武岩与流纹岩呈不整合接触互层，因此施工详图阶段将引水隧洞高程抬高 20m，降低引水隧洞的内水水头，同时降低上库进/出水口、引水事故闸门井、引水调压井的深度。因此引水隧洞的内水压力整体大幅降低，同时引水隧洞的钢衬厚度有了一定程度的降低。由招标阶段的 20～24mm，优化至 18～22mm。水库进出水口至引水调压井之间的洞段施工蓝图中钢管重量为 5782t，较招标阶段的 7108t，减少 1326t。

2.3.2 高压管道主管

根据施工支洞、地下洞室开挖揭露的地质条件，压力管道及尾水隧洞洞段地质条件整体相较于招标阶段的判断有所改善，因此在压力钢管结构计算过程中对钢衬与围岩的联合作用时，考虑围岩承担荷载的比例有所提高，在钢衬钢板级别不变化的基础上，钢管厚度整体减小，高压管道主管钢材重量有所降低。引水调压井至引水岔管之间的高压管道主管施工蓝图中钢管的重量为 10 755t，较招标阶段的 11 732t，减少了 977t。

2.3.3 高压支管

根据下平段施工支洞开挖过程中，揭露的地质条件推测岔管与厂房之间的围岩地质条件相对较好，因此在高压支管结构计算过程中对钢衬与围岩的联合作用时，考虑围岩承担荷载的比例有所提高，因此高压管道主管钢材重量有所降低，单个支管降低重量约为 16t，相对较少。引水钢岔管至厂房上游墙之间的高压支管施工蓝图中的钢管重量为 904t，较招标阶段的 969t，减少了 65t。

引水隧洞压力钢管整体节约投资约 2342 万元。

2.4 地下厂房开挖支护参数调整

结合地下厂房交通洞、通风洞开挖以及厂房顶拱开挖揭露的地质条件，厂房岩体总体完整性好，一般呈次块状结构，局部呈中厚层状结构，围岩类别总体为Ⅲ类。与可研阶段判断的地质条件相比有所改善，为加快工程施工进度，优化工程投资，在保证地下厂房整体支护满足结构要求的前提下，对支护参数进行调整。调整了主厂房锚索与锚杆布置间排距，锚索数量共计减少约 155 根，锚杆数量共计减少约 4259 根。

整体节约投资约 2145 万元。

2.5 上库库外堆石料场植物措施优化

上库库外堆石料场在招标阶段各部位边坡判断为土质边坡，坡比较缓，因此多采用开挖支护基础上进行 TBS 喷播。根据现场开挖揭露的地质条件，开挖揭露的边坡为基岩边坡，基岩边坡较土质边坡而言，自身稳定性较好，因此为了减少整体开挖量，大部分采用坡比较陡。基于实际开挖揭露的条件，在坡比较陡的边坡上实施 TBS 植物护坡稳定性不佳，因此库外料场边坡取消部分 TBS 及绿化植物。

整体节约投资约 900 万元。

2.6 主变压器洞开挖支护方案调整

主变压器洞岩体总体完整性好，一般呈块状、次块状结构，局部呈中厚层状结构，围岩类别总体为Ⅲ类。与可研阶段判断的地质条件相比有所改善，为加快工程施工进度，优化工程投资，在保证地下厂房整体支护满足结构要求的前提下，对支护参数进行调整：

（1）主变压器洞高度较招标整体抬高 0.5m，洞室开挖量较招标阶段增加 2713m^3，不良地质条件处理开挖减少 1000m^3。

（2）系统支护锚杆全部调整为砂浆锚杆，取消预应力锚杆共计 2947 根；取消预应力锚索共计 53 根。

（3）顶拱增加喷钢纤维混凝土 240m^3。

整体节约投资约 561 万元。

2.7 Y4 号公路设计优化

招标阶段，根据初步判断沿线边坡为岩质边坡，为减少开挖量，设置岩质边坡的坡比较陡，整体采用锚喷支护，工程投资较大。施工详图阶段，根据现场揭露地质为风积粉土，不具备开挖成陡坡的条件，因此对 Y4 号公路整体路线进行了优化调整。

沿线边坡坡比放缓将挂网锚喷支护改为 TBS 植物防护，同时取消衡重式路肩挡土墙 27m。根据现场地质情况，开挖边坡以挖土方为主相应减少挖石方工程量。土方开挖量增加 78 682m^3，石方开挖量减少 36 265m^3。

整体节约投资约 201 万元。

2.8 Y5 号公路设计优化

施工详图阶段结合场内布置，Y5 号公路道路终点引水上支洞高程降低了 4m，道路纵断面进行了相应调整，由于 Y5 路部分路线处于填方区，路线的整体高程降低，可有效地减低路基的衡重式路肩挡土墙；同时结合地形对 Y5 号公路路线方案进行了部分优化调整：取消了衡重式路肩挡土墙 299.1m。

整体节约投资约 131 万元。

3 结束语

内蒙古芝瑞抽水蓄能电站在招标和施工详图设计阶段，根据工程实际情况，结合已建电站的设计经验，通过抓好招标设计优化、施工图会审及施工过程中根据地质条件变化及时进行设计方案优化，不断优化工程设计思路和设计理念，以更好地满足本工程的需求。对设计方案进行整体优化，根据研究成果选用最新设计方案，确保工程具有较优的技术经济性，并兼顾保护环境、生态和谐的要求，强化设计优化变更，大幅减少工程投资，大力实现工程投资控制目标，助力芝瑞电站高质量发展。

参考文献

[1] 王璐. 抽水蓄能布局优化，已建在建 1.7 亿 kW [N]. 经济参考报，2023-07-03（007）.
[2] 汪业林. 响水涧抽水蓄能电站工程投资控制实践 [C]//中国水力发电工程学会电网调峰与抽水蓄能专业委员会. 抽水蓄能电站工程建设文集 2016. 北京：中国电力出版社，2016：555-558.

作者简介

陈聪（1995—），女，中级工程师，主要研究方向：抽水蓄能合同管理、工程造价等。E-mail：cong-chen@sgxy.sgcc.com.cn

韩宛庭（1997—），女，初级工程师，主要研究方向：抽水蓄能法律事务管理、工程造价等。E-mail：wanting-han@sgxy.sgcc.com.cn

张亮（1996—），男，助理工程师，主要研究方向：抽水蓄能概预算管理、工程造价等。E-mail：liang-zhang@sgxy.sgcc.com.cn

李海超（1995—），女，中级经济师，主要研究方向：抽水蓄能合同管理、计划管理等。E-mail：haichao-li.cf@sgxy.sgcc.com.cn

抽水蓄能电站甲供材核销过程管理经验分享

马航飞，王　博，赵虹桥

（河北丰宁抽水蓄能有限公司，河北省承德市　068350）

摘　要： 甲供材核销作为预防合规管控潜在风险的有效手段，其成果应用对于工程投资管控、建筑材料全过程管理、工程实体质量监管等方面管理提升作用显著。本文主要介绍丰宁电站甲供材核销过程管理经验，通过建立健全甲供材料核销管理机制，梳理材料核销超欠耗典型原因，按期开展甲供材核销分析，逐项排查分析核销结果等一系列做法，规范甲供材料核销管理，有效揭示现场材料、施工质量管控现状，及时准确开展管理风险提醒和薄弱环节堵漏。

关键词： 甲供材核销；超耗；欠耗

0　引言

河北丰宁抽水蓄能电站（简称丰宁电站）一期工程 2013 年 5 月开工建设，筹建期工程和主体工程主要建筑材料均为甲供。二期工程 2015 年 9 月开工建设，各标段主要建筑材料为乙供。一、二期工程同步建设条件下，丰宁电站面临两期工程主要建筑材料供应方式不同，标段划分细，标段间材料串用、挪用、倒卖等风险高，工程建设管理团队年轻化，管理经验不足等挑战，加强甲供材料风险管控势在必行。丰宁电站通过仓储标准化管理、健全甲供材料核销管理机制、按期开展甲供材核销分析等一系列做法，有效提升了工程投资管控水平，保障了工程实体质量，对全面封堵甲供材管理漏洞、建立长效机制起到了积极作用。

1　甲供材核销的含义

1.1　甲供材

由发包人（甲方）在工程施工中自行采购，根据施工合同约定提供给承包人（乙方）用于建筑、安装和使用的材料，主要包括钢筋、水泥、柴油、火工品、砂石骨料、钢板等。

1.2　甲供材核销

是指发包人根据合同约定的单位合格建筑工程材料理论消耗量或依据定额消耗量，与承包人实际领用的甲供材料进行冲销，分析甲供材料消耗是否在合理范围内。按核销周期，可分为月度核销、年度预核销、标段完工结算核销。按核销结果，可分为材料欠耗和材料超耗，欠耗表现为理论消耗量大于实际领用量，超耗表现则与之相反。

176

2 丰宁电站甲供材核销主要做法

2.1 核销时间

（1）月度核销：每月进行甲供材实际使用情况统计核销分析，见图 1。承包人在报送月进度结算报表时同时申报甲供材料月度实际使用情况统计表、甲供材料核销汇总表、材料单耗表、工料分析表、月度物资盘点分析表，作为月度结算甲供材扣款基础数据。

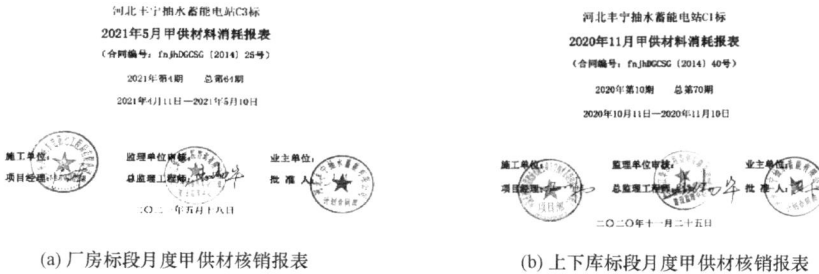

图 1　月度甲供材核销报表

（2）年度预核销：每年 3 月前后（第一季度）进行上一年度核销工作，见图 2。

图 2　年度甲供材核销报表

（3）标段完工结算核销：即标段甲供材料最终核销，承包人应在主体工程完工工程量审签完成后及时上报标段完工结算核销报告。

2.2 消耗量计算原则

（1）钢筋、水泥按合同相关规定计算用量，同时考虑承包人投标报价单价分析表中标明的损耗量计算得出消耗量（若投标报价单价分析表中未标明损耗量，参照投标文件中采用的定额损耗量）。垫层料、级配料及碎石料等按承包人投标单价分析表中单耗量计量。混凝土浇筑中水泥消耗量按照经监理批准的混凝土配合比中水泥消耗量计量，可以计量的超填混凝土的水泥量按监理签认的工程量计量；其他混凝土（喷混凝土等）中水泥消耗量按承包人投标单价分析表中混凝土损耗量计量。混凝土骨料按承包人投标单价分析表中混凝土损耗量及经监理批准的混凝土配合比确定的骨料单耗量确定。

（2）高强钢板按合同相关规定计算用量，加上承包人投标报价单价分析表中标明的损耗量计算得出消耗量（若水电行业设备安装工程预算定额中高强钢板单耗量低于承包人投标报价单价分析表中高强钢板单耗量，以水电行业设备安装工程预算定额为准进行计量)。

(3)电缆原则上按照实际施工敷设的签证量进行核销。电缆签证量对照电缆清册数量,已考虑损耗量的,核销时不再重复计算损耗量。否则,损耗率按照合同约定或投标单价分析表中的损耗率执行;若合同未约定的,按照电力行业工程预算定额约定的损耗率或损耗水平进行核销。

(4)其他材料。

异形铜止水按设计实物工程量以"个"为单位进行计算;油料以承包人投标报价单价分析表中标明的单耗量为准;铜止水片、铜覆钢按承包人投标单价分析表中的单耗量计算沟盖板、灯具核销时按承包人实际签证结算量核销。火工品考虑到供应实际配送至作业面的情况,核销时原则上以承包人实际领用量核销。

2.3 扣款方式

(1)月度核销扣款:按照当月材料的实际使用量与合同中给定的材料单价进行扣除甲供材料费用。当月实际使用量=上月库存量+上月半成品量(如有)+当月领用量-当月库存量-当月半成品量(如有)。

(2)年度预核销扣款:依据年度预核销结果,甲供材料超耗的,应合理分析原因。原因分析后仍超耗的,按照合同约定单价乘以超耗数量计算超耗费用并在进度款中进行暂扣。甲供材料欠耗的,应合理分析原因,原因分析后仍欠耗的,应于进度款签证中核减相应工程量钢筋、水泥、砂石料等材料欠耗量对应的工程量。

(3)完工结算核销:原则参照年度预核销的处理方式执行,过程中暂扣费用在完工核销时统一研究处理。甲供材料仅限于承包人使用本工程,不得浪费或挪作他用。

3 甲供材核销重难点分析

3.1 超欠耗原因分析

丰宁电站通过梳理识别甲供材料管理超欠耗风险,结合工程现场材料管理重点、难点,总结形成以下主要超欠耗典型原因见表1。

表 1 超欠耗典型问题及原因

表现形式	序号	典型问题	典型原因
材料欠耗	1	隐蔽工程弄虚作假	承包人未严格按规范和图纸要求施工,为节约施工成本,在喷混凝土、回填、灌浆或其他隐蔽工程施工中偷工减料
	2	承包人擅自外购建筑材料	主体标段建设周期长,受国家政策调整等因素影响,施工期柴油、钢筋、水泥等材料市场价波动明显。当市场价明显低于合同约定甲供材扣回价格标准时,存在承包人私自外购建筑材料风险
	3	承包人虚列完工工程量	通过编制施工过程资料等手段,虚列工程量,致使核销时段核销工程量大于实际消耗量

表现形式	序号	典型问题	典型原因
材料欠耗	4	跨结算周期签证	受混凝土龄期、锚喷支护及钢筋工程验收时限影响，承包人存在跨周期签证结算情况，导致材料核销时段与材料使用时段不完全一致
	5	施工消耗量低于定额消耗量	一期主体工程合同签订于2014年，承包人投标主要参考《水电建筑工程预算定额（2004年版）》和《水电建筑工程施工机械台时费定额（2004年版）》，定额消耗量已涵盖合理的施工损耗和体积变化因素消耗，但有经验的承包人能够通过加强现场施工管理，降低实际喷浆回弹量及混凝土损耗，以及机械设备改进，降低了损耗，提高了施工效率
材料超耗	1	现场施工材料过度浪费	受建筑行业劳务用工市场形势影响，个别施工作业人员非专业人员，且在各级管理人员管理理念和意识参差不齐、现场管控不严格情况下，存在建筑材料过度浪费风险，致使实际使用量超出理论消耗量
	2	标段间材料混用挪用	丰宁电站两期工程同期建设条件下，一、二期工程主要建筑材料供应方式不同，且存在同一承包人承担两个及以上标段的情况，当承包人管理不严格或二期工程承包人自购材料供应能力不足时，标段间甲乙供材料可能出现混用现象；更有甚者，当材料市场价明显高于合同甲供材料扣回价格时，存在承包人擅自挪用甲供材风险，导致甲供材实际使用量超出理论消耗量
	3	承包人倒卖甲供材料	由于主要建筑材料使用量大、材料费用高，存在承包人或分包商无视法律法规，为赚取非法利润、投机倒把、谋求利益，倒卖甲供材料，导致甲供材实际领用量超出理论消耗量
	4	承包人改变施工工艺或方案（也可导致欠耗）	受施工阶段实际揭露的地质条件较招标阶段变化影响，实际施工工艺（或方案）调整，导致材料实际消耗和理论消耗不同

3.2 超欠耗原因排查

（1）针对可能存在的隐蔽工程弄虚作假和现场施工材料过度浪费风险，丰宁电站采取"网格式一体化"管控模式，采取关键部位全程旁站，日巡查、夜巡视，灌浆工程数字化灌浆记录仪监管，研究应用施工视频监控系统360°无死角实时监控等数字化管控措施，不断加强工程现场的管控，保障实体工程质量，基本杜绝了施工现场过度浪费和隐蔽工程偷工减料现象。

（2）针对可能存在的承包人虚列完工工程量风险，通过复核第三方测量结果，核对放样、试验数量、收方、验收等基础资料，严审承包人申报工程量，逐项计算图纸量与签证结算工程量，判断是否存在虚结套结现象。

（3）针对可能存在承包人擅自外购建筑材料和倒卖材料风险，通过分析物资管理基础台账，走访调研材料进退场程序及关卡管控情况，整个工程区域内各个出入口均设置围栏和岗哨，实现场内外材料的物理隔离；进场车辆应检尽检，专人专岗负责过磅检查和相关单据审核确认，规范材料物资进出场管理，从根本上杜绝材料违规出入现象，见图3和图4。

图 3　物资管理人员进行进场材料核实登记　　　　图 4　安保人员进行进出场人员登记

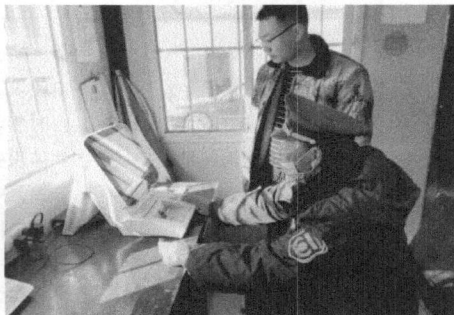

（4）针对可能存在的施工消耗量低于定额消耗量风险，通过现场调查和记录测量数据，发现个别承包人喷护作业中，实际喷浆回弹量及混凝土损耗低于合同理论损耗，经分析量化一定周期内的记录测量数据，为进一步分析实际消耗损耗率提供佐证材料。

（5）针对可能存在的承包人擅自改变施工工艺（或方案）风险，重点对上下库标段火工材料欠耗现象进行分析，发现施工期内，由于进出水口地质条件较差，为控制开挖体形，将部分爆破施工改为凿除施工，导致火工品欠耗。

（6）针对可能存在的承包人跨结算周期签证结算风险，技经、工程管理部门通过核对工程实际进度完成情况，分析年度结算项目和工程量，发现存在受混凝土龄期等因素影响而跨周期签证结算现象，并定量分析跨年度结算工程项目对应消耗量，将此部分核销分析数据纳入核销结果管理。

（7）对于可能存在的各标段之间材料混用挪用风险，通过定向了解同一承包人承担两个或多个标段施工的情况，分析核销周期内建筑市场材料价格与合同甲供材料价格，定位价格差异明显的材料，开展该类甲乙供材出入库、材料存放加工厂、混凝土拌和系统等原始台账数据分析，发现存在标段间材料串用的情形，并对承包人进行处理。

4　甲供材核销管理建议

4.1　规范甲供材仓储标准化管理

丰宁电站采取甲供物资到货验收、质检入库、物理分类、分区存放、定期盘点、领用申请、出库核查等全链条物资仓储管理措施，既保证了甲供物资原材料质量合格率，出入库台账信息准确性，又保持了甲供物资物理属性、化学属性，甲供物资仓储管理标准化水平显著提升，为甲供材核销提供准确数据支撑。

4.2 加强工程量计量签证管理

甲供材核销作为辅助手段，对于分析工程量有着不可或缺的作用。但更为重要的是做好计量签证管理。丰宁电站制定现场签证规章制度，规范工程量确认方式，参建四方对已施工完成项目，及时开展工程量计量签证，确保原始签证支撑性资料齐全完备。

4.3 健全甲供材料核销管理机制

为规范甲供材料核销管理，加强过程管控，防止工程施工中出现不合理超欠耗导致材料浪费或流失等损失，丰宁电站制定甲供材核销管理办法，建立管理体系、管理流程和管理内容，将主要建筑材料合规管理贯穿于各业务管理环节，深化应用甲供材核销成果，有效促进管理水平提升。

4.4 适时组织专项材料核销

在年度预核销时，针对个别类型建筑材料超欠耗严重或重复出现情况，可在历年年度核销成果基础上，组织开展该材料专项核销，及时分析原因研究解决方案，防止问题不断累积扩大，影响标段完工核销。

5 结束语

本文详细介绍了丰宁电站甲供材核销主要做法，通过按期开展甲供材核销数据分析，梳理超欠耗典型原因，间接检验现场材料、施工质量管控现状，及时开展管理风险提醒和薄弱环节堵漏，辅助规范进度验收签证管理，保护工程财产不受损失，有效提升了工程建设管理水平，丰宁电站两期工程同步建设形势下，一、二期工程主要建筑材料管控成效显著。下一步，丰宁电站将继续总结甲供材核销成果数据应用，不断完善改进，更好地服务基建项目建设管控。

参考文献

[1] 陈国华. 浅谈抽水蓄能电站甲供材核销管理. 科技与管理, 2013 (6): 210-211.
[2] 张吉仓, 舒忠. 甲供材料核销在工程管理中的作用. 水利电力, 2013 (20): 160.
[3] 王一惠. 水电工程甲供材料超耗、欠耗原因及措施研究. 城镇建设, 2020 (10): 320.
[4] 胡立峰, 马超, 杨振坤. 大中型水电站工程建设物资核销管理探讨. 人民长江, 2014, 45 (8): 26-29.
[5] 赵小强. 对大岗山水电站物资核销的分析与探索. 四川水力发电, 2013, 32 (5): 169-171.

作者简介

马航飞 (1995—), 男, 经济师, 主要研究方向: 抽水蓄能电站计划与合同管理。E-mail: hangfei-ma@sgxy.sgcc.com.cn

王博 (1987—), 男, 工程师, 主要研究方向: 抽水蓄能电站计划与合同管理。E-mail: bo-wang@sgxy.sgcc.com.cn

赵虹桥 (1993—), 男, 助理工程师, 主要研究方向: 抽水蓄能电站计划与合同管理。E-mail: hongqiao-zhao@sgxy.sgcc.com.cn

施工及设计技术方面

抽水蓄能电站 TBM 施工技术
全场景应用策划研究

郭　炬，王胜军，张学清，李延阳，茹松楠

（国网新源集团有限公司，北京市　100761）

摘　要： 针对抽水蓄能电站建设周期长、地形地质条件复杂、安全风险管控压力大等问题，本文聚焦抽水蓄能电站关键线路工程，结合抽水蓄能电站工程布置特点，提出了 TBM 施工技术全场景应用的研究方案，为后续抽蓄电站开展 TBM 施工技术应用奠定了坚实基础。

关键词： 抽水蓄能电站；全场景；TBM 施工技术

0　引言

抽水蓄能电站地下洞室传统施工主要以钻爆法为主，传统施工工艺机械化程度低、劳动力投入大、安全风险高、施工工期长、作业面环境差，对现场的施工和管理人员职业健康造成伤害，极易引发安全生产事故。TBM 施工技术具有安全环保、自动化程度高、节约劳动力、施工速度快等优点，是最为先进的隧洞施工技术，采用智能化信息技术进行监控，并对全部作业进行辅助决策，可实现隧洞开挖工程的全机械化施工。同时，TBM 施工开挖速度快，地质条件适用范围广，显著降低地下工程施工安全风险，提升工程质量和本质安全水平，有利于环保和文明施工，缩短工期。

国网新源集团自 2019 年小断面 TBM 在文登电站排水廊道试点应用成功以来，陆续开展了宁海、洛宁、缙云等 13 个项目小断面 TBM、抚宁大断面 TBM、洛宁大断面斜井 TBM，以及平江可变径斜井 TBM 等多场景应用，在推动抽蓄电站建设转型升级方面取得重要实践成果。本文主要结合了行业 TBM 施工技术应用实例，聚焦抽水蓄能电站工程建设关键线路，提出了抽水蓄能电站 TBM 施工技术全场景应用策划方案，以期为抽蓄行业 TBM 应用和推广，提供参考和思路。

1　小断面 TBM 应用

随着文登电站首次将小断面 TBM 施工技术成功引入抽蓄电站建设并推广使用，行业内各大抽蓄电站投资主体也广泛应用小断面 TBM。2021 年，国家电投集团垣曲二期抽蓄电站勘探平硐掘进施工；2022 年，中国电建集团华东院永嘉抽蓄电站勘探平硐结合交通洞掘进施工；2022 年，内蒙古电力集团乌海抽蓄电站交通洞、厂房顶拱、通风洞掘进施工等。截至目前，应用小断面 TBM 施工主要涵盖了电站排水廊道、自流排水洞、勘探平硐、交通洞、通风洞等部位，为了提高 TBM 设备应用质效，推进工程高质量建设，经研究，以下 2 种路径值得借鉴。

1.1 工程布置无自流排水洞的项目

（1）应用路径：交通洞、厂房顶拱中导洞、通风洞（见图 1）。TBM 设备由交通洞始发，经厂房顶拱中导洞，在通风洞内拆机运往场外。TBM 掘进施工时通风洞由洞口侧同步开展人工钻爆，与 TBM 对向施工。TBM 掘进施工部位待设备退场后需进行二次扩挖。

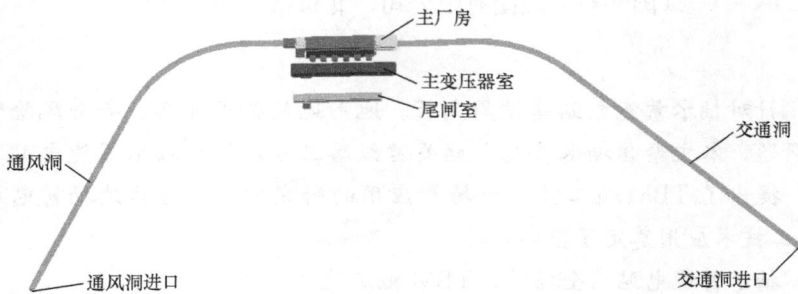

图 1　无自流排水洞小断面 TBM 应用路径

（2）工期分析。根据部分已建及在建抽水蓄能电站地下洞室基本数据统计，该施工路径各洞室平均长度：通风洞约为 1160m，交通洞约为 1450m，厂房中导洞约为 180m。按小断面 TBM 掘进综合进尺约 500m/月，钻爆法单个工作面进尺约 100m/月，导洞扩挖钻爆法单个工作面进尺约 200m/月进行测算。经分析，该方式相较于全断面人工钻爆法施工，可节约关键线路工期约 2.7 个月。小断面 TBM 工期对比分析见表 1。

表 1　　　　　　　　　小断面 TBM 工期对比分析

类别	TBM＋钻爆扩挖法	人工钻爆法	备注
临建准备及洞脸开挖	2.5 个月	2 个月	洞口边坡开挖、场地平整、始发导洞开挖等
TBM 组装	0.7 个月	—	
TBM 掘进	4.6 个月	—	
TBM 拆机	0.3 个月	—	
钻爆施工	2.8 个月（通风洞） 7.3 个月（交通洞）	11.6 个月（通风洞） 14.5 个月（交通洞）	TBM 法为导洞扩挖，通风洞已开挖约 600m
总工期	15.3 个月	—	
厂房拱顶开始扩挖时间	第 10.9 个月	第 13.6 个月	均以通风洞开挖完成为基准测算

注　计算分析背景未考虑 TBM 施工用电、用水等准备项目工期，以洞口开挖至洞室开挖完成为基准横向对比。

1.2 工程布置有自流排水洞的项目

（1）应用路径：自流排水洞、厂房七层中导洞、厂房排水廊道（见图 2）。TBM 设备从自流排水洞洞口组装并始发，沿自流排水洞掘进至下层排水廊道后先行施工厂房第七层中导洞，通过下层排水廊道逆时针向上掘进中层、上层排水廊道，最后从通风洞内设置的拆机洞出洞。TBM 施工完成后可通过尾水施工支洞、尾水隧洞对厂房第七层中导洞进行人工钻爆扩挖，实现厂房立体开挖。该施工路径应提前对厂房安全稳定进行计算复核，并采取相应措施。目前，该路径已通过桐庐、岳西电站可研设计审查，等待实施。有自流排水洞小断面 TBM 应用路径见图 1。

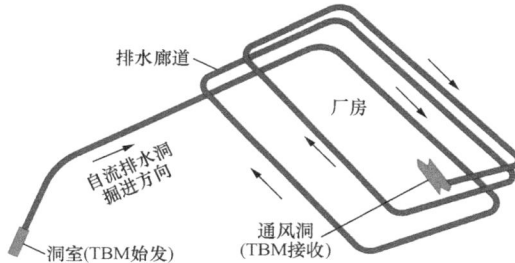

图 2　有自流排水洞小断面 TBM 应用路径

（2）工期分析。根据部分已建及在建抽水蓄能电站地下洞室基本数据统计，该施工路径各洞室平均长度：自流排水洞约为 3000m，厂房第七层约为 180m，尾水施工支洞约为 500m。该施工路径提前进行厂房第七层开挖，以句容、缙云电站厂房立体开挖工程建设实例分析，可以压缩关键线路工期 1.5 个月左右。

2　大断面 TBM 应用

2.1　应用场景

抚宁电站大断面 TBM 的成功应用，为后续电站应用大断面 TBM 积累了众多经验。大断面 TBM 应用场景通常为通风洞、厂房顶拱中导洞、交通洞（示意图同图 1）。开展 TBM 应用设计时，通风洞、交通洞、厂房顶拱中导洞开挖可将常规城门洞形改为圆形，断面尺寸需结合交通洞大件运输尺寸进行判定，TBM 设备由通风洞始发，经地下厂房顶拱后，沿交通洞方向连续掘进施工。为充分保障 TBM 设备施工效率，建议大断面 TBM 首选连续皮带机出渣方式，电站项目应结合工程布置情况适当调整两洞洞口位置，尽量减少转弯布置，转弯半径宜大于或等于 10 倍 TBM 设备直径，洞室坡度宜小于或等于 10%。

2.2　工期分析

根据部分已建及在建抽蓄电站地下洞室基本数据统计，该施工路径各洞室平均长度：通风洞约为 1160m，交通洞约为 1450m，厂房中导洞约为 180m。按大断面 TBM 掘进综合进尺约 350m/月，钻爆法单个工作面进尺约 100m/月，导洞扩挖钻爆法单个工作面进尺约 200m/月进行测算。经分析，该方式相较于人工钻爆法施工，可节约关键线路工期约 1.1 个月。大断面 TBM 工期对比分析见表 2。

表 2　　　　　　　　　　　大断面 TBM 工期对比分析

类别	大断面 TBM 法	人工钻爆法	备注
临建准备及洞脸开挖	3 个月	2 个月	洞口边坡开挖、场地平整、始发导洞开挖等
TBM 组装	1 个月	—	
TBM 掘进	8 个月	—	
TBM 拆机	0.5 个月	—	
钻爆施工	—	11.6 个月（通风洞）14.5 个月（交通洞）	
总工期	12.5 个月	—	
厂房拱顶开始扩挖时间	第 12.5 个月	第 13.6 个月	均以通风洞开挖完成为基准测算

注　计算分析背景未考虑 TBM 施工用电、用水等准备项目工期，以洞口开挖至洞室开挖完成为基准横向对比。

2.3　大断面 TBM 应用新思路

目前大断面 TBM 应用路径对厂房开展扩挖施工有所制约，需待 TBM、连续皮带机等设备拆除后进行，为有效解决这一弊端，近期庄里电站在可研阶段开展了一条大断面 TBM 应用新路径研究。即通风洞→厂房顶拱中导洞→厂房上游侧排水廊道→尾水施工支洞→1 号尾水隧洞→下水库进出水口。TBM 由通风洞洞口始发，施工掘进至规划路径通风洞与上层排水廊道交叉点，先将上层排水廊道导向洞掘进施工完成（长约 30m），导向洞施工完成后 TBM 设备需经 1 次回退至通风洞，转入厂房顶拱进行中导洞掘进施工，厂顶中导洞施工完成后 TBM 设备需经 2 次回退至上层排水廊道导向洞，转入厂房上游侧排水廊道施工，TBM 设备利用此段排水廊道向下坡降掘进至交通洞，经交通洞进行尾水隧洞施工支洞掘进施工，并转入 1 号尾水隧洞，最终通过 1 号尾水隧洞由下水库进、出水口出洞。目前该项目尚未实施，待进一步应用试验后，经充分试验总结后，可为抽蓄电站工程建设开辟一条新道路。

3　斜井、竖井 TBM 应用

3.1　应用场景

通常斜井或竖井 TBM 因设备属性不能应用在电站工程关键线路中，对工期不能起到直接效益。为更好地发挥 TBM 设备应用质效，保障工程建设本质安全，推进电站工程高质量建设，建议斜井/竖井 TBM 首先应用在电站引水系统，其次可考虑厂房出线竖井或厂房通排风竖井等高风险作业部位，以压降施工风险。TBM 在引水系统中应用要综合考虑水头损失、调节保证、钢管运输、出渣、经济性等因素。

3.2　斜井 TBM 应用思路

斜井 TBM 应用可将引水系统上斜井、中平洞、下斜井调整为一级斜井，降低斜井坡度，应用定直径 TBM 自下而上掘进，如洛宁电站应用实例（见图 3）；也可应用可变径 TBM，自下而上掘进施工引水系统下平段、下斜井、中平段、上斜井、上平段，同常规引水系统布置基本一致，但需在中平段适当部位设置变径洞室，如平江电站应用实例（见图 4）。

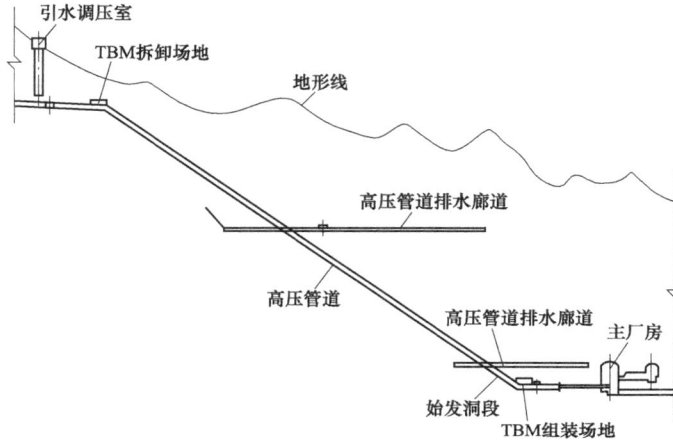

图 3　定直径斜井 TBM 引水系统剖面图

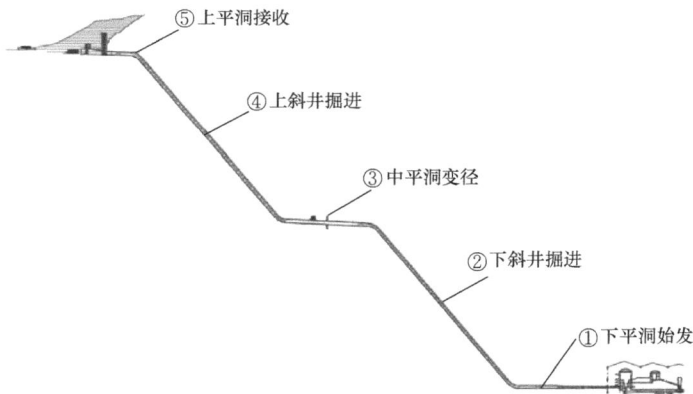

图 4　可变径斜井 TBM 引水系统剖面图

3.3　竖井 TBM 应用思路

目前竖井施工工艺主要以"正井法"或"反井法"为主，两种工艺均需应用钻爆法施工，竖井 TBM 能够有效解决传统工艺竖井作业施工环境恶劣、安全隐患多、施工工期长、劳动投入大等众多问题。但竖井 TBM 施工也存在部分劣势，例如：正井施工出渣困难、排水困难等。目前在云南某常规电站出线竖井工程中应用了反井钻机先行施工溜渣导孔，竖井 TBM 正向扩挖的施工工艺（见图 5），有效解决了上述难题，十分值得抽蓄行业借鉴。近期岳西电站在可研阶段开展了该施工工艺在 2 条引水系统单级长竖井中的应用研究工作，计划试点实施。

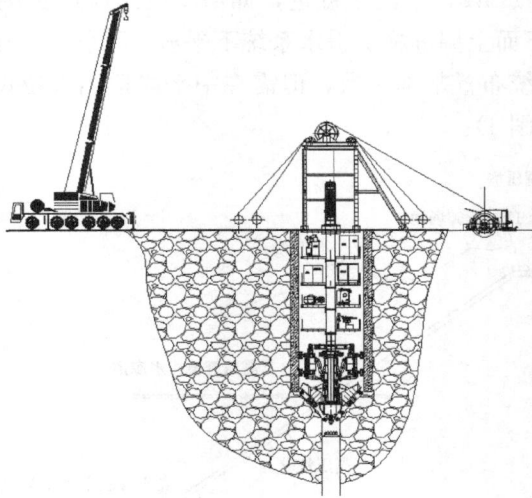

图 5　竖井 TBM 扩挖示意图

4　结束语

　　抽水蓄能电站具有地下洞室群施工量大，洞径洞型多样、单洞较短、转弯多、埋深差异变化大，地质岩性和地下水环境复杂多变等众多特点，本文主要以施工条件允许为基础，从应用策划方面聚焦工程建设关键线路，针对小断面、大断面、斜井、竖井等不同断面尺寸 TBM 设备提出了多种新路径、新思路，为 TBM 施工在抽水蓄能电站建设推广应用提供参考和启发。电站项目具体实施前应按照积极稳妥、科学论证、经济合理等原则开展研究论证工作。

参考文献

［1］ 王洪玉，朱静萍，蒋滟 . 抽水蓄能电站 TBM 应用研究思路［J］. 电力设备管理，2021（3）：65-67，71.

［2］ 徐艳群，尚海龙，刘传军 . 斜井隧道掘进机在抽水蓄能电站施工中的应用［J］. 水电与抽水蓄能，2019，5（5）：98-101.

［3］ 李富春，吴朝月，徐艳群，等 . 抽水蓄能电站 TBM 施工技术［M］. 北京：中国电力出版社，2018.

作者简介

　　郭炬（1968—），男，高级工程师，主要研究方向：水利水电工程设计、建设和运行管理，抽水蓄能电站机械化施工、智慧化管控等。E-mail：ju-guo @ sgxy.sgcc.com

　　王胜军（1970—），男，正高级工程师，主要研究方向：水利水电工程设计、建设和运行管理，抽水蓄能电站标准化建设、机械化施工等。E-mail：shengjun-wang

@sgxy. sgcc. com

张学清（1972—），男，正高级工程师，主要研究方向：抽水蓄能电站建设管理等。E-mail：xueqing-zhang@sgxy. sgcc. com

李延阳（1991—），男，工程师，主要研究方向：抽水蓄能电站建设管理。E-mail：372899634@qq. com

茹松楠（1981—），男，高级工程师，主要研究方向：水电站设计及建设管理。E-mail：15110101981@139. com

抽水蓄能电站高压管道衬砌结构型式选取的思考与探索

贾　涛[1]，茹松楠[2]，李　斌[1]，李延阳[2]，赵　毅[3]

（1. 河北丰宁抽水蓄能有限公司，河北省承德市　068350；

2. 国网新源集团有限公司，北京市　100032；

3. 陕西镇安抽水蓄能有限公司，陕西省西安市　710000）

摘　要： 抽水蓄能电站的输水系统具有线路长、穿越地层多、承担内水压力大的特点，合适的衬砌选型能够在确保隧洞安全的同时节省工程投资。本文对在建和已建抽蓄电站输水系统的管道型式进行了统计，分析了相关规范规定和设计原则，对比了采用钢筋混凝土衬砌和钢板衬砌方案的优缺点，建议了两种衬砌方案的选取原则，最后结合某抽水蓄能电站开展了钢筋混凝土衬砌与钢板衬砌的选取分析，验证了所提建议的合理性。

关键词： 抽水蓄能电站；钢筋混凝土；钢板衬砌；型式选取；经济技术比选

0　引言

抽水蓄能电站的衬砌选取是一个复杂的工程决策过程，涉及成本、施工技术、地质条件、安全性能等多方面的考虑。钢筋混凝土衬砌[1]和钢板衬砌[2]是两种常见的衬砌方式，它们各自有优势和缺点。钢筋混凝土衬砌施工工艺成熟，成本较低，但施工速度相对较慢，且受环境条件影响较大。钢板衬砌施工速度快、适应性强，但材料和施工成本较高。

苏凯等[3]研究了内水压力下水工隧洞衬砌与围岩承载特性；王国力[4]分析了某大型水电站压力管道竖井段衬砌型式，并探讨了设计施工优化的可行性；胡小龙等[5]研究了圆形水工隧洞钢衬加固技术。但少有涉及钢筋混凝土衬砌与钢板衬砌选取的论证与分析。

1　在建和已建抽水蓄能电站输水系统高压管道使用的管道类型统计

表1汇总了部分已建和在建抽水蓄能电站输水系统高压管道使用的具体管道类型。从统计情况可以看出，目前输水系统高压管道采用钢板衬砌型式偏多。

表1　部分已建和在建抽水蓄能电站高压管道的管道类型统计

序号	工程名称	装机容量（万 kW）	水头（m）	地层岩性	管道类型
1	吉林敦化	140	655	花岗岩	钢板衬砌

序号	工程名称	装机容量（万 kW）	水头（m）	地层岩性	管道类型
2	河北丰宁	180	425	花岗岩	钢板衬砌
3	山东沂蒙	120	375	闪长岩	钢板衬砌
4	辽宁清原	180	390	花岗岩	钢板衬砌
5	内蒙古芝瑞	120	443	闪长岩、流纹岩	钢板衬砌
6	河北易县	120	354	白云岩、闪长岩	钢板衬砌
7	河北尚义	140	449	麻粒岩、辉绿岩	钢板衬砌
8	河北抚宁	120	437	花岗岩	钢板衬砌
9	山东潍坊	120	326	花岗岩	钢板衬砌
10	山东文登	180	471	花岗岩	钢筋混凝土、钢板衬砌
11	辽宁庄河	100	222	长石砂岩	钢筋混凝土＋钢板衬砌
12	黑龙江尚志	120	226	凝灰岩	钢筋混凝土＋钢板衬砌
13	河南鲁山	130	680	花岗岩	钢筋混凝土衬砌
14	湖北白莲河	120	180	花岗岩	钢筋混凝土衬砌
15	海南琼中	60	380	花岗岩	钢筋混凝土衬砌
16	广东肇庆浪江	120	546	花岗岩	钢筋混凝土衬砌

2 设计原则及规范相关分析

抽水蓄能电站输水系统内水压力一般较高，属于高压水工隧洞。根据已有工程的成功经验，在高内水压力下，钢筋混凝土衬砌为透水衬砌，隧洞周围必须要有足够的岩层覆盖厚度和足够的地应力量值，围岩不产生过大的渗漏和发生渗透破坏。

2.1 挪威准则

挪威准则是经验准则，其原理是要求不采用高压钢管衬砌的输水隧洞，其最小上覆岩体重量不小于输水隧洞的内水压力，再考虑 1.3~1.5 的安全系数，保证围岩在最大内水压力作用下，不发生上抬。根据挪威准则，输水隧洞若采用钢筋混凝土衬砌，上覆岩体的厚度应满足下列公式计算出的最小覆盖厚度要求，即要求输水系统上任意一点的上覆岩体厚度应大于 C_{RM}。根据《水工隧洞设计规范》（NB/T 10391—2020），按下式进行计算判别，即

$$C_{RM} = h_s \gamma_w F / \gamma_R \cos\alpha \tag{1}$$

式中 C_{RM}——最小岩层覆盖岩层厚度（不包括覆盖层、全风化层、强风化层），m；

h_s——洞内静水压力水头，m；

γ_w——水的重度；

F——经验系数；

γ_R——岩体的重度；

α——山坡坡面倾角，当 α 大于 60°时，取 60°。

根据国内外工程经验，围岩覆盖比（上覆岩体厚度 L/洞内静水压力 h_s）比值若大于 0.6（相当于 γ_R 取 25kN/m³、γ_w 取 10kN/m³、经验系数为 1.5 时的雪山准则），则可以满足钢筋混凝土衬砌的要求。

2.2 最小地应力准则

最小地应力准则是建立在"岩体在地应力场中存在预应力"的概念基础上的，其原理是要求不衬砌高压隧洞沿线任一点的围岩最小主应力应大于该点洞内静水压力，并有 1.2～1.3 的安全系数，防止发生围岩水力劈裂破坏。

最小地应力准则是围岩承载的核心准则，对于有压隧洞而言，隧洞沿线初始最小地应力的大小决定了围岩是否有足够的预压应力来承担内水压力、防止围岩发生水力劈裂，确保隧洞的安全稳定运行。因此，围岩承载准则中最小地应力准则是最关键的判断准则，是对围岩承载能力的定量判断。

2.3 渗透稳定准则分析

天然岩体内存在大量的节理裂隙，而裂隙中又往往有夹泥或碎屑物充填，当输水隧洞衬砌开裂，在一定压力渗透水流的长期作用下，岩体有可能产生渗透变形破坏，因此渗透准则的原理是要求检验岩体的渗透性是否满足渗透稳定要求，即内水外渗量不随时间的延长而持续增加或突然增加。根据《水工隧洞设计规范》（NB/T 10391—2020），在设计内水压力作用下隧洞沿线围岩的平均透水率 $q \leqslant 2Lu$，经灌浆后的围岩透水率 $q \leqslant 1Lu$；根据以往工程经验，Ⅰ～Ⅱ类硬质围岩的长期稳定渗透水力梯度一般控制在不大于 10 以内。

3 钢筋混凝土衬砌与钢板衬砌方案的优、缺点分析

（1）从应用条件需满足"三大准则"方面，钢筋混凝土衬砌应用条件相较于钢板衬砌，应用条件更为严格。

（2）在地质条件基本相当情况下，从经济技术角度考虑，钢筋混凝土衬砌比钢板衬砌投资节省。

（3）从施工组织方面分析，钢板衬砌与钢筋混凝土衬砌均可行，但钢筋混凝土衬砌在施工过程中的质量控制难度要高于钢板衬砌，从工期上分析，钢筋混凝土衬砌比钢板衬砌进度上节约工期。

（4）从运行管理方面分析，钢筋混凝土衬砌比钢板衬砌运行检修频率要高，当混凝土衬砌发现存在缺陷时，需查明混凝土缺陷原因，对其进行分类修补，满足设计要求和恢复结构的正常工作性能。

（5）从渗漏量角度考虑，钢板衬砌隧洞的渗漏量可忽略不计，相对比下混凝土衬砌渗漏量远大于钢板衬砌。在北方地区站址，大多数站址属于缺水地区，渗漏蒸发较大，如输水系统在地下水位较低情况下，缺少外水压力，容易造成内水外渗。大多数北方地区抽水蓄能电站上、下库天然来水较少，发电水量全部来自补水工程，水量珍贵，高压管道采用钢板衬砌可有效减少输水系统渗漏。

（6）鉴于南北方的水源条件的差异、不同地区地质条件的差异，高水头大 HD 值钢板衬砌高压管道主要分布在西北、西南地区，基本上是以钢板衬砌为主，浙、闽、粤、桂地区以混凝土衬砌为主，湘鄂地区两种衬砌型式各半。

4 钢筋混凝土衬砌与钢板衬砌的选取原则建议

从安全性和经济性的角度考虑，两类衬砌各有特点。因此需要从各个方面全面考虑工程实际条件，确定输水系统的衬砌型式，可从以下方面进行考虑选择。

4.1 隧洞位置与地下厂房位置关系

考虑近地下厂房区域水头较高，为满足水力劈裂要求以及保证地下厂房的渗漏安全，对高压支管近场段以及尾水系统近场段，统一采用钢板衬砌。

4.2 满足"三大准则" 要求的角度

（1）地质条件较好，围岩以Ⅰ、Ⅱ类为主的工程：①整体能够满足"三大准则"要求，建议采用钢筋混凝土衬砌；②围岩区域最小地应力水平足够满足要求，对于局部低应力区和渗透性强的区域，可通过不大于最小地应力的高压固结灌浆还可以改善岩体抗渗性的，可采用钢筋混凝土衬砌；或可根据实际情况选择部分洞段采用钢板衬砌。

（2）对于地质条件较差，无法满足"三大准则"要求的，建议采用钢板衬砌。

（3）对于地质条件一般，整体能够满足"三大准则"要求，采用钢板衬砌或者钢筋混凝土衬砌技术上均成立的，在采用钢板衬砌对整个电站的投资影响不大的情况下，建议采用钢板衬砌。

4.3 从站点水源和渗漏情况的角度

对于缺水地区站点，上、下库天然来水较少，发电水量全部来自补水工程，根据渗漏量计算的结果，对于渗漏量和补水量较大的站点，建议采用钢板衬砌。

5 案例分析

5.1 工程概况

黑龙江尚志抽水蓄能电站高压管道深埋于上、下水库之间的山体内，对应地表为山脊南侧坡，沿线地表高程为 538～580m，高压管道上覆岩体 168～390m。地表覆盖层为第四系残坡积碎石土，厚度为 1～3m，局部基岩裸露。基岩岩性以凝灰岩为主，局部夹闪长玢岩岩脉，基岩强风化深度为 8～20m，弱风化带厚度为 25～60m，其下为微新岩体。

高压管道岩体基本以Ⅱ～Ⅲ类围岩为主，局部围岩类别为Ⅳ类。高压管道各部位围岩类别一览表见表 2。

表 2 高压管道各部位围岩类别一览表

洞室部位	围岩类别	岩体稳定性	是否适宜围岩类别要求
上平段	Ⅱ类为主，局部Ⅲ、Ⅳ类	较好	适宜

洞室部位	围岩类别	岩体稳定性	是否适宜围岩类别要求
上弯段	Ⅲ类为主，局部Ⅳ类	整体较好	适宜
竖井段	Ⅱ类为主，局部Ⅲ、Ⅳ类	较好	适宜
下弯段	Ⅱ类为主，局部Ⅲ、Ⅳ类	较好	适宜
下平段和高压支管	Ⅲ类为主，局部Ⅳ类	整体较好	基本适宜

5.2 围岩覆盖厚度分析

对高压隧洞沿线制点进行围岩覆盖厚度计算，计算结果见表3。从计算结果可以看出，各个部位均满足挪威准则的要求。

表3 高压隧洞沿线最小覆盖厚度验算

部位	高压管道上平段	高压管道竖井段	高压岔管	高压支管
h_s（m）	46	78	323	323
F	1.3	1.3	1.3	1.3
$\alpha(°)$	15	26	30	13
C_{RM}	21.9	37.1	153.5	158.3
覆盖厚度（m）	65～165	145～155	290～355	215～285
验算结果	满足	满足	满足	满足

5.3 最小主应力准则

根据规范，高压管道应满足洞内静水压力小于围岩最小主应力的要求，且应有一定的安全裕度。为此，在高压管道附近深钻孔ZK239内进行了地应力测试，获得的实测水平最大主应力为7.90～10.17MPa，平均为9.08MPa；水平最小主应力为6.70～8.00MPa，平均为7.24MPa；垂直应力为7.41～8.35MPa，平均为7.80MPa，最大水平主应力优势方向为NE70.5°。

高压管道段静水压力为3.23MPa，位于高压管道下平段、岔管段及支管段，该部位最小主应力在高压支管钻孔ZK240实测最低值为8.50MPa，等于最大内水压力的2.07倍。最小主应力满足最大内水压力的1.2～1.5倍的安全裕度要求。

5.4 围岩的完整性及抗渗性分析

高压管道地下洞室埋深100～362m，洞室围岩为微新凝灰岩。断层破碎带发育较少，主要由碎裂岩、碎块岩组成，高压管道多在地下水位线以下。

高压管道附近钻孔ZK239内高压压水试验成果表明，岩体透水率在0.30～0.44Lu之间，平均为0.35Lu，属于微透水岩体；高压岔管附近钻孔ZK240内高压压水试验成果表明，岩体透水率在0.22～0.59Lu，平均为0.37Lu，属于微透水岩体；地下厂房钻孔ZK210内高压压水试验成果表明，岩体透水率在0.23～1.03Lu之间，平均为0.55Lu，属于微—弱透水岩体。说明高压管道及厂房部位围岩具有较好的抗渗透性能，岩体裂隙不易与周边裂隙贯通。

此外，高压压水试验成果表明，Ⅱ类围岩的水力劈裂压力一般在 6.8～11.0MPa 之间，平均为 8.7MPa；Ⅲ类围岩的水力劈裂压力一般在 3.3～9.0MPa 之间，平均为 5.9MPa；Ⅳ类围岩的水力劈裂压力一般在 1.5～4.5MPa 之间，平均为 2.9MPa。综合判断，高压管道沿线围岩的抗渗透能力及抗水力劈裂能力均较好，基本满足钢筋混凝土衬砌方案的工程地质及水文地质条件要求。

5.5 工程投资对比

采用钢筋混凝土衬砌方案时，工程投资 1.97 亿元；采用钢板衬砌方案时，工程投资 2.72 亿元。显然钢板衬砌方案投资要显著高于钢筋混凝土衬砌方案。

5.6 综合比选结论

综上所述，高压管道部位围岩主要为微新凝灰岩，高压管道整体以Ⅱ—Ⅲ类围岩为主，围岩整体稳定性较好；根据挪威准则验算岩体最小覆盖厚度，高压管道各部位均能满足挪威准则的要求；从围岩区域的应力水平判断，在最大静水压力作用下，地应力可满足要求；高压管道部位岩体完整，岩体具有较好的抗渗透性，基本满足围岩渗透稳定要求。推荐高压管道采用钢筋混凝土衬砌，高压支管采用钢板衬砌。

6 结论

本文针对抽水蓄能电站钢筋混凝土衬砌与钢板衬砌选取原则开展了研究，认为输水系统高压管道衬砌型式的选择需主要根据地形地质条件，结合安全性、经济性、施工难度以及工程渗漏、蒸发、补水条件等方面进行综合考虑。因此，在项目可研阶段建议对影响衬砌型式选择的各项因素进行深入技术经济论证比选，结合各方面的影响进行综合评价，最终确认输水系统高压管道衬砌的型式。

参考文献

[1] 周辉，等．考虑围岩衬砌相互作用的钢筋混凝土衬砌数值模拟．水利学报，47，6（2016）：9.

[2] 何武其，曹生荣，曹小武．水工隧洞素混凝土衬砌的粘钢加固与安全系数提升 [J]．水电与新能源，2021，35（1）：59-64.

[3] 苏凯，伍鹤皋，周创兵．内水压力下水工隧洞衬砌与围岩承载特性研究 [J]．岩土力学，2010，31（8）：7.

[4] 王国力．某大型水电站压力管道竖井段衬砌型式设计施工优化可行性浅析 [J]．水利水电施工，2016（2）：4.

[5] 胡小龙，张国正，钟红春．圆形水工隧洞钢衬加固技术 [J]．人民长江，2011（12）：56-59.

作者简介

贾涛（1989—），男，工程师，主要研究方向：抽水蓄能电站建设管理。E-mail：448559229@qq.com

茹松楠（1981—），男，高级工程师，主要研究方向：水电站设计及建设管理。E-mail：15110101981@139.com

李斌（1989—），男，高级工程师，主要研究方向：抽水蓄能电站建设管理。E-mail：18831415131@qq.com

李延阳（1991—），男，工程师，主要研究方向：抽水蓄能电站建设管理。E-mail：372899634@qq.com

赵毅（1995—），男，助理工程师，主要研究方向：抽水蓄能电站建设管理。E-mail：814503914@qq.com

抽水蓄能电站引水系统"1洞多机"布置方式探讨

陈小攀[1]，李延阳[2]，贾　涛[3]，赵　毅[4]，段玉昌[5]，茹松楠[2]

（1. 河南天池抽水蓄能有限公司，河南省南阳市　471900；

2. 国网新源集团有限公司，北京市　100032；

3. 河北丰宁抽水蓄能有限公司，河北省承德市　068350；

4. 陕西镇安抽水蓄能有限公司，陕西省西安市　710000；

5. 江苏句容抽水蓄能有限公司，江苏省句容市　212400）

摘　要："十四五"是加快构建新型电力系统、推动实现"双碳"目标的关键时期。抽水储能不仅可促进新能源大规模、高质量发展，助力实现双碳目标，同时还有望成为新的经济增长点，抽水蓄能电站已迎来爆发期。引水系统作为抽水蓄能电站的主要枢纽建筑物之一，其布置型式直接影响电站工程枢纽布置形式、引水主洞和岔管结构尺寸、施工组织、概算投资，间接影响工程结构运行安全、便利性。本文主要统计了国内已投运的大部分抽水蓄能电站、国内在建和国外已投运的部分抽水蓄能引水系统的洞机布置型式，剖析了1洞多机布置型式的优缺点，并给出了需重点考虑的设计原则，以供抽水蓄能规划设计借鉴。

关键词：抽水蓄能电站；引水系统；1洞多机

1　国内外在建、投产抽水蓄能电站引水系统洞机组合布置方案

据不完全统计，国内外51座抽水蓄能电站，具体见表1，其中1洞1机电站2座，占比约3.9%；1洞2机电站34座，占比约66.7%；1洞3机电站5座，占比约9.8%；1洞4机电站9座，占比约17.6%；1洞6机电站2座，占比约2.0%。由此可知，抽水蓄能电站引水系统有1洞1机、1洞2机，1洞3机、1洞4机、1洞6机5种设计方案，其中1洞2机、1洞3机、1洞4机3种方案为主流设方案，1洞1机和1洞6机设计方案较少见，目前已知的规划、设计、施工、运行抽水蓄能电站最多为1洞6机。

表1　　　　　　国内外部分在建投运抽水蓄能电站洞机组合方式

序号	电站	装机规模（MW）	引水隧洞条数	机组台数	洞机组合方式	尾水隧洞条数	投产年份
1	琅琊山	600	4	4	1洞1机	2	2007
2	响水涧	1000	4	4	1洞1机	4	2011

序号	电站	装机规模（MW）	引水隧洞条数	机组台数	洞机组合方式	尾水隧洞条数	投产年份
3	句容	1500	3	6	1洞2机	6	在建
4	缙云	1800	3	6	1洞2机	3	在建
5	宁海	1400	2	4	1洞2机	2	在建
6	磐安	1200	2	4	1洞2机	2	在建
7	衢江	1200	2	4	1洞2机	2	在建
8	天台	1700	2	4	1洞2机	2	在建
9	泰顺	1200	2	4	1洞2机	2	在建
10	奉新	1200	2	4	1洞2机	2	在建
11	泰安二期	1800	3	6	1洞2机	6	在建
12	宁国	1200	2	4	1洞2机	2	在建
13	台湾明湖	1008	2	4	1洞2机	4	1985
14	十三陵	800	2	4	1洞2机	4	1997
15	溪口	80	1	2	1洞2机	2	1998
16	桐柏	1200	2	4	1洞2机	4	2006
17	泰安	1000	2	4	1洞2机	2	2006
18	张河湾	1000	2	4	1洞2机	4	2008
19	宜兴	1000	2	4	1洞2机	2	2008
20	白莲河	1200	2	4	1洞2机	2	2008
21	黑麋峰	1200	2	4	1洞2机	2	2009
22	西龙池	1200	2	4	1洞2机	4	2009
23	呼和浩特	1200	2	4	1洞2机	4	2012
24	仙游	1200	2	4	1洞2机	2	2013
25	仙居	1500	2	4	1洞2机	2	2016
26	洪屏	1200	2	4	1洞2机	2	2016
27	绩溪	1800	3	6	1洞2机	3	2019
28	长龙山	2100	3	6	1洞2机	3	2021
29	永泰	1200	2	4	1洞2机	2	2022
30	丰宁	1800	3	6	1洞2机	3	2021
31	文登	1800	3	6	1洞2机	3	2023
32	金寨	1200	2	4	1洞2机	2	2022
33	天池	1200	2	4	1洞2机	4	2023
34	文登	1800	3	6	1洞2机	3	2023
35	台湾明潭	1620	2	6	1洞3机	6	1994
36	天荒坪	1800	2	6	1洞3机	6	1998

序号	电站	装机规模（MW）	引水隧洞条数	机组台数	洞机组合方式	尾水隧洞条数	投产年份
37	琼中	600	1	3	1洞3机	1	2016
38	溧阳	1500	2	6	1洞3机	2	2017
39	阳江	1200	1	3	1洞3机	1	2022
40	广蓄一期	1200	1	4	1洞4机	2	1994
41	广蓄二期	1200	1	4	1洞4机	2	1999
42	清远	1280	1	4	1洞4机	2	2015
43	深圳	1200	1	4	1洞4机	2	2017
44	梅州	2400	2	8	1洞4机	2	2021
45	惠州	2400	2	8	1洞4机	2	2009
46	巴斯康蒂（美国）	2100	3	6	1洞2机	6	1984
47	小丸川（日本）	1200	2	4	1洞2机	2	2005
48	奥美浓（日本）	1036	1	4	1洞4机	2	1994
49	葛野川（日本）	1648	1	4	1洞4机	1	1999
50	神流川（日本）	2820	1	4	1洞4机	1	2005
51	迪诺威克（英国）	1800	1	6	1洞6机	2	1982

从国内外的设计方案看，1洞2机、1洞3机，1洞4机布置方式基本均有采用，且国内近年项目均有涉及，1洞1机、1洞6机布置方式较少，1洞6机布置方式国内尚未有项目实例，且随着近年抽水蓄能项目总装机规模增长趋势，"1洞1机"布置方式也较少采用。从地理位置看，南方地区抽水蓄能项目引水系统多采用"1洞3机、1洞4机"布置方式，北方地区抽水蓄能项目大多采用"2洞2机"布置方式，布置方式的选择与南北地区地形地质条件密切相关。从投资运营主体看，南方电网储能股份有限公司投资兴建的抽水蓄能项目引水系统布置方式较为多样化，国网新源集团投资兴建的抽水蓄能项目基本采用"1洞2机"布置方式。

2 国内规程规范要求

规程规范对引水系统供水方式并没有明确技术规定，仅从《抽水蓄能电站设计规范》（NB/T 10072—2018）可知：输水系统可采用"1洞1机"或"1洞多机"的布置形式，应根据地形地质条件、管径或洞径、衬砌型式、电站运行要求等，通过技术经济论证确定。国家能源局发布的《防止电力生产事故的二十五项重点要求》（2023版）要求：一管（洞）多机的抽水蓄能机组，主进水阀设备检修吊出时，禁止使用进水阀堵头作为临时措施，同一流道相邻机组应陪停，应排空引水管道，并做好防止上水库进水闸门误开启的措施；对于1管（洞）多机的新建电站，应结合电站电气主接线、现场实际运行条件，在单机甩负荷之后，择机开展同一引水水道多机组同时发电甩负荷试验，甩负荷试验应在额定负荷的100%下进行。试验后应进行过渡过程复核计算，验证水压上升率和转速上升率符合设计要求。

3 布置形式的优、缺点分析

1洞1机和1洞6机实例较少，1洞2机、1洞3机、1洞4机布置形式应用较为普遍，相对于1洞2机，1洞3机、1洞4机从枢纽结构布置、施工组织设计、水力过渡计算、运行管理等方面分析，考虑影响因素基本相同，故以1洞4机与1洞2机的对比为例。

（1）从枢纽布置来看，在电站额定水头、单台机组额定功率基本相同的情况下，1洞1机、1洞2机、1洞3机、1洞4机、1洞6机6种布置形式，随着单洞对应机组台数的增加，引水隧道主洞、岔管、调压室等结构尺寸相应增加，进/出水口断面、拦污栅、调压室与厂房距离等随着变化。对于输水线路，1洞4机相比1洞2机，少一条引水系统，布置相对灵活些。一般情况下，1洞4机相较1洞2机进/出水口断面高度增加5～7m，拦污栅孔口尺寸为满足自身结构要求，栅条尺寸加大，拦污栅所占面积增加，导致过栅流速加大，易引起拦污栅的振动破坏；拦污栅孔口尺寸的加大，将增加进水口边坡高度（前池深度）；对于混凝土高压岔管，1洞4机相比1洞2机，岔管群布置灵活性稍差，需要综合地质条件进行优选；而对于钢岔管，1洞4机相比1洞2机HD增加约45%，钢岔管设计制作难度大幅增加，对于高水头电站，岔管HD可能成为方案是否可行的决定性因素；1洞4机方案尾水岔管距离厂房位置较1洞2机远50～60m，对调节保证性能影响较大。

（2）从施工组织来看，1洞4机布置方案，输水系统建筑物如引水主洞、岔管等结构尺寸较大，开挖支护难度较1洞2机方案增大。对于采用钢岔管的工程，钢管尺寸较大，为钢管和岔管运输的施工支洞断面较大，若不增大施工支洞断面，则需采用洞内组装，如江苏句容电站引水岔管在洞内组装。1洞4机布置方案对比1洞2机布置方案，1号机和2号机引水系统充排水要在3号、4号机的球阀及操作系统全部安装完毕后才能进行，3号、4号机球阀及操作系统安装将会使1号和2号机组发电工期滞后6～8个月，但减少1条引水主洞，可减少投入一定的资源和设备。

（3）从地质条件来看，当采用隧洞内水流等流速原则拟定隧洞洞径时，1洞4机净过流断面面积是1洞2机约1.4倍。如抽水蓄能电站总装机容量1200MW、约400m水头段，则1洞4机主洞开挖直径达10m左右，当地质条件较差时，洞室规模扩大，开挖支护难度进一步增大，但洞室规模尚不足以制约引水系统"1洞多机"布置选型。

（4）从水力机械来看，2种布置方案均可行。1洞4机布置方案特殊要求为：①4台机组蜗壳和球阀需集中供货，由于球阀生产周期长，对主机厂的集中供货能力要求很高；②4台机组蜗壳、球阀安装较为集中，必须在第一台机组发电前安装完毕；③球阀操作系统一般布置在水轮机层，1洞4机布置方案4台机组段的水轮机层施工必须在第一台机发电之前全部完成。

（5）从水力学条件来看，"1洞4机"布置与"1洞2机"布置，在4台机组同时额定流量发电或4台机组同时最大流量抽水时水头损失基本相当，见表2。

表2 　　　　　　　　　抽水蓄能电站各运行工况最大水头损失对比表　　　　　　　　 m

工况	1洞4机方案	2洞4机方案
4台机同时发电	7.42	7.90
4台机同时抽水	7.46	7.95
3台机同时发电	4.27	7.90/4.86
3台机同时抽水	4.34	7.95/4.54
2台机同时发电	4.45	4.86
2台机同时抽水	4.20	3.54
1台机同时发电	2.26	4.86
1台机同时抽水	2.11	3.54

（6）从运行管理来看，工程建成后，1洞2机方案电站运行相对灵活，一条隧洞或某一台机组球阀检修时，只需停机2台机组，另外2台机组仍能保证正常运行，担负抽水蓄能电站在电网中所应有的作用；1洞4机方案，当隧洞或某一台机组球阀检修时，需停4台机组，对整个电网进行统一调度影响相对较大，故运行管理方面，1洞2机方案较有利。同时1洞4机方案4台机共用1条隧洞，复杂多变的工况引起的水力瞬变过程对水道系统结构及机组特性的要求更为严格，1洞4机方案过渡过程工况明显多于1洞2机方案，甩负荷工况组合方式及过渡过程计算边界条更为复杂、水力系统发生事故概率以及不利的设备故障叠加可能性更高，选择1洞2机可以直接避免很多工况组合的发生，另外1洞2机方案调保极值也优于1洞4机方案。

（7）从工程投资来看，单洞对应机组台数越多，建设期经济性越好，1洞4机一般比1洞2机减少投资5000万～7000万元。引水系统越长，1洞4机经济性更具优势。当输水系统长度在2000～2500m之间时，1洞4机和1洞2机投资差距相对较小；当引水系统长度超过3000m时，1洞4机和1洞2机投资差距较大，且随着引水系统长度增加，经济性能越加明显。如亚布力水道总长3015m，引水尾水采用1洞4机相对1洞2机节省5018.86万元；广东岑田水道总长4700m，引水尾水均采用混凝土衬砌，1洞4机相对1洞2机节省16 500万元。

（8）从衬砌型式来看。当1洞4机方案引水系统采用全钢衬方案，因隧洞直径加大，引水系统钢衬壁厚将大幅增加，高强钢板用量也会增加。钢板壁厚的增加和高强钢板用量的增加，将会给压力钢管的制作安装带来更大的难度，包括壁厚更厚直径更大的压力钢管的卷板、焊缝面积更多的焊接、重量更重管节的吊装、高强钢板焊接工艺要求更高等。如引水高压管道采用钢筋混凝土衬砌型式，1洞3机、1洞4机布置洞径相对较大，产生水力劈裂问题风险增加。

（9）从施工支洞封堵来看。当1洞4机方案引水系统采用钢筋混凝土衬砌时，施工支洞断面主要由施工运输需求确定，但 1 洞 4 机方案只有一个水力单元，施工支洞长度和施工支洞封堵工程量均小于 1 洞 2 机，1 洞 4 机方案更优。当 1 洞 4 机方案引水系统采用钢板衬砌时，钢管直径的增加，将影响施工支洞直径，虽然 1 洞 4 机方案施工支洞封堵总长度较小，但是断面的增加，将会增加封堵工程量。

（10）从工程全生命周期角度来看，根据国家能源局反措要求，球阀检修时，水道必须放空。采用 1 洞 4 机布置方案，引水系统可节省建设投资 0.5 亿～1.5 亿元，但运行检修时等于全厂不能发电，比如天荒坪电站球阀检修时，一个水力单元的全部机组均停机检修，该年度扣除核算容量电费达 1.2 亿元。从电站全生命周期来看，1 洞 2 机可能更具优势。

4 建议重点考虑布置原则

引水系统布置形式采用 1 洞 1 机或 1 洞多机，应根据地形地质条件、洞径、衬砌型式、运行检修等综合比选，具体原则如下。

（1）钢岔管 HD 值。当引水系统采用钢岔管时，钢岔管的 HD 值可能成为制约因素，根据现有工程经验，钢岔管 HD 值不宜超过 5000m·m。当超过这一值较大时，不宜采用 1 洞 4 机方案。但随着 1000MPa 及以上强度钢材的运用，上述难题将得以解决。当采用钢筋混凝土岔管时，则不受这一条件制约。

（2）调节保证需求。应充分考虑不同洞机组合下，过渡过程对机组参数选型及调节保证要求。一般情况下，过渡过程计算不宜成为 1 洞 4 机方案的单一否定条件。建议对于额定水头较高（大于 700m）、额定水头偏低（小于 200m）、单机规模超大的工程，开展专题论证。

（3）投资分析。对于 1 洞 2 机和 1 洞多机布置方式的选择，应开展工程全生命周期经济比选，尤其当输水系统距高比较大时，采用 1 洞 3 机、1 洞 4 机方案可节省更多建设投资，但宜考虑运行检修期间电站全厂停止运行带来的经济损失。依据国家能源局反措规定，1 管（洞）多机的抽水蓄能机组，主进水阀设备检修吊出时，禁止使用进水阀堵头作为临时措施，同一流道相邻机组应陪停，应排空引水管道，因此采用 1 洞 3 机或 1 洞 4 机方案的容量电费等受检修规定影响较大，需结合工程全生命周期费用测算，对洞机组合方案进行综合经济评价。

（4）1 洞 1 机、1 洞 2 机或 1 洞多机的布置方式，技术上均可行，均有成熟的运行案例。综合来看，根据现有的不完全统计，1 洞 2 机方案最多，占比约为 66.7%，1 洞 2 机方案工程全生命周期费用较优、运行与维护较为灵活，符合安保电源可靠性要求，工程布置上，1 洞 2 机方案结构尺寸适中，施工条件较好，有利于保证首机发电工期，尤其是目前抽蓄行业大爆发的形势下，各主机厂商的制作产能压力巨大，而球阀是主机加工工期最长部件之一，采用 1 洞 3 机或 1 洞 4 机方案，工程首机发电工期较 1 洞 2 机方案分别增加 4～8 个月，发电工期影响较大。

作者简介

陈小攀（1990—），男，工程师，主要研究方向：抽水蓄能电站建设管理。E-mail：1096369962@qq.com

李延阳（1991—），男，工程师，主要研究方向：抽水蓄能电站建设管理。E-mail：372899634@qq.com

贾涛（1989—），男，工程师，主要研究方向：抽水蓄能电站建设管理。E-mail：448559229@qq.com

赵毅（1995—），男，助理工程师，主要研究方向：抽水蓄能电站建设管理。E-mail：814503914@qq.com

段玉昌（1992—），男，工程师，主要研究方向：抽水蓄能电站建设管理。E-mail：1518735894@qq.com

茹松楠（1981—），男，高级工程师，主要研究方向：水电站设计及建设管理。E-mail：15110101981@139.com

浅析抽水蓄能电站混凝土面板
聚脲高分子防渗涂料的应用

段玉昌[1]，赵　毅[2]，陈小攀[3]，茹松楠[4]

（1. 江苏句容抽水蓄能有限公司，江苏省句容市　212400；
2. 陕西镇安抽水蓄能有限公司，陕西省西安市　710000；
3. 河南天池抽水蓄能有限公司，河南省南阳市　471900；
4. 国网新源集团有限公司，北京市　100032）

摘　要： 随着我国"双碳"目标的实施，抽蓄电站对电网的安全运行日益重要，对面板的防渗要求也越来越高。聚脲高分子作为典型的高分子防渗涂料，主要应用于混凝土面板堆石坝大坝接缝表面层止水和面板辅助防渗，大坝接缝表面层止水是在面板接缝处，采用聚脲涂覆型柔性盖板止水结构取代传统的锚固型表层止水结构，面板辅助防渗是在大坝面板表面，采用刮涂聚脲涂层进行辅助防渗。本文对抽水蓄能电站混凝土面板聚脲高分子防渗材料应用进行简要分析，供相关工程参考。

关键词： 混凝土面板；防渗；聚脲

0　引言

混凝土面板堆石坝具有工程造价少、工程量相对较小、对地质条件适应较好、施工相对比较方便、坝体稳定性较好等特点，因此被大范围应用于水电工程中，尤其是抽水蓄能电站。随着我国"双碳"目标的实施，抽蓄电站对电网的安全运行日益重要，对面板的防渗要求也越来越高。结合近期已建或在建工程经验，从面板减少渗漏，提高抗冰冻、耐久性等方面考虑，部分工程在死水位以下部位、水位变化区运用聚脲高分子防渗涂料辅助防渗，提升混凝土面板抗冰冻性，提高面板结构耐久性，在混凝土面板结构缝处采用聚脲高分子防渗材料涂覆型柔性盖板止水结构取代传统的锚固型表层止水结构，提高面板接缝防渗的安全性、耐久性与可靠性。

1　聚脲高分子涂料的相关情况

聚脲涂层是由多异氰酸酯 NCO 预聚体和化学封闭的胺类化合物、助剂等构成的液态混合物，聚脲防水涂料从施工工艺分类可以分为喷涂聚脲和手刮（涂）聚脲，从其成分分类，可以分为芳香族聚脲、脂肪族聚脲和天氨聚脲。喷涂聚脲基本都为芳香族聚脲，手刮聚脲一般为脂肪族，或者芳香族脂肪族杂化和天氨聚脲。喷涂聚脲的耐紫外老化性能较差，且由于喷涂聚脲的瞬时反应特性，其与混凝土基面的附着力较差，加之反应产生高温，如果此时混凝土基面有水汽，容易被反应发热导致汽化形成鼓包，加之其与混凝土基面黏结力较低，如果在未蓄水期裂缝中的反向压力也容易起鼓包。手刮聚脲各项指标，如与混凝土黏结性能、拉伸强度和拉伸性能都较适合作为面板混凝土的辅助防渗体系，其中手刮聚脲类中，纯脂肪族和天氡的聚脲耐老化性能都较为优异，芳香族/脂肪族杂化的聚脲耐久性稍差，但天氡聚脲价格较高，一般用作面漆，大坝面板表面聚脲防渗处理的主要技术指标见表1。

表1　　　　　　　　　　大坝面板表面聚脲防渗处理的主要技术指标

项目	指标	
	单组分聚脲（防渗型）	双组分聚脲（防渗型）
黏度（mPa·s）	≥3000	500~5000
固含量（%）	≥80	≥80
表干时间（h）	≤4	≤2
拉伸强度（MPa）	≥15.0	≥15.0
断裂伸长率（%）	≥300	≥280
黏结强度（MPa）	≥2.5	≥2.5
撕裂强度（N/mm）	≥40	≥40
低温弯折性（℃）	≤-45	≤-45
硬度（邵A）	≥50	≥60
吸水率（%）	<5	<5
不透水性（0.4MPa×2h）	不透水	不透水

聚脲材料首次较大规模应用于水电工程是喷涂聚脲，用于小湾电站的坝踵区的上游面防渗处理，拱坝坝面柔性防渗体系设置范围为拱坝上游面大于1MPa拉应力区域，共30个坝段，约2万 m² 范围内喷7m厚的喷涂聚脲。后续喷涂聚脲也在锦屏一级、盖下坝、横山水库、亭下水库等各种大中小型水电站应用，但喷涂聚脲本体耐光热老化较差，且当时没有设置防老化面漆，与混凝土的黏结性能较差，其处理效果不尽如人意。回龙抽水蓄能电站于2016—2020年期间对上水库全库盆与大坝采用喷涂聚脲进行防渗处理，面积约为10万 m²，并在喷涂聚脲上部涂刷防老化面漆，耐久性得到一定提升。手刮聚脲首次在十三陵水库应用后，经过长时间的观察，虽然表面有轻微的粉化现象，但基本保持完好。

2　聚脲高分子涂料在混凝土面板辅助防渗的应用

2.1　面板堆石坝面板混凝土辅助防渗的必要性

面板堆石坝混凝土防渗面板属于薄型结构，存在由于温度应力、干缩应力、坝体变形等原因引起的面板混凝土裂缝，导致坝体发生渗漏，威胁大坝安全的风险。面板开裂原因及开裂发生阶段如图1所示，大多数面板堆石坝的面板裂缝都发生在面板施工后，这类裂缝通常为非结构性裂缝。面板堆石坝在施工期、蓄水前后、蓄水期及蓄水运行期产生裂缝，裂缝呈现出逐渐增多的趋势，面板裂缝基本呈水平状，另外有极少数面板堆石坝的裂缝呈纵向、斜向和网状。严寒地区的抽蓄电站混凝土面板由于存在冰冻破坏和冰拔破坏，裂缝更容易产生。因此，部分项目在混凝土面板施工期采用聚脲等高分子防渗涂料，用于处理施工阶段产生的裂缝和预防将来运行期新产生的裂缝，美化工程整体外观形象，减少运行期维修难度和检修频率。

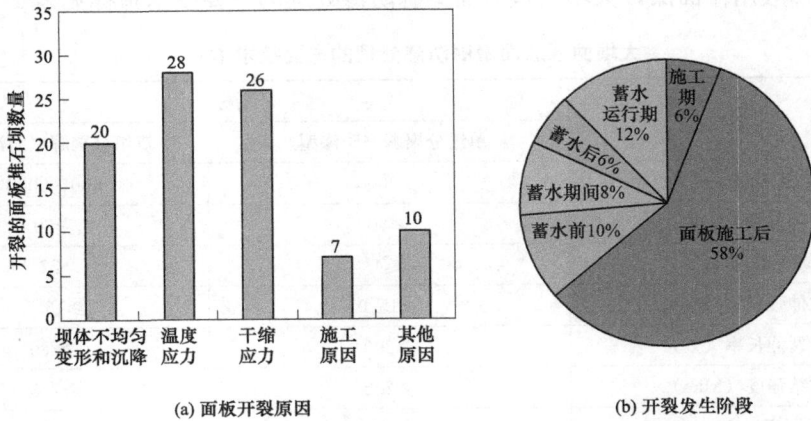

(a) 面板开裂原因　　(b) 开裂发生阶段

图 1　面板开裂原因及开裂发生阶段

2.2　常用的混凝土面板辅助防渗材料分析

抽水蓄能电站运行频繁，水位变幅大，混凝土面板表面辅助防渗材料要有以下特点：

（1）防渗性能好，耐水性好。

（2）强度高，具有一定的抗冲刷和冲撞能力。

（3）耐候性好，抗老化，能适应水位变化区干湿交替作用的影响。

（4）柔性好，能适应面板的变形及混凝土开裂。

（5）耐低温，抗冻性好。

（6）施工方便。

常用于混凝土表面辅助防渗材料有渗透结晶型涂料、硅烷浸渍涂料、沥青/PVC胶泥涂层及喷涂橡胶、聚氨酯类和聚脲类材料等。渗透结晶型材料、硅烷浸渍涂料成本较高，对混凝土裂缝修复作用有限。沥青/PVC胶泥涂层和喷涂橡胶材料，成本较低，但耐久性能一般，容易板结老化。环氧类涂层材料由于其刚性较大，对于施工期裂缝可以通过架涂工艺实施，但对于后期发展的裂缝，其预防效果较差。聚氨酯涂料在暴露环境中，受到光氧老化作用，容易造成逆反应（氨基脂分解），即使在组分中添加防老剂，其逆反应也只是适当减缓，因此聚氨酯防水涂料一般用于后续有覆盖的区域，如用于地下室底板或者明挖隧洞顶板迎水面的防渗，后续往往采用回填土工艺，其更适用于隔绝阳光相对密闭使用环境。基于其不耐光氧老化，聚氨酯类材料不适宜用于水位变化区以上部位的辅助防渗体系，死水位以下的辅助防渗体系虽然可以采用聚氨酯防水涂料，但其对基面和空气湿度的要求较高，施工环境要做到尽量干燥。

聚脲材料和聚氨酯材料从化学本质出发是一大类材料，聚脲可以认为是聚氨酯大类的一个分支。从化学反应式原理出发，聚氨酯主要是羟基（—OH）与异氰酸酯基（NCO）反应生产氨基脂。聚脲主要是端胺基和异氰酸酯基（NCO）反应生成脲键，通常，反应速率上前者较慢，必须要有催化剂（扩链剂）参与，而聚脲反应较快，喷涂类双组分聚脲可以瞬时完成。

2.3 聚脲辅助防渗应用工程实例

混凝土面板采用聚脲辅助防渗的抽蓄项目有安徽绩溪抽水蓄能电站上水库、福建永泰抽水蓄能电站下水库、福建周宁抽水蓄能电站上水库、安徽金寨抽水蓄能电站上下水库、福建厦门抽水蓄能电站上水库、重庆蟠龙抽水蓄能电站上下水库等。

（1）为确保安徽绩溪抽水蓄能电站上水库大坝上游铺盖以下面板和趾板的防渗效果，同时为防止面板裂缝范围继续扩展、增强面板的整体强度和抗渗性能，绩溪电站对死水位（EL921）以下 EL854-EL875 趾板和面板及部分受气候影响较大、易产生裂缝的水位变幅区范围内的面板，采用双组分聚脲涂料对面板指定部位进行大面积刮涂施工，要求厚度≥4.0mm，涂刷面积约 2000m²，经表面聚脲防渗处理后，效果良好。

（2）为延缓福建永泰抽水蓄能电站下水库混凝土面板老化、预防表面裂缝发展，进一步提高大坝运行可靠性，永泰电站使用双组分聚脲在下库大坝上游迎水面（正常蓄水位以下）增设防护（防渗）涂层，共涂刷聚脲约 5000m²，效果良好。

（3）为提高福建周宁抽水蓄能电站上水库混凝土面板的防渗性能，同时考虑美观，2021 年使用双组分聚脲在大坝面板迎水面全部增设防护（防渗）涂层，共涂刷聚脲约 10 000m²，涂刷厚度为 2mm。

（4）为适应面板防渗的要求，安徽金寨抽水蓄能电站上下水库分别进行了面板及趾板死水位以下单组分涂刷聚脲，以及死水位到正常蓄水位双组分聚脲涂刷，累计涂刷聚脲约 8 万 m²，厚度死水位以下为 2mm，死水位以上为 1mm。

（5）为提高面板的防渗性能，福建厦门抽水蓄能电站上水库面板、趾板涂刷单组分聚脲，共计 11 000m²，厚度为 2mm。

（6）为适应面板防渗的要求，重庆蟠龙抽水蓄能电站上下水库分别进行了面板及趾板死水位以下单组分涂刷聚脲，累计涂刷聚脲约 8000m²，厚度为 2mm。

3 聚脲高分子涂料在混凝土面板表层止水的应用

3.1 传统锚固型表层止水型式

混凝土面板存在结构缝，中间受压区域受压缝称为压性缝，靠近两岸受拉区域受拉缝称为张性缝，面板与趾板之间存在周边缝，防浪墙与面板之间存在防浪墙水平缝。不同接缝的止水结构形式略有差异，止水通常采用常规的"填充材料、防渗盖板、扁钢和锚固螺栓"组成的锚固型表层止水结构型式，是在混凝土面板表层接缝处设置带有淤填性质的 GB 或 SR 柔性填料，填料表面用锚固型盖板（三元乙丙橡胶复合止水板或天然橡胶板）保护，并用沉头螺栓进行固定，锚固型表层止水结构型式见图 2。

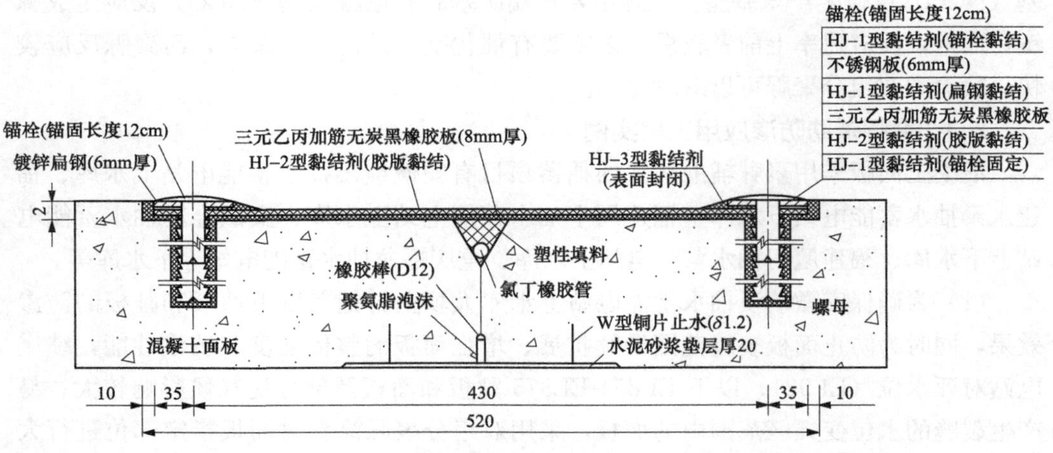

图 2　某电站锚固型表层止水结构型式

锚固型表层止水结构存在盖板与混凝土面脱空、水位变化区扁钢及螺栓易锈蚀、冬季易发生冰拔或冰压破坏等问题，给面板接缝止水结构的安全性和耐久性带来威胁，对面板坝的防渗安全构成重大隐患，主要体现在以下：

（1）需要对面板进行螺栓开孔，螺栓间距通常不少于 15cm，对面板形成破坏。

（2）混凝土面板施工中表面的平整度很难控制，盖板与混凝土面板表面间存在缝隙。

（3）冬季温度较低，固定螺栓在水位变化区易发生冰冻拉拔脱落，且扁钢在水位变化区易生锈，耐久性较差。

（4）盖板和下部塑性填料若存在结合不严，在冰压力作用下容易起鼓或局部破坏。

（5）混凝土面板周边缝缝口是曲折多变的，存在多个 T 形接头或 L 形折角，尤其是顶部与防浪墙底缝间折角可达 120°或 90°，缝口呈现非平面的空间形态，必须根据现场实际角度定做防护盖板接头，再将直线段防护盖板与这些接头相连，施工过程中接头定做、角钢安装质量难以保证，缝隙和缺陷的存在会增加渗漏量。

3.2　聚脲高分子涂覆型柔性盖板止水

面板堆石坝接缝聚脲高分子涂覆型柔性盖板止水结构是将锚固型盖板改为手刮聚脲涂覆型柔性盖板。在柔性材料填充之后，混凝土表面涂刷界面剂，聚脲刮涂（一般为 4mm）在柔性填料和混凝土界面剂之上，固化后形成全封闭的柔性防渗涂层，与混凝土面板粘接成一体，既可以作为一道独立的表层止水，又可以保护下部柔性填料，是一种能够对面板接缝实行有效全封闭的表层止水结构。涂覆型柔性盖板止水结构型式见图 3。

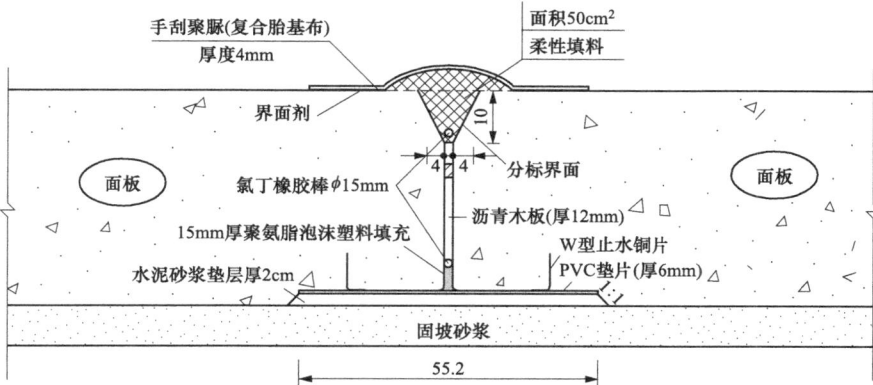

图 3　某电站涂覆型柔性盖板止水结构型式

聚脲高分子涂覆型柔性盖板止水与锚固型盖板止水相比，主要技术指标优势明显，具有拉伸强度高、延伸率大、与基础混凝土粘接好、耐老化性能好等特点，主要技术指标比较见表 2。

表 2　　　　　聚脲涂覆型柔性盖板与锚固型盖板的主要技术指标比较

项目	锚固型盖板		涂覆型柔性盖板
	三元乙丙板	天然橡胶板	
拉伸强度（MPa）	≥7.5	≥15	≥15
撕裂强度（kN/m）	≥25	≥30	≥40
与混凝土黏结强度（MPa）	—	—	≥2.5
氙灯人工加速老化下扯断伸长率减少幅度（%）	31	53	7

涂覆型柔性盖板止水克服了锚固型盖板止水存在的缺陷，解决了施工难题、避免盖板与混凝土表面之间缝隙、扁钢及螺栓生锈以及防止冰拔冰压破坏，显著提高了面板接缝防渗的安全性、耐久性与可靠性，保障了面板坝的防渗安全，减小了抽水蓄能电站的运行管理及维修费用，优缺点比较见表 3。

表 3　　　　　聚脲涂覆型柔性盖板止水与锚固型盖板止水对比

序号	内容	锚固型止水方案	覆涂型柔性盖板止水方案
1	施工工艺	工艺较复杂	工艺简单、快速
2	周边止水效果	盖板两侧不易压实、止水效果不好	涂层与周边混凝土牢固黏接在一起，周边止水效果好，质量有保证
3	适应变形能力	盖板柔性大，适应变形	盖板柔性大，适应变形
4	耐久性	三元乙丙板盖板耐老化好，但压条及锚栓容易发生锈蚀	手刮聚脲耐老化好，无压条及锚栓发生锈蚀的问题
5	与周边缝搭接	周边缝与面板伸缩缝之间搭接困难，存在搭接缝	周边缝与面板伸缩缝之间无搭接缝

序号	内容	锚固型止水方案	覆涂型柔性盖板止水方案
6	与面板连接	需要在面板上钻孔，锚固连接	与面板黏接，对面板无损坏
7	适应低温情况	在−10℃条件下三元乙丙板盖板为脆性	在−45℃条件下手刮聚脲仍为柔性
8	寒冷地区	水位变化区盖板及压板容易被冰拔坏	水位变化区涂层与冰不黏，防护效果好
9	止水设计理念	作为塑性填料保护层，但盖板与塑性填料结合局部不密实	既可作为塑性填料的保护层与塑性填料结合密实，又是一道可靠、独立的止水层

3.3 聚脲高分子涂覆型柔性盖板止水应用工程实例

混凝土面板采用聚脲高分子涂覆型柔性盖板止水应用的项目有山东沂蒙抽水蓄能电站上下水库、河南天池抽水蓄能电站上下水库、辽宁清原抽水蓄能电站上下水库、河北丰宁抽水蓄能电站上下水库、安徽金寨抽水蓄能电站上下水库等。

（1）山东沂蒙抽水蓄能电站上水库面板张性缝、压性缝、周边采用 4mm 手刮聚脲涂覆型柔性盖板止水结构共计 4401m，下水库 2837m。

（2）河南天池抽水蓄能电站上水库面板张性缝、压性缝、周边采用 4mm 手刮聚脲涂覆型柔性盖板止水结构共计 5096m，下水库 3082m。

（3）辽宁清原抽水蓄能电站上水库面板张性缝、压性缝、周边采用 4mm 手刮聚脲涂覆型柔性盖板止水结构共计 5927m，下水库 3106m。

（4）河北丰宁抽水蓄能电站上下水库面板张性缝、压性缝、周边采用 4mm 手刮聚脲涂覆型柔性盖板止水结构。

（5）安徽金寨抽水蓄能电站上下水库面板张性缝、压性缝、周边在采用锚固型盖片止水的同时，采用 4mm 手刮聚脲涂覆型柔性盖板止水结构。

4 聚脲高分子涂料应用分析

4.1 混凝土面板辅助防渗应用分析

（1）根据抽水蓄能电站的运行特点，由于水位变动快，水位变动区混凝土受干湿循环、光热老化等作用，面板混凝土容易发生开裂，北方抽蓄电站冬季还存在混凝土冰冻破坏和冰拔破坏现象，部分南方抽蓄电站存在水体有一定腐蚀性现象，聚脲等防渗材料作为面板混凝土的辅助防渗有一定的作用。

（2）运行期产生的面板新裂缝，后期处理中需要停机降低水位、放空处理或不停机利用发电间隙开展水下裂缝处理，其综合成本都较高，为预防运行期新产生的裂缝造成面板渗水，在工程蓄水前，对死水位及水位变化区以下部位涂刷聚脲或其他弹性防渗材料作为辅助防渗有一定的作用。

（3）对于聚脲材料选型，除特殊工况条件下须采用喷涂聚脲，原则上建议采用脂肪族手刮聚脲以保证与混凝土基面的黏结，如采用喷涂聚脲必须在其上部施工防老化面漆。采用手刮聚脲宜采用脂肪族聚脲，对于紫外照射特别强烈的地区的抽水蓄能电站，位于水位变化区（含水位变化区）宜上部施工一道防老化面漆，推荐采用纯脂肪族双组分聚脲面漆，如采用天氡聚脲作为面漆，不宜在冬季温度在$-5℃$以下的区域采用。

（4）对于聚脲涂层厚度，宜不小于 2mm。由于聚脲涂层对于预防后期新裂缝防渗作用，与其厚度相关，厚度越大，能适应新产生裂缝开裂的宽度越大，具体涂刷厚度应根据项目具体情况，开展相关研究后确定适宜厚度。

4.2 混凝土面板表面层止水应用分析

（1）混凝土面板结构缝聚脲高分子涂覆型柔性盖板止水与锚固性盖片止水工程造价相当，混凝土面板接缝锚固型止水及聚脲高分子涂覆型止水每延米造价相当，为 1000～2000 元/m^2。

（2）锚固型止水应用成熟，但存在施工质量难以保证、压条和锚栓锈蚀等问题。

（3）聚脲高分子涂覆型止水施工简单，施工质量有保证，更能适应水位变幅频繁的抽水蓄能电站，但应用实例有限。

5 结束语

抽水蓄能电站水库水量宝贵，为提高电站综合发电效率，应采取措施尽量减少水库渗漏。聚脲高分子防渗涂料在混凝土面板辅助防渗和表面层止水有较好的工程应用实例，相关工程可作为借鉴。

作者简介

段玉昌（1992—），男，工程师，主要研究方向：抽水蓄能电站建设管理。E-mail：1518735894@qq.com

赵毅（1995—），男，助理工程师，主要研究方向：抽水蓄能电站建设管理。E-mail：814503914@qq.com

陈小攀（1990—），男，工程师，主要研究方向：抽水蓄能电站建设管理。E-mail：1096369962@qq.com

茹松楠（1981—），男，高级工程师，主要研究方向：水电站设计及建设管理。E-mail：15110101981@139.com

浅析抽水蓄能电站可研阶段
引水系统斜井、 竖井立面布置型式的选择

茹松楠[1]，赵　毅[2]，李延阳[1]，贾　涛[3]，陈小攀[4]，段玉昌[5]

（1. 国网新源集团有限公司，北京市　100032；

2. 陕西镇安抽水蓄能有限公司，陕西省西安市　710000；

3. 河北丰宁抽水蓄能有限公司，河北省承德市　068350；

4. 河南天池抽水蓄能有限公司，河南省南阳市　471900；

5. 江苏句容抽水蓄能有限公司，江苏省句容市　212400）

摘　要： 随着我国"双碳"目标的实施，抽蓄电站对电网的安全运行日益重要，抽水蓄能电站引水系统立面布置主要有竖井和斜井两种型式，具体布置方式受地质、水工、施工、水力过渡过程、运行检修、经济性等因素影响，为结合枢纽布置和施工机械的使用，充分发挥斜、竖井各自的优势，经充分研究分析论证选取安全可靠、技术可行、经济合理的引水系统立面布置型式是十分必要的。本文对抽水蓄能电站引水系统斜井、竖井立面布置型式的选择做了简要分析，供相关工程参考。

关键词： 斜井；竖井；立面布置

0　引言

抽水蓄能电站引水系统立面布置是输水发电系统比选的一项重点工作，尤其是引水系统立面布置的比选，具有投资占比大、布置型式多等特点。地下高压引水管道立面布置型式常见的有单级竖井、多级竖井、单级斜井及多级斜井等。应根据地形地质条件、施工条件、水力学条件、水工布置等因素，经技术经济综合比较后确定。

1　立面一般布置原则

一般情况，抽水蓄能电站压力管道采用明钢管的较少，多采用埋藏式布置，立面布置主要有竖井和斜井两大类。在立面布置选择上，应根据地形、地质条件，以及高差大、交通条件等特点，结合施工、投资、运行等因素，综合考虑。

（1）压力管道的布置应结合地质条件考虑，选择管道轴线与优势结构面、岩石层面等不利结构大角度相交的方案，尽量规避不良地质条件。

（2）压力管道向机组供水采用"一洞一机"或"一洞多机"布置方式，应根据地形地质条件、管径（或洞径）、衬砌型式、电网对电站运行要求等，通过技术经济

论证确定。

（3）压力管道布置应能适应双向水流运动，水流尽量平顺，以减小水头损失，增加发电效益和减少抽水用电量。

（4）压力管道的布置应尽量结合施工条件考虑，应充分考虑开挖支护、衬砌混凝土浇筑、钢衬安装及灌浆等施工条件，有利于施工效率、施工质量和施工安全风险控制。

（5）压力管道的布置应充分考虑方案经济合理性，选择洞线短、布置平顺的方案，有利于工程投资控制。

（6）压力管道的布置应考虑后期的运行维护的便利性，选择便于检修的布置方案。

2 斜井竖井比较

2.1 斜井/竖井的施工

从开挖角度看，竖井方案的导井施工方便，导孔钻孔精度控制要求较低；溜渣便利、出渣效率高，扩挖无需安装轨道，提升速度快，无需使用有轨扩挖台车，竖井井壁采取有效支护以后，不易发生块石脱落，但载人运输和载物运输的运行存在上下交叉干扰。总体看，采用反井钻法开挖施工时，竖井方案优于斜井方案。

从混凝土衬砌施工角度，均采用滑模施工，斜井精度要求更高，提升系统较为复杂，底板一般需要铺设两条轨道，存在发生脱轨事故的可能，斜井提升运行速度较慢，日常管理及维护工作量较大，停工故障多。竖井方案施工方向竖直向下，对施工单位的施工工艺和过程质量控制要求相对较低，提升系统无需安装轨道，提升速度快，但载人运输和载物运输的运行存在上下交叉干扰。混凝土衬砌施工两方案各有利弊。

从钢衬施工角度，竖井方案钢衬运输垂直向下，运输便利，提升系统无需安装轨道，提升速度快，安全可靠，且无需使用有轨台车，降低了施工安全风险；斜井提升系统需设置轨道，存在发生脱轨事故的可能，安全管理要求高。两个方案钢衬焊接和管外混凝土回填施工难度相当。钢衬施工竖井方案较优。

总体而言，施工条件竖井方案优于斜井方案。

2.2 经济性比较

除了施工单价外，竖（斜）井的造价与其长度、直径、衬砌型式等均有关系。假定竖井和斜井洞径、衬砌型式相同，以倾角50°的斜井为例，竖井方案洞长（含竖井和平洞）约为斜井方案洞长的1.4倍，即竖井方案比斜井方案洞长多约40%，但斜井的开挖单价比竖井高5.6%～7.5%，斜井钢筋混凝土衬砌段全费用平均综合单价比竖井高约8.3%，斜井钢衬段全费用平均综合单价比竖井低约5.0%，斜井与竖井施工单价总体相差不大。竖（斜）井造价由单价、洞长决定，因此，从概算的角度，竖井造价要高于斜井方案。

以引水上下平段高差 500m、斜井倾角 50°为例，竖井和斜井洞线长度相差 260m，不考虑斜井、竖井和平洞在单价方面的差异，若按压力管道钢筋混凝土衬砌全洞综合单价 5 万元/m 考虑，则竖井方案比斜井方案单条压力管道造价高约 1300 万元；若按压力管道采用钢板衬砌，则竖井方案比斜井方案单条压力管道造价高约 4000 万元。

2.3 水头损失

同等条件下，斜井水头损失比竖井小。根据部分抽水蓄能统计，各水头段的电站斜井和竖井方案水损差占发电总水头损失的比例为 0.8%～11%，平均值约为 5.18%。目前抽水蓄能推行的是两部制电价——容量电价和电量电价，容量电价与水损无关。若单个电站按装机容量 1200MW、年平均发电小时数 1000h、上网电价 0.5 元/kWh 考虑，在斜井和竖井方案水损差占发电额定水头的比例 0.11%（统计范围内的平均比例）条件下，每年斜井和竖井方案水头差导致发电效益损失差约为 66 万元。

2.4 运行检修条件

抽水蓄能压力管道无论是竖井方案还是斜井方案，检修均比较困难，但较斜井方案，竖井方案在提升系统布置方面更具优势，采用无人机全景扫描巡检时，竖井更易操作，另外当竖井方案若结合上游开敞式竖井调压室布置，可从调压井进入竖井，因此从运行检修条件看，竖井较优。

2.5 特定地质条件

地质条件是决定压力管道立面布置的重要因素，一般而言，围岩较破碎但无明显优势结构面的区域，竖井方案更有利于围岩稳定和施工安全；若存在明显优势结构面、较大的断层或破碎带等不利地质构造的区域，应根据优势结构面、断层或破碎带的方位选择斜井或竖井，使压力管道轴线尽量与不利地质构造大角度相交，例如江西洪屏抽水蓄能电站，主要地质结构面为顺坡向，为避免洞线与结构面夹角过小，因此选用竖井方案。

2.6 与引水调压室的关系

2.6.1 为取消引调缩短压力管道长度

根据《水电站调压室设计规范》（NB/T 35021—2014），设置上游调压室的条件为

$$T_w > [T_w] \tag{1}$$

$$T_w = \frac{\sum L_i v_i}{g H_p} \tag{2}$$

式中 T_w ——压力管道中水流惯性时间常数，s；

        L_i ——压力管道及蜗壳各段的长度，m；

        v_i ——各管段内相应的平均流速，m/s；

        g ——重力加速度，m/s^2；

        H_p ——设计水头，m；

    $[T_w]$ —— T_w 的允许值，一般为 2～4s。

判断是否设置引水调压室时，若 T_w 的允许值按 2s 考虑，压力管道流速按 5m/s 考虑，则根据式（1）和式（2），对于距高比 $L/H < 4$ 的项目（L 为压力管道长度，H 为电站设计水头），可不设引调。

为了降低工程成本、加快工程进度，设计时一般应尽量减少建筑物数量。斜井洞线长度短于竖井方案，当斜井方案的距高比 $L/H < 4$，而竖井方案的距高比 $L/H > 4$ 时，则应优先选择斜井方案，以取消上游调压室。

2.6.2 竖井结合引调布置

当上游设有开敞式竖井调压室时，压力管道可以结合开敞式竖井调压室，采用竖井方案。该方案可先期采用正井法，从地面施工竖井，以实现尽早施工。

2.7 与厂房开发方式关系

当采用中部或尾部开发方式时，厂房位置在中游或下游，压力管道可结合地质、施工、交通等条件，选择斜井或竖井方案。

当采用首部开发方式时，厂房位置若靠近上游，压力管道若采用斜井可能会比较局促，此条件下压力管道宜采用竖井布置方案。

2.8 反井钻施工能力制约

目前定向钻机＋反井钻机法在我国斜井、竖井施工中得到了广泛应用，定向钻机和反井钻机的制造水平也日益提高，国内已成功应用的工程实例有长龙山抽水蓄能电站引水上斜井（436m）、阳江抽水蓄能电站引水下竖井（385m）、张河湾抽水蓄能电站引水下竖井（386m），但受定向钻机、反井钻机等设备施工能力和成本的制约，单级竖（斜）井的长度仍有一定限制。

从斜井和竖井方案的自身特点看，在压力管道上平段、下平段高差相同的情况下，斜井方案长度一般为竖井长度的 1.41～1.15 倍（斜井倾角一般在 45°～60°），另外，由于受重力影响，斜井方案定向钻、反井钻更易偏孔，因此利用反井钻机＋定向钻机法施工时，竖井方案更有优势。

根据《水电水利工程竖井斜井施工规范》（DL/T 5407—2019），目前国产反井钻机的施工能力一般不超过 400m。因此从反井钻机的施工能力看，单级竖井高差不宜超过 400m，考虑一定的倾向角度后，单级斜井高差不宜超过 300m。为了保持竖（斜）井高度在常规范围内，可得出如下结果。

（1）当压力管道上平段、下平段高差小于 300m 时，可根据地质条件、枢纽布置等条件，选择单级斜井或竖井方案；

（2）当压力管道上平段、下平段高差在 300～400m 之间时，为不增加级数、方便施工，应尽量选择单级竖井方案；

（3）当压力管道上平段、下平段高差在 400～600m 之间时，可根据地质条件、枢纽布置等条件，选择双级斜井或竖井方案；

（4）压力管道上平段、下平段高差在 600～800m 之间时，为不增加级数、方便施工，应尽量选择双级竖井方案；

（5）目前反井钻施工能力越来越先进，部分工程的竖井如永嘉竖井深约 480m，松阳竖井深约 630m，在竖井、斜井选择时候，可以酌情考虑反井钻施工能力，适当放宽竖井/斜井的长度限制。

3　总结与建议

（1）目前国内抽蓄项目压力管道常见的立面布置型式有一级斜井方案、一级竖井、两级斜井和两级竖井 4 种型式，从统计资料看，目前采用两级斜井方案的工程方案相对最多，但大部分项目是基于经济性、水头损失的考虑，选择斜井方案。

（2）从施工条件看，竖井方案施工更为便利，效率更高，安全性更好，施工条件优于斜井方案；从经济性看，斜井方案由于洞线短，概算投资一般低于竖井方案，据统计竖井和斜井的投资差约占输水系统总投资的 0.8%～12%；从水损看，斜井方案总水头损失要小于竖井方案，据统计竖井和斜井的水损差占发电总水头损失的 0.8%～11%；从检修条件看，竖井更为便利，优于斜井。综上所述，竖井和斜井各有优缺点。

（3）在常规施工方法的基础上，近年来国内抽蓄项目压力管道出现了 TBM 全断面斜井掘进机、SBM 竖井掘进机等新方法，呈现出少人化、机械化、标准化、智能化的新趋势。目前抽蓄压力管道斜井 TBM 施工法还存在 TBM 施工经济性、安全性、TBM 开挖料的利用、超长单级斜井衬砌施工、TBM 拆卸转运灵活性等问题，建议开展进一步的研究。

参考文献

李炜. 水力计算手册 ［M］. 北京：中国水利水电出版社，2006.

作者简介

茹松楠（1981—），男，高级工程师，主要研究方向：水电站设计及建设管理。E-mail：15110101981@139.com

赵毅（1995—），男，助理工程师，主要研究方向：抽水蓄能电站建设管理。E-mail：814503914@qq.com

李延阳（1991—），男，工程师，主要研究方向：抽水蓄能电站建设管理。E-mail：372899634@qq.com

贾涛（1989—），男，工程师，主要研究方向：抽水蓄能电站建设管理。E-mail：448559229@qq.com

陈小攀（1990—），男，工程师，主要研究方向：抽水蓄能电站建设管理。E-mail：1096369962@qq.com

段玉昌（1992—），男，工程师，主要研究方向：抽水蓄能电站建设管理。E-mail：1518735894@qq.com

抽水蓄能电站沥青混凝土面板特殊部位施工工艺与质量控制技术

崔博涛，芦建刚，闫国辉

（阜康抽水蓄能电站有限公司，新疆维吾尔自治区阜康市　831500）

摘　要： 阜康抽水蓄能电站上水库采用库岸钢筋混凝土面板＋库底采用沥青混凝土面板全库盆防渗体系，属于高海拔寒旱地区百米高坝水库。本文重点通过对不同材质防渗结构接头处、斜坡段沥青混凝土结构形式研究和特殊部位施工工艺控制实践总结，应用了细粒式沥青混凝土、SK手刮聚脲等新材料，提高了水库不同材质防渗体系接头处质量和半挖半填地形不均匀沉降条件下防渗体系适应变形能力。

关键词： 抽水蓄能电站；沥青混凝土；防渗面板；沥青施工；不均匀沉降

0　引言

抽水蓄能电站的上水库水量通常是消耗电网电能通过水泵工况由下水库抽到上水库，上水库水资源极其宝贵，因此上水库通常采用全库盆防渗形式，防渗效果直接影响抽水蓄能电站运行经济效益。国内有关抽水蓄能电站上水库防渗效果课题的研究主要集中在沥青、钢筋混凝土和土工膜等防渗材料及结构形式，更多的是相同材料的设计结构优化和施工质量控制研究。研究可适应不均匀沉降的钢筋混凝土库岸面板与库底沥青结合形式的防渗体系及施工质量控制较少，本文基于阜康抽水蓄能电站上水库研究钢筋混凝土库岸面板与库底沥青结合形式的防渗体系特殊部位施工工艺与质量控制技术。

1　工程概况

阜康抽水蓄能电站为日调节纯抽水蓄能电站，项目所在地多年记录极端最高气温为41.5℃，极端最低气温为－37℃，多年平均相对湿度为61％；最大风速为15.7m/s；上水库坝型为钢筋混凝土面板堆石坝，库岸采用钢筋混凝土面板防渗，库底采用沥青混凝土面板防渗的全库盆防渗型式，防渗面积约为27.68万 m²。库底设2236.0m高程平台及2220.0m高程平台，两平台间以1：2.0斜坡及反弧衔接。库底沥青混凝土防渗面板采用简式断面，沥青混凝土整平胶结层厚为10cm，防渗层厚为10cm，沥青玛蹄脂封闭层为2mm。在库底沥青面板与混凝土连接板、库周排水廊道等部位设置5cm厚的防渗加厚层，沥青面板与刚性建筑物连接处和库底挖填分界等变形较大区域设置沥青砂浆楔形体。

2 沥青混凝土面板特殊部位的分类统计

通过对阜康抽水蓄能电站沥青面板工程的实施总结，将本工程中沥青混凝土面板的特殊部位归纳为以下两大类四个部位：①2236 平台与 2220 平台斜坡连接段斜坡部位；②2236 平台与 2220 平台斜坡连接段上弧段；③沥青面板与刚性建筑物连接处滑动接头；④沥青面板与刚性建筑物连接处涂覆型止水接头。其中①和②部位可以统筹划分为斜坡施工范畴，③和④可以统筹划分为接头部位施工范畴。

特殊部位的结构形式详见图 1 和图 2。

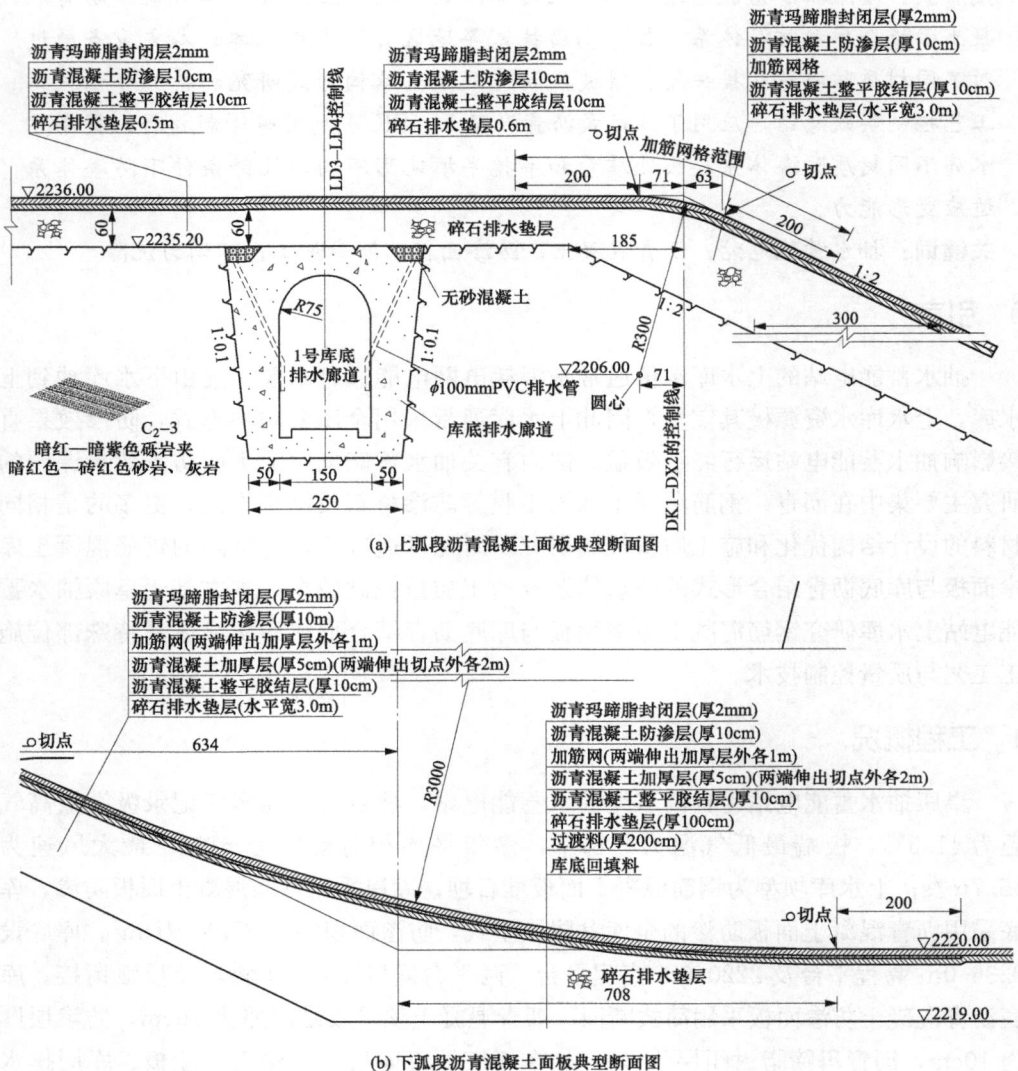

(a) 上弧段沥青混凝土面板典型断面图

(b) 下弧段沥青混凝土面板典型断面图

图 1　2236 平台与 2220 平台斜坡连接段典型断面图

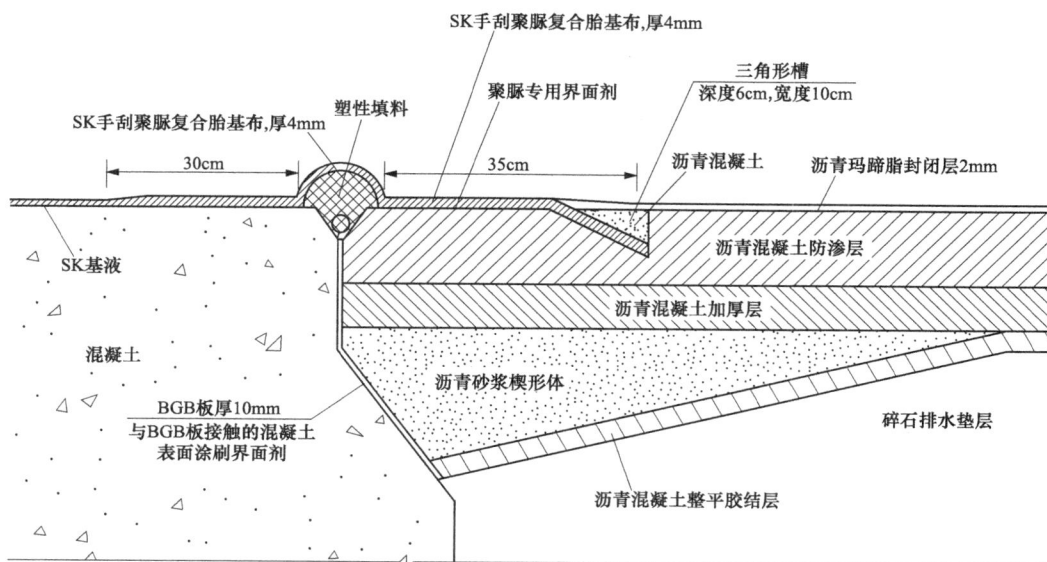

(a) 滑动式接头典型断面图

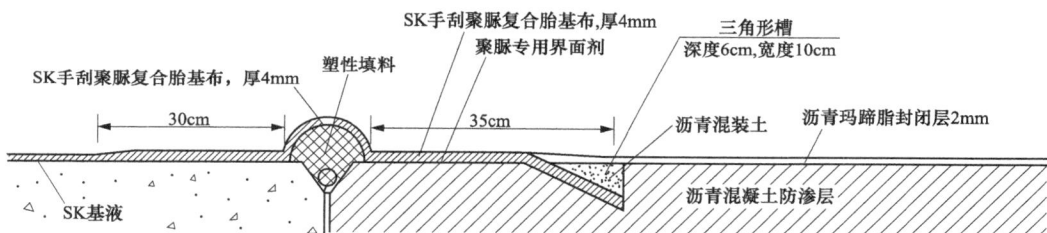

(b) 涂覆型止水结构典型断面图

图 2 沥青面板与刚性建筑物连接处典型图

通过工程实践，这些特殊部位的结构特点、质量控制重点及技术保证措施总结归纳详见表 1。

表 1   沥青混凝土面板的特殊部位要素统计表

序号	特殊部位	结构特点	质量控制重点	技术保证措施
1	2236 平台与 2220 平台斜坡连接段上弧段	斜坡上反弧段，圆弧半径 300cm	圆弧半径小，无法机械摊铺，采用人工摊铺，施工质量保证率低	控制摊铺厚度，夯压温度，摊铺速度、夯压遍数，加筋网铺设要平整、无褶皱
2	2236 平台与 2220 平台斜坡连接段及下弧段	斜坡下反弧段，圆弧半径 3000cm	此部位设置了加厚层，质量保证率和安全系数较高斜坡流淌性及摊铺、碾压速度	控制摊铺温度、摊铺厚度、碾压温度、碾压遍数，加筋网铺设要平整、无褶皱

序号	特殊部位	结构特点	质量控制重点	技术保证措施
3	沥青面板与刚性建筑物连接处滑动接头	接头部位刚柔交接，滑动变形较大	BGB 塑性填料板的粘贴	基面处理要干净干燥，界面剂涂刷均匀，把握好固化时间
4	沥青面板与刚性建筑物连接处涂覆型止水结构	接头部位刚柔交接，滑动变形很大	SK 手刮聚脲的涂刷遍数及厚度控制	基面处理要干净干燥，界面剂涂刷均匀，把握好固化时间，保证聚脲涂刷厚度

3 沥青混凝土面板特殊部位的施工工艺及技术措施

3.1 沥青混凝土斜坡施工

斜坡段沥青混凝土包括整平胶结层厚 10cm，防渗层厚 10cm，沥青玛蹄脂封闭层 2mm，以及下弧段 5cm 加厚防渗层。整平胶结层沥青混凝土和沥青砂浆采用克拉玛依 90 号沥青，防渗层采用克拉玛依 Ⅰ-A 改性沥青，确保冬季低温空库过冬，骨料采用石灰岩骨料，填料采用石灰石矿粉。各种原材料经试验检测符合设计和规范要求。

沥青混凝土斜坡施工之前开展现场铺筑试验，包括人工摊铺和机械摊铺。通过摊铺试验对室内沥青混凝土配合比进行验证调整，确定生产配合比，以掌握沥青混凝土的材料制备、储存、拌和、运输、摊铺、碾压和检测等一套工艺流程，取得并确定摊铺速度、摊铺温度、碾压温度、碾压遍数等施工工艺参数，以指导沥青混凝土的施工。

阜康抽水蓄能电站工程受季节性气候影响，为了更好地保证施工作业环境，沥青混凝土面板施工环境温度应高于 5℃，低温季节及雨天不施工，结合阜康抽水蓄能电站工程气温变化及施工进度情况，沥青混凝土施工时段在 5～10 月中旬期间施工，保证了施工作业环境满足规范要求。

上水库沥青混凝土面板的斜坡施工主要采用机械摊铺，在上弧段及斜坡边缘处摊铺机无法到达的位置采用人工摊铺。沥青混凝土斜坡摊铺碾压按照摊铺试验确定的施工碾压遍数及温度控制进行。沥青混凝土摊铺后根据要求的碾压温度和碾压遍数，由振动碾进行碾压。沥青混合料碾压工序应采用上行振动碾压、下行无振碾压，振动碾在行进过程中要保持匀速，不应骤停骤起，振动碾滚筒应保持湿润。碾压结束后，面板表面应进行无振碾压收光。斜坡沥青混凝土面板铺筑施工示意图及现场形象图见图 3。

沥青混凝土施工条带的接缝是质量控制的关键部位。接缝应与层面呈 45°，施工接缝处与已碾压条幅之间应重叠碾压 15cm，以便铺筑防渗层时有光滑的表面。施工缝根据相邻条带温度可分为热缝和冷缝。热缝是指混合料摊铺时，相邻条带的沥青混凝土已压实到至少 90%，且其温度仍在 90℃以上适于再碾压的接缝。热缝处理比较简单，先铺条带碾压完成后，将条带边缘修成 45°的斜坡，并除去边缘处松散的渣

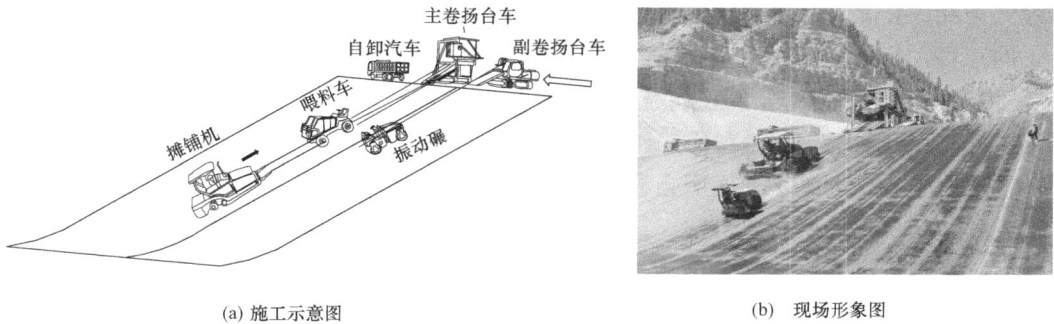

(a) 施工示意图　　　　　　　　　　　(b) 现场形象图

图 3　斜坡沥青混凝土面板铺筑施工示意图及现场形象图

子，待后铺条带摊铺后，沿接缝两边骑缝进行碾压即可。冷缝是指混合料摊铺时，相邻条带的沥青混凝土的温度已不足 90℃，不适于再进行碾压的接缝。冷缝施工时，先铺条带碾压完成后，将条带边缘修成 45°的斜面，并除去边缘处松散的渣子。摊铺下一条幅前，防渗层应将先铺条带边缘 45°斜面涂刷热沥青。后铺条带摊铺时，在摊铺机上悬挂远红外加热器，对先铺条带边缘进行加热。进行后铺条带碾压时，沿接缝进行贴缝碾压。各条幅间接缝类型及处理方式统计表见表 2。

表 2　　　　　　　　　　各条幅间接缝类型及处理方式统计表

序号	类型	接缝类型	处理方式
1	整平胶结层	冷缝	一期缝面形成过程处理（振动夯处理）接缝施工过程缝面红外加热器加热
2	整平胶结层	热缝	一期缝面形成过程人工修整处理接缝施工过程不特殊处理
3	防渗层	冷缝	一期缝面形成过程处理（振动夯处理）接缝施工过程缝面涂刷热沥青，红外加热器加热
4	防渗层	热缝	一期缝面形成过程人工修整处理接缝施工过程不特殊处理

以往已经建成的沥青混凝土面板，上反弧段均在坝顶，在正常蓄水位以上，蓄水的最高水位也达不到此处，其质量即使薄弱，一般不会有什么隐患，因此也不做特殊部位采取其他措施加强和防范。但是阜康抽水蓄能电站的沥青混凝土面板上反弧位于库盆的底部，蓄水后此处的最高水深达 30m 以上，且阜康抽水蓄能电站工程设计采用的圆弧半径是 3m，存在应力集中导致拉裂、渗水风险。

在阜康抽水蓄能电站工程实施过程中，斜坡的顶部上反弧段，由于圆弧半径小，机械摊铺无法到位，需要采用人工摊铺，质量控制难度大，不利于施工。虽然在顶部反弧上、下两米范围内加设聚酯加筋网格，但在此处需设置施工横缝，上、下两层错缝间距小，聚酯网格搭接面小，影响整体受力。此部位是质量控制的薄弱环节，施工过程中严格按照碾压试验工艺参数，人工用工具将摊铺机留下的沥青混合料铺均匀、平整，严格控制温度，铺平后立刻用振动夯板压实 5～6 遍，具备机械碾压的部位采用 3t 振动碾碾压。压实后的厚度与摊铺机的摊铺压实厚度相同。碾压后试验检测密度、孔隙率、渗透系数等指标符合设计值。建议后续工程库底涉及反弧段施工的工程，将半径增大至 30m 以上，可使用机械化施工，更能提高施工质量。

3.2 沥青混凝土与钢筋混凝土接头部位的施工

沥青混凝土与钢筋混凝土等刚性建筑物之间的接头部位是整个防渗体系的薄弱环节，由于基础的不均匀变形会导致接头部位发生较大的错位变形，当接头部位有很大的张开位移和错动时，常规锚固接头型式无法保证安全性。由于阜康抽水蓄能电站工程填方高度大，为了接头部位能适应更大变形，通过开展沥青混凝土面板与混凝土建筑物接头新型止水结构研究，成功将 SK 手刮聚脲及其涂覆型结构防渗型式应用到阜康抽水蓄能电站沥青混凝土面板与刚性结构物中。接头结构在与混凝土连接部位自下而上设计为 BGB 板塑性材料、整平胶结层、沥青砂浆楔形体、加筋网格、防渗加厚层、防渗层和封闭层、涂覆型止水结构。

接头部位的混凝土连接面施工时首先采用钢丝刷和压缩空气清除其表面附着物，并将表面整平。界面处理时，先在混凝土表面涂刷一层界面剂（底胶），用量为 $0.5kg/m^2$，待涂料中的溶剂挥发干燥后，在混凝土表面粘贴一层 BGB 塑性材料。BGB 塑性填料板的粘贴质量是该部位施工控制的关键，施工时采取必要的措施防止摊铺机破坏粘贴好的 BGB 板塑性材料，必要时采用人工摊铺塑性填料上的部分防渗加厚层。整平胶结层一般可采用摊铺机摊铺，在靠近混凝土结构的部位需采用人工辅助摊铺。

楔形体内常规沥青砂浆采用自卸车倒入，人工辅助摊平，平整度不易控制，阜康抽水蓄能电站通过调整配合比，优化沥青含量、矿粉含量和细骨料用量，实现沥青砂浆在高温时流动性好，无需人工摊平碾压，提高施工效率和质量。经检测，施工质量全部合格。

沥青砂浆楔形体上的加筋网格、加厚层和防渗层施工均在沥青砂浆温度降至环境温度后进行，以防沥青砂浆滑动。摊铺加厚层时，摊铺机由另设的临时通道跨越沥青砂浆，并严禁摊铺机在沥青砂浆上行走，必要时可采用人工摊铺部分加厚层。

涂覆型止水结构施工首先在沥青混凝土面板与混凝土建筑物接触面上部切割成 V 形槽（混凝土侧在浇筑时预留，沥青先摊铺碾压后切割 V 形槽结构），V 形槽顶宽 6cm、深 8cm；采用金刚石磨片打磨混凝土面板表面和沥青混凝土表面，清洗后晾干，沥青混凝土表面打磨程度为露出沥青混凝土骨料；混凝土表面要求打磨、清理干净；V 形槽内涂刷 SK 基液（底胶），按设计断面嵌填 GB 塑性填料（弦高 20cm、面积 692cm²），采用专用挤出机直接挤出 GB 成型。

SK 手刮聚脲与沥青混凝土搭接边缘切三角形槽，槽垂直边长（高）为 6cm、槽水平边长为 10cm；聚脲与混凝土搭接边缘用打磨机打磨成倒三角形，三角形槽边深 2mm；将塑性填料两侧混凝土面板、沥青混凝土面板表面及三角形槽斜边内清洗干净，表面干燥后涂刷聚脲专用界面剂，界面剂表干后刮涂 2 遍 SK 手刮聚脲，在第二遍聚脲表干之前铺设第一层胎基布，聚脲表干后再涂刷第三遍聚脲，在第三遍聚脲表干前铺设第二层胎基布，表面再涂刷聚脲，保证 GB 表面聚脲厚度大于 4mm，两侧聚脲厚度大于 4mm；沥青混凝土面板三角形槽（沥青混凝土表面聚脲锚固槽）斜边一侧刮涂最后一遍聚脲时，在聚脲表面抛撒粒径为 15～20mm 的干净的小石子。面积约占 2/3，待聚脲自然养护 3 天以后，在聚脲表面带有小石子的三角形槽内回填热沥青混凝土，并振捣密实，将 SK 手刮聚脲边缘与沥青混凝土固定在一起。

工程实施中采用拉拔仪检测聚脲与沥青混凝土之间的黏接强度，检测结果为所有试件均在沥青混凝土防渗层结构拉开，黏接强度大于 1.5MPa，并且随着沥青混凝土板温度降低，SK 手刮聚脲与沥青混凝土之间的黏结强度越高。达到了研究成果的预期。

沥青面板与刚性建筑物接头涂覆型止水现场施工图见图 4，聚脲与沥青混凝土之间的黏接强度检测效果图（防渗层结构面拉开）见图 5。

图 4　沥青面板与刚性建筑物接头涂覆型止水现场施工图

图 5　聚脲与沥青混凝土之间的黏接强度检测效果图（防渗层结构面拉开）

3.3　细粒式沥青混凝土的应用

上水库库底斜坡段沥青混凝土与库岸廊道衔接结构原设计设置沥青砂浆楔形体，普通沥青砂浆具有一定的流淌性，斜坡段上布置沥青砂浆可能引起表部防渗结构变形、不利于防渗面板结构稳定。从保证斜坡沥青面板结构可靠性角度考虑，对斜坡段及反弧段沥青砂浆细部结构设计及材料要求进行了调整，沥青砂浆调整为细粒式沥青混凝土，细粒式沥青混凝土技术要求：孔隙率小于或等于2%，斜坡流淌值小于或等于2mm，弯拉应变大于或等于3.0%，不透气（渗透性）。

细粒式沥青混凝土配合比设计需要掺加一定的粗骨料，根据以往工程经验，最大粒径选为9.5mm，矿粉用量为14%，沥青含量为7.8%，沥青选用克拉玛依Ⅰ-A改性沥青。配合比见表3。

表3　　　　　　　　　　　细粒式沥青混凝土施工配合比

配比编号	筛孔（mm）								沥青含量（%）
	9.5	4.75	2.36	1.18	0.6	0.3	0.15	0.075	
	通过率（%）								
2	100.0	75.7	57.1	43.1	32.8	24.7	18.6	14.0	7.8

细粒式沥青混凝土的施工难度较大，施工需要克服的困难主要为：

（1）坡面机械施工，需要采用大型设备喂料、摊铺、碾压。

（2）沟槽部位的细粒式沥青混凝土体积小、体型不规则、非直上直下，且薄厚不一致，导致施工难度大大增加。

（3）细粒式沥青混凝土与沥青混凝土防渗层相比较，沥青含量大、矿粉含量大、粗骨料含量小，斜坡施工时，在高温时段，容易出现施工时段的斜坡流淌现象，需要在防渗层斜坡机械摊铺的工艺参数基础上优化细粒式沥青混凝土的摊铺厚度、摊铺温度、碾压温度及碾压遍数等工艺参数。

施工期间对细粒式沥青混凝土进行质量检测，主要检测指标为密度、孔隙率、斜坡流淌、弯曲应变测试，试验方法及装置与防渗层沥青混凝土相同，检测结果见表4。

表4　　　　　　　　　　　细粒式沥青混凝土检测试验结果

项目名称	密度（g/cm³）	孔隙率（%）	斜坡流淌值（mm）	弯曲应变（%）
技术要求	实测	<2.0	<2.0	≥3.0
细粒式	2.340	1.48	1.925	4.77

4　结论

阜康抽水蓄能电站上水库施工环境地处高寒地区，对沥青混凝土面板防渗层冻断应力要求较高外，有沥青混凝土与刚性建筑物接头、库底斜坡挖填区等特殊部位多、施工技术难度大、对施工工艺及质量控制要求高等工程特点。通过实施SK手刮聚脲涂覆型止水接头施工技术和基于抗斜坡流淌的细粒式沥青混凝土代替沥青砂浆施工技术等措施，经现场检测施工的沥青混凝土质量均可以满足设计和规范要求，工程质量和综合经济指标好，可为后期类似工程提供技术借鉴。

参考文献

［1］岳跃真，郝巨涛，等．水工沥青混凝土防渗技术［M］.北京：化学工业出版社，2007.

［2］郝巨涛，刘增宏，瞿扬．沥青混凝土防渗面板滑动接头的试验研究［J］.中国水利水电科学研究院学报，2007.5（1）：33-38.

［3］毛三军，等．严寒地区沥青混凝土面板研究与应用［M］.北京：中国三峡出版社，2017.

［4］范以宇，于元康，魏晓祥．抽水蓄能电站上水库沥青混凝土面板接头施工技术研究［J］.大科技，2013（15）：2.

［5］杨伟才，郭慧黎，关遇时，等．宝泉抽水蓄能电站上水库沥青混凝土面板接头施工技术研究［J］.水利水电技术，2012，43（7）：59.

［6］郝巨涛，刘增宏，瞿扬．沥青混凝土防渗面板滑动接头的试验研究［C］//全国水工混凝土建筑物修补与加固技术交流会.2007：33-38.

［7］严良平，李学强，孙志恒，等．沥青混凝土面板与混凝土面板接头大变形止水结构及安装方法：CN202210142115.9.

作者简介

崔博涛（1987—），男，高级工程师，主要研究方向：水电工程管理、基建工程技术经济研究。E-mail：532171063@qq.com

芦建刚（1992—），男，中级工程师，主要研究方向：水电工程管理、基建工程技术经济研究。E-mail：2830534712@qq.com

闫国辉（1997—），男，助理工程师，主要研究方向：水电工程技术研究。E-mail：821065156@qq.com

精细化管理在衢江抽水蓄能电站地下厂房岩壁梁混凝土施工中的应用

郑　豪，杨　勇，王　骞，张百千，琚建辉，宗宪宇

（浙江衢江抽水蓄能有限公司，浙江省衢州市　324000）

摘　要：岩壁吊车梁混凝土施工部位结构复杂、质量控制严格、交叉作业多、温控要求高，是地下厂房系统施工的重点和难点。为打造岩壁梁精品工程，建设单位采取精细化管理措施，坚守安全底线，狠抓质量管控，强化进度节点，优化施工工艺，突出队伍引领，从选模、立模、温控、入仓、振捣、养护等各个环节入手，严格按照标准施工工艺要求管控每道工序，最终成型岩壁梁外观棱角分明、颜色均一、外光内实，达到了"光亮如镜"的效果。

关键词：岩壁吊车梁；精细化管理；效果

0　引言

抽水蓄能电站地下厂房的建筑结构中，岩壁吊车梁是承载起吊设备重量并保护厂房结构安全的重要部分，其标准高、难度大、交叉作业多、质量要求高。而针对岩壁吊车梁施工全过程的精细化管理体系还未形成，对于施工过程中的安全、质量、进度、技术、队伍等方面的精细化管理模式亟须研究。

刘元岐等[1]认为地下厂房采用岩壁吊车梁结构，可缩小跨径，施工方便，节省费用，值得推广使用。刘立强等[2]通过样板工程固化施工工艺，明确清水混凝土施工质量控制要点，制定严格的质量控制措施和保证措施，保证了清水混凝土施工质量。陆璐[3]对岩壁梁混凝土施工工艺进行研究，探讨并总结重点工序的工艺措施。

本文以浙江衢江抽水蓄能有限公司（简称衢江电站）为例，通过对岩壁梁混凝土施工安全、质量、进度、技术、队伍等方面的精细化管理，显著提升了衢江电站工程建设管理水平。

1　工程概况

衢江电站地下厂房由主机段、副厂房及安装场组成，呈"一"字形布置，尺寸为 176.5m×26.5m/25m×55m(长×宽×高)，分七层开挖。岩壁吊车梁位于主副厂房第二层上下游边墙，梁高 2.8m，下拐点以下宽 0.75m、高 1.441m，全长 156.5m（厂左 0＋018-厂右 0＋138.5），采用二级配常态混凝土，强度等级为 C30W8F50，上、下游各 13 仓，每仓混凝土约 51m³。

岩壁梁开挖示意图见图 1，岩壁梁断面示意图见图 2。

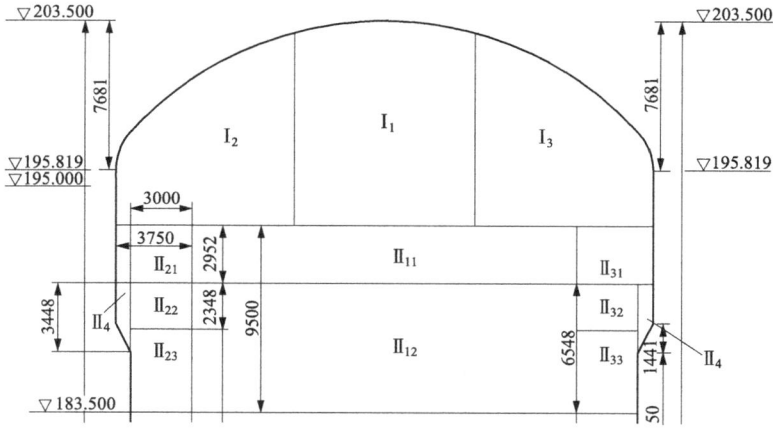

图 1　岩壁梁开挖示意图（高程单位：m；长度单位：mm）

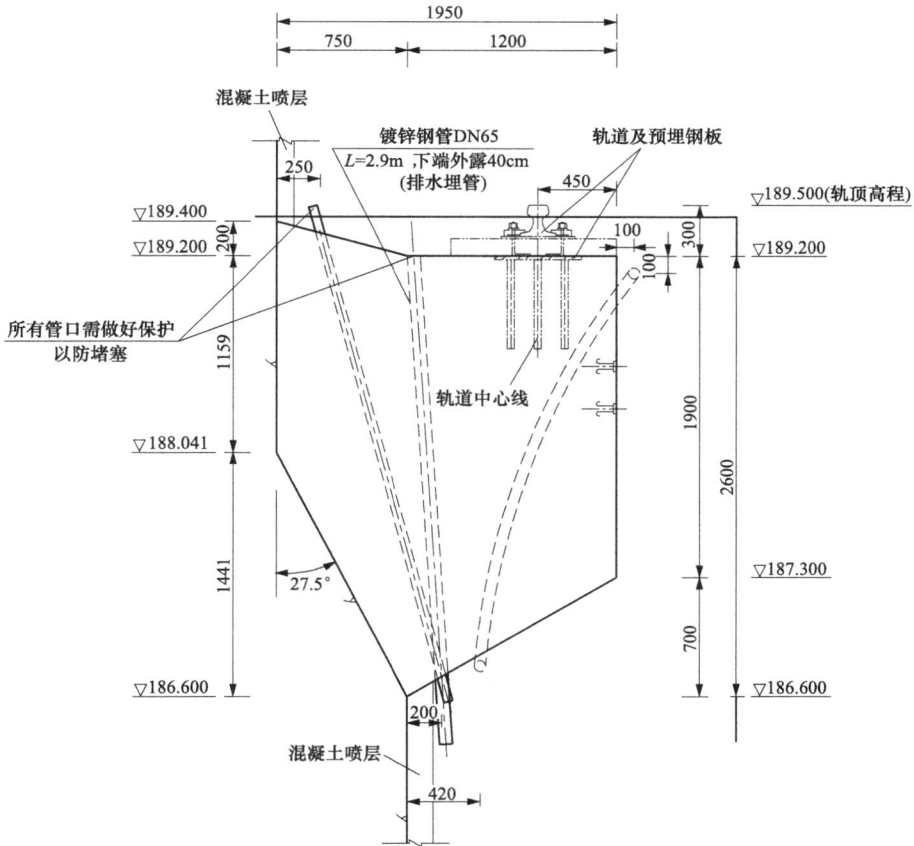

图 2　岩壁梁断面示意图（高程单位：m；长度单位：mm）

2 安全、质量精细化管理措施

2.1 安全精细化管理

2.1.1 作业安全管理

同一个厂房，涉及脚手架作业、模板支撑作业、吊装作业、焊接作业、施工用电、交通运输等多级风险交叉作业，为确保安全管控取得实效，建设单位主导建立厂房安全文明施工示范区[4]。大力开展基建反违章工作，对安全准入、工艺工法、现场管理、安全文化等各项流程进行全过程管控，印发违章问题典型案例分析口袋书，设置违章作业标准展示牌、灯箱，引导作业人员争优创先；按照作业人员工种类别，开展专项安全教育培训及考试，确保作业人员知悉岗位安全操作、自救互救以及应急处置的知识和技能；交通洞设置送风机、通风洞设置抽风机有效提升洞内空气质量；成立党员青年先锋队，每天开展现场巡查，筑牢安全管控网格化责任落实，推动参建各方履职尽责[5]。

2.1.2 支撑体系搭设

目前岩壁梁混凝土模板支撑体系已由原来的普通钢管脚手架支撑过度到采用定型盘扣式脚手架施工[6]，盘扣式脚手架具有规格尺寸统一、组合灵活、搭设方便等优点，可较好地适应不同搭设高度，搭设完成的脚手架规范、标准，作业通道及临边部位安全防护设施完善。根据现场实际开挖及混凝土浇筑情况，设计混凝土模板支撑脚手架及操作平台脚手架搭设参数，见图3。

在模板支撑架系底部采用20cm厚的C20混凝土作为脚手架搭设基础，保证脚手架基础稳定坚实，模板支撑架与施工通道脚手架分开搭设，避免因操作不当导致模板变形、移位。模板支撑架高度为3.0m、宽1.2m，立杆纵距为0.6m、横距为0.6m、步距为1.0m，利用边墙已施工的系统锚杆作为连墙件，连墙件间按"两步三跨"设置。施工通道脚手架高度为5.4m、宽1.8m，沿主副厂房轴线方向搭设长度为156.5m，立杆纵距为0.9m、横距为0.9m、步距为1.5m，采用φ48钢管设置连墙件，与边墙上已施工的锚杆焊接。脚手架作业层满铺脚手板，架体外侧设挡脚板、防护栏杆，并在立面处满挂阻燃式密目安全网；防护上栏杆设置在离作业层高度1m处，中栏杆设置在离作业层高度0.5m处；人员上、下作业通道采用装配式安全梯笼，安装便捷、承载力强。

在岩壁梁混凝土强度达到设计强度90%后，进行网架牛腿支撑架及施工排架搭设，网架牛腿支撑架及施工脚手架基础为岩锚梁混凝土表面。模板支撑架高度为5.05m、宽为0.6m，模板支撑架沿主副厂房轴线方向搭设长度为149.5m，立杆纵距为0.6m、横距为0.6m、步距为1m，模板支撑架利用边墙锚杆作为连墙件，连墙件间排距为"两步三跨"、呈梅花形布置。模板支撑架按照最不利设置，斜撑间隔一跨进行设置。施工作业脚手架从岩壁吊车梁脚手架起升，起升高度为5.4m，宽为0.9m，沿主副厂房轴线方向搭设长度为156.5m，立杆纵距为0.9m、横距为1.2m、步距为 1.5m，采用 ϕ48mm 钢管与岩壁连墙件连接，连墙件采用已在边墙上布置的系统锚杆作为连墙件的拉接点。

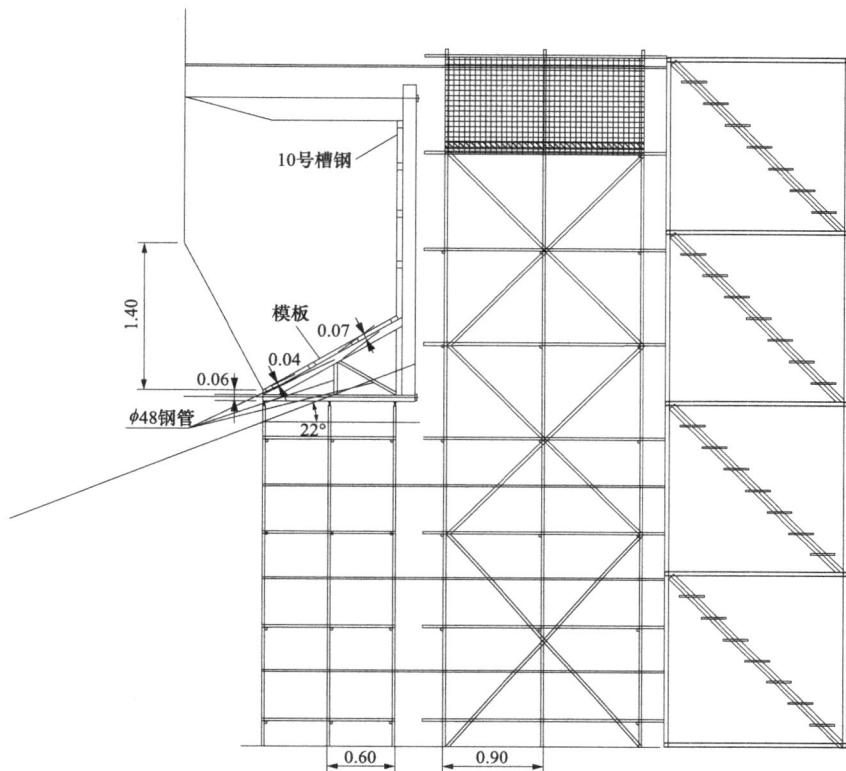

图 3　岩壁梁支撑体系搭设图（单位：m）

2.2　质量精细化管理

2.2.1　做好施工准备工作

建设单位组织各参建单位多次召开岩壁梁施工准备会，就混凝土温度裂缝控制超前开展混凝土配合比优化设计；开展岩壁吊车梁施工工艺培训，宣贯各工序安全质量管控要点；组织参建单位进行工艺性试验，验证混凝土原材料、配合比、坍落度、振捣时长、入仓温度、模板等因素对混凝土镜面效果的影响，并根据实验结果，及时优化混凝土配合比，解决人、机、料等影响因素。

2.2.2　严格标准工艺应用

衢江电站岩壁吊车梁浇筑基本处于六月，浇筑期间日间最高气温可达 35℃，为降低入仓温度，控制混凝土内外部温差，衢江电站采取骨料提前预冷、拌和水加冰、水泥罐体通水降温、罐车"穿戴"保温罩、混凝土内部通水等降温措施，见图 4。并通过埋入上中下三层温度计实时监控混凝土温度变化及水化热温度提升速率，每四小时记录一次温度，确保混凝土内外最大温差始终控制在 20℃以内。

建设单位严格强化过程管控，始终坚持"一仓一设计""一仓一交底""一仓一

229

总结"浇筑制度，对每一仓混凝土拌和物生产运输、入仓振捣、温度控制和养护等各个环节进行统筹协调，严格落实 24h 值班带班，督促施工单位派驻技术人员全程指导作业队按要求有序、高效地施工。

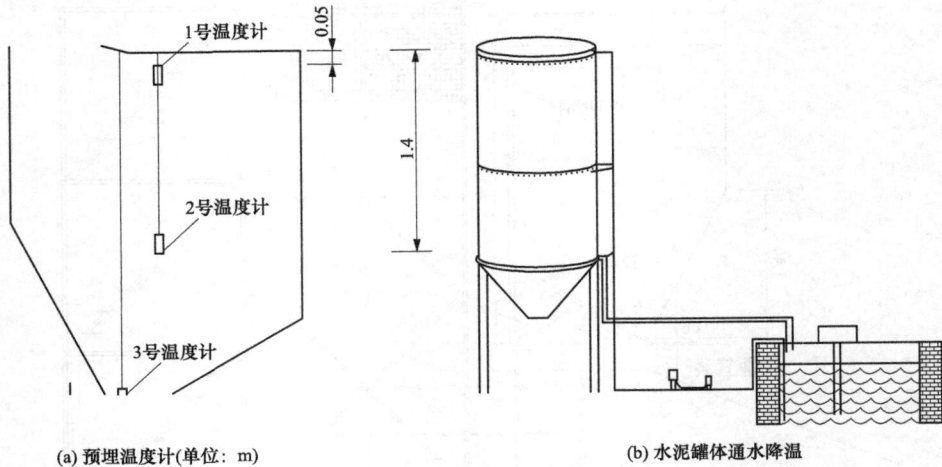

(a) 预埋温度计(单位：m)　　　　(b) 水泥罐体通水降温

图 4　岩壁梁混凝土预冷措施

2.2.3　减少温度裂缝产生

大体积混凝土浇筑完成后水泥水化过程中水化热较大，混凝土内部温度急剧升高，而混凝土表面与空气接触，散热较快，导致表面温度远低于内部温度，产生温度梯度，使混凝土产生温差应力，温差应力超过了混凝土极限抗拉强度时，混凝土结构就产生裂缝；另外，混凝土温度较高，导致裸露表面水分容易蒸发，混凝土失水严重后表面产生裂缝，严重影响混凝土质量[7]。基于上述影响，岩壁梁混凝土浇筑完成后需同时对混凝土顶部采取保温保湿措施养护，具体为混凝土水化热温度高于表面温度时，在混凝土面上洒水并铺设塑料薄膜，外侧覆盖双层保温被；在温降阶段采用保温棉及通水养护方式进行保温及保水，防止由于内外温差过高导致混凝土内部出现温差裂缝等情况；混凝土侧模带模养护，保证混凝土内外温差满足技术要求。

2.2.4　落实成品保护措施

（1）爆破飞石防护。为避免岩壁吊车梁混凝土成品遭到破坏，对岩壁吊车梁外立面及底面用木模板、竹跳板进行成品保护，爆破后对被砸坏的模板进行更换，确保岩壁吊车梁混凝土不被破坏。

（2）爆破质点振动速度控制。岩壁梁浇筑前先对岩壁梁下层边墙及中部拉槽的槽边进行预裂，防止预裂飞石或者冲击波对岩壁梁锚杆伸出岩石的部分造成损伤，以及在下层开挖时起到减振作用。同时在下层、相邻洞室开挖实时爆破振动监测，控制最大单响药量，确保岩壁梁区域质点振速满足规范要求。

3　进度、技术精细化管理措施

3.1　强化队伍引领

针对关键性节点任务，建设单位组织各参建单位班子成员为主要人员的夜间施工督导检查小组，每天夜间不定时间随机到施工现场，加强对施工人员、设备情况加强督导，加快问题的解决协调，当天的问题当天协调解决好，问题不过夜。

同时建设单位联合参建各方成立"岩锚梁浇筑党员联合突击队"，推动党建工作与工程建设深度融合。"岩锚梁浇筑党员""联合突击队"成员每天开展专项排查，针对检查发现的问题认真分析原因，精心部署下一步施工要求，精细化解决施工各环节的建设问题，真正在施工过程中做到"干一、观二、计划三"，有效提升钢筋及预埋件安装一次验收通过率，精细化解决施工各环节问题，充分发挥党员先锋模范作用，形成"创先争优"的集体荣誉感及良好的工作氛围，推动了岩壁吊车梁工程高质量建设。

3.2 混凝土入仓方式优化

3.2.1 施工技术原理

衢江电站岩壁吊车梁单仓混凝土约$51m^3$，根据岩壁梁设计结构及技术要求，混凝土坍落度较低，常规岩壁吊车梁混凝土浇筑采用吊车＋吊罐方式入仓，实际应用过程中，由于岩壁梁设计结构限制，无法采用较大的吊罐浇筑，采用汽车式起重机配合$1m^3$吊罐施工，9～10min浇筑1罐混凝土，单仓浇筑时间控制在7～8h。

通过调研，各方决定采用长臂反铲垂直运输入仓，先由混凝土罐车将混凝土送至存料斗，再用长臂反铲把混凝土从存料斗中挖取并送至浇筑仓面，见图5。通过对长臂反铲料斗进行改装，两侧加装翼板，前端减去铲牙改装刮板后料斗容量约为$0.3m^3$。一斗浇筑时间约为1min，每仓浇筑时间为3～4h，有效提升混凝土浇筑施工效率，一天可进行多仓混凝土浇筑。

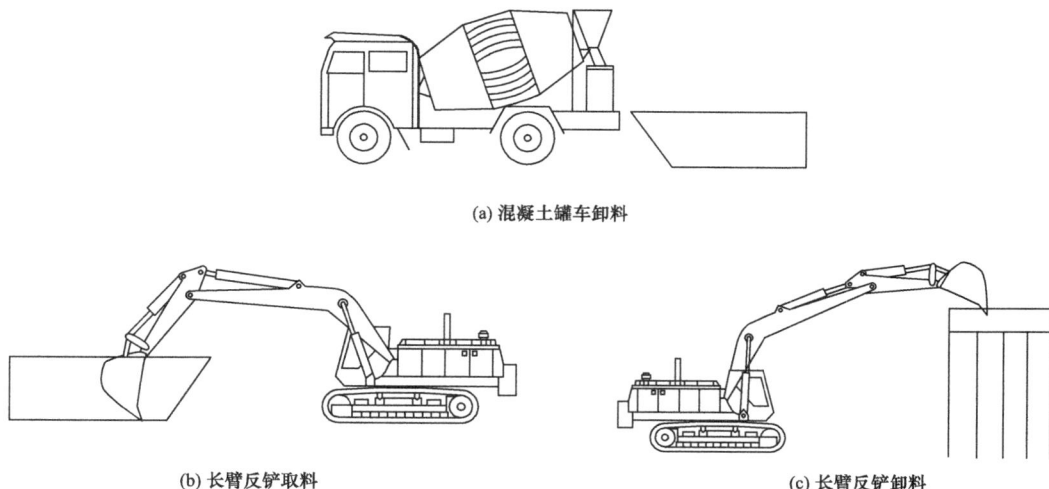

(a) 混凝土罐车卸料

(b) 长臂反铲取料

(c) 长臂反铲卸料

图5　岩壁梁混凝土浇筑长臂反铲入仓

3.2.2 施工过程控制

（1）存料斗是混凝土罐车与长臂反铲铲斗交接混凝土的中转站，在混凝土浇筑前应根据作业面布置存料斗，以长臂反铲能够取料且铲斗空间运动平均距离最短为

宜，同时可以在施工中利用长臂反铲移动存料斗至最合适的位置。根据实践经验，存料斗容量计算一般为

$$V_c = \max\{\alpha V_g, \beta V_{ch}\} \tag{1}$$

式中　V_c——存料斗容量，m^3；

　　　α——倍数，1.2～1.5；

　　　V_g——混凝土运输罐车容量，m^3；

　　　β——倍数，20～30；

　　　V_{ch}——长臂反铲铲斗容量，m^3。

存料斗容量 V_c 主要取决于混凝土运输罐车容量 V_g 及长臂反铲铲斗容量 V_{ch}，入仓作业越大越好，考虑太大不好转移、清理，施工中保证混凝土罐车一次性卸料的同时保证长臂反铲的连续作业。

（2）长臂反铲入仓应保证混凝土下料倾落自由高度不宜过大，长臂反铲铲斗至浇筑仓面不宜超过1m，入仓过程中铲斗应定位准确，卸料速度适当、布料均匀，防止仓面混凝土集中，对钢筋、模板造成冲击。由于反铲入仓速度快，浇筑过程中应观察预埋件的情况，若有变形、位移时应及时处理。

（3）仓面浇筑完成后，可用长臂反铲对存料斗进行移位，施工结束后及时清理反铲铲斗、混凝土存料斗，避免残留混凝土凝固，污染后续混凝土。

3.2.3　施工技术特点

（1）反铲作业对现场要求低，布置灵活，准备时间短。

（2）相较于汽车式起重机加吊罐入仓方式，长臂反铲入仓更安全，不需要人员在下方固定吊罐。

（3）入仓效率高、速度快。

（4）操作灵活，铲斗容量较小，可贴近仓面铺料，入仓混凝土质量更有保证。

3.3　模板结构及支撑体系优化

3.3.1　模板结构设计

模板选择是抽水蓄能电站岩壁梁混凝土浇筑施工中的重要环节。在选择模板时，需要考虑混凝土的外观质量和施工效率。首先，在保证混凝土外观质量的前提下，应选择耐用、结构合理的模板。模板的材质和加工工艺应具备足够的强度和刚度，以承受混凝土施工过程中的自重和振动。其次，模板的安装和拆除过程要方便快捷，以提高施工效率。此外，模板的表面应平整、光滑，防止混凝土产生裂缝和毛细孔，影响混凝土的质量和外观。

常规岩壁梁模板选用定制钢模板、维萨板、覆膜胶合板等，考虑节约成本和资源的因素，减少浪费和环境污染，衢江电站研究设计一种新型模板结构，即采用普通木模板＋PE板的模板结构体系，见图6。PE板具有表面光滑平整、韧性高、抗拉、耐腐蚀、耐低温、耐磨性能好等特点，放置在与混凝土接触面侧，可有效避免或减少蜂窝麻面等缺陷的产生，同时木模板加工便捷，底模与岩面结合部位均可量

身定做，确保木模板与岩壁完全贴合，PE板与木模板采用错缝布置，可有效减小错台和模板缝，提高岩壁梁模板平整度；PE板表面光滑，表面具有一层保护膜在模板安装前拆去，无需再涂刷脱模剂即可达到镜面效果。

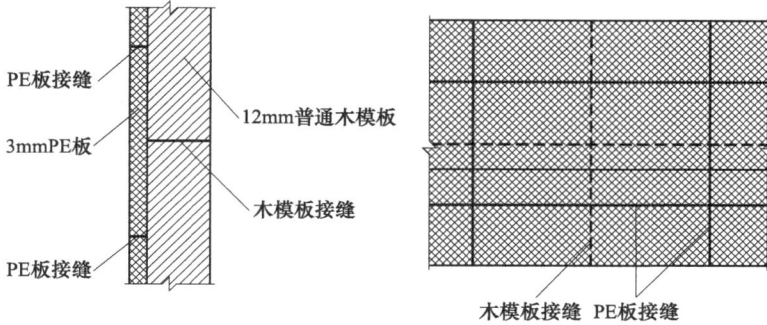

图 6　木模板＋PE板模板结构体系

3.3.2　模板支撑结构

3.3.2.1　斜面支持结构

基于岩壁梁底部为斜面结构，为保证模板及支撑体系受力均衡，设计了一种可整体拆装的"三角架"，"三角架"采用L5角钢、[10槽钢、ϕ48钢管按岩壁梁设计结构焊接加工，见图 7。施工过程中整体吊装，通过脚手架顶托进行调平，保证模板安装平整。

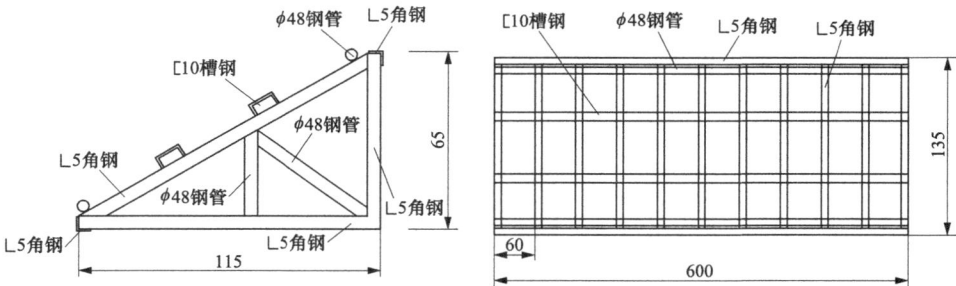

图 7　斜面支撑结构

3.3.2.2　模板加固体系

传统岩壁梁施工模板采取在仓内设置拉筋进行加固，模板拆除后还需对拉筋头、锥形套空洞进行封堵处理，费时费力还影响混凝土外观质量，采用一种外拉内撑的模板加固体系，见图 8。在岩壁梁结构上、下各设置一排 ϕ20、$L＝2.0\text{m}@1.0\text{m}$ 模板拉筋锚杆，在模板外侧水平方向布置 I12 工字钢，间距为 45cm；竖向布置双拼 I12 工字钢，间距为 1m，模板拉筋与锚杆焊接后采用螺栓固定在双拼工字钢外侧，成功避免了在梁内部设拉杆穿过模板留下穿孔痕迹的问题。

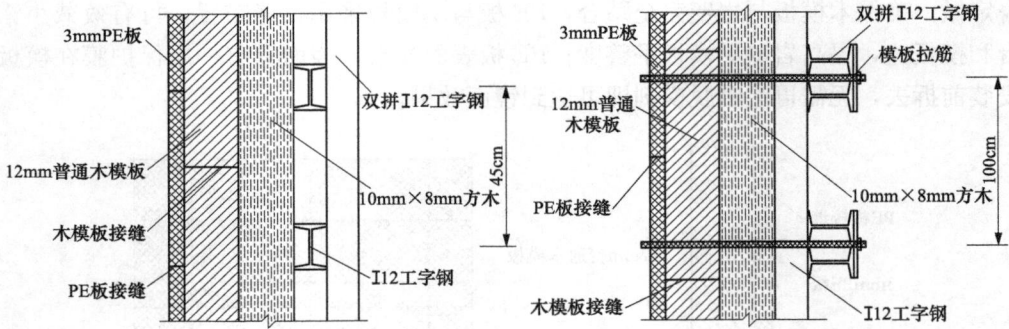

图 8　模板加固体系

3.4　温控措施优化

为了有效控制混凝土的温度，在岩壁梁混凝土高温浇筑施工中，采用通水冷却的温控技术。通水冷却主要用于控制最高温度、基础温差和内外温差在设计允许范围内，将混凝土冷却到要求的温度。根据技术要求，在混凝土开始浇筑即开始初期通水，通水时间一般为 14 天。混凝土温度与水温之差不超过 20℃，冷却水温度不高于 22℃，通水流量为 1.5～2.0m³/h，冷却时混凝土日降温不应超过 0.5～1℃，冷却水进、出口方向应 24h 交换一次。

3.4.1　冷却水管埋设

采用 $\phi 28$ 壁厚 2mm 钢管作为冷却水管，沿长度方向水平埋设，水平间距为 1.0m，距离模板 50cm；竖向共设两层冷却水管，层间距为 1.5m，见图 9。进水口及出水口均布置在岩壁吊车梁顶部，便于通水操作。为保证通水冷却质量，冷却水管安装完成在混凝土浇筑前进行通水测试，对漏水处采用接头连接后重新测试，确保连接处不漏水。

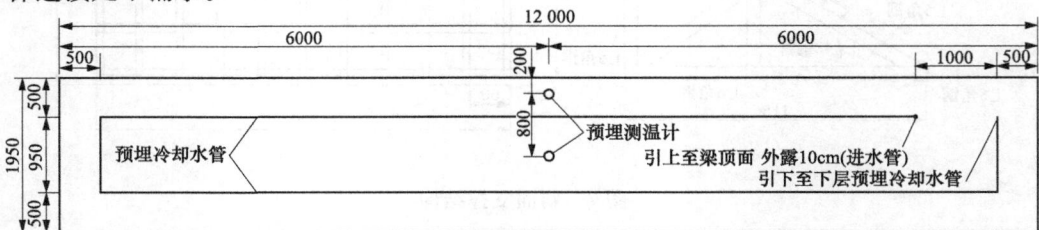

(a) 冷却水管上层平面布置图

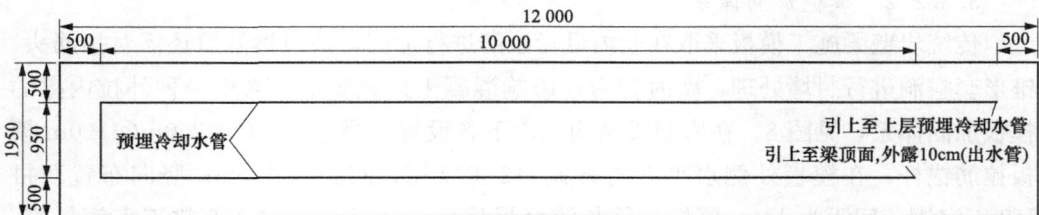

(b) 冷却水管下层平面布置图

图 9　冷却水管布置图（单位：mm）

3.4.2 通水冷却

埋设冷却水管属于初期通水冷却，初期通水冷却目的为削减最高温升，通水在混凝土浇筑完成后立刻进行，考虑岩锚梁混凝土浇筑过程中不同仓位浇筑时间不同，导致混凝土内部温度差异较大，采用统一的循环水供水系统无法满足不同仓位、不同混凝土温度的需求，现场采用布置"单仓循环系统"，见图10。所谓"单仓循环系统"就是每个仓位设置一个小型循环系统，以满足不同浇筑时间混凝土内部温度不同进行差异化通水冷却的需要，该系统主要包括 $1m^3$ 水箱、0.75kW 水泵、热水器及相应管理、阀门等，该系统的优势是可根据每个仓位混凝土内部温度情况适时调整循环水水温，使混凝土温度与水温之差不超过 20℃，避免在进行混凝土冷却的同时造成温度裂缝，在节约成本的同时有效降低每一仓混凝土水化热温度。

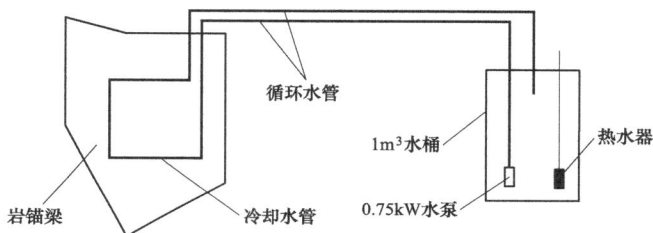

图10 "单仓循环系统"结构示意图

4 取得的效果

经过 24 个日夜的艰苦奋战，衢江电站地下厂房岩锚梁混凝土浇筑圆满完成，26仓混凝土墙面均实现"镜面"效果。按照《水电水利工程清水混凝土施工规范》（DL/T 5306—2013）中外观质量与检查方法，衢江电站岩壁梁混凝土外观满足普通清水混凝土标准且已达到饰面清水混凝土的效果，见图11。混凝土强度等各项指标满足设计要求，岩壁梁单元评定结果全部优良。

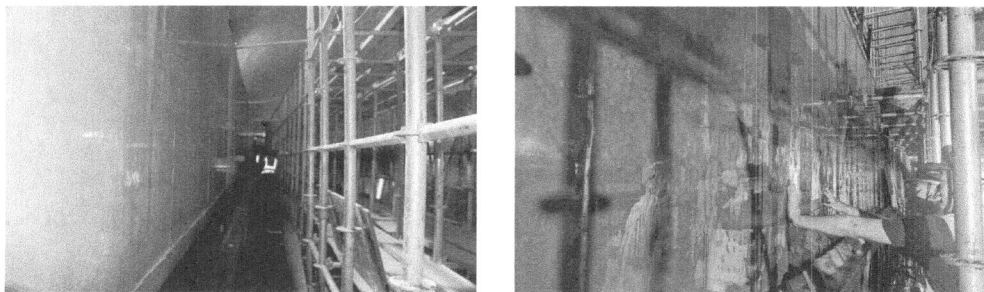

图11 岩壁吊车梁镜面效果图

5 结束语

衢江电站地下厂房岩壁梁混凝土施工中，通过对安全、质量、进度、技术、队伍等方面实施精细化管理措施，获得了优良的浇筑效果，同时显著提升了电站工程建设管理水平。实施精细化管理，是完善建设管理体系，提升建设管理水平，保障工程高质量发展的必然途径。

参考文献

[1] 刘元岐，张文倬. 鲁布革水电站建设中主要的岩土工程实例 [J]. 岩石力学与工程学报，1991，10 (3)：209-218.

[2] 刘立强，陈磊，魏宝龙，等. 岩壁梁普通清水混凝土施工质量控制 [J]. 人民长江，2018，49 (24)：83-85.

[3] 陆璐. 地下厂房岩壁梁混凝土施工工艺研究 [J]. 铁道建筑技术，2020 (4)：94-98.

[4] 温家华，王凯，张程. 抽水蓄能电站建设单位安全管理研究 [J]. 项目管理技术，2015，13 (6)：107-111.

[5] 国家能源局. NB/T 10096—2018 电力建设工程施工安全管理导则 [S]. 北京：中国电力出版社，2019.

[6] 中华人民共和国住房和城乡建设部. JGJ 231—2021 建筑施工承插型盘扣式钢管脚手架安全技术标准 [S]. 北京：中国建筑工业出版社，2021.

[7] 丁兵勇，杨忠良，唐瑜莲，等. 水电站厂房大体积混凝土温度应力分析与预裂措施 [J]. 南水北调与水利科技，2020，13 (2)：362-365.

作者简介

郑豪（1992—），男，工程师，主要研究方向：抽水蓄能电站施工技术管理。E-mail：hao-zheng@sgxy. sgcc. com. cn

杨勇（1976—），男，高级工程师，主要研究方向：抽水蓄能电站施工技术管理。E-mail：yong-yang@sgxy. sgcc. com. cn

王骞（1994—），女，工程师，主要研究方向：抽水蓄能电站施工科技管理。E-mail：qian-wang. qj@sgxy. sgcc. com. cn

张百千（1993—），男，工程师，主要研究方向：抽水蓄能电站施工技术管理。E-mail：baiqian-zhang@sgxy. sgcc. com. cn

琚建辉（1994—），男，助理工程师，主要研究方向：抽水蓄能电站施工技术管理。E-mail：jianhui-ju@sgxy. sgcc. com. cn

宗宪宇（1996—），男，助理工程师，主要研究方向：抽水蓄能电站施工技术管理。E-mail：xianyu-zong@sgxy. sgcc. com. cn

大直径小转弯 TBM 在抽水蓄能电站地下厂房开挖关键线路上的研究与应用

王　涛，杨战营，徐艳群，马　越

（河北抚宁抽水蓄能有限公司，河北省秦皇岛市　066006）

摘　要：TBM 在我国的隧道工程和水电站工程施工中应用越来越多，在施工过程中影响掘进的因素也有很多。本文以大直径小转弯 TBM 成功应用于河北抚宁抽水蓄能电站洞室开挖为背景，分析总结 TBM 在抽水蓄能电站地下厂房开挖关键线路上的研究与应用，为类似工程提供借鉴和指导。

关键词：TBM；抽水蓄能电站；施工组织；机械化施工

0　引言

国家"十四五"规划和 2035 年远景目标纲要指出，要构建现代能源体系，加快抽水蓄能电站建设和新型储能技术规模化应用。抽水蓄能电站作为一种同时具备电网调峰、填谷双重功能的大规模储能电源，能够有效承担电力系统的调峰任务，减少污染大、成本高的火电调峰机组的投入，降低煤炭资源的使用，从而实现调峰减碳[1]，我国"十四五"期间将重点实施"双两百工程"，即在 200 个市、县开工建设 200 个以上的抽水蓄能项目。目前抽水蓄能电站洞室开挖普遍采用人工钻爆的方式，电站建设工期较长，建筑市场的各方面资源存在摊薄及投入不足的问题，机械化施工是未来工程建设发展的必然趋势。我国 TBM 法隧道施工正在广泛推广，并且实现了以采用国产品牌 TBM 自主施工为引领的良好局面，从规模上将呈现升—平—降—稳的波动发展过程[2]。"抚宁号"TBM 对推动大直径小转弯机械化施工意义重大，在施工过程中极大提升了工程建设安全质量，施工效率是人工钻爆开挖的 3～5 倍，为电站施工的机械化转型升级奠定坚实基础。

1　工程概况

1.1　抚宁电站 TBM 试验段概况

河北抚宁抽水蓄能电站（简称抚宁电站）位于河北省秦皇岛市抚宁区境内，距抚宁区公路里程为 32km，站址距北京市、天津市、唐山市、秦皇岛市公路里程分别约为 270km、255km、140km、60km。电站安装 4 台单机容量 30 万 kW 的单级混流可逆式水泵水轮机，总装机容量为 120 万 kW。工程由上水库、下水库、地下厂房、输水系统等组成。抚宁电站的关键线路有两条：

（1）以下水库进/出水口下闸为节点的进、出水口施工和尾水斜井以后的隧洞开挖、混凝土衬砌施工，闸门安装调试线路。

（2）以地下厂房向机电安装标交面时间为节点的地下厂房开挖支护线路。

抚宁电站 TBM 试验段采用通风洞进入，穿越厂房顶拱中导洞，由交通洞出洞的设计方案，该试验段通风洞长度为 1193.201m（含钻爆始发洞长 25m），厂房顶拱中导洞段长度为 179m，交通洞长度为 871.537m（含钻爆接收洞长 15m），隧洞总长度为 2243.8m，共有 7 个转弯段，其中最小转弯半径为 90m，详细布置见图 1。

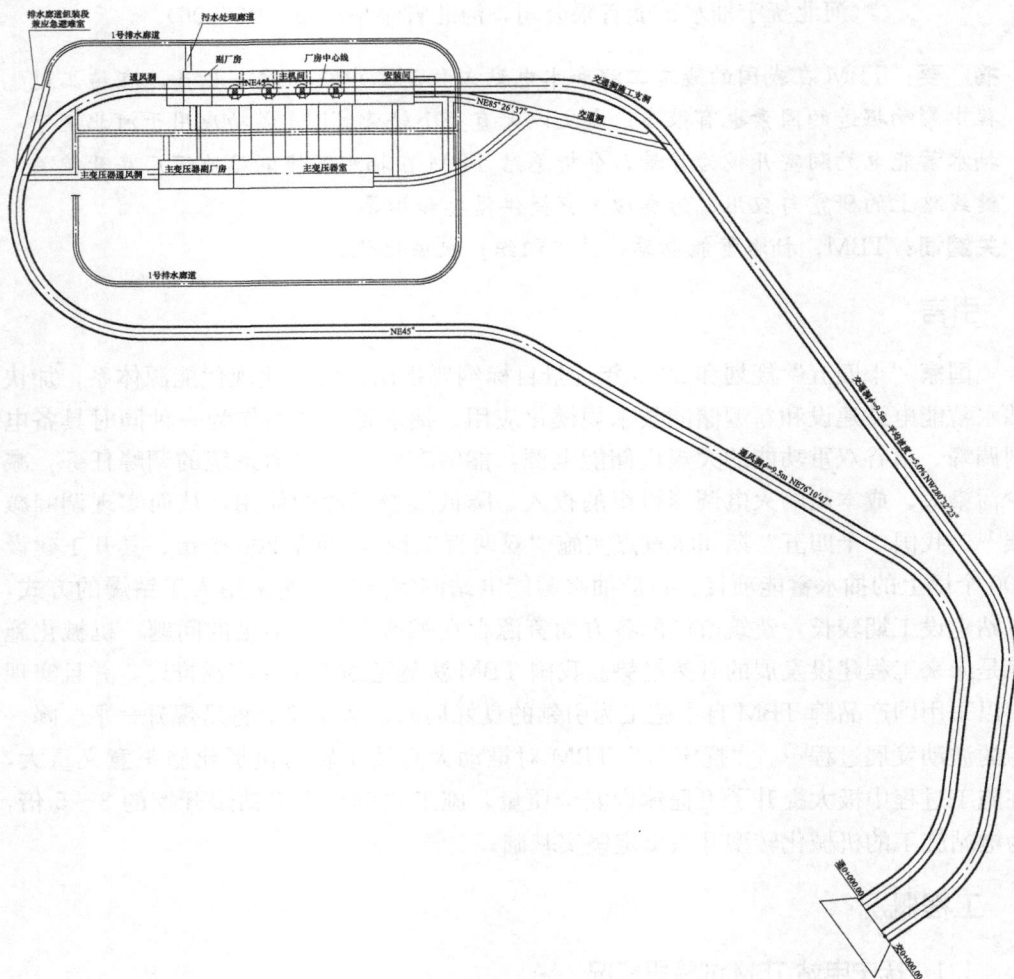

图 1　TBM 掘进路线布置图

1.2　水文地质情况

通风洞、厂房顶拱中导洞、交通洞岩性以混合花岗岩与钾长花岗岩为主，矿物成分主要是长石，其次是石英含量在 30%～40%，另外还有一些云母、绿泥石和少量磁铁矿；围岩单轴饱和抗压强度平均为 156MPa，最高达 200MPa。隧洞多位于地下水位以下，岩体弱—微透水性，断层、节理密集发育部位为中等—强透水性，施工过程中局部存在涌水。通风洞沿线的断层有 13 条，交通洞沿线穿越断层 8 条，带宽影响 2m 以上的 4 条，其中 J1 断层影响带宽 5.5m，J2 断层影响带宽 10～15m。

按照收集的地质编录情况来看，通风洞及厂房段中导洞段总长 1372.7m，其中三类围岩 1187.1m，四类围岩 185.6m；交通洞总长 871.174m，其中三类围岩 787.436m，四类围岩 83.738m。围岩分类见表 1。

表 1   围岩分类

围岩分类	Ⅲ级围岩	Ⅳ级围岩	全长
长度	1974.5m	269.3m	2243.8m
占比	88%	12%	

2 "抚宁号"TBM 设备简介及费用组成

"抚宁号"TBM 是世界首台大直径、超小转弯半径硬岩隧道掘进机，为新型敞开式设计，既满足小转弯掘进需求，又具备锚喷支护和拱架支护功能，设备整机直径为 9.53m，长度为 85m，总装机功率约为 5201kW，设备总重量约为 1100t，最小转弯半径为 90m，适用于±10%的坡度。配套设有钢筋排储存系统＋钢拱架拼装系统＋锚杆钻机系统＋混凝土喷射系统，支撑盾上部的钢筋排存储装置，可在软弱破碎围岩处通过钢拱架安装器及锚杆钻机辅助操作，将钢筋排固定在洞壁上，起到初期支护的作用。设备安装了自动导向系统，该系统应用了我国自主研发、行业首创的激光靶＋双目视觉识别定位技术，可实现 TBM 在超小转弯半径、强震动等工况下，盾体姿态精确、稳定、实时测量功能，同时搭载了刀具状态监测系统，实时监测滚刀状态。"抚宁号"TBM 成套设备总造价约为 1.35 亿元，施工费用主要有设备费，设备运输费，安装，调试费，人工费，支护费用，渣土运输费，施工辅助费（风、水、电），维保、刀具等耗材费，设备拆除费，安全文明措施费等费。

"抚宁号"TBM 设备图如图 2 所示。

图 2 "抚宁号"TBM 设备图

239

3 施工组织情况

"抚宁号"TBM自2021年7月15日起开始组装,组装时间为40天,调试时间为8天,设备于2021年10月25日始发掘进,于2022年10月24日出洞,拆机时间为45天。

由于"抚宁号"TBM首次应用于抽水蓄能电站,为保证TBM安全有序施工,河北抚宁抽水蓄能有限公司(简称抚宁公司)组织参建各方成立"抚宁号"TBM试验小组,统筹TBM建设管理工作。设备进场前抚宁公司组织参建各方编制审查《TBM掘进及支护专项施工方案》《TBM安全技术方案》《TBM监理工作大纲》等,施工过程中组织开展周、月例会,指导现场施工及监理工作。

TBM隧洞施工是以掘进作业为核心,以掘进、支护、出渣运输为主要作业,通风、供电、供水、排水等为辅助作业进行的[3]。为充分发挥设备的性能,最大限度地满足工程需要,根据TBM施工特性,按照"4h检修,20h掘进"方式组织施工,即每天7—11时(4h)主要进行设备维护保养、锚喷支护、物料运输等工作,11时至第二天7时(20h)掘进。

根据TBM施工特点,施工组织按掘进、维护、运输、综合保障四部分进行设置,分别设置一个掘进队(分白夜班两个施工班组)、一个设备维护队、一个运输队(分两班配合施工)、一个综合保障队。掘进队负责TBM掘进作业;设备维护队负责TBM设备日常维护保养,处理设备故障;运输队负责出渣、材料运输;综合保障队负责材料加工、洞外风水电设施保障等任务。TBM施工工序较多,在该施工方法进行施工时,有很多影响因素会造成TBM掘进效率变低[4],因此,需要不断优化施工组织,加强工序衔接,加大专业技术人员的投入,确保施工的连续性。

通过不断对施工组织优化,强化专业性技术管理,减少不必要的人员投入,施工组织优化后人员配置在82人左右,见表2。

4 技术改造情况

原TBM施工方案采用自卸汽车出渣,导致出渣过程不连续,TBM设备不能保持高效率掘进,随着进尺的逐渐深入影响越来越大,且自卸汽车出渣方式只有一条施工通道,掘进施工过程中各种施工组织如掘进出渣、工人通行、设备检修、材料运输等均为此单一通道,存在互相交叉、互相制约影响,自卸汽车出渣方式导致施工现场道路泥泞,现场的安全文明施工形象较差,采用自卸车出渣平均月度进尺在200m左右。

针对此情况,"抚宁号"TBM试验小组经多方技术调研,提出研究采用长距离运输皮带出渣方式,开展技术改造,研发制造了国内首条长距离、高速率、急转弯出渣运输皮带,形成两个通道,提升设备掘进效率和安全文明施工环境。皮带机于2022年8月安装调试完成,9月的月进尺达到303.417m。洞室内皮带机照片如图3所示。

表 2　　　　　　　　　　优化后的 TBM 施工人员配置表

序号	岗位	人数（人）	备注	序号	岗位	人数（人）白班	人数（人）夜班	备注
一、TBM 项目管理人员				三、TBM 掘进队				
1	TBM 工区负责人	1		1	掘进队队长	1	1	
2	TBM 技术负责人	1		2	TBM 操作手	2	1	
3	TBM 安全负责人	1		3	锚杆支护组	5	5	
4	TBM 现场负责人	1		4	湿喷混凝土组	2	2	
5	技术员	2		5	轨道延伸	3	3	
6	质检员	1		6	电气工程师	2	2	
7	施工员	2		7	机械、液压工程师	1	1	
8	测量人员	2		8	跟班刀具检修	1	1	
9	经营	2			小计	17	16	白夜两班共 33 人
10	财务	2		四、起重运输队				
11	物资	1		1	起重运输班长	1	1	
12	综合办	1		2	起重司机	1	1	
	小计	17		3	信号司索工	1	1	
二、TBM 维护保养队				4	机车司机	5	5	
1	TBM 设备维保队长	1			小计	8	8	白夜两班共 16 人
2	机械、液压工程师	2		五、综合保障队				
3	电气工程师	3		1	综合保障队队长	1		
4	刀具组	2		2	电焊工	2		
5	水、电延伸组	2		3	杂工	3		
	小计	10			小计	6		
	总计			82				

图 3　洞室内皮带机照片

5 施工安全、质量及掘进效率分析

5.1 施工安全分析

采用 TBM 施工，因机械化施工程度高，作业人员少，人员安全意识较高。非爆破开挖不使用火工品，没有火工品流失、爆炸风险，同时消除了爆破对围岩稳定带来的潜在危害，且施工支护更加及时，有效降低了施工风险，见表 3。TBM 施工洞内外温度、湿度差异不大，作业环境有了较大的改善。松动圈测试相比于传统钻爆法，扰动明显更小，见表 4。

表 3 TBM 与钻爆法施工风险对比

工艺伤害类型	物体打击	车辆伤害	机械伤害	起重伤害	触电	火灾	高处坠落	冒顶片帮	爆炸
钻爆法	√	√	√	√	√	√	√	√	√
TBM		√	√	√	√	√			

表 4 TBM 与钻爆法施工松动圈测试对比

围岩类别	TBM 塑性区深度	钻爆法塑性区深度	塑性区深度对比（TBM/钻爆法）	TBM 松动圈深度	钻爆法松动圈深度	松动圈深度对比（TBM/钻爆法）
	m	m	%	m	m	%
Ⅲ	1.0	2.0	50.0	0.40	0.80	50.0
Ⅳ	2.0	3.4	58.8	1.20	2.04	58.8

因为机械化施工程度高，施工作业人员减少且安全意识较高，作业环境改善，所以本质安全得到了极大的提升。

5.2 施工质量分析

采用 TBM 施工，洞室超挖仅为 0～2cm（刀痕），洞室表面非常平整，整体外观趋于镜面，开挖对岩石扰动小，避免了掉块等问题，洞室的支护质量及整体的面貌都要好于人工钻爆法，对比见图 4。

(a) 钻爆法开挖面貌　　　　(b) "抚宁号" TBM开挖面貌

图 4 对比图

5.3 施工效率分析

"抚宁号" TBM 自 2021 年 10 月 25 日始发掘进,至 2022 年 10 月 24 日出洞,累计掘进 364 天。其中采用自卸汽车出渣方案平均月进尺 200m,后续采用连续皮带机出渣最高月进尺达到 303m 以上。同等地质条件下,目前抚宁电站道路洞室开挖人工钻爆法的施工效率为 90m/月左右,采用 TBM 施工效率是人工钻爆法的 3.3 倍左右。

6 人工钻爆施工与 TBM 施工在关键线路上效率对比分析

6.1 人工钻爆施工效率分析

采用钻爆法施工,在打通通风洞到厂房端部时正式进入主体工程开工,按照抚宁电站现场施工水平来看,Ⅲ类围岩大断面洞挖进尺支护在 100m/月,Ⅳ类围岩大断面洞挖进尺支护在 70m/月。考虑现场的围岩情况,综合考虑按照 90m/月来计算,通风洞总长为 1193.201m,采用钻爆法施工则需 400 天左右,项目进入到主厂房施工。

同时交通洞采用另一支队伍进行钻爆施工,交通洞长 871.537m,采用钻爆法施工则需 290 天左右。

6.2 TBM 施工效率分析

采用"抚宁号" TBM 施工需打通通风洞(1193.201m)、厂房顶拱中导洞(179m)、交通洞(871.537m),总长 2243.8m,项目进入主厂房施工。按照 303m/月的效率进行分析,完成掘进需 222 天。厂房顶拱中导洞的形成已完成厂房顶拱的部分开挖量 12 762m³(厂房中导洞段长 179m,洞径为 9.53m),扩大了厂房的施工作业面,上下游及大小桩号均可施工。抽水蓄能电站地下厂房顶拱施工工期普遍在 180 天左右,抚宁电站地下厂房顶拱于 2023 年 3 月 8 日开始施工,8 月 1 日开挖支护完成,历时 146 天,故采用 TBM 施工后厂房顶拱开挖可提前 34 天左右。

采用 TBM 施工,完成了厂房顶拱开挖通道,形成了厂房顶拱中导洞,厂房开挖出渣、材料运输均可采用通风洞及交通洞两条通道,为厂房施工提供了便利条件;且 TBM 施工采用的出渣皮带仍可用于厂房开挖出渣,极大提高了现场施工效率;使用 TBM 施工从始发到完成厂房顶拱开挖总计比人工钻爆开挖提前 212 天左右,见表 5。

表 5　　　　　　　　　　关键线路上 TBM 施工与人工钻爆对比分析

工艺对比项	资源投入	进入主体工程工期	厂房顶拱开挖工期	完成厂房顶拱开挖的总时间
钻爆法	70 人左右(多数为洞内施工)、装载机、自卸车、锚杆台车等	400 天	180 天	580 天
TBM 施工	74 人左右(多数为停机检修及洞外辅助)、TBM 设备、运输设备等	222 天	146 天	368 天

7　大直径小转弯 TBM 应用场景

根据抽水蓄能电站厂区建筑物划分，大直径小转弯 TBM 可应用于抽水蓄能电站通风洞、厂房顶拱中导洞、交通洞，为后续地下厂房施工打开工作面，提供便利条件；可应用于较长的尾水隧洞（1km 以上），提升输水系统工程施工效率；可应用于上下库连接公路隧道，应用 TBM 施工可优化连接公路隧道路线，避免了钻爆法施工的征地挂渣、对自然植被环境破坏等问题。

根据抽水蓄能电站围岩分类划分，大直径小转弯 TBM 适用于完整性好、自稳性好的中等强度硬岩地层，可应用于二类、三类、四类围岩，岩石强度在 50～250MPa。

8　结束语

大直径小转弯 TBM 在抽水蓄能电站的应用意义重大，不但安全质量得到了有效保障，同时为地下厂房主体工程提供了便利的施工条件，并为地下厂房的出渣工序提供了机械化的输送皮带，有效提升了地下厂房开挖的施工效率，对推进抽水蓄能电站地下厂房开挖支护关键线路有着重大意义。通过对河北抚宁抽水蓄能电站大直径小转弯 TBM 施工的总结分析，得出了一些 TBM 在抽水蓄能电站地下厂房开挖关键线路上的施工经验及技术方法，为类似工程提供借鉴和指导。

参考文献

[1] 任海波，余波，王奎，等 . "双碳"背景下抽水蓄能电站的发展与展望 [J]. 内蒙古电力技术，2022，40（3）：25-30.

[2] 齐梦学 . 我国 TBM 法隧道工程技术的发展、现状及展望 [J]. 隧道建设（中英文），2021，41（11）：1964-1979.

[3] 唐志林，杨景辉，陈铁仁 . TBM 施工组织管理技术 [J]. 水利水电技术，2006（5）：80-82.

[4] 徐艳群，刘永奎，刘传军 . 文登电站 TBM 掘进效率的影响因素分析 [J]. 建筑机械，2021（S1）：42-44.

作者简介

王涛（1979—），男，高级工程师，主要研究方向：水利水电工程、机械化施工等。E-mail：tao-wang@sgxy. sgcc. com. cn

杨战营（1981—），男，高级工程师，主要研究方向：水利水电工程、机械化施工等。E-mail：zhanying-yang@sgxy. sgcc. com. cn

徐艳群（1971—），男，高级工程师，主要研究方向：水利水电工程、机械化施工等。E-mail：yanqun-xu@sgxy. sgcc. com. cn

马越（1997—），男，助理工程师，主要研究方向：水利水电工程、机械化施工等。E-mail：yue-ma@sgxy. sgcc. com. cn

TBM 在洛宁抽水蓄能电站引水斜井中的应用

王胜军[1]，张学清[1]，高　健[2]，殷　康[2]

（1. 国网新源集团有限公司，北京市　100761；

2. 河南洛宁抽水蓄能有限公司，河南省洛阳市　471700）

摘　要： 河南洛宁抽水蓄能电站 1 号引水斜井全长 928m，开挖直径 7.23m。为国内最长的抽水蓄能斜井。该斜井采用了国内首台"永宁号"斜井 TBM 进行一次性全断面开挖，国内首创了一种全新的施工方法，突破了目前常规斜井开挖方法"使用反井钻机＋人工扩挖"对洞室长度的限制，降低了人工扩挖的施工风险，提升了施工效率。本文介绍了"永宁号"斜井 TBM 在河南洛宁抽水蓄能电站引水斜井施工的始发、掘进、支护等详细的操作方法，为其他项目再利用 TBM 进行斜井开挖支护提供了丰富的宝贵经验。

关键词： 国内首台；斜井 TBM；施工方法

0　引言

抽水蓄能电站的特点是从上水库进/出水口到机组安装高程的高差很大，小则 100～200m，大则约 800m。引水斜井的特点是倾角陡、直径大、长度长、施工难度大。目前国内抽水蓄能电站引水斜井一般的设计参数：倾角为 45°～60°；直径为 6～10m；最大施工长度由于受施工能力限制控制在 400m 左右。引水斜井一般采用导井—扩挖法进行施工，导井的开挖目前常规做法是采用反井钻机施工。

将全断面隧道掘进机（Tunnel Boring Machine，TBM）应用于引水斜井开挖在国内还没有先例，但是在国外已经有不少成功的实例，为我国抽水蓄能电站引水斜井提供了可以借鉴的成功经验。斜井 TBM 施工技术已经在日本、瑞士等国家应用于抽水蓄能电站引水斜井开挖施工，是目前最先进的斜井开挖方法。

采用 TBM 施工斜井的工法有：

（1）导井 TBM（自下而上）＋钻爆法扩挖（自上而下）。

（2）导井 TBM（自下而上）＋扩挖 TBM（自上而下）。

（3）全断面开挖 TBM［自下而上（陡倾角）或自上而下（缓倾角）］。

采用 TBM 方法开挖时，电站的输水发电系统布置需要作相应的调整。总的来说，TBM 方法可以简化输水发电系统布置，优化工程施工组织设计，提高隧洞掘进的质量和效率，符合当前隧洞施工机械化、智能化的发展方向。

1　工程概况

1.1　适应 TBM 施工引水斜井概况

1.1.1　原招标设计方案

引水主洞采用一洞两机布置，主洞洞径为 6.5m/5.6m。引水高压主管为调压室中心线至钢岔管始端的管道。高压主管共 2 条，1 号高压主管长 1279.862m，2 号高压主管长 1191.115m。两条高压主管平行布置，立面上采用两级斜井布置，设有上斜井段、中平段、下斜井段和下平段。

1 号高压主管在调压室后接倾角为 60°的上斜井段，垂直高差为 258.539m，轴线长度为 267.017m（不包含上下弯段长度）；中平段坡度为 8%，轴线长度为 424.163m，中平段上游侧 40m 洞段采用钢筋混凝土衬砌，衬砌厚度为 0.5m，其后采用钢板衬砌。下斜井段角度为 60°，垂直高差为 264.542m，轴线长度为 272.387m。

原方案引水系统示意图如图 1 所示。

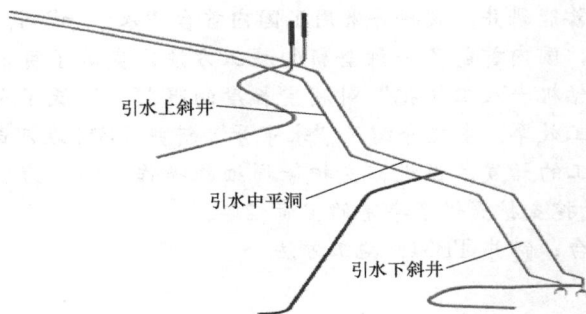

图 1　原方案引水系统示意图

1.1.2　TBM 施工斜井设计方案

综合考虑地质条件、水工结构、TBM 设备性能及施工条件、输水运行条件，以及 TBM 设备应用推广等因素，将引水上斜井、中平洞和下斜井调整为一级斜井[1]。斜井全段采用 TBM 施工。1 号引水斜井段长 928.255m，角度为 36.236°；2 号引水主洞斜井段长 872.939m，混凝土衬砌段长度为 221.157m，角度为 38.742°。TBM 开挖断面尺寸为 7.2m。

1 号引水斜井线路埋深为 184～684m，以中风化新鲜斑状花岗岩等 Ⅱ、Ⅲ类围岩为主，并穿越 2 条断层破碎带。其中 Ⅱ类围岩占比 72.2%，Ⅲ1 类围岩占比 13.1%，Ⅲ2 围岩占比 9.0%，Ⅴ类围岩占比 5.7%。

TBM 施工斜井设计方案示意图如图 2 所示。

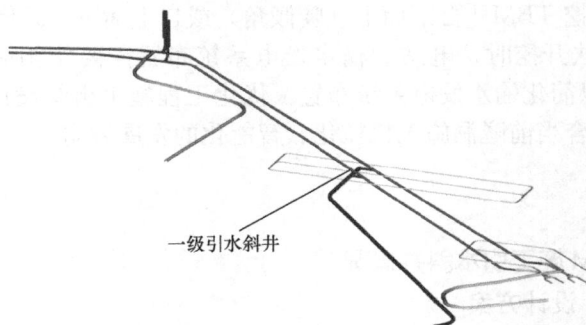

图 2　TBM 施工斜井设计方案示意图

1.2 斜井 TBM 设备概况

洛宁电站引水斜井采用国内首台斜井 TBM 进行全段面开挖支护。该 TBM 最大开挖直径为 $\phi 7.23$m，设备总长度为 121m，主机长度为 22m，总重（主机＋后配套）1550t，装机总功率为 4055kW。

设备从前向后依次由主机（刀盘、支护系统、内铠等）、安全防溜车装置（外铠、后支撑、ABS 等）、后配套（1～8 节后配套拖车）三大部分组成，如图 3 所示。

图 3　TBM 设备示意图

目前 TBM 机型主要分为敞开式 TBM 和护盾式 TBM；敞开式 TBM 分开主梁式 TBM 和凯式 TBM。根据本项目地质特点，洛宁斜井 TBM 采用凯式 TBM 结构形式，具有下列技术特点[1]。

（1）主机部分采用双撑靴布置，结合双重安全防溜车（ABS）装置，通过单独的逻辑控制，确保掘进换步过程中，至少有三组撑靴撑紧洞壁，大大提高安全性。

（2）针对具备自稳能力的地层，适应性较强。

（3）支护距离开挖面约 5m，支护及时。

（4）护盾长度约 4.5m，可实现径向伸缩，卡机风险低。

（5）撑靴数量多（16 组共 32 个撑靴），每组可单独操作，地质适应性强；撑靴在支护系统后部，遇到地层不能满足撑靴撑紧提供推进反力时，可通过支护及时有效处理满足撑靴使用；撑靴在外部，周围有空间便于人工及时处理。

（6）接地比压小。

（7）作业空间大，可以有效保证主机上部和下部作业空间高度。

（8）由于护盾长度较短（约 4.5m），可直接、快速地进行坍腔处理；采用辅助工法的位置和空间大，处理方法多。

凯式 TBM 撑靴适应断层破碎地层如图 4 所示。

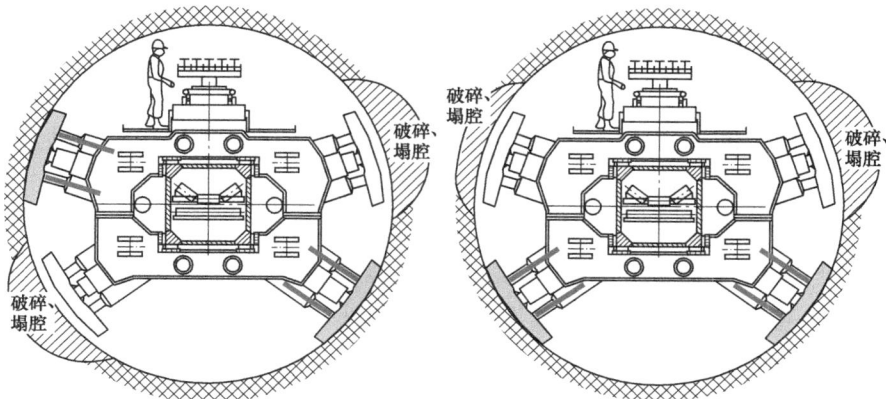

图 4　凯式 TBM 撑靴适应断层破碎地层

2 斜井 TBM 组装及始发

2.1 斜井 TBM 的组织布置

根据工程施工条件，TBM 在 1 号引水下平洞与 1 号引水斜井交叉位置组装洞室进行组装、调试，步进至始发洞室后进行开挖作业，待掘进作业完成后，从 1 号上平洞拆机洞室拆机并运输至 2 号引水下平洞与 2 号引水斜井交叉位置，进行组装、调试，步进至始发洞室后进行开挖作业，待掘进作业完成后，从 2 号上平洞拆机洞室拆机并运输至洞外场地进行存放[2]。

具体施工路线：TBM 组装、调试及始发→1 号引水斜井施工→TBM 拆机→2 号施工支洞运出→TBM 组装、调试及始发→2 号引水斜井施工→TBM 拆机运出。

组装洞要求：TBM 组装洞室依据 TBM 直径、主机长度、不可分割件尺寸及刀盘的翻转等因素进行规划，则满足 TBM 组装最小洞室为 85m×14m×5.5m（长×宽×高），地面混凝土硬化处理，组装区域配备 2×80t 门式起重机进行组装作业。

始发洞室布置要求：TBM 始发洞室根据刀盘的开挖直径、设备主机支撑的位置及 TBM 姿态控制等因素考虑，则 TBM 组装洞室断面设计为马蹄形，洞室最小长度为 19m，断面直径为 7.3m，底板混凝土进行硬化处理。TBM 始发及拆机洞室示意图如图 5 所示。

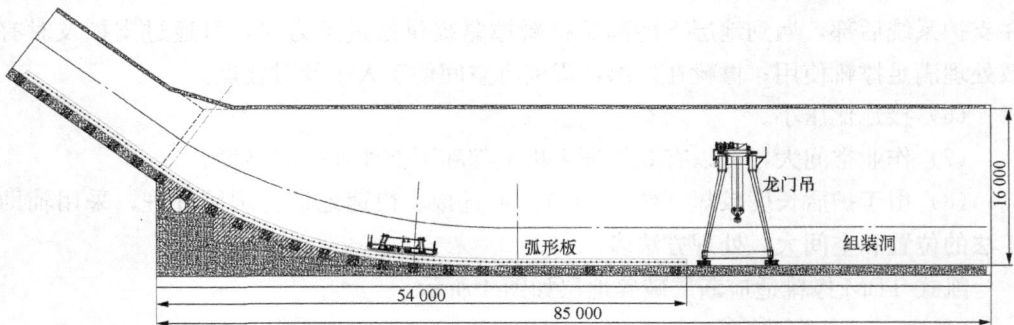

图 5 TBM 始发及拆机洞室示意图

拆机洞要求：斜井 TBM 拆机场地要求与组装洞类似，拆机洞室为城门洞型，长×宽×高为 20m×13m×15.5m，布置 2×80t 门式起重机一台。

2.2 始发掘进方法

TBM 设备自厂家由平板车运至组装洞，利用吊车配合门式起重机卸车，在组装洞室利用门式起重机进行 TBM 成套设备的组装。采用弧形板进行 TBM 设备始发。

受组装洞内施工场地限制，TBM 采取分体组装、分段步进方式。TBM 设备主机及 1～5 号拖车安装调试完成后进行第一次掘进，掘进 46m 后安装 6～8 号拖车，继续掘进 74m 后在组装洞内安装渣水分离及物料运输系统。

3 斜井 TBM 掘进

3.1 斜井 TBM 掘进流程

掘进过程中,以超前地质预报成果为依据,结合掘进参数、出渣情况和成洞质量对掌子面围岩做出较为准确的判断,然后选择相应的掘进模式及掘进参数破岩掘进。TBM 掘进作业流程如图 6 所示。

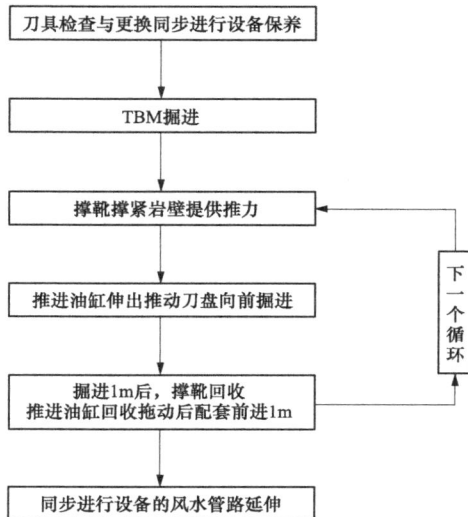

图 6 TBM 掘进作业流程图

当主推进油缸达到最大掘进行程时,TBM 需要停机换步。此时刀盘停止转动,将后支撑撑出,然后将撑靴慢慢收回并前移一个行程,撑靴前移到位后再次撑紧岩壁,收回后支撑,最后通过操作后配套伸缩油缸牵引后配套走行一个循环。

TBM 在进行换步作业时,操作司机根据测量导向系统计算机屏幕显示的主机位置数据进行 TBM 姿态调整,完成对主机掘进方向和主机滚动值的调整,使 TBM 以合理的姿态工作。

换步是 TBM 施工中的一个重要环节,TBM 推进油缸伸出至最大行程后,必须进行换步操作收回油缸,将撑靴和拖车前移才能开始下一个循环的掘进。通过前盾垂直油缸使顶护盾与隧道拱顶贴紧产生摩擦,为收缩推进油缸前移支撑盾提供反作用力,推进油缸回缩一个行程,拖拉油缸拉动拖车跟随支撑盾前移来实现换步。

出渣主要是借助岩渣自重在溜渣槽中自溜出渣。根据实际情况岩渣自溜时可以辅助水力冲刷,岩渣到达底部时使用筛分设备进行渣水分离[3]。

3.2 斜井 TBM 掘进效率及影响因素

TBM 施工快慢主要由掘进速度和有效运转率来体现。掘进速度快,有效运转率高,施工速度快,月进尺就多。根据设计性能,"永宁号"斜井 TBM 计划月进尺为150m,实际 2023 年 5 月"永宁号"斜井 TBM 设备及渣水分离安装完成,达到正常掘进工况条件，6 月经统计月进尺为 128m。

对 6 月掘进流程中每一道工序在每日进尺占比时间进行了分析和统计，分析各影响因素对掘进进尺的影响，发现影响掘进的主要因素主要为换渣车、溜渣槽堵塞、渣水分离系统故障、物流运输系统故障等。TBM 设备掘进程序和各工序时间占比图如图 7 所示。

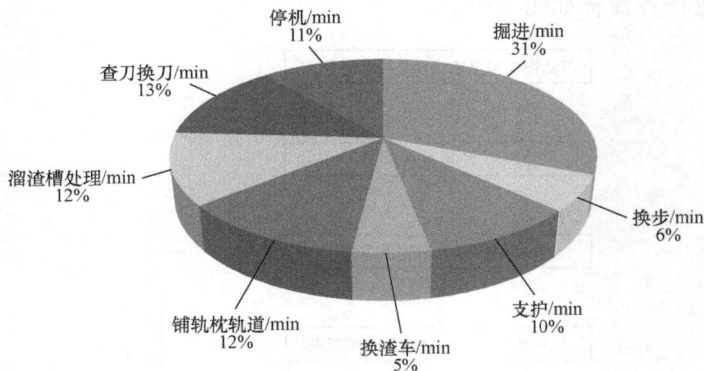

图 7　TBM 设备掘进程序和各工序时间占比图（2023 年 6 月）

针对每一项问题制定专门的改造方案和相应措施，先后完成了溜渣槽型式改造、渣水分离系统改造、物流运输改造等大小改造 40 余项，基本上解决了溜槽槽堵塞、渣车接渣不连续、物料运输车故障率高等一系列难题，优化施工组织顺序，调整设备维护班组与掘进班组时间，同步推进设备维修保养，将每小时的掘进效率由 0.5m/h 提升至 1.0m/h，每日有效掘进时间由平均 7.5h 提高至最大 16h，最大月进尺达到 171m，最大日进尺达到 16.086m，平均月进尺达到 111.85m/月，较常规斜井反井钻机施工导井+人工扩挖的方法效率提升约 2.5 倍。

3.3　斜井 TBM 的支护施工

TBM 的支护设备主要包括钢网片/钢筋排存储机构、钢拱架安装系统、锚杆钻机系统、应急混凝土喷射系统等。对断层破碎带施工段，为保证 TBM 掘进、后续压力钢管安装和混凝土衬砌施工期的洞室围岩稳定，需要对开挖面及时采取挂网、架立钢支撑、系统锚杆以及喷混凝土等支护手段。结合洛宁引水斜井 TBM 设备的支护性能，设计明确挂网和锚杆的支护范围为顶拱 220°、喷混凝土支护范围为顶拱 260°、钢支撑为全断面圆形支护，为满足 TBM 掘进能够顺利通过断层破碎带，还需要结合模筑混凝土等手段对撑靴部位进行加固，以保证围岩稳定以及 TBM 设备的顺利掘进。

斜井 TBM 支护设备如图 8 所示。

4　斜井 TBM 应用改进及场景展望

在斜井倾角大、坡度陡条件下 TBM 自稳、向前掘进由支撑系统（多套撑靴）提

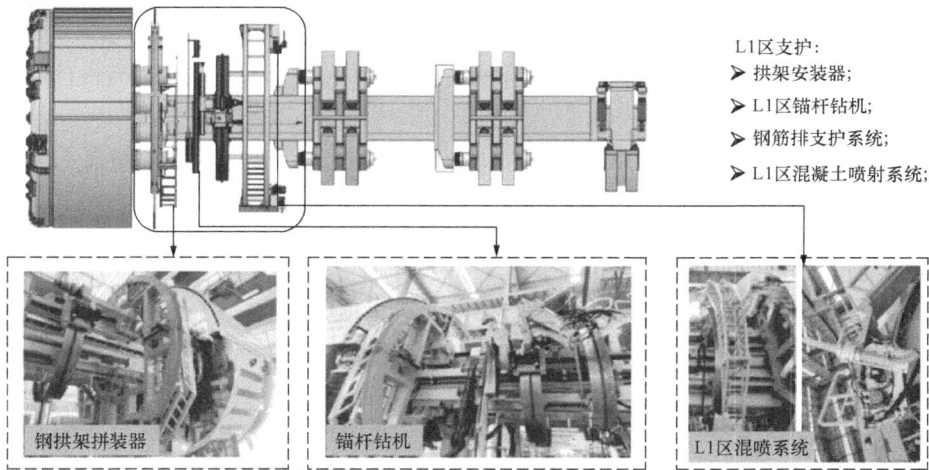

L1区支护：
➤ 拱架安装器；
➤ L1区锚杆钻机；
➤ 钢筋排支护系统；
➤ L1区混凝土喷射系统；

钢拱架拼装器　　　　锚杆钻机　　　　L1区混喷系统

图 8　斜井 TBM 支护设备

供，其安全性是首要问题。TBM 在斜井施工最大的安全风险是溜车（包括主机和后配套台车），除主机选用凯式支撑系统和 ABS 制动装置外，后配套也需重点考虑防溜装置，同时还需考虑遇到围岩承载力不够的预案。

洛宁斜井 TBM 掘进过程中遇到Ⅳ、Ⅴ类围岩洞段时，支护施工比较制约掘进效率，后续需考虑强化挂网喷锚支护、拱架支护、超前加固处理等能力，确保支护能力与掘进能力匹配。TBM 渣料中细料比较容易因溜渣槽损坏而附着造成堵塞，需考虑采取溜渣槽防堵塞措施，同时，高落差长斜坡溜渣还需考虑冲击工况，选用抗冲耐磨材料。

为提高对国内不同抽水蓄能电站斜井掘进的适应能力、提高 TBM 的适用性，需要适当提高 TBM 的破岩能力。要对 TBM 主推力、扭矩，刀具布置及刀盘、刀座的结构强度计算考虑足够的裕量，以应对岩石硬度高、完整性好的掘进工况，保证设备的可靠性，提高掘进效率。

下一步可研究带管片支护功能的斜井 TBM，将引水衬砌与开挖支护合并开展，降低后续衬砌施工安全风险，同时也需要在引水系统设计上进行突破，实现全机械化的引水系统施工[4]。

5　结束语

作为国内首台斜井 TBM，"永宁号"斜井 TBM 研究解决了在 39°的斜井进行物料运输、出渣、通风、污水净化再利用等问题，提出设备步进和拆机洞室的边界条件，研究不良地质段处理措施，降低了人工扩挖的施工风险，提升了施工效率，开创了一种全断面机械化施工斜井的新方法，为目前水电施工市场日益萎缩的劳动力现状与抽水蓄能大规模开发建设的矛盾提供了一种解决方案。

参考文献

[1] 张兴彬，王炳豹，张辰灿，等. 河南洛宁抽水蓄能电站引水斜井 TBM 施工组织设计方案 [J]. 人民黄河，2021（S02）：043.

[2] 张学清，王炳豹，殷康，等. 洛宁抽水蓄能电站引水斜井 TBM 施工设计方案研究 [J]，水电与抽水蓄能，2023，9（1）：60-64.

[3] 张学清，王炳豹，殷康，等. 洛宁抽水蓄能电站引水斜井 TBM 施工关键技术研究 [J]，水力发电，2022，48（2）：81-87.

[4] 张军，李守臣，宁忠立，等. 抽水蓄能电站引水斜井采用 TBM 施工的研究 [J]. 水电与抽水蓄能，2018. DOI：SUN：DBGC. 0. 2018-02-004.

作者简介

王胜军（1970—），男，正高级工程师，主要研究方向：水利水电工程设计、建设和运行管理，抽水蓄能电站标准化建设、机械化施工等。E-mail：shengjun-wang@sgxy. sgcc. com

张学清（1972—），男，正高级工程师，主要研究方向：抽水蓄能电站建设管理等。E-mail：xueqing-zhang@sgxy. sgcc. com

高健（1995—），男，工程师，主要研究方向：抽水蓄能电站施工技术管理等。E-mail：284491059@qq. com

殷康（1989—），男，高级工程师，主要研究方向：抽水蓄能电站施工技术管理等。E-mail：86319351@qq. com

国内首台可变径斜井 TBM 始发掘进浅析

岳金文，张祥富，耿必君，胡 栋，钟聚光

（湖南平江抽水蓄能有限公司，湖南省岳阳市 215000）

摘 要： 为解决平江电站可变径斜井 TBM（全断面岩石掘进机）始发受长度、坡度、转弯等空间限制因素，提升设备的适应性与经济性，创新性提出无转弯导台始发、多阶段变坡出渣方案、刀盘与盾体大范围变径并成功实施，通过升降式龙门式起重机对主要部件吊装，斗式皮带输送、分体组装，满足了主机及后配套组装及始发，解决了竖直线小转弯掘进出渣难题，对超大坡度地下隧洞 TBM 施工提供了一种新的借鉴。

关键词： 可变径斜井 TBM；机械化；智能化

0 引言

目前，TBM 以施工安全、速度快、环保等优势，越来越广泛被应用到隧洞施工中[1-3]。为更好地推动抽水蓄能地下隧洞工程机械化、智慧化，降低地下隧洞施工安全风险，提升开挖质量，平江电站开展首台可变径斜井 TBM 试点应用[3-12]。通过对可变径斜井 TBM 结构特点及分体始发过程进行分析，确保设备安全高效始发，对推动新装备、新工艺在抽水蓄能电站应用具有重要意义。

1 工程概况

平江电站位于湖南省平江县福寿山镇境内，总装机容量为 1400MW，安装 4 台单机容量 350MW 可逆式水泵水轮发电机组，引水系统按一洞两机布置，由上平段、上斜井段、中平洞段、下斜井段和下平段组成。其中 1 号引水隧洞总长 1323m，上斜井 492m，下斜井 462m，下平洞 70m，最小转弯 50m，最大倾角 50°。

引水主洞段山脊雄厚，沿百福水左岸 NNW 向山脊布置，沿线无大型深切冲沟切割，洞室围岩以燕山早期花岗岩为主，局部为花岗伟晶岩脉、花岗片麻岩和石英脉，岩体多呈微风化—新鲜状，完整性较好，岩石质量指标（RQD）一般大于 80%，仅局部发育断层破碎带或节理密集带，始发洞掌子面位于埋深较深的下平段终点和下斜井段起点，洞室埋深 435～600m，地表可见弱风化基岩裸露，上覆弱风化—新鲜岩体厚 430～595m。

2 可变径 TBM 掘进方案

可变径 TBM 设备运输利用进厂交通洞—施工支洞—下平洞—始发洞室，TBM 在下平洞与斜井交叉位置扩大洞室进行组装、调试，步进至始发洞室后进行开挖作业，掘进至下斜井，开挖直径为 6.5m；完成下斜井掘进后进入中平洞变径洞室，将刀盘及护盾等改装为 8.0m 直径；从中平洞掘进至上斜井，完成上斜井的开挖施工；自上平洞转场拆机运出，见图 1。可变径 TBM 从上平洞拆机后运输至 2 号引水洞下平段，进行组装始发，进行 2 号引水洞的开挖，待掘进作业完成后，从 2 号引水洞上平段拆机并通过 1 号施工支洞运出，见图 2。

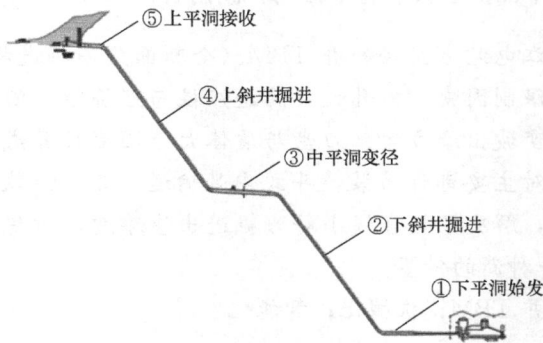

图 1　可变径 TBM 掘进线路

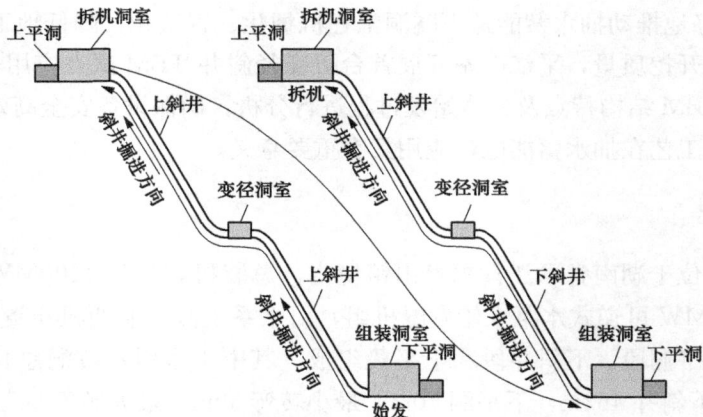

图 2　可变径 TBM 施工路线图

3　设备概况

可变径 TBM 主机结构采用护盾式结构，针对项目超大坡度、超小转弯、大范围变径应用特点，较常规双护盾 TBM 进行了大量适应性设计和结构创新，整机由刀盘、盾体、推进系统、主撑靴、后配套 ABS 撑靴、钢构节机械防溜系统、电气系统、支护系统、通风除尘系统、物料运输系统等组成，整机总长 87m，总重约 900t，开挖直径 6～8m，相较于常规同直径 TBM 缩短 80～120m，针对超大坡度斜井掘进过程中存在姿态控制难和溜车等问题，可变径 TBM 在掘进和换步过程设计了 4 套撑紧装置工作，可同时进行掘进和换步，满足严苛的安全施工需求，提高 TBM 反斜井掘进过程中的稳定性。可变径 TBM 示意图见图 3。

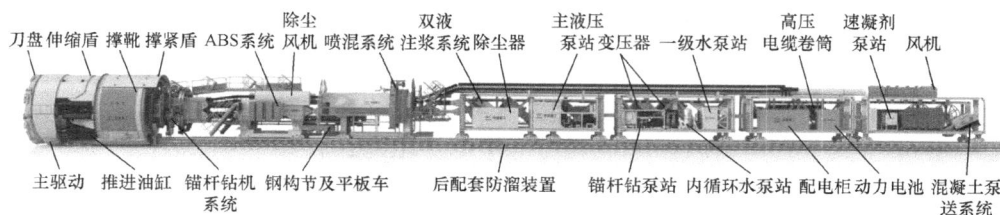

图 3　可变径 TBM 示意图

4　无转弯导台始发

平江电站因下平洞较短、洞室跨度受限、施工支洞与下平洞十字交叉等情况，组装及始发洞空间布置受限，常规 TBM 施工规划难以满足引水斜井始发条件。结合实际情况，优化设计始发洞长×宽×高尺寸为 10m×6.8m×6.8m、组装洞尺寸为 35m×11m×12.5m、后配套洞室为 25m×11m×6.8m，见图 4。可变径 TBM 主控室、应急发电机、外循环水系统、空气压缩机系统等部件外置于 TBM 设备之外的设备洞室之内，大幅缩减了 TBM 整机长度和重量。

TBM 现场组装工作分准备、组装、调试三个阶段。准备阶段工作包括组装洞室施工、吊装设备安装、技术准备、组装材料及工器具、作业人员准备等工作。组装步进阶段工作包括受场地长度限制，组装完成主机后开始步进，并同步逐节安装后配套台车；调试始发阶段工作包括整机连接完成，高压电接入后进行电气系统、液压系统、TBM 皮带机系统、喷混系统、锚杆钻机等支护设备，最后进行整机联调联试，见图 5、图 6。

4.1　始发掘进流程

（1）组装场地布置及起吊设备的安装，开挖弧形槽，铺设滑行轨道。

（2）主机部分组装，依次将刀盘、步进装置、前盾、主驱动、伸缩盾及撑紧盾运至洞内安装，刀盘运至洞内后存放至指定位置，待主驱动及盾体安装完成后安装刀盘。

（3）将主机步进至始发洞室内，并在洞外对后配套 1 号、2 号、3 号拖车进行部装，部装完成后，依次将 3 号、2 号车运输进洞内，放至后配套洞室中。

（4）将 ABS、连接桥（喷混桥）运输进洞并组装，组装完成后，再将 1 号车运输进洞，准备进行后续组装。

（5）从前至后，依次组装 ABS 系统及喷混桥，组装完成后将后配套 1 号拖车与喷混桥链接，最后依次安装 2 号、3 号拖车，4 号拖车控制柜及气动油脂泵临时存放在 2 号施工支洞内，待 3 号拖车通过组装区域后安装尾部台车及控制柜，连接喷混桥和 1 号车，始发掘进。

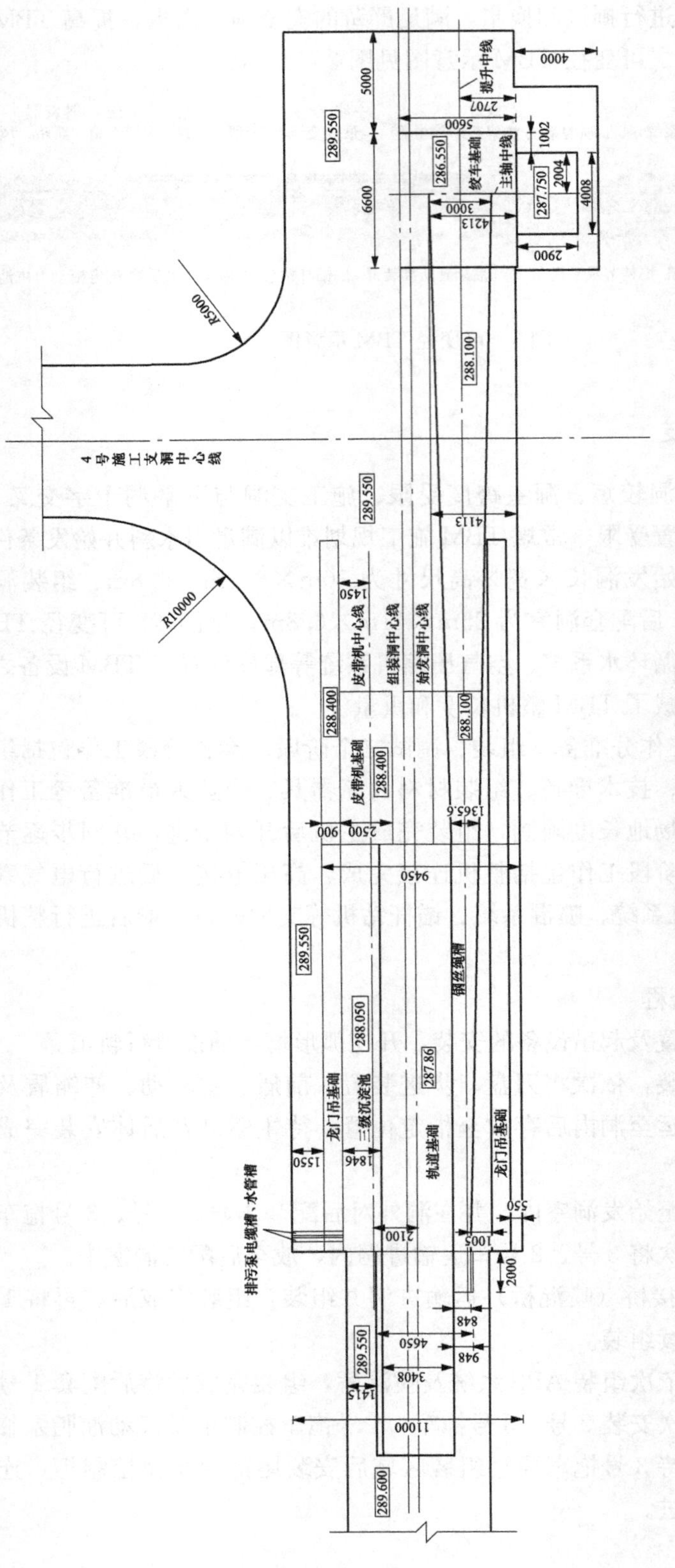

图 4 无转弯导台始发布置图

图 5　可变径 TBM 始发俯视图

图 6　可变径 TBM 无导台始发剖面图

（6）连接整机管线，存放在支洞处的控制柜采用临时长电缆与设备连接，完成上电调试，始发掘进。

4.2　组装调试掘进注意事项

（1）组织监理、设计、施工及设备制造单位成立现场协调工作小组，以问题为导向，建立问题清单，实行日协调制，提升现场各类问题解决效率。

（2）动态做好安全风险识别，如物体打击、触电、火灾、中毒窒息等伤害，强化重大风险工序旁站管控，严格落实预防措施。

（3）针对洞内安装空间狭小的特点，提前谋划各主要部件进入洞内安装工序管控，减少中间转运过程，避免大件运输影响。

（4）提前谋划好变径洞与始发洞开挖，尤其是有限空间通风，施工环境差，抓好始发洞变径洞开挖质量控制，特别是始发洞称紧盾两侧平整度，及时完成称紧盾两侧混凝土平整度消缺，重点做好大幅变坡轴线测量管控，提前做好各项测量措施预防与分析，强化测量效率，避免出现轴线偏差和设备利用率低。

257

（5）适当提前布置物料提升系统，注重转弯过程钢构节能快速运行到主机段，减少人力运输，提升运行效率。

（6）综合考虑竖直大范围变坡运行出渣系统的可靠性，减少漏渣所带来施工环境差、测量准确度不足的影响。

5　结论

引水系统可变径斜井 TBM 施工始发难度大，空间受限因素多，本项目通过精准的推演、合理安排分体始发各阶段工序衔接，首次采用无转弯导台始发与多阶段变坡出渣方案，克服了引水系统下平洞段空间受限，降低了转弯导台施工难度小，减少混凝土回填量。在洞内狭小空间，30 天完成设备组装始发，19 天完成平洞到斜井直线段掘进，相对其他方案大幅节约工期。为可变径 TBM 高效应用奠定了坚实的基础，对推动抽水蓄能电站机械化、智能化施工具有重要意义。

参考文献

[1] YAN J. Achievements and challenges of tunneling technology in China over past 40 years [J]. Tunnel Construction, 2019, 39 (4)：537.

[2] 洪开荣. 我国隧道及地下工程近两年的发展与展望 [J]. 隧道建设, 2017, 37 (2)：14.

[3] QIAN Q H. New development of rock engineering and technology in China [C] // Proceedings of 12th ISRM International Congress on Rock Mechanics, Harmonising Rock Engineering and the Environment. Beijing：Taylor and Francis Group, 2011：57-61.

[4] 何川. 盾构 /TBM 施工煤矿长距离斜井的技术挑战与展望 [J]. 隧道建设, 2014, 34 (4)：287-297.

[5] 吕永航. 抽水蓄能电站 TBM 开挖解决方案研究 [J]. 建设监理, 2020 (3)：80-82.

[6] 张军, 李守巨, 宁忠立, 等. 抽水蓄能电站引水斜井开挖采用 TBM 施工的研究 [J]. 水电与抽水蓄能, 2018, 4 (2)：1-7.

[7] 徐艳群, 尚海龙, 刘传军. 斜井隧道掘进机在抽水蓄能电站施工中的应用 [J]. 水电与抽水蓄能, 2019 (5)：98-100.

[8] 潘福营, 温学军. 抽水蓄能电站斜（竖）井导井开挖施工技术综述 [J]. 水电与抽水蓄能, 2021, 7 (1)：91-93＋108.

[9] 苗圩巍, 颜世铠, 李纪强, 等. 我国全断面隧道掘进机的发展现状及发展趋势 [J]. 内燃机与配件, 2021 (2)：203-205.

[10] 李震, 霍军周, 孙伟, 等. 全断面岩石掘进机刀盘结构主参数的优化设计 [J]. 机械设计与研究, 2011 (1).

[11] 李富春, 吴朝月. 抽水蓄能电站 TBM 施工技术 [M]. 北京：中国电力出版社, 2018.

[12] 王洪玉, 朱静萍, 蒋滟. 抽水蓄能电站 TBM 应用研究思路 [J]. 2021 (3)：65-71.

作者简介

岳金文（1991—），男，工程师，主要从事抽水蓄能电站工程建设管理。

E-mail：1366403489@qq. com.

张祥富（1988—），男，高级工程师，主要从事抽水蓄能电站工程建设管理。E-mail：396672536@qq. com.

耿必君（1992—），男，工程师，主要从事抽水蓄能电站工程建设管理。E-mail：919588477@qq. com.

胡栋（1989—），男，工程师，主要从事抽水蓄能电站工程建设管理。E-mail：510411623@qq. com.

钟聚光（1991—），男，工程师，主要工作内容方向：抽水蓄能电站土建施工管理。E-mail：767078443. com. cn.

国内首台竖井 SBM 始发掘进方法浅析

孟继慧，潘月梁，张金宇，葛家晟，王建忠

（浙江宁海抽水蓄能有限公司，浙江省宁波市　315600）

摘　要： 传统竖井施工采用"反井钻＋人工爆破法"，存在安全风险大、劳动投入多、施工效率低等问题。SBM 竖井掘进机是竖井施工的新型设备，宁海公司因地制宜，采用分体始发方式首次应用 SBM 从上至下一次开挖支护成型厂房排风竖井，有效降低井下施工风险，创新了竖井施工工法，对于促进抽水蓄能电站机械化施工具有很好的借鉴意义，现将 SBM 始发施工情况进行总结分析，供交流借鉴。

关键词： SBM 竖井掘进机；竖井；分体始发

0　引言

抽水蓄能电站竖井工程较多，包括有排风竖井、闸门井、调压井、出线竖井、引水竖井等多类竖井，竖井断面尺寸一般为 5～10m，竖井高度最大约为 500m。目前，国内外已实施应用的其他掘进机只适用于平洞（TBM）、短竖井（VSB）或有导井的竖井扩挖（SB）施工，本项目开创了竖井掘进机在不预先施工导井条件下一次扩挖大直径（ϕ7.83m）、深竖井（深 198m）成型先例，并验证了 SBM 竖井掘进机技术的可行性。

SBM 竖井掘进机是竖井施工的新型设备，同传统的施工方式相比，其更加智能化、自动化、集成化，为工厂化施工成套设备。竖井施工不同于隧道施工，其刀盘需要垂直向下开挖，同时刀盘需要具有开挖、出渣、便于拆卸、重量轻等多种功能或要求，竖井掘进机刀盘工作性能是实现竖井的全断面连续开挖施工的基本保障。刀盘开挖渣土，需要通过新型的刀盘刮渣板系统进行井底清渣，然后经过刮板式垂直提升机完成渣土的二级运输，再通过吊桶出渣运输至地面。

为深入推动工程机械化施工，降低竖井开挖作业风险，宁海公司于 2020 年 6 月立项，组织设计、监理、施工、制造单位对竖井施工方式进行了深入研究，联合攻关开展 SBM 竖井掘进机技术首次在宁海电站排风竖井应用，2020 年 11 月始发试掘进，2021 年 4 月全面投入使用，2021 年 12 月成功应用完成。

SBM 竖井掘进机的始发方式可分为两种：整体始发和分体始发。

（1）整体始发：采用整体始发时需要的始发井较深，其深度需要＞竖井掘进机主机高度（16m）＋吊盘高度（12m），约 28m。

（2）分体始发：分体式需要的始发井较浅，其深度只需要满足主机设备刀盘底部至撑靴靴板顶部的高度（8m）即可满足掘进机掘进要求，当掘进机试掘进深度达到吊盘下井的高度要求时，进行二次组装，下放吊盘、安装井架、井筒锁口盘和地面的提升系统。

综合两种始发的优劣，宁海施工现场采用分体式始发，一是方便验证竖井掘进机的整体性能要求，二是减轻过深始发井施工人员和时长的投入，三是降低过深始发井人工爆破施工难度和风险。最终竖井分两步施工，主机设备始发段施工与提升系统安装工位掘进机施工，在掘进机施工进场前，采用人工爆破法完成主机设备始发段施工，掘进机完成剩余井深施工。

1 工程概况

1.1 地质情况

排风竖井岩性为凝灰岩，岩质脆硬且石粉含量较高，具有遇水易结块特性。井口 8m 范围为Ⅵ类围岩，以碎块石土为主，土质为稍密—中密，坡体呈散体结构，稳定性差；井深 8m 以下以Ⅱ～Ⅲ类围岩为主，局部为Ⅳ类围岩，岩体以完整性差—较完整为主，成洞条件好，整体强度在 100MPa 左右。

井口高程 280m，地下水位线高程 275m，井身多位于地下水位以下，沿节理、破碎带有渗滴水或线状流水现象，地下水活动总体较弱。

1.2 设备信息

SBM 竖井掘进机主机设备高 16m，后配套四层吊盘高 12m，刀盘开挖直径为 7.83m，整机重约 470t，设计掘进速度为 180m/月，主要由主机设备、后配套吊盘、地面提升系统、地面控制室四大部分组成，可同时实现竖井的开挖、出渣、井壁支护以及施工过程中排水、通风、通信等功能。设备示意图见图 1，设备主要参数见表 1。

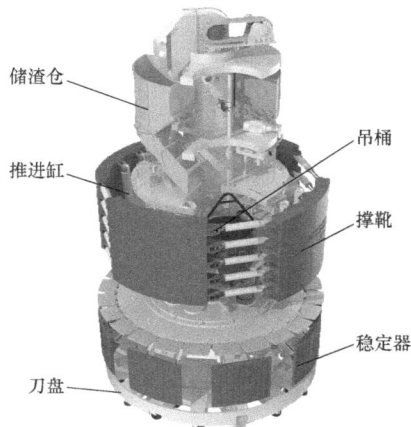

图 1　设备示意图

表1   设备主要参数表

项目	参数	单位	备注
主机设备			
开挖直径	7.83	m	刀盘最大尺寸
主机高度	16	m	
主机总重	470	t	
刀盘转速	0～4.3～7	r/min	
掘进速度	0～1	m/h	
装机功率	2975	kW	
出渣能力	120	m³/h	
后配套设施			
吊盘数量	4	层	分别作为电气设备平台、空气压缩机平台、供排水平台、支护平台
吊盘高度	12	m	
吊盘总重	65	t	
地面提升系统			
凿岩井架ⅣG型	1	座	
绞车 JK3×2.2P	1	台	
稳车 JZ-25/1300	6	台	
提渣吊桶	1	个	
装机功率	1700	kW	

2 始发场地布置

由于原竖井施工现场条件有限，地面空间狭小，考虑SBM组装、运行要求，将原设计排风竖井平台向外侧外扩4m，靠山体进行削坡处理，力求合理布局，协调紧凑，最终形成场地2300m²，采用C20混凝土浇筑10～20cm厚硬化平台。其中运行区370m²、控制室及工具间40m²、堆渣区64m²、绞车房及库房300m²，平台外侧设置6m宽交通道路，场地布置条件满足SBM运输、组装、运行要求。

3 分体始发方法

3.1 主机设备始发段施工

排风竖井总长198m，原设计井口10m段开挖直径9.1m，采用系统砂浆锚杆

$\phi22@1.5m\times1.5m$，$L=3m$，挂网喷混凝土 C30 厚 $100\sim150mm$，C25 钢筋混凝土衬砌厚 600mm；剩余井身段开挖直径为 8.0m，系统锚喷支护。竖井原设计图见图 2。

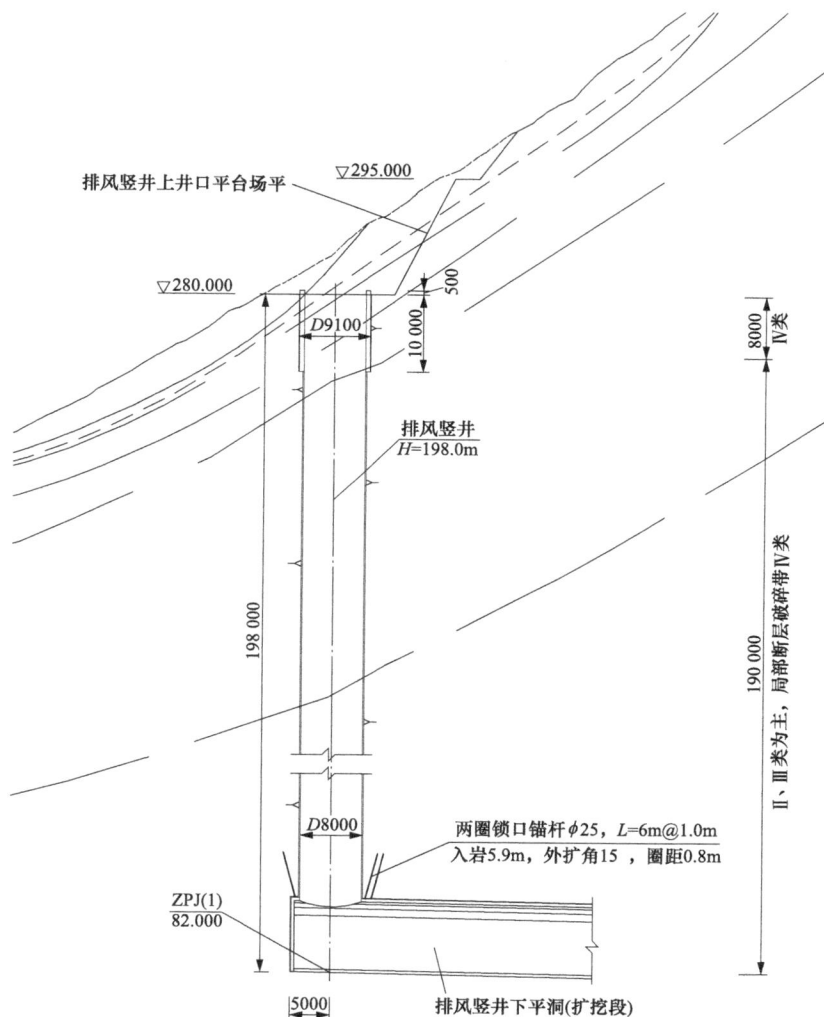

图 2　竖井原设计图

采用 SBM 掘进后，考虑始发井深满足刀盘底部至撑靴靴板顶部的高度即可满足 SBM 主机推动条件，刀盘底部至撑靴距离 8m 左右，则始发段深度按 10m 考虑，采用人工钻爆法开挖，反铲辅助出渣。

始发段围岩为Ⅳ类强风化，4 个撑靴的尺寸为 $3.45m\times3.416\ 5m=11.78m^2$，撑靴荷载为 0.067MPa，考虑一定安全系数，取 0.08MPa，计算结果为采用 C25 钢筋混凝土衬砌厚 800mm，则始发段开挖直径调整为 9.8m，衬后净直径为 $\phi8.0m$。始发段混凝土衬砌采用组合木模板，一次浇筑 3m 高度，分三次衬砌完成。始发段衬砌图见图 3。

图 3　始发段衬砌图

井身段开挖直径适应刀盘直径调整为 7.8m，Ⅲ类围岩支护参数为系统砂浆锚杆 $\phi22@1.5m×1.5m$，$L=3m$，挂网喷混凝土 C30 厚 100～150mm；Ⅱ类围岩随机支护。支护随设备掘进利用吊盘同步进行。

3.2　主机设备下放组装

为降低井下组装困难，需在地面将 SBM 竖井掘进机的各大部件独立组装，采用 300t 吊机整体吊装下井，然后再按一定的顺序依次下放入井下进行部件连接的思路进行设备组装。主机段构成包含刀盘、主驱动、稳定器和撑靴等多个大部件，需要提前独立组装后放置在竖井平台暂存区等待下井。

刀盘翻身时需增配辅助翻身吊机。两台汽车式起重机同时抬起刀盘，然后主吊钩继续起吊刀盘一端将其抬升，辅助吊钩下降将另一端下降至方木支撑上，安全性要求极高。两台汽车式起重机抬吊部件时，必须统一指挥，两机荷载分配合理，动作协调；吊重不得超过两机允许起重量的 75%，单机荷载不得超过该机允许起重量的 80%。

其中刀盘为最重部件，重量约 130t，包含 8 个边块和 1 个中心块。刀盘组装时面板方向朝下，面板下部需要支撑一定的高度，以保证拼装作业的操作性，如图 4 所示。拼装完成后进行静置观察，调整各个分块高度并进行刀盘平面度、圆度等重要参数的测量，满足设计要求。

刀盘进场拼装顺序：刀盘中心块区域钢支撑→刀盘分块支撑拼装→刀盘调平→整体连接。刀盘分块拼装时把千斤顶放置于支撑柱上方对刀盘各个分块进行支撑，通过千斤顶对各个分块的高度进行调整，实现刀盘整体调整。

主机段采用由下至上的组装顺序，在井下完成各个部件之间的组装工作。下井吊装顺序依次为刀盘—稳定器—主驱动—斗式提升机下部—设备立柱—撑靴推进系统—储渣仓—斗式提升机下部上段。主机组装主要流程如图 5 所示。

3.3　提升系统安装工位掘进机施工

提升系统井架安装须在后配套即四层吊盘入井后进行。由于四层吊盘高 12m，主机设备高 16m，所以主机设备调试完成后先进行一次始发，掘进 18m（实际掘进

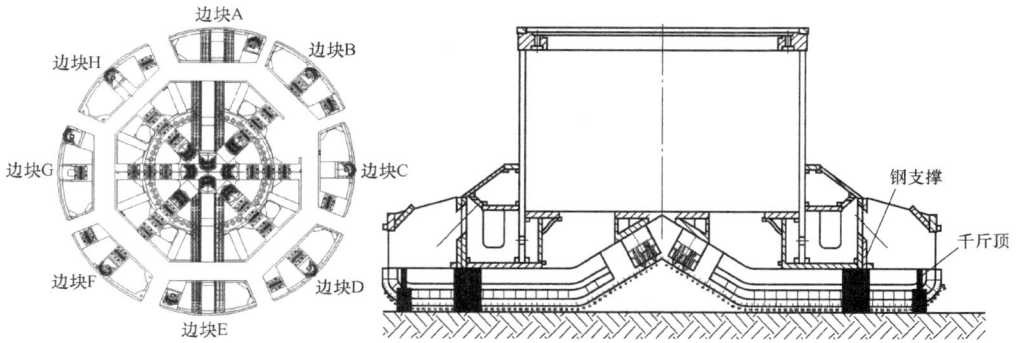

图 4　刀盘辅助支撑示意图

(a) 刀盘整体起吊　　　　　　(b) 稳定器组装　　　　　　(c) 主驱动下井

(d) 电机安装　　　　　　(e) 储渣仓安装　　　　　　(f) 整机组装完成

图 5　主机组装主要流程图

17m 便安装井架），采用 35t 吊机提升吊桶配合出渣，含始发段井深达到 28m，为吊盘及井架安装留出空间。

3.4　吊盘安装

吊盘平台采用分层法在竖井平台暂存区安装，每安装一层平台，同时对该层设备进行组装。组装顺序为平台 4—平台 3 及上部设备—平台 2 及上部设备—平台 1 及上部设备，组装完成后，连接电缆、稳绳、风水管线等，采用吊机整体入井。吊盘地面分层组装如图 6 所示，吊机整体入井如图 7 所示。

3.5　提升系统井架安装

3.5.1　井架基础建设

竖井掘进机施工配套采用 IVG 型井架进行出渣和物料运输。IVG 型井架支腿间距为 15.3m，井架基础相对始发井口对称布置，如图 8 所示。

265

图 6　吊盘地面分层组装图

图 7　吊机整体入井图

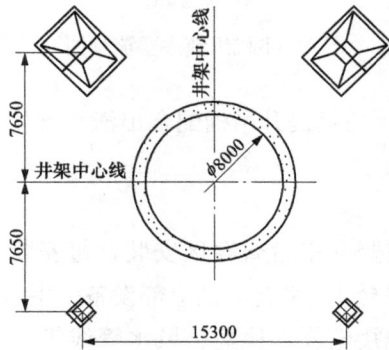

图 8　井架基础图

3.5.2　井架安装

井架在地面组装完成后进行整体起吊，井架组装选用 1 台 35t 汽车式起重机和 1 台 25t 汽车式起重机配合吊装，井架整体翻身及吊装选用 1 台 300t 汽车式起重机和 1

台 220t 汽车式起重机配合进行吊装。井架安装顺序：准备工作→井架组装→井架翻身及吊装→与基础连接→螺栓孔二次浇灌及基础抹面→二层台和翻矸仓安装→扶梯安装→天轮平台安装→接地和避雷装置安装→检查、验收。井架安装图见图 9，整体安装完成图见图 10。

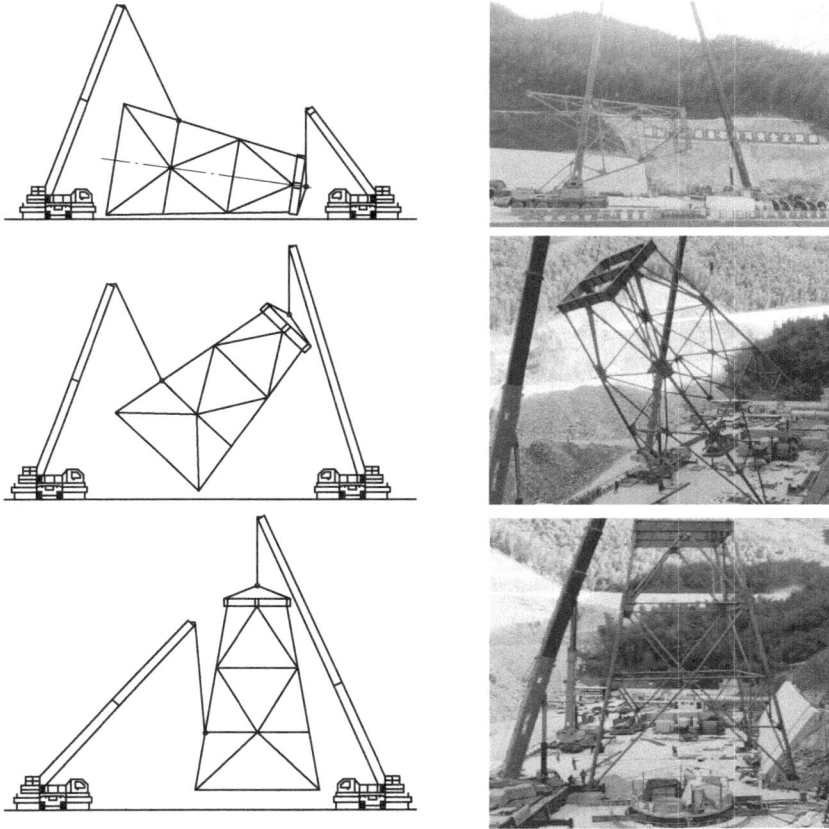

图 9　井架安装图

图 10　整体安装完成图

井架安装完成后，随即安装稳车、绞车系统，整个提升系统全部安装完成并调试正常后，SBM 开始二次始发，利用绞车提桶出渣，后配套吊盘支护作业，全断面掘进剩余井身段。

4 始发掘进方法总结分析

由于 SBM 主机设备加后配套吊盘整机长达 28m，总重约 470t，将这样一个"庞然大物"一次入井是不可能实现的，所以采用"分块组装、分层下放、分体始发"方法，解决狭小场地设备布置难题，降低场地费用，安全高效地完成井下组装作业。

采用 SBM 竖井掘进机施工，掘进参数的选择非常重要。掘进过程中，根据不同地质、埋深判断围岩的稳定性、可掘进性，及时调整掘进参数；掘进过程中保持推进速度相对平稳，控制好每掘进行程的纠偏量，施工轴线与设计轴线的偏差控制在允许范围内；同时，初期支护方案、推进速度、出渣情况等都需要根据实际情况及时调整。因此，主机设备一次始发是十分有必要的，会达到以下目的。

（1）一次始发主要检验竖井掘进机和液压系统、电器系统和辅助设备的工作情况，完成设备磨合。

（2）一次始发期间，将完成各个单项设备的功能测试。并对各设备系统作进一步的调整，使其达到最佳状态，具备正式快速掘进的能力。

（3）了解和认识本工程的地质条件，检验始发段井壁是否满足设备撑靴荷载要求，掌握根据地质情况调整竖井掘进参数的方法，为全程掘进提供参考依据。

（4）理顺整个施工组织，在连续掘进的管理体系中抓住关键线路的控制工序，为以后二次始发后的稳定全断面掘进奠定基础。

5 结束语

SBM 竖井掘进机在宁海抽水蓄能电站首次应用成功，验证了竖井施工采用"分块组装、分层下放、分体始发"及全断面机械法施工是可行的，通过制定合理的组装、始发工序，顺利完成竖井掘进机在小场地内的组装、始发、掘进全序作业，提高了始发效率，为抽水蓄能竖井以及建井行业提供了一种全新的施工方式。

考虑到提升系统利用矿用 IVG 型井架作为支撑结构，占用了较大立体空间，还需进一步优化地面提升系统，在满足提升力的同时，减小支撑结构，以便适用于地下洞室内部等多种地形竖井。此外，设备推进需要岩壁提供反作用力，单块撑靴荷载约 0.08MPa，所以对于土层或Ⅳ类及以下围岩地质条件无法适用（若全程混凝土衬砌护壁提供支撑，从施工难度、进度、成本等方面考虑也不适用）。

参考文献

[1] 国家能源水电工程技术研发中心，国网新源控股有限公司 . 抽水蓄能电站 TBM 技术发展报告 2020—2021 [M]. 北京：中国水利水电出版社，2022.
[2] 孟继慧，夏万求 . SBM 施工风险分析及管控措施——以宁海抽水蓄能电站竖井工程为例 [J].

建井技术 2021，（42）06：1-11.

［3］贾连辉，肖威，吕旦. 上排渣型全断面竖井掘进机凿井工艺及工业试验［J］. 隧道建设（中英文），2022，（42）4：714.

作者简介

孟继慧（1971—），男，本科，教授级高级工程师，主要研究方向：抽水蓄能电站工程项目管理工作。E-mail：1098246533@qq.com

潘月梁（1974—），男，本科，高级工程师，主要研究方向：抽水蓄能电站工程项目管理工作。E-mail：413031104@qq.com

张金宇（1995—），男，本科，工程师，主要研究方向：抽水蓄能电站工程项目管理工作。E-mail：1098246533@qq.com

葛家晟（1996—），男，本科，工程师，主要研究方向：抽水蓄能电站工程项目管理工作。E-mail：3463159585@qq.com

王建忠（1970—），男，硕士，高级工程师，主要研究方向：抽水蓄能电站工程项目管理工作。E-mail：wjz7050@163.com

国产反井钻机在抽水蓄能
电站长深竖井施工中的应用

马春程，刘雪竹

（山东潍坊抽水蓄能有限公司，山东省潍坊市　262600）

摘　要： 近年来反井钻机已普遍应用在抽水蓄能电站的竖井反导井工程施工中，其施工技术已趋于成熟。但普通国产 BMC 型反井钻机在 350m 级以上的竖井施工案例较少。本文主要对国产 BMC400 型反井钻机在某电站 353m 排风竖井导孔施工中的经验进行了总结，可为类似工程提供参考。

关键词： 反井钻机；350m 级竖井；竖井导孔施工

0　引言

随着能源电力系统向清洁低碳转型，抽水蓄能电站作为平衡新能源电力的重要举措之一，近年来发展迅速[1]。抽水蓄能电站厂房埋深较大，因此布置的排风竖井或引水竖井多为长深竖井。相较于 TBM、SBM 等斜井、竖井施工装备，普通反井钻机施工技术更为成熟，经济指标更佳。近年来，北京中煤矿山工程有限公司陆续研制出 BMC 系列反井钻机，并陆续引用到抽水蓄能电站长深竖井施工中[2]。本文主要对国产 BMC-400 型反井钻机在某电站排风竖井施工中的应用进行总结。

1　工程概况

该电站排风竖井顶部高程 EL.986.8m，底部高程 EL.626.6m，井深 360.20m，井筒直径 8m，地质条件为正长花岗岩。与排风竖井相连的平洞有两条：一条为副厂房排风洞，长 56.41m，断面尺寸为 4.8m×5.4m，底板高程为 627.00m；另一条为主变压器洞排风洞，长 7.5m，断面尺寸为 8.0m×6.5m，与主变压器洞连接处底板高程为 626.80m。主变压器洞排风洞已经先挖至排风竖井下部，故排风竖井需开挖的深度为 353m。

2　国产反井钻机技术参数

该电站排风竖井导井施工采用国产 BMC 400（ZFY2.0/400）型反井钻机，设计最大扩孔直径为 2.0m，最大钻深为 400m，是沧州海岳矿山机电设备有限公司工程主力产品之一，广泛应用于大直径立井及斜井施工。该型反井钻机技术参数见表 1。

表1 BMC 400 型反井钻机技术参数

部位	项目名称	参数
主机	导孔直径（mm）	250
	公称扩孔直径（m）	2
	最大钻深（m）	400
	钻进推力（kN）	1650
	扩孔拉力（kN）	2450
	额定扭矩（kN·m）	85
	卸扣扭矩（kN·m）	65
	额定转速（r/min）	0～22
	最小倾角（°）	60～90
	钻杆外径（mm）	228
	空载噪声［dB（A）］	<97
	工作状态外形尺寸（mm×mm×mm）	3310×1830×4740
	运输状态外形尺寸（mm×mm×mm）	3270×1750×1950
	质量（kg）	12 500
泵站	回转系统额定压力（MPa）	20
	推力油缸额定压力（MPa）	25
	额定流量（L/min）	400
	电动机额定功率（kW）	128.5
	额定电压（V）	380、660
	油箱有效容积（L）	1200
	外形尺寸（mm×mm×mm）	2100×1350×11 102 650×1320×1560
	质量（kg）	1550、1420
操作台	外形尺寸（mm×mm×mm）	1800×1350×1250

3 先导孔施工组织设计

3.1 钻机基础设计及施工技术要求

3.1.1 钻机基础设计

钻机基础包括基础施工、水、电等条件具备、高精度测量、调校等，其中基础施工尤为关键。该反井钻机主机自重达 12.5t；当导孔贯通后，钻杆重量达 130t；加上扩孔拉力，基础承受压力将达到 380t。

反井钻机基础以排风竖井中心线为中心，长 3.7m，宽 2.2m。清理干净基岩面后浇筑混凝土，混凝土标号为 C25。基础布置两层 $\phi22@20cm×20cm$ 钢筋网，上下各布置一层。钻机混凝土基础高出地面 50cm，以利于施工排水。钻机螺栓预留孔要准确，混凝土上平面要平，凸凹变化不能超过 1.5cm。供水量不小于 15m³/h。供电要求不低于 240kW。

3.1.2 钻机基础施工技术要求

因为钻机基础直接影响到反导井施工的偏差，关系着反导井施工的成败，所以基础施工非常关键。钻机基础及水池按以下要求施工。

（1）要求钻机基础表面平整度为±3mm。

（2）混凝土必须在坚固的岩石上浇筑，浇筑前所有松动的岩石和碎屑必须清除干净，浇筑的混凝土厚度不得小于 2m。

（3）主机基础配两层钢筋，以导孔为中心、直径 1.4m 范围内不得配筋，以错开扩孔位置。

（4）固定主机的锚杆采用 ϕ28 螺纹钢筋，长 2.5m（一头套 250mm 的丝）。

（5）钻机螺栓预留孔要准确，混凝土上平面要平，凸凹变化不能超过 1.5cm。

3.2 ϕ250mm 导孔施工组织设计

3.2.1 技术要求

（1）全孔采用无芯钻进。

（2）开孔用 ϕ216mm 钻头水钻钻进，以保证开孔的精准度，钻进 3m 以上，采用高风压钻头冲击钻孔，起钻后、下钻前先高压风冲孔。钻进过程中观测高压反渣情况。

（3）切实做好防斜工作，要求每 50m 测斜 1 次。

3.2.2 导孔钻进原理

由两台直流电动机作为回转动力，驱动变速箱带动钻杆旋转，同时利用油缸的推进，使导孔牙轮钻头对岩体形成挤压破碎，经挤压破碎后的岩渣，随着钻杆中心进来的洗孔水，由钻杆与导孔间的环形空间从井口排出。

3.2.3 导孔钻进中的关键技术问题

导孔钻进是反井钻机施工反导井中的重点和难点，是反导井施工中的重要环节，也较容易发生卡钻等事故，往往决定反导井施工的成败。在以往反井钻机施工中，偶有由于精度失控、不良地质段影响造成塌孔和洗孔水流失等原因而发生卡钻事故，导致导孔钻进失败。在排风竖井工程施工中，必须采取行之有效的偏差控制措施，在施工中经过不断的摸索研究，使用在其他反导井施工中用过的灌浆方法，并通过孔内电视摄像等高科技手段，更直观、准确地掌握地质情况，使导孔顺利贯通。

因此，在导孔钻进阶段，需要解决的关键技术问题如下。

（1）偏差控制措施及孔偏精细量测技术。

（2）渗水量极大的不良地质段的深孔灌浆措施。

3.2.4 导孔钻进的参数控制

导孔钻进时的扭矩、推力和转速控制见表 2。

表2   导孔钻进时的扭矩、推力和转速控制表

序号	项目	扭矩（kN·m）	推力（t）	转速（r/min）	备注
1	开孔	＜10	6～9	5～8	钻进速度控制在200min/m
2	完整围岩地层	＜10	＜26	17～19	钻进速度控制在80min/m
3	断层、破碎带	＜10	6～9	15～17	钻进速度控制在100min/m

表2数据仅为控制参考，在实施过程中，应根据岩性变化和扭矩变化情况，不断调整钻进参数，以取得最佳推力和钻进速度。

导孔钻进参数控制说明：

（1）开孔时，通过电位器设置60～90kN的钻进压力，并以5～8r/min的转速慢速钻进，直到先导钻头完全进入岩石。

（2）以90～120kN的钻进压力、8～10r/min的转速慢速钻进，钻进速度控制在200min/m，直到所有的稳定钻杆全部进入岩石。

（3）稳定钻杆全部进入岩石后，可以加大钻进力，转速可慢慢加至17～19r/min，钻进速度控制在80min/m，保持匀速，平稳钻进，避免忽快、忽慢。

（4）一般情况下，对于松软地层和过渡地层采用低钻压，对于硬岩和稳定地层宜采用高钻压。

3.2.5 导孔钻进的注意事项

导孔钻进时各方面密切配合，操作时注意以下几点。

（1）离钻透下水平通道3m左右，应逐渐降低钻压。

（2）对于导孔钻进产生的岩渣，通过洗孔水冲到沉砂池，要及时清理，避免大量泥砂进入清水池。

（3）一根钻杆钻进完成后，必须等孔内的岩屑全部排出，循环水变清后，才能停泵接卸钻杆。

（4）导孔钻透后，停止泥浆（水）循环，但钻机不能停转，开始向孔内加清水，直到孔内的岩渣全部排出后才能停钻。

（5）导孔钻进过程中，如出现漏水现象或返水减小、返渣异常等情况，要及时停止钻进，进行灌浆等相关处理。

（6）在整个导孔钻进过程中，不得中途停电、停水，否则会导致卡钻等严重事故发生。

4 导孔施工经验总结

该电站排风竖井导孔于2015年10月23日开始施工，于2015年12月9日贯通，钻孔深度353m，历时48天，其中钻孔有效施工时间为34天，施工进度平均10.4m/d，反井钻机纯运行时间内的平均钻进速度为96min/m。

为保证施工钻孔精度，导孔开孔时速度应较慢，一般控制在200min/m，待稳定钻杆全部进入岩石后可适当加速，但前面50～100m内速度不宜过快，尽量做到零偏

差，否则后面的偏差控制难以达到要求。50～100m 以后正常钻进，速度一般控制在
80min/m。和斜井施工有所不同，竖井的反导井导孔施工可以通过合理控制钻进速
度来控制偏差。

本工程导孔施工过程中通过观察岩屑及反水情况来推断下部岩石条件及地质构
造，并依据施工经验调整钻机转速及钻机压力，从而保证钻孔偏斜在控制范围内。
施工过程中通过观察岩屑及反水情况推断出排风竖井地质条件，见表 3。

表 3 　　　　　　　　　　排风竖井岩层推断记录表

序号	井深（m）	岩层状况	备注
1	0～27.5	正常	花岗岩灰白色岩屑
2	27.5～87	遇到裂隙	钻机返水量较少
3	87～142	裂隙严重	钻机返水量只有正常的1/3
4	142～155	正常	花岗岩灰白色岩屑
5	155～159	岩石变软	红色松软岩屑
6	160～174	正常	花岗岩灰白色岩屑
7	174～178	遇断层	红色松软岩屑
8	178～186	正常	花岗岩灰白色岩屑
9	186～192	岩石破碎	红黄色岩屑
10	192～194	岩石破碎	红色岩屑加花岗岩灰白色岩屑
11	194～211	岩石破碎	红色岩屑加花岗岩灰白色岩屑
12	211～215	岩石松软、破碎	白色加黑色岩屑
13	215～225	正常	花岗岩灰白色岩屑
14	225～236	岩石破碎	岩屑松软
15	236～244	正常	花岗岩灰白色岩屑
16	244～250	岩石破碎	红黄色岩屑
17	250～258	正常	花岗岩灰白色岩屑
18	258～263	岩石破碎	红黄色岩屑
19	263～324	正常	花岗岩灰白色岩屑
20	324～327	岩石变化	红黄色岩屑
21	327～353	正常	花岗岩灰白色岩屑

5　结束语

该电站排风竖井反导井导孔施工采用国内生产的 BMC-400 型反井钻机，导孔直
径为 250mm，孔深 353m，钻孔一次成功，偏差为 0.97%，这在国内抽水蓄能电站
竖井施工中尚属首例，且施工效率和施工精度均达到了同行业先进水平，其施工管
理经验值得借鉴。

参考文献

[1] 张学清，王炳豹，殷康，等 . 洛宁抽水蓄能电站引水斜井 TBM 施工设计方案研究水电与抽水蓄能 [J]. 水电与抽水蓄能，2023，9（1）：60-64.

[2] 王强 . BMC 系列反井钻机技术应用及发展 [C]//中国煤炭学会 . 2008 全国矿山建设学术会议文集，2008 年 8 月，黄山，中国 .

作者简介

马春程（1991—），男，工程师，主要研究方向：抽水蓄能工程建设管理。E-mail：990337286@qq.com

刘雪竹（1992—），女，工程师，主要研究方向：抽水蓄能工程建设管理。E-mail：546332780@qq.com

严寒地区面板堆石坝关键技术研究与应用

李　斌，贾　涛，孟宪磊

（河北丰宁抽水蓄能有限公司，河北省承德市　068350）

摘　要： 本文以河北丰宁抽水蓄能电站上水库大坝为例，阐述了严寒地区面板堆石坝建设关键技术。通过这些技术的应用，达到了控制坝体本身变形与综合变形协调、构建优质面板及止水防渗体系的目的，有助于严寒地区面板堆石坝建设质量的提升。

关键词： 严寒地区；面板堆石坝；变形控制；防渗体系

0　引言

面板堆石坝是目前国内外采用最广泛的一种坝型，结合水库地形地质条件，直接利用库盆或者进出水口开挖的土石料填筑堆石坝，更是当今抽水蓄能电站选用坝型的一种趋势。

抽水蓄能电站上、下水库具有水位变幅大，而且升降频繁、水库防渗要求高等特点[1]，因此，出于坝体适应变形能力、耐久性和少渗漏角度考量，抽水蓄能电站面板堆石坝关键技术核心在于坝体本身变形控制与综合变形协调、防渗体系构建（包括面板、止水结构等）两方面。

本文即以河北丰宁抽水蓄能电站上水库大坝为例，从以上方面阐述严寒地区面板堆石坝设计施工关键技术及应注意事项。

1　工程概况

河北丰宁抽水蓄能电站上水库整体高程 1510.3m，多年平均气温为 1.3℃，极端气温低至－40℃，最冷月平均温度达－18.1℃，属典型的严寒地区。

大坝坝型为混凝土面板堆石坝，坝顶长度 570m，最大坝高 120.3m，上、下游坡比均为 1：1.4，坝体从上游到下游依次为坝前盖重、黏土护坡、混凝土面板、垫层区、过渡区、主堆石区、次堆石区及下游干砌石护坡，总填筑量为 415 万 m³。大坝面板混凝土共分 53 条块，其中河床受压区面板宽度为 12m，左、右岸受拉应力区面板宽度为 10m，面板斜长最大块约 207.5m，死水位 EL.1460m 以上混凝土标号为 C30W12F400，以下为 C30W12F300，面板均采取一次性拉成方式。

上水库面板堆石坝典型剖面见图 1。

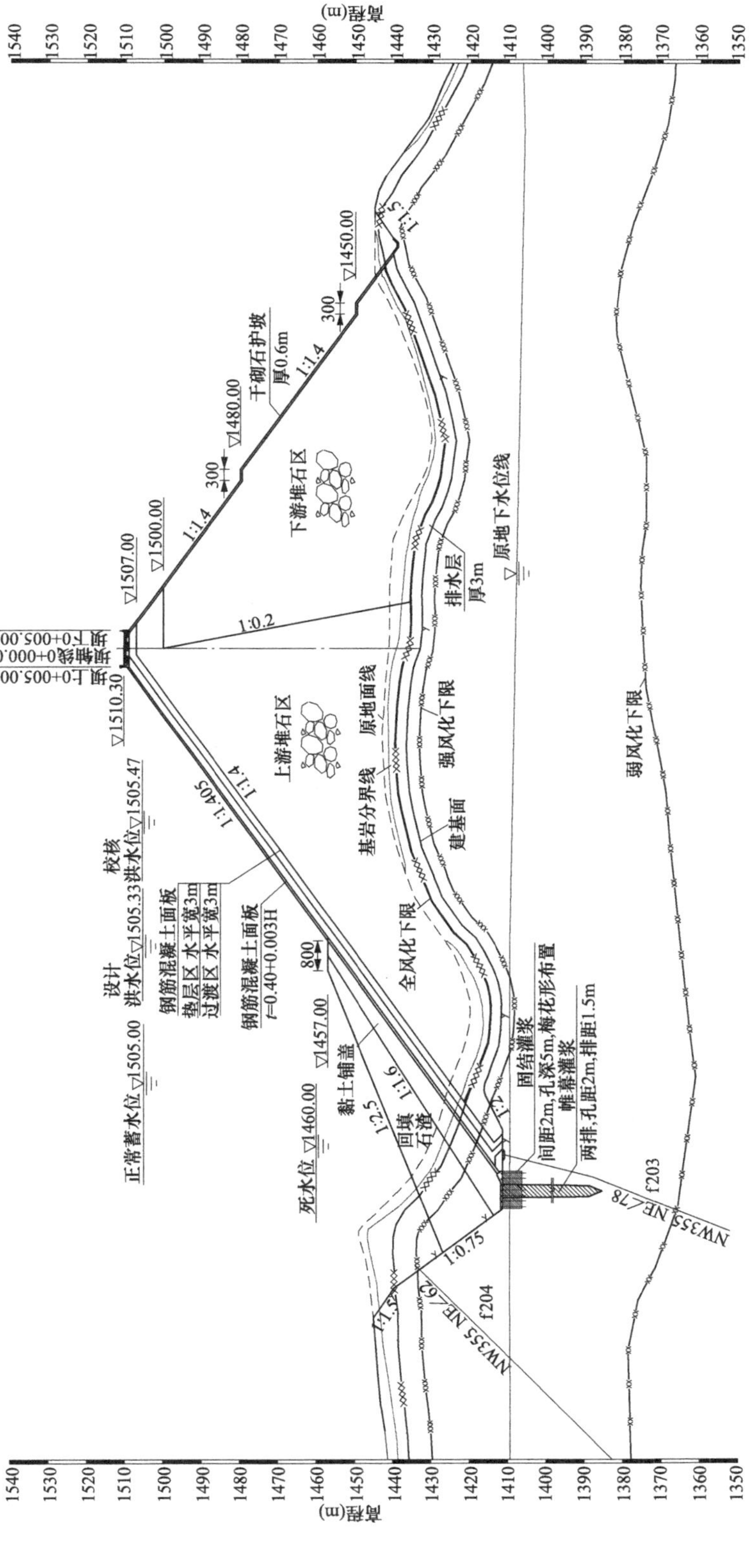

图 1 上水库面板堆石坝典型剖面图

2 坝体变形控制与综合变形协调关键技术

高混凝土面板堆石坝因其结构上的特点，坝体堆石的变形对大坝的运行特性和安全有着重要影响，简而言之，堆石体的变形决定了大坝的整体工作形态、混凝土面板的应力状态、面板接缝止水系统位移的量值[2]。这里的变形，既包括大坝整体变形总量的控制，也包括各区的变形协调控制。

2.1 大坝优质、快速填筑技术

填筑质量决定了坝体沉降变形总量，而快速填筑则意味着坝体有了更长时间的沉降期，从而更有利于面板浇筑期与堆石体的变形协同。基于该上理念，丰宁电站探索出了采用数字化碾压系统控制碾压参数与采用瞬态面波法进行碾压质量快速检测的"双控"碾压质量评判技术，为大坝填筑质量提供了实时、均质、可靠的保障，也提高了施工速度。

对碾压过程的控制，采用数字化碾压系统，其核心是应用 GPS 全球定位系统以及各种监测设备对大坝碾压施工全过程进行全天候监控，实时动态监控碾压机械的运行轨迹，对碾压轨迹、速度、碾压遍数、层厚等关键质量指标实现实时分析与动态反馈[3]，保证坝体填筑的均质性。

对质量检测手段，研究快速检测方法应用，结果表明，采用地震仪的多道瞬态面波法检测结果与挖坑法试验结果拟合误差最小（全部误差均在 5% 以内）[4]。应用此技术，将堆石坝质量检测时间（即停工待检时间）由 4h 缩短至 20min，加快了现场资源调配，大大提高了施工效率及进度。

2.2 坝前砂浆翻模固坡技术

相比于散粒体的堆石，混凝土面板是一个刚性结构，面板与堆石体间的变形不协调将会直接导致接触面间错动与脱空，也将导致面板应力状态的变化。坝前砂浆防护垫层是面板的基础，其施工质量直接关系到这种层间结合性能。

丰宁电站上水库大坝坝前砂浆垫层以高程 1443m 为分界，以下采用斜坡碾压固坡法，以上采用翻模固坡法。通过对比可知，翻模固坡法施工的砂浆垫层（强度低于 M5）相较于斜坡碾压法施工的垫层砂浆（强度低于 M10），更好地发挥了垫层的柔性支撑作用。另外，通过采用翻模固坡法使得坝前砂浆垫层平整度得到有效提升，为面板提供了更为均质的保障[5]。

2.3 喷涂乳化沥青降低层间约束

在坝体填筑、蓄水过程中，由于面板与垫层的接触作用，两者之间容易出现剪切滑动或者脱开，引起面板发生挤压破坏或脱空现象[6]。采用数值分析手段研究喷涂乳化沥青前后接触面力学特性对面板堆石坝应力变形的影响试验表明，与无保护接触面相比，喷涂乳化沥青的接触面非线性指标及强度指标均有大幅度降低，乳化沥青形成了完整的过渡层来隔离垫层料和混凝土面板的直接接触，并起到很好的"阻隔—润滑"效果，接触面涂乳化沥青对减小面板拉应力，改善其受力状态有一定作用[7]。

丰宁电站上水库大坝部分坝块采用了"两油两砂"的乳化沥青施工工艺，即通过两次喷洒工艺，在固坡砂浆面上形成 2mm 的柔性结构薄层。因该层以沥青为胶合料、以砂为结构骨架，其与固坡砂浆垫层黏结紧密，可填补垫层细小孔洞，表面相对光滑，又与面板材质异质，因此达到了减小固坡砂浆与面板间层间约束的目的。

后期面板裂缝普查资料分析表明，对相邻两块的面板，喷涂乳化沥青的坝块裂缝数量明显少于未喷涂乳化沥青的坝块，这也印证了喷涂乳化沥青对于降低面板与固坡砂浆垫层间约束的作用是显著的。

3 面板防渗结构关键技术

3.1 高性能面板混凝土的配制

寒冷地区抽水蓄能电站混凝土面板工作条件极其苛刻，它长期经受着低温、昼夜温差、冻融循环和剥蚀破坏等各种不利自然因素作用和水位频繁涨落带来的疲劳荷载作用，因此对混凝土本体的抗裂和抗冻融耐久性要求极高。

对于严寒地区的高性能面板混凝土的配制，从混凝土材料角度出发，优选混凝土原材料，采用高性能外加剂、优质掺合料、不同纤维材料、混凝土减缩新材料等，尽可能使混凝土具有低绝热温升、高抗拉强度、低收缩、低弹模、高极限拉伸特性，显著提高面板混凝土本体的抗裂能力，并具有良好的和易性、保坍性及长距离运输抗离析性能。高性能抗冻抗裂混凝土探究过程如图 2 所示。

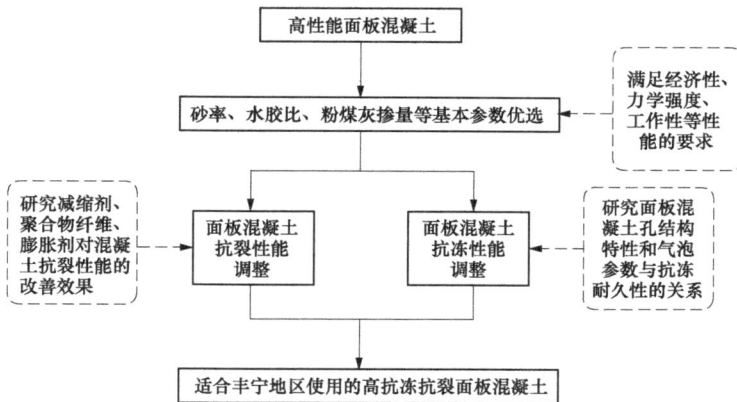

图 2 高性能抗冻抗裂混凝土探究过程

通过各项试验有如下结论：

（1）水胶比为 0.36～0.39、粉煤灰掺量为 20％的情况下，可同时满足力学、抗冻、抗渗设计指标，抗裂性和体积稳定性较好。

（2）须采用优质引气剂和减水剂，尤其是采用优质引气剂更为重要，并且必须达到一定的含气量，从而达到高抗冻的要求。

（3）应控制石粉含量不超过 10％，以降低水用量和混凝土施工性能。

（4）试验得出最优配合比见表 1。

表 1　　　　面板混凝土最优配合比

混凝土强度等级	坍落度（mm）	水胶比	粉煤灰掺量（%）	砂率（%）	每 m³ 混凝土材料用量（kg）						减水剂掺量（%）	引气剂掺量（/万）	减水剂（kg）	引气剂（kg）	PVA纤维（kg）
					水	水泥	粉煤灰	砂	5～20mm	20～40mm					
C30W12F400	70～90	0.36	20	34	130	289	72	607	650	532	0.7	11	2.528	0.04	0.9

3.2　防离析保水措施，保证一次拉成入仓混凝土质量

超长面板混凝土一次浇筑的难点在于，经长度约 200m 的坡面溜槽运输后，若不采取针对性的措施，低坍落度混凝土会出现骨料分离、坍落度损失等现象，进而影响入仓混凝土质量。为解决这个问题，丰宁电站通过对传统溜槽进行改造，设计了防离析保水措施[8]，最大限度地减少了混凝土水分流失，也保证了混凝土入仓坍落度。

该溜槽采用 2mm 厚钢板制作，每节长 2.0m，U 形结构，采用对接式连接，每节溜槽一端设挂钩，另一端设挂环。溜槽上采用 EPE 轻型保温卷材作盖板（提高其保水性能，并遮挡飞石），内壁进行光滑耐磨处理。溜槽内每隔 10～15m 设置一道橡胶软挡板（防止骨料分离，保障混凝土的性能）。为保证溜槽的安全稳固，每条溜槽均需串联一条 ϕ10mm 的钢丝绳作为保险，避免出现溜槽挂钩断裂。具体结构见图 3。

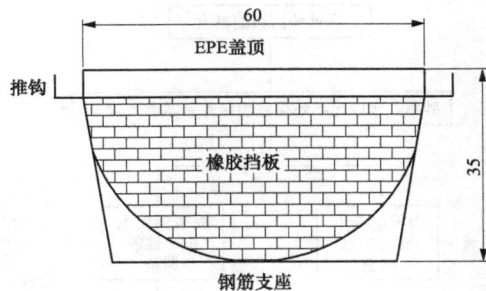

图 3　溜槽结构图

3.3　施工过程流水养护

丰宁电站上水库面板混凝土施工时段为 5—9 月，白天温度可达 30℃，昼夜温差可达 20℃。面板混凝土收面完成后，需尽快进行保水养护，否则会出现因混凝土表面水分蒸发过快出现干缩裂缝；另外，混凝土浇筑完成 24～48h 后水化热达到高峰期，加之昼夜温差大，会导致面板混凝土因内外温差过大产生温度裂缝。

针对以上问题，经过反复研究、试验，制作了一套施工期拖地式自动覆盖养护系统[9]，具体如下：

（1）养护水管布置：在坝顶布置一条钢管，在每块面板处留置 2 个接头，其中

一个接头安装镀锌钢管，管上钻设小孔，用于面板成型后混凝土的长流水养护；另外一个接头接软管至滑模上，用于浇筑过程中的面板混凝土养护。

（2）拖地式自动覆盖养护系统：在传统的滑模收面平台尾部设置 2 个固定点安装拖地式土工布辊筒及养护花管，将滑模牵引力转化为辊筒滚动动力，实现土工布的自动覆盖和养护，保证了对初凝后混凝土的及时覆盖及流水养护。

3.4 越冬保护

传统的面板混凝土冬季保温措施为"塑料薄膜保水＋保温被"覆盖，但丰宁电站冬季气候寒冷干燥，多为 7～8 级大风天气，若仅采用该种保温方式，因保温被被大风频繁吹开，会严重影响面板混凝土的保温效果，且需要反复覆盖加固。

经理论计算及实验，面板混凝土低温季节防护采用"涂刷混凝土养护剂保水＋粘贴 10cm 防火苯板（XPS）保温＋三防帆布覆盖防风"的措施，不仅可满足混凝土的保水保温，也可满足寒冷干燥冬季的森林防火要求，并且能够抵挡冬季极为常见的 7～8 级大风天气。

根据布设在面板上的贴片式温度计显示，在环境温度为－28℃时，面板混凝土温度依然为正温，说明冬季保温措施得当，达到了预期效果。

4 止水结构关键技术

4.1 铜止水一次成型

在混凝土面板的防渗体系中，铜止水是最重要的防渗结构之一，在施工过程中，铜止水的加工成型、鼻腔内填充材料、焊接等工艺流程复杂烦琐，质量保证率不高[10]。

丰宁抽水蓄能电站上水库大坝共分 53 个条块，铜止水安装总量达 6900m，通过自行设计滚压式铜止水成型机支架平台，将滚压式铜止水成型机调整成与坝面坡度一致，使用铜止水成型机滚压，通过人工辅助牵引达到一次成型、就位，保证了铜止水施工质量。

另外，各条缝结合部位采用一次冲压成型的异型接头，大大减少了铜止水接头焊接的数量。

4.2 涂覆型柔性表层止水

在传统表层止水设计中，通常在塑性填料表面设置防护盖板，如 GB 复合三元乙丙（EPDM）板、橡胶板和复合 SB 橡胶板等，通过锚固的方式与面板连接，如图 4 所示。但寒冷地区面板堆石坝在冰拔、冰胀等因素影响下，接缝位移量更大，止水结构受损情况较为突出。

为有效应对冰拔作用，提高表层止水耐久性，丰宁电站采用手刮聚脲涂覆型柔性防渗涂层材料替代传统的刚性盖板，并采用了涂覆型柔性盖板止水结构[11]，即将手刮聚脲刮涂在塑性填料和混凝土表面，固化后形成全封闭的柔性防渗涂层，与混凝土面板粘接成一体，既可以作为一道独立的表层止水层，又可以保护下部塑性填

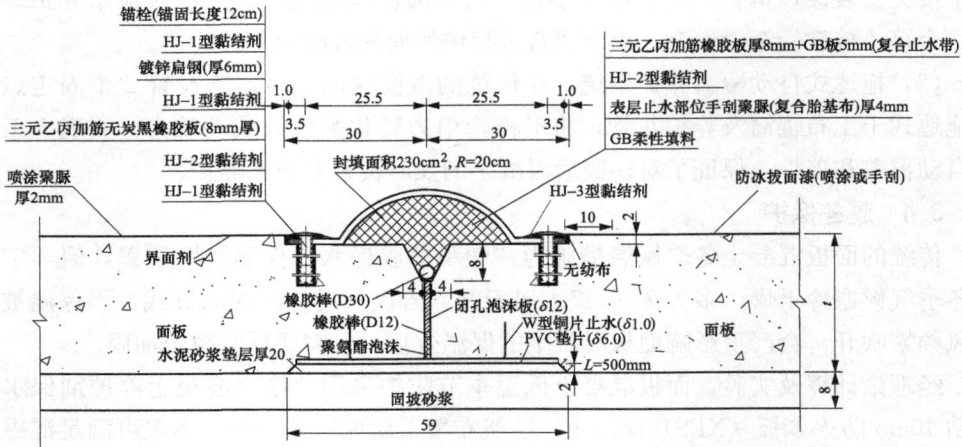

图 4　传统面板接缝止水-张性垂直缝

料。具体结构型式如图 5 所示。

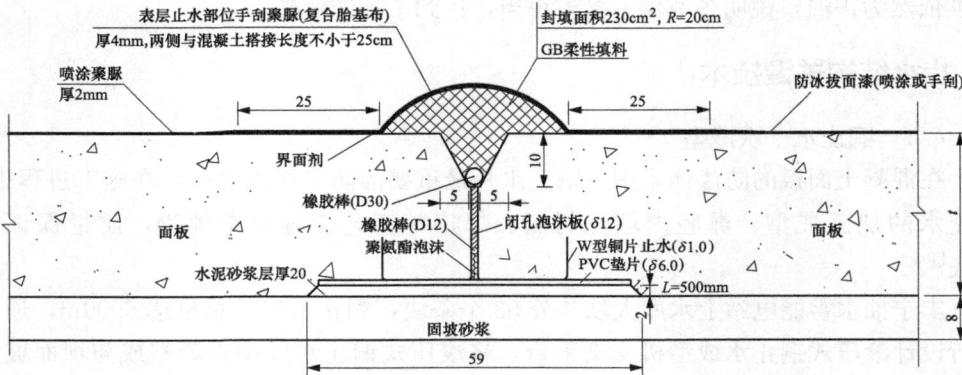

图 5　典型涂覆型盖板形式止水结构（张性缝）

5　结论

通过多种技术研究与应用，达到了控制坝体本身变形与综合变形协调，构建优质面板及止水防渗体系的目的。截至目前（蓄水并稳定运行 2 年后），丰宁电站上水库大坝沉降值为 945mm，为最大坝高的 0.78%，坝体渗漏量为 6.62L/s，远低于设计值 25.9 L/s，印证了以上技术手段是行之有效的。

以上技术对严寒地区类似条件的面板堆石坝建设有借鉴意义，其他面板堆石坝也可参考使用。

参考文献

[1] 邱彬如，刘连希 . 抽水蓄能电站工程技术 [M]. 北京：中国电力出版社，2008.

［2］徐泽平．现代高混凝土面板堆石坝筑坝关键技术［C］//中国混凝土面板堆石坝 30 年学术研讨会论文集．2016：29-38．

［3］马雨峰，李斌，韩彦宝，等．数字化智能碾压系统在抽水蓄能电站中的应用［J］．西北水电，2018（4）：101-104．

［4］潘福营，李斌．瞬态面波法检测技术在丰宁抽水蓄能电站上水库面板堆石坝中的应用［C］//土石坝技术 2018 年论文集．国网新源控股有限公司；河北丰宁抽水蓄能有限公司，2019：7．

［5］孟宪磊，李斌，陈玉荣，等．翻模固坡与碾压固坡砂浆技术对于提升面板堆石坝坝前砂浆平整度的对比分析［C］//中国水力发电工程学会电网调峰与抽水蓄能专业委员会．抽水蓄能电站工程建设文集 2018．河北丰宁抽水蓄能有限公司，2018：4．

［6］白旭宏，黄艺升．天生桥一级水电站混凝土面板堆石坝设计施工及其认识［J］．水力发电学报，2000，69（2）：108-123．

［7］李斌，刘双华，杨昕光，等．接触面特性对面板堆石坝应力变形的影响性研究［J］．水电与抽水蓄能，2018，4（6）：84-89．

［8］吴明怡．严寒大温差超长混凝土面板一次成型施工技术研究［J］．四川水利，2021，42（5）：63-64．

［9］国家电网有限公司，国网新源控股有限公司，河北丰宁抽水蓄能有限公司，等．一种面板混凝土的拖地式养护系统：CN201921465890.8［P］．2020-10-30．

［10］李平平．超长铜止水一次冷压成型就位施工［C］//中国混凝土面板堆石坝 30 年学术研讨会论文集．2016：315-318．

［11］巩静．面板坝面板防护及涂覆型结构止水施工技术的应用［J］．四川水利，2021，42（2）：107-109．

作者简介

李斌（1989—），男，高级工程师，主要研究方向：抽水蓄能电站建设管理。E-mail：18831415131@qq.com

贾涛（1989—），男，工程师，主要研究方向：抽水蓄能电站建设管理。E-mail：448559229 @qq.com

孟宪磊（1991—），男，工程师，主要研究方向：抽水蓄能电站建设管理。E-mail：934854470@qq.com

关于抽水蓄能电站建设过程中环保水保"三同时"的思考与对策

杨 雷

(安徽绩溪抽水蓄能有限公司,安徽省宣城市 245300)

摘 要:本文从不同角度探讨了目前抽水蓄能电站建设环保水保"三同时"制度执行中存在的问题,并针对这些问题提出了一些改进的对策,为抽水蓄能电站在建设过程中减少对环境的负面影响,更好地落实环保水保"三同时"提供有益的参考。

关键词:环境保护;水土保持;"三同时"问题;对策

1 抽蓄电站环保水保工作现状

近年来,面对严峻的环境保护及水土保持形势,在"简政放权"后,各级政府对于环保水保工作的要求越发严格,"环境影响评价""三同时"等制度落实的监管力度逐步加强,其中"三同时"制度是指建设项目的环保水保设施必须与主体工程同时设计、同时施工、同时投产使用,该制度可以促使企业在规划、设计和施工过程中,充分考虑环境保护问题,并采取相应措施,从源头上预防环境污染和生态破坏,同时促进企业提高环保意识和责任感,推进环保技术的进步和发展,为经济和环境的可持续发展提供保障。

抽水蓄能电站建设是一项复杂的系统性工程,环保水保涉及的范围、内容繁杂,在建设过程中环保水保管理具有参建单位多、建设周期长、环境影响因素多、建设区域生态敏感性高的特点,这些特点也造成了"三同时"落实过程中的一些问题,例如环保水保设施施工滞后于主体工程施工、施工过程中渣场水土流失等,部分问题在近几年各抽水蓄能项目建设中陆续得到了解决或改善,但仍然有一部分问题受主观意识、客观条件等影响未能解决,例如高陡边坡挂渣、验收滞后等。这些问题需要从资金投入、责任落实、科技研发等方面逐步解决,以保证抽蓄电站环保水保工作更好地落实"三同时"制度。

2 抽水蓄能电站环水保"三同时" 制度执行存在的问题

2.1 参建人员问题

(1)业主。随着抽水蓄能电站市场的开放,多种经营主体纷纷参与抽水蓄能电站的投资,部分新进入市场的电站投资方对抽水蓄能电站建设的环保水保问题认识不足,刻意回避一些环保水保责任,减少环保水保投资,包括更改环保水保方案,降低环保水保设施规模、质量、工艺要求等。

（2）设计。近几年抽水蓄能电站集中立项建设，导致设计院工作量骤增，同时可研及项目审批的时间大大缩短，在时间紧、任务重的状况下，可研阶段、技施阶段的现场勘查、调研等工作深度严重不足，而不同抽蓄电站的环保水保问题存在很大的差异，就导致出现环评与现场实际不符、技施阶段环保水保措施与可研审批方案不一致等问题。

（3）监理。环保水保监理施行时间还较短，目前缺少相应的规范、标准作为管理支撑，导致环保水保监理工作随意性大，同时由于环保水保监理一般不参与工程结算，缺少对承包商的制约手段，在下达有关环保水保整改要求时力度不足。现阶段，环保水保监理多为满足有关规定要求设置，人员数量及水平均不能满足现场实际需要，未起到实质性的监管作用。

（4）施工。施工承包商作为工程建设的一线执行者，环保水保设施的具体建设者，存在环保水保意识不强的问题，主要体现在一是认为环保水保工作是业主的责任，出现了问题，政府监管部门追责先找业主，所以存在应付心理；二是部分环保水保措施项目为总价承包，受限于招标阶段的设计深度，部分要求并不明确，承包商为追求利益最大化，经常会压低这部分报价，并在实施阶段有意降低标准，降低成本；三是承包商在建设过程中建设的临时设施经常会与环保水保要求冲突，为方便施工或者减少施工投入，承包商会无视带来的环保水保问题。

2.2 客观条件问题

（1）场地条件。抽水蓄能电站多建设在具有高陡山体的区域内，上下水库及上下水库连接道路建设区域狭窄，布置空间有限，这就导致：一是施工道路布置困难，施工时开挖边坡的弃渣无法第一时间运输至渣场，而临时堆渣则会导致临时渣场增加，植被破坏及水土流失影响增大；二是由于地形陡峻，边坡挂渣及布置临时施工道路总是难以避免，后期挂渣清理及临时道路恢复难度很大；三是因山间开阔平整场地少，临时营地的布置时常难以集中，多处布置营地增大了场地的水土流失可能性，并导致营地水、固体废弃物的污染增大。

（2）施工程序。环保水保设施要求与工程建设主体同步实施，但是抽水蓄能电站部分施工项目受建设程序的影响，难以保证环保水保设施及时跟进，例如，道路岩石边坡需在边坡开挖、支护完成并形成种植槽后进行绿化，而种植槽需要在道路及边沟施工完成后实施，这就导致绿化滞后边坡开挖时间较长；渣场堆渣是伴随电站开挖施工全过程的，时间跨度长达数年，堆渣过程中坡面未形成，无法进行截排水沟施工及覆土复绿。

（3）废水回用。由于部分抽水蓄能电站位于水源保护区或者森林资源保护区，目前环评多要求生产生活废水处理后零排放，全部回用，但是建设期间实际可回收的废水与现场用水在时间、水量上难以匹配，依旧存在将处理后的废水进行排放的问题。

（4）取水监测。《水利部关于强化取水口取水监测计量的意见》要求"地表水年许可水量 50 万 m³ 以上、地下水年许可水量 5 万 m³ 以上的取水，原则上均应安装在线计量设施"，由于抽水蓄能电站所处位置大多距离城市有一定距离，在线取水监控不能及时落实，取水在线监控往往难以实现。

2.3 技术问题

（1）部分标准针对性不足，由于抽水蓄能电站建设地点及建设内容的特殊性，部分环保水保控制标准并不适用，例如：抽水蓄能电站由于远离城镇，一般距离集中垃圾处理点较远，对于建筑垃圾处理，一般只是要求在指定地点掩埋，但是对于掩埋地点的具体要求及标准不明确；抽水蓄能电站建设过程中边坡、洞室有大量的爆破作业，如按照城镇噪声控制标准，爆破噪声及震动均不能满足要求，会对周边产生影响，但是目前无针对此种情况的具体控制要求。

（2）工程环水保技术不成熟，现阶段可采取的一些环保水保技术方案尚不能满足抽水蓄能电站的需要，例如：抽水蓄能电站的上下水库库岸边坡、坝肩边坡、连接公路边坡均存在陡于 1∶0.75 的高陡边坡，其中岩质边坡坡度多为 1∶0.3，此类高陡边坡由于土壤固定困难，降雨易冲蚀，边坡绿化难度大，目前逐步采用的生态混凝土、植生袋敷设等工艺，尚不能解决长期的绿化问题；电站施工过程中，区域内的地表植被均需清理干净，导致电站地表水流至下游时携带泥沙，水质浑浊，影响下游居民使用，目前还没有有效的措施解决该问题。

（3）先进技术引进还需加强，目前抽蓄电站所采用的部分环保工艺及设施还不够先进，对于先进技术的引进存在滞后的问题。例如：废水处理的膜技术、砂石料生产的干式除尘技术、城市建设项目采用的一体化全封闭式的砂石料甲供及混凝土拌和生产厂、对于场地粉尘控制采用的智能化围挡喷雾降尘装置等。

2.4 验收问题

根据《建设项目竣工环境保护验收暂行办法》要求："建设项目配套建设的环境保护设施经验收合格后，其主体工程方可投入生产或者使用"，由于抽水蓄能电站建设周期长，在电站机组投产时，承包商临时营地、设备堆放场等区域尚在使用，无法开展复垦复绿等工作，因此本阶段的环保水保竣工验收尚不具备条件，在时间上存在矛盾。

3 抽水蓄能电站环水保"三同时"改进的一些对策

3.1 设计管理

（1）环境影响评价及水土保持方案是电站环保水保工作的基础，设计院在编制过程中，应充分做好现场查勘，并了解当地的政策要求，提升环评及水土保持方案深度。

（2）在工程区域内道路、营地、水工建筑物布置设计时应尽量减少占地及明挖区域，降低对原始生态的扰动，例如在交通道路方案选择时尽量采取隧洞方案代替明挖道路，施工期临时运输方式尽量采用缆索、轨道等代替明挖临时道路，渣场布置应集中且布置在施工动线交汇区域。

（3）环保水保设施的设计应充分调研当前普遍采用的先进技术及设施，选取合适的用于电站。

3.2 施工管理

（1）在规划施工布置的同时做好全区域的环保水保设施策划，例如，洞口设置废水水处理站、施工区出口设置地表水沉淀池、全场设置污水集中处理装置、设置隔声屏等。

（2）结合"三同时"的要求优化主体工程的施工组织设计，一是确保环保水保设施施工紧跟主体工程进度，确保施工资源组织到位；二是对于无法及时形成永久环保水保设施的，要采取临时的设施跟进，例如临时撒播草籽、设置临时排水沟等。

（3）在工程建设承包合同中合理约定环保水保的内容，在明确环保水保技术要求的同时，将环保水保工作内容量化，采取单价形式计列，提升承包商按要求实施相关措施的积极性。

（4）明确环保水保监理工作职责，赋予其环保水保方案审批、现场问题检查及考核、环保水保设施费用结算等权力，让环保水保监理的专业监督作用落到实处。

3.3 科技研发

加强环保水保方面的科技研发，一是积极引入行业外的先进环保水保技术，并结合抽水蓄能电站特点进行优化；二是加大对抽水蓄能电站环保水保技术难点的研发投入，根据地域、环境等特点，选取代表性的项目，集中攻坚，再将成果推广应用，提升整体环保水保技术水平；三是完善制度及标准，针对抽水蓄能项目特殊的技术指标要求，及时修订或制定有关规范。

3.4 政府监管

加强与监管部门互动，虽然国家对于环保水保工作有明确的法律法规，但是各地环保局、水务局等监管部门对于具体执行要求均有差异，建设过程中应与监管部门紧密联系，一是通过沟通明确有关措施的具体要求，例如固体废弃物堆存、复垦复绿植物种类等；二是与监管部门联合进行电站的环保水保检查，借助地方监管，将问题消灭在过程中，避免重大问题的发生；三是高度重视环保水保督察工作，清晰认识督查的内容及依据，跟进现场环保水保永久措施的同时，按照政府要求及时做好临时措施。

3.5 验收组织

根据抽水蓄能电站投产及建设的客观规律，进一步完善抽水蓄能电站环保水保验收的有关要求，采取环保水保设施的分阶段验收，在电站机组投产前保证与机组运行相关的环保水保措施验收合格，电站整体环保水保验收工作在机组全部投产后规定时间内完成。

4 结束语

抽水蓄能电站建设环境保护和水土保持"三同时"工作是一项复杂的系统工程，需要建设单位、设计单位、监理单位、施工单位、监管部门等各方面共同努力，采取有效措施，积极解决建设过程中存在的各类问题，确保项目建设对环境的影响得到有效控制和治理。最大限度地节约能源、降低资源消耗和减少污染物排放，确保对环境的有害影响最小化，提高经济效益和社会效益，构建和谐的人与自然环境，实现可持续发展。

参考文献

王卓晖．论我国《环境保护法》"三同时"制度价值理念与现实瓶颈的冲突［J］．法制博览，2013.02（中）．

作者简介

杨雷（1981—），男，高级工程师，主要研究方向：水电工程建设管理、施工技术等。E-mail：5439478@qq.com

砂石加工系统废水处理设备的应用与研究

陈洪春，李　明，段玉昌，徐　祥，梁睿斌，洪　磊

（江苏句容抽水蓄能有限公司，江苏省句容市　212400）

摘　要： 砂石骨料是抽水蓄能建设过程中不可缺少的材料，而砂石加工系统在运行过程中会产生废水污染，具有废水量大、悬浮物浓度高等特点。抽水蓄能电站工程区地质构造复杂，选择合适的砂拌系统废水处理工艺，对砂石加工系统的生产废水进行有效处理，使其处理后达到回用标准并全部回用，以实现"污废水零排放"的目标，对整个工程区的水环境保护起到重要作用。本文就句容电站砂石加工系统应用的两种污水处理设备进行简单交流，为抽水蓄能电站砂石加工系统污水处理设备选型提供相关经验。

关键词： 砂石加工系统；废水处理；污废水零排放

0　引言

随着"两山理论"的提出和社会发展的需要，环保问题越来越重要。作为绿色能源的践行者，在抽水蓄能电站建设过程中，环保问题更是具有一票否决权。砂石加工系统作为抽水蓄能电站建设中不可或缺的一部分，是破碎、筛分、洗砂等工艺的集合，用于将原料中的砂石颗粒进行分离和加工。然而，在这个过程中会产生大量的废水。这些废水主要来自砂石料的清洗、冲洗和输送过程中所使用的水以及原料中携带的泥浆和杂质。因此，如何有效处理砂石加工系统产生的废水，已经成为抽蓄建设过程中的重要一环。

砂石加工系统废水中的主要污染物为固体悬浮物（Suspended Solids，SS），经对中国一些已建和在建电站现场采样实测，砂石加工系统废水中 SS 浓度为 15 000～80 000mg/L，（视料源及加工工艺不同而变），远远超过《污水综合排放标准》（GB 8978—1996）中规定的采矿、选矿企业废水悬浮物最高允许排放浓度标准（一级水域为70mg/L，二级水域为 300mg/L）及砂石料加工系统用水标准（SS≤100mg/L）[1]。若将废水直接排到周围河道中，将对附近村民的生活及动植物的生长影响很大，因此近年来对砂石加工系统废水处理的要求不断提高，一方面要做到处理达标后才能循环使用，另一方面要做到"零排放"目标。因此，砂石加工系统需要配备合理的废水处理工艺。

1　句容电站工程概况及砂石加工系统废水处理建设情况

1.1　句容电站工程概况

江苏句容抽水蓄能电站位于江苏省镇江市句容市境内，地处长三角华东电网负

荷中心，地理环境优越，距南京市 60km、镇江市 30km。枢纽工程主要建筑物由上水库、下水库、输水系统、地下厂房和开关站等组成。上水库位于仑山主峰西南侧沟谷中，下水库（坝）位于仑山水库库尾、姊妹桥溪高家边村至上孟村之间的河段。电站主体工程及主要临建工程常态混凝土（含喷混凝土）总量约为 92.12 万 m^3，外供混凝土总量约为 10 万 m^3，沥青混凝土总量约为 8.72 万 m^3，坝体填筑料约为 95.87 万 m^3，共计需生产成品骨料约为 334 万 t。因此，在骨料的加工过程中会产生大量废水。

句容电站地处长江大保护监管范围，紧邻山庄，下游侧毗邻 2650 万 m^3 饮用水库，以仑山水库为主要施工水源，因此电站建设的环境保护要求高，砂石料生产废水必须做到零排放要求。

1.2　砂石加工系统废水处理建设情况

为减少冲洗用水量，句容电站砂石加工系统采用湿法生产工艺，于 2019 年 4 月建成投产试运行，主要承担上下水库填筑料（垫层料、反滤料和特殊垫层料）、常态混凝土、喷混凝土、沥青混凝土以及外供（EM3）标段混凝土成品砂石骨料的生产任务，用于生产的毛料来源于中转料场的回采料和地下洞室开挖的有用料。

句容电站工程区地层及岩性复杂，闪长玢岩分布广泛，具有宜蚀变特性，骨料风化严重，含泥量大，冲洗废水 SS 浓度高。电站砂石加工系统位于砂石加工系统南侧，设置有两台套污水处理系统，第一套采用的是"平流沉淀池＋板框压滤机"，设计处理规模 150m^3/h；第二套采用的是"辐流沉淀＋带式压滤机"，设计处理规模为 350m^3/h。

2　"平流沉淀池＋板框压滤机" 处理系统

2.1　处理工艺

"平流沉淀池＋板框压滤机"处理系统设计处理规模为 150m^3/h。平流沉淀池包括进水区、沉淀区、污泥区和出水区四部分。平流沉淀池的出水经砂水分离器流至调节池，经过三级沉淀后，污水抽至压滤机进行处理，处理后的水流至清水池，砂水分离器分离出的细砂及压滤机产出的污泥进行综合利用，具体工艺流程图见图 1。

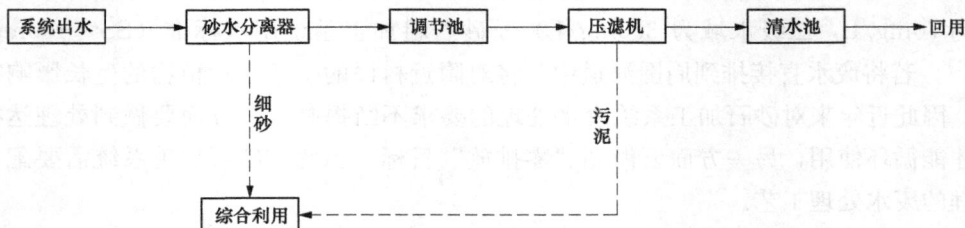

图 1　"平流沉淀池＋板框压滤机"废水处理工艺流程图

2.2　构筑物及主要设备

该套废水处理系统的主要构筑物有平流沉淀池、板框压滤机、清水池等，主要设备有高效污水净化器、高效混凝混合器、一体化加药罐、污水泵等，见表1。

表1   **"平流沉淀池＋板框压滤机"废水处理系统主要设备表**

序号	名 称	规 格
1	细砂回收装置	$Q＝400m^3/h$，$P＝66kW$
2	高效污水净化器	$Q＝200m^3/h$
3	高效混凝混合器	$Q＝200m^3/h$
4	一体化加药罐	$P＝4kW$
5	污水搅拌机	三叶，$P＝5kW$
6	污泥搅拌机	三叶，$P＝11kW$
7	污水泵	150KZ50，100ZS-40(D)
8	渣浆泵	100ZM60
9	清水加压水泵	200S63A
10	反冲泵	IS65-50-125
11	加药螺杆泵	GF30-1-1.5(0.55)MB

板框压滤机用于固体和液体的分离，与其他固液分离设备相比，压滤机过滤后的泥饼有更高的含固率和优良的分离效果。固液分离的基本原理是：混合液流经过滤介质（滤布），固体停留在滤布上，并逐渐在滤布上堆积形成过滤泥饼。而滤液部分则渗透过滤布，成为不含固体的清液。过滤完毕之后，通入清水洗涤滤渣。随后打开压滤机卸除滤渣，清洗滤布，重新压紧板、框，开始下一工作循环。

3 "辐流沉淀＋带式压滤机" 处理系统

3.1 处理工艺

"辐流沉淀＋带式压滤机"系统设计处理规模为$350m^3/h$，该废水处理系统采取"废水调节池→深锥料仓→带式压滤机→污泥堆场"的处理工艺。即砂石加工系统废水汇入调节池，再经砂水分离器进行砂水分离后（分离出的细沙可回收利用），由潜水泥浆泵加压提升送至深锥浓缩料仓，泥浆在絮凝剂（PAC 聚合氯化铝）的作用下絮凝、沉淀，深锥浓缩料仓上部的清水溢流至清水池，下部絮凝泥团经泥沙导流器输入带式压滤机，压滤机压滤出的泥饼经带式输送机运至污泥堆场，最终通过装载机装车、自卸车输运至指定渣场。压滤机压滤的出水 $SS≤100mg/L$ 后回用于砂石料加工系统，达到"零排放"的标准。该废水处理工艺流程见图2。

3.2 构筑物及主要设备

该废水处理系统的主要构筑物有辐流沉淀池、深锥浓缩仓、清水池等。辐流式沉淀池作为该废水处理系统的一沉池，主要功能是为去除沉淀池中沉淀的污泥以及水面表层的漂浮物。深锥浓缩仓为上部圆筒形、下部圆锥形的机体。顾名思义，其锥体较深。深锥浓缩仓的工作原理：泥浆经泥浆泵输入深锥浓缩料仓，泥浆在絮凝剂作用下结团下沉，以囤积在浓缩料仓底部，清水则通过浓缩料仓顶部的溢流槽流

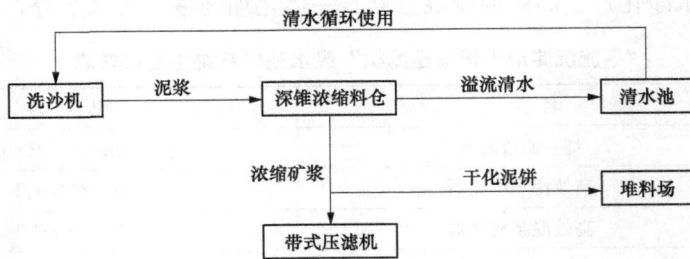

图2　砂石料系统废水处理工艺流程图

出至清水池，进行回用。

　　主要设备有废水提升泵、深锥浓缩设备、带式压滤机、清水泵、螺杆泵、加药系统、带式输送机等，主要设备见表2。带式压滤机的工作原理：经过浓缩的污泥与一定浓度的絮凝剂在静、动态混合器中充分混合以后，污泥中的微小固体颗粒聚凝成体积较大的絮状团块，同时分离出自由水，絮凝后的污泥被输送到浓缩重力脱水的滤带上，在重力的作用下自由水被分离，形成不流动状态的污泥，然后夹持在上、下两条网带之间，经过楔形预压区、低压区和高压区由小到大的挤压力、剪切力作用下，逐步挤压污泥，以达到最大程度的泥、水分离，最后形成滤饼排出。

表2　　　　　　"辐流沉淀＋带式压滤机"废水处理系统主要设备表

序号	名称	规格	备注
1	废水提升泵	$Q=120m^3/h$　$H=30m$　$N=18.5kW$	潜水泥浆泵
2	深锥浓缩设备	非标，单套处理能力$120m^3/h$，$N=2.2kW$	含浓密机、泥沙导流器等
3	带式压滤机	DY-3000，$N=11.5kW$	含配套空气压缩机，内部管道等
4	清水泵	$Q=100m^3/h$　$H=50m$　$N=22kW$	带式压力机反冲洗泵
5	螺杆泵	$Q=56m^3/h$	深锥料仓至板框压滤机
6	加药系统	非标定制，$N=11kW$	配套搅拌，计量泵等
7	带式输送机	$B=0.5m$，$L=5.2m$，$N=1.1kW$	配套支撑装置
8	带式输送机	$B=1.0m$，$L=7.0m$，$N=2.45kW$	配套支撑装置

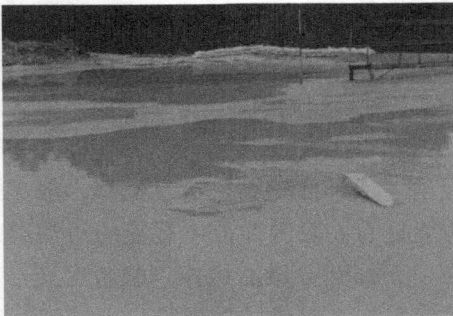

图3　前池沉淀池泥渣

4　废水处理系统应用情况

4.1　"平流沉淀池＋板框压滤机"处理系统

　　句容电站地区岩石复杂，砂石骨料含泥沙量大，"平流沉淀池＋板框压滤机"废水处理系统会产生以下问题。

　　（1）砂石骨料含泥沙含量大，冲洗后的废水在前池沉淀池积聚大量泥渣，见图3；

（2）清理沉淀池泥渣时造成厂区二次污染，且该泥渣含水量大，不能直接运至弃渣场，处置存在问题，见图4；

（3）进压滤机的污水含黄泥多，滤布堵塞严重，导致处理能力降低，见图5；

图4　堆存间泥渣

图5　压滤机滤布

（4）压滤机压滤后的泥饼黏性大，水冲洗泥饼过程中产生的泥水漫流，污染周围环境。

4.2　"辐流沉淀＋带式压滤机"处理系统

"辐流沉淀＋带式压滤机"废水处理系统在运行时，辐流沉淀采用机械排泥，运行较好，设备较简单，沉淀效果好，日处理量大，对水体搅动小，有利于悬浮物的去除。深锥浓缩仓节省絮凝剂，溢流清水稳定，可回用或达到排放标准，见图6；深锥浓缩料仓与带式压滤机对接，可提高压滤机工作效率，泥饼固化效果好，见图7。

图6　深锥浓缩仓顶部溢流清水

图7　带式压滤机产出泥饼

5　综合对比分析

5.1　建设投资和运行成本方面

（1）"平流沉淀池＋板框压滤机"废水处理系统：占地面积较小，适用于空间有限的场所，基建及设备投资小；操作简单，不需要复杂的设备和高级技术支持，易于维护和管理，同时具有较好的能耗效益。板框压滤机的滤布和挤压板都是易损耗产品，如出现小石块等情况，在板框渣浆泵的强大压力下很容易划破滤布，而且挤压板经常会被挤压破。板框压滤机需要一次加药絮凝。板框压滤机出泥时经常因为泥饼黏性问题无法自动脱落，因此需要多人操作。

（2）"辐流沉淀＋带式压滤机"废水处理系统：带式压滤机需要两次加药（深锥浓缩仓沉淀一次，压滤机加药絮凝一次）；带式压滤机全自动方案开机以后员工只需要巡逻查看就可以，1人可以操作4台主机。

5.2 生产废水处理能力方面

由于句容电站砂石骨料含泥沙量较大，最初设计的板框压滤机工作时的处理能力为每台机器 30m^3/h，远远不能满足实际的生产运行。新增的板框式压滤机工作时的处理能力为每台机器 50m^3/h，可以有效改善泥沙含量大的生产废水处理不足的缺陷。

5.3 生产废水处理效果方面

（1）"平流沉淀池＋板框压滤机"废水处理系统：对于地质条件较好的地区，能有稳定的处理效果和较长的使用寿命。

（2）"辐流沉淀＋带式压滤机"废水处理系统：适用于砂石骨料含泥沙量较大的地区，脱水后污泥含固率高；深锥浓缩料仓与带式压滤机对接，工作效率高，深锥浓缩料仓溢流清水稳定；辐流沉淀池的沉淀性效果好。

6 结论

抽水蓄能电站地质条件复杂，岩性情况复杂，砂石加工系统污废水处理应结合电站实际地质情况选定，句容电站应用"平流沉淀池＋板框压滤机"和"辐流沉淀＋带式压滤机"两台套污水处理设备，实施过程归纳有以下几点可供其他工程借鉴。

（1）砂石料加工过程中会产生大量生产废水，但工程建设实践证明，只要结合工程实际，严格按照国家环境保护法律的要求，采取先进有效的生产废水处理措施，完全可以做到生产废水"零"排放，循环利用。

（2）"平流沉淀池＋板框压滤机"废水处理工艺建设投资和运行成本相对较低，可以较好地应用于花岗岩等地质条件较好，污废水中含石粉含量较高的抽水电站。

（3）"辐流沉淀＋带式压滤机"废水处理工艺建设投资和运行成本相对较高，但对地质条件复杂、石料含泥量大的抽水蓄能电站生产废水的处理效果最好，能节约大量水资源。

参考文献

张博，关薇. 砂石加工系统废水处理新工艺探讨［J］. 西北水电，2009（6）：50-52＋56.

作者简介

陈洪春（1968—），男，本科，正高级工程师；主要从事抽水蓄能电站工程建设管理工作。

李明（1991—），男，助理工程师，主要从事抽水蓄能电站工程建设管理工作。

段玉昌（1992—），男，工程师，主要从事抽水蓄能电站工程建设管理工作。E-mail：1518735894@qq.com

徐祥（1991—），男，工程师，主要从事抽水蓄能电站工程建设管理工作。E-mail：xuxiangtc@163.com

梁睿斌（1990—），男，工程师，主要从事抽水蓄能电站工程建设管理工作。E-mail：liangrb90@163.com

洪磊（1993—），男，工程师，主要从事抽水蓄能电站工程建设管理工作。E-mail：1172863878@qq.com

荒沟抽水蓄能电站面板堆石坝的质量核心管控

刘锦程

（黑龙江牡丹江抽水蓄能有限公司，黑龙江省牡丹江市 157000）

摘　要：荒沟抽水蓄能电站地处极寒地区，上水库主坝为面板堆石坝，最大坝高 83.1m，荒沟公司从设计到施工全过程，对影响堆石坝质量的核心项目和工序进行研究、分析、管控，采取强有力措施，使项目安全、质量、进度、造价等要素整体受控，保证工程质量和大坝永久运行安全。

关键词：抽水蓄能；面板堆石坝；质量核心；管控

0　引言

混凝土面板堆石坝作为经济型坝体，深受水利工程尤其是在抽水蓄能电站建设者的青睐，其以堆石体为支承结构，并在其上游设置混凝土面板作为防渗结构。面板堆石坝具有造价低、适应性强、便于施工的特点；在质量控制上，应把大坝填筑、面板防渗作为核心管控要务，确保大坝长久安全稳定运行。本文就黑龙江牡丹江荒沟抽水蓄能电站的上水库混凝土面板堆石坝的大坝填筑、面板防渗施工管控进行总结，类似工程可以参考借鉴。

1　工程概述

荒沟抽水蓄能电站位于黑龙江牡丹江海林市，工程以发电为主，总装机容量为 1200MW，单机容量为 300MW。下水库为已建的莲花水电站水库，上水库工程包括面板堆石主坝、副坝、进/出水口、启闭机闸室、环库公路等。主坝最大坝高 83.1m，坝顶长度为 750m，坝顶宽度为 8m。主坝坝体填筑 282.6 万 m^3，混凝土浇筑 3.93 万 m^3，钢筋制安 3028.4t。工程于 2015 年 5 月开工建设，2019 年 9 月完成大坝填筑，2020 年 9 月完成主坝面板浇筑，2021 年 8 月开始蓄水。

荒沟抽水蓄能电站位于北纬 45°附近，所在地属于典型的严寒地区，历史最低气温达零下 45.2℃，最大冻土深度 1.91m，最大冰厚 1.65m，室外工程年有效施工期不足 6 个月，给大坝建设带来严峻考验。荒沟抽水蓄能电站上水库堆石面板坝典型断面图见图 1。

2　大坝填筑质量管控

荒沟抽水蓄能电站上水库主坝主要分为特殊垫层料、垫层料、过渡料、主堆石区和下游堆石区，在施工过程中必须严格遵守设计和规范要求，控制要点主要包括

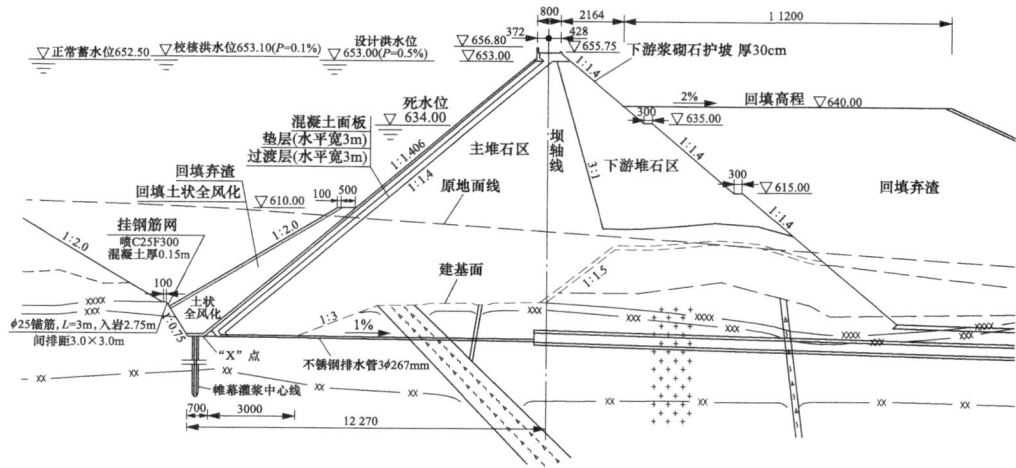

图 1　荒沟抽水蓄能电站上水库堆石面板坝典型断面图

渗透系数、填料级配、填筑厚度、压实度等。

大坝碾压设计参数表见表 1。

本工程规模大、施工自然条件差，每年有效填筑时间短，其中面板堆石坝（主坝）工程最大坝高 83.1m，计划坝体填筑时间 12 个月，平均月上升速度为 6～8m，高峰月填筑强度为 28.37 万 m^3，确保坝体填筑质量为重点控制项。采取的措施主要如下。

2.1　料源及运输控制

根据《水电水利工程爆破施工技术规范》（DL/T 5135—2013）、《混凝土面板堆石坝施工规范》（DL/T 5128—2021）、《碾压式土石坝施工规范》（DL/T 5129—2013）及设计填坝料的粒径及级配要求，经爆破试验确定石料场开采的爆破参数，以满足上坝填筑的要求；加强对存料场料源的管理，分类存放，避免掺混和污染。装料前，现场施工管理人员向作业人员进行技术交底，装料司机熟悉坝体各区料的质量要求和技术标准，严禁将不合格的石料装运上坝。堆石料挖装时，控制坝料粒径级配，在料场设置质量检查站，有用料挖装部位及运输车辆上设置填筑坝料种类标识牌，避免混装、混运。垫层料和特殊垫层料由加工系统生产，过渡料利用合格的洞挖料，堆石料利用进出水口合格的明挖料。为控制填筑料开采粒径和效率。施工期间，施工单位聘请西安大学知名教授到现场指导爆破，进行研究。

坝料运输车辆设置荧光材料制作的标识牌，以区分各类上坝料。坝面上用白灰画出料区分界线，摆放荧光材料制作的料区标示牌，指示运输卸料地点。加强坝料运输汽车的监控管理，确保运输车辆的满载率和利用率。填筑作业单元面上设专职人员指挥卸料，卸料指挥员未发出卸料信号，运输司机不得随意卸料。

表1 　　　　大坝碾压设计参数表

项目	材料	最大粒径 (mm)	最小干容重 (kN/m³)	填筑碾压标准	小于5mm的颗粒含量 (%)	小于0.075mm的颗粒含量 (%)	不均匀系数 C_u、曲率系数 C_c	渗透系数 (cm/s)	饱和抗压强度 (MPa)	铺厚 (cm) 常温	铺厚 (cm) 负温	洒水 (%) 常温	洒水 (%) 负温	遍数 常温	遍数 负温
垫层区 (EL610.00m 以上)	质地坚硬新鲜岩石人工破碎	100	21.32	孔隙率≤18%	15~30	≤5	$C_u\geq15$ $C_c=1\sim3$	$1\times10^{-2}\sim5\times10^{-3}$		40	20	10	0	20t振动碾 8	10
垫层区 (EL610.00m 以下)	质地坚硬新鲜岩石人工破碎	100	21.58	孔隙率≤17%	15~35	≤5	$C_u\geq15$ $C_c=1\sim3$	$1\times10^{-2}\sim1\times10^{-3}$		40	20	10	0	20t振动碾 8	10
特殊垫层区	砂石加工系统生产的人工砂和碎石	40	21.58	孔隙率≤17%						20	10	适量		冲击夯碾压 4~6遍	
过渡层区	质地坚硬新鲜岩石人工破碎	300	21.06	孔隙率≤19%	10~20	≤5	$C_u\geq15$ $C_c=1\sim3$	$1\times10^{-2}\sim5\times10^{-2}$	≥60	40	20	10	0	20t振动碾 8	8
主堆石区	质地坚硬的弱风化及以下部位岩石	600	20.80	孔隙率≤20%	≤20	≤3	$C_u\geq15$ $C_c=1\sim3$	5×10^{-2}	≥50	80	40	10~15		26t振动碾 8	8
排水体	质地坚硬的弱风化下部及以下部位岩石	600	20.02	孔隙率≤23%	≤5			1×10^{-1}	≥60	80	40	15~25		8	8
下游堆石区	强风化及以下部位岩石	800	20.54	孔隙率≤21%	≤20		$C_u\geq15$ $C_c=1\sim3$		≥40	80	40	10~15		26t振动碾 8	8
主坝上游辅助防渗体	土状全风化			以土为主时：压实度≥96%；以砂为主时：相对密度≥0.75				5×10^{-5}		30~40				采用轻型机械压实	

续表

项目	材料	最大粒径(mm)	最小干容重(kN/m³)	填筑碾压标准	小于5mm的颗粒含量(%)	小于0.075mm的颗粒含量(%)	不均匀系数 C_u、曲率系数 C_c	渗透系数(cm/s)	饱和抗压强度(MPa)	铺厚(cm) 常温	铺厚(cm) 负温	洒水(%) 常温	洒水(%) 负温	遍数 常温	遍数 负温
主坝上游辅助防渗体盖重	石渣	400		孔隙率≤30%			$C_u \geq 10$			80~100					采用小型设备碾压
下游坝整坡整平层	砂状全风化岩石剔除>20mm以上颗粒	20								40					采用小型设备设备碾压，辅以人工夯实
反滤料（I）	可采用人工砂、碎石加工而成，也可采用天然砂砾石筛分而成	60	当采用碎石时：孔隙率≤20%；当采用人工砂、天然砂砾石时：相对密度≥0.75	90~70	≤5	级配连续			30~40					
反滤料（II）	可采用人工砂、碎石加工而成，也可采用天然砂砾石筛分而成	40	当采用碎石时：孔隙率≤20%；当采用人工砂、天然砂砾石时：相对密度≥0.75	90~30	≤5	级配连续			30~40					
反滤料（III）	可采用人工砂、碎石加工而成，也可采用天然砂砾石筛分而成，也可采用可以匹配的洞挖料	75	当采用碎石洞挖料时：孔隙率≤20%；用人工砂、天然砂砾石时：相对密度≥0.75	65~30	≤5	级配连续			30~40					
排水花管保护层	砾卵石或三级配混凝土天然骨料	80	相对密度≥0.75	0				1×10^{-1}		30~40					采用人工配合轻型振动碾压实

299

2.2 严格控制填筑施工程序、方法和工艺

根据各料区层厚，在距填筑面前沿4～6m距离设置移动式标杆，同时在推土机上配备激光控制装置控制填料层厚度与平整度；由专人进行层厚检查，垫层料及过渡料采用水平经纬仪进行铺料过程定点测量控制。常规气候条件下，采用料场开挖堆石喷水、上坝道路定点加水和坝面补充洒水的综合洒水方式，进行坝料加水。设置专业洒水队伍，加水站处设自动加水系统控制加水量。同时，为防止大坝填筑期间由于运输车辆带来污染，在其必经路段设置一道洗车水槽，雨天对上坝汽车轮胎进行清洗，避免汽车轮胎将泥水带进填筑区。

为进一步控制填筑质量，牡丹江公司委托科研院所建立"GPS自动监测与反馈控制系统"（数字大坝系统），本工程所有用于工程开挖料运输的车辆、坝料碾压等机械全部安装该系统，确保填筑施工质量。

2.3 合理规划坝体填筑时间

在填筑规划上，坝体填筑采用全断面整体上升；预留足够的沉降期，在面板浇筑前，确保相应坝体沉降期在6个月以上和沉降速率小于5mm/月，满足规范双控要求。由于工程所在地气候寒冷，为确保填筑质量，在每年11月15日—次年3月15日停止坝体填筑施工，其他季节当日平均气温小于5℃时采用不加水薄层碾压施工方法。堆石坝工程各填筑料碾压参数统计表见表2。

表2   堆石坝工程各填筑料碾压参数统计表

填筑料	施工参数					
	铺料厚度（cm）	含水量（%）	不加水薄层铺料厚度（cm）	振动碾（t）	碾压遍数	速度（km/h）
特殊垫层料	25	4.5	10	冲击夯	4遍	—
垫层料	45	10	20	20	静压2遍、振压8遍	2～3
过渡料	45	10	20	20	静压2遍、振压8遍	2～3
主堆石料	90	15	40	26	静压2遍、振压8遍	2～3
下游堆石料	90	15	40	26	静压2遍、振压8遍	2～3

在大坝填筑过程中，科学规划填筑作业区和填筑单元，形成作业区与作业区循环、作业区内填筑单元循环、单元内部工序流水填筑循环的施工作业模式。各作业面配置相应独立的平整、碾压等设备，以满足坝体填筑强度需要。

2.4 加强监测监控，剔除不合格料源

大坝填筑料级配、孔隙率和渗透系数要求极为严格，在填筑施工中，加强监测监控，监理单位和第三方检测试验中心人员随时在岗，对完成碾压填筑的部位进行检测试验，同时在大坝填筑中采用数字采集技术，监控大坝碾压遍数和填筑高度。对在碾压过程中出现的表面形成的一层粉细料，为避免影响设计渗透指标，每层填筑料在碾压验收合格后，对表面5～15cm的粉细料进行刨毛剔除，保证渗透系数和

料层间的结合，见图 2。

图 2　大坝填筑期间的分区及刨毛施工工序

2.5　填筑质量的控制成果

荒沟电站上水库大坝于 2016 年 7 月开始填筑，2019 年 9 月填筑完成，2020 年 9 月完成主坝面板浇筑，2021 年 8 月开始蓄水。经第三方大坝安全变形观测与资料分析，荒沟抽水蓄能电站上水库坝顶表面水平位移最大值为 10.50mm，最大垂直位移为 17.7mm，最大变幅为 1.40mm，各项指标均优于设计允许值。坝体变形总体受控，对减小面板浇筑后的不均匀变形、实现混凝土面板堆石坝防渗系统提供了安全保证。观测成果见图 3～图 5。

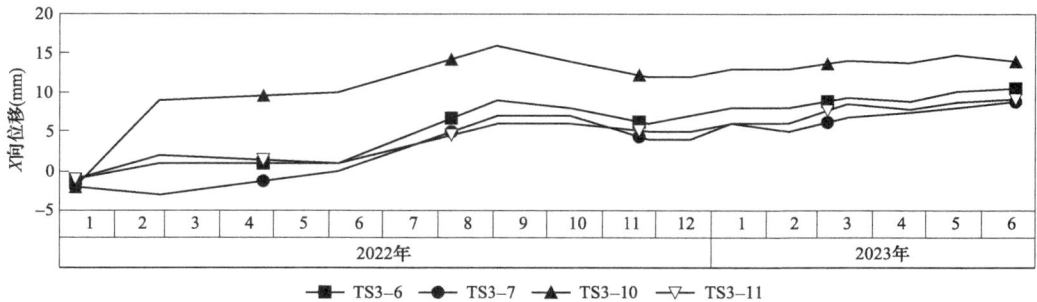

图 3　上水库坝表面水平位移过程线

3　面板混凝土质量控制

荒沟抽水蓄能电站上水库大坝面板为钢筋混凝土结构，面板厚度渐变，顶部厚度为 0.4m，底部最大厚度为 0.67m，上库面板共计 53 块，其中标准段面板宽为 14m，共 49 块；15m 宽面板 2 块；不规则面板 2 块。面板混凝土强度等级为 C40F400W10，二级配。主坝面板垂直缝及水平缝、周边缝、顶缝均设有铜止水和表层止水。

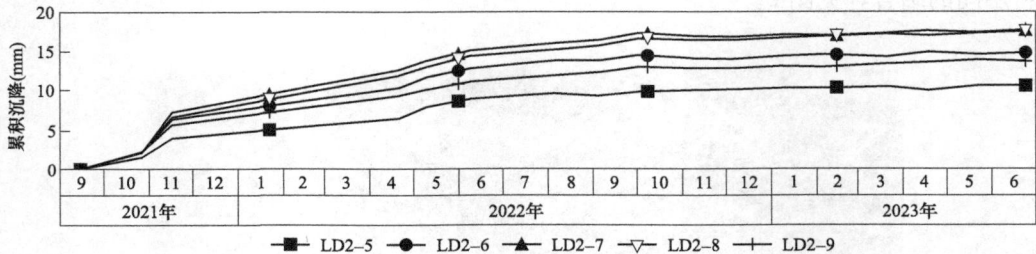

图 4　上水库坝表面垂直位移过程线

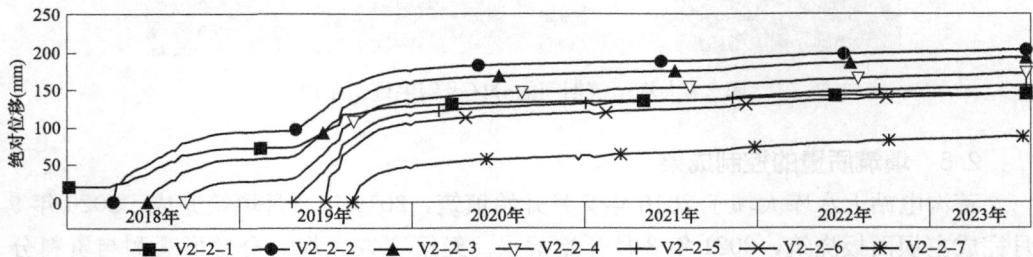

图 5　上水库内部垂直位移（土体位移计）过程

在荒沟抽水蓄能电站开工前，我国尚无严寒地区建设大型抽水蓄能电站的先例。荒沟抽水蓄能电站位于北纬 45°附近，所处地区的冬季气候条件恶劣，施工工期短，昼夜温差大。面板防裂、抗渗是施工最关键的技术问题，混凝土面板的施工质量将直接关系到主坝的安全运行和使用寿命。对面板混凝土施工质量的管控要求非常高，在面板混凝土施工过程中，根据《水工混凝土施工规范》（DL/T 5144—2015）、《混凝土强度检验评定标准》（GB/T 50107—2010），应严格控制面板混凝土施工质量，优化混凝土配合比设计，合理掌握相邻面板浇筑间隔时间，加强混凝土面板的养护和保护。

3.1　优化施工方案

结合以往面板堆石坝的面板混凝土施工经验、严寒地区施工特点，在面板混凝土浇筑前，广泛听取设计单位、监理单位、施工单位及聘请外部专家咨询意见，对能影响到混凝土质量和防渗指标的工作工序、施工要点等进行论证审批，如在大坝填筑的沉降期、混凝土配合比、浇筑分块分区顺序、钢筋制安、铜止水制安、混凝土入仓手段和表面止水处理等方面，各参建单位均严格按照审批后的工艺工序进行施工，有效保证了面板混凝土施工质量。

3.2　混凝土配合比阻裂技术研究

为有效抑制或者减少面板混凝土的开裂，牡丹江公司组织施工单位、设计单位共同开展了混凝土面板阻裂技术研究与应用，并结合以往工程经验，本地区气候、地理、水文条件，针对面板混凝土对温度变形及干缩变形特别敏感的特点，深入优化混凝土配合比，使混凝土具有低收缩性和较小的自生体积变形，并采取表面喷涂技术对混凝土面板外表加以防护，有效避免混凝土面板的开裂，是切实可行的混凝土面板阻裂技术。通过对减缩微膨胀材料的研究，结合性能优异的表面防护材料的应用，配制出一种适宜寒冷地区的高抗冻微膨胀阻裂面板混凝土，从而提高混凝土面板的抗渗性、抗冻性、抗溶蚀性，尽量减少危害性裂缝的产生，为寒冷地区面板混凝土施工提供技术依据。

根据研究成果和现场施工试验，在混凝土中掺入抗裂纤维、加入氧化镁和粉煤灰、复掺 CSA-Ⅲ 膨胀剂等，实际面板混凝土的抗压强度试验、极限拉伸试验、抗冻性试验、自生体积变形和早期抗裂性均达到设计指标。对主坝面板混凝土进行全面检查，面板共产生裂缝 198 条，其中小于 0.2mm 的裂缝 30 条，长度为 55.02m；大于 0.2mm 的裂缝 168 条，长度为 1847.96m。

3.3 使用混凝土表面防护剂

由于大坝处于严寒地区，冬季坝前会形成一层厚厚的冰盖，在抽水蓄能电站运行期间，水库内的冰盖还会随着水位变动而运动，而且会因昼夜温差的急剧变化增加面板混凝土表面冻融循环次数，对面板混凝土的周期寿命影响较大。为防止高寒气候对面板混凝土的冻融破坏，减少剥蚀破坏的发展，提高面板的防渗效果，面板、趾板混凝土表面涂刷（手刮）聚脲使用范围：

（1）所有周边缝和面板垂直缝面层止水部位 1m 范围内表面涂刷（手刮）厚度为 3mm 聚脲；

（2）水平缝面层止水高程 653.04～653.50m 范围内表面涂刷（手刮）厚度为 3mm 聚脲；

（3）上水库水位变动区趾板和面板混凝土表面（周边缝、面板垂直缝和水平缝除外）涂刷（手刮）厚度为 2mm 聚脲。保证电站主坝面板挡水能力，解决了严寒地区面板堆石坝结构缝表面止水冰冻破坏、磨蚀等难题。

3.4 面板混凝土表面保温措施

为保护混凝土表面在蓄水、表面防护处理前遭受冻融破坏，在 2020 年 9 月完成面板混凝土浇筑后，开始着手大坝趾板、面板混凝土冬季保温施工。工程采用 3cm 厚（EPE 珍珠棉）保温卷材，全表面覆盖，直到次年气温回升、开始面板混凝土表面聚脲施工时止。对面板混凝土进行检查，没有发现因严寒对混凝土造成伤害现象，保温措施见图 6。

由于工程建设期间对面板混凝土质量的严格管控、采取一系列技术措施，促使严寒地区混凝土面板阻裂、防冻、耐久性提升技术，创新应用高抗冻性混凝土配制技术，提升混凝土冻融循环次数至 400 次以上，有效保障混凝土实体质量。从 2021 年 8 月蓄水起始到目前为止，经过多次巡检和观测数据显示，大坝运行状态良好，各项指标优异。上水库大坝设计安装于 3 个监测断面对应坝体水位变动区高程 640.00m、645.00m、650.00m，面板下垫层内共布置 9 支渗压计，各测点渗透压力

图 6　大坝混凝土面板保温措施

测值与温度和库水位无明显相关性，测点基本处于无压或微水压状态。上水库坝后量水堰因蓄水产生的渗流量为 2L/s 左右，冬季地下水产生的渗流量为 1.5～3L/s，主坝排水廊道基本处于无水状态，面板防渗效果良好。

4　结束语

对抽水蓄能电站面板堆石坝的料源质量、填筑压实度、沉降期、混凝土配合比、防渗方案、防冻等核心质量进行严格管控，减少了可能出现的返工、缺陷处理、渗漏浪费等，同时还保证了工期按计划节点实现，使电站提前投入商业运行。初始阶段可能会有一定的经济投入，但质量与经济效益是一个有机整体，工程质量的提升，减少了生产过程中的浪费，避免运营期处理工程质量瑕疵产生的费用，提高了工程竞争力，反而助升经济效益增加，实现可持续发展和长期竞争优势。

参考文献

[1] 中华人民共和国国家发展和改革委员会.DL/T 5055—2007 水工混凝土掺用粉煤灰技术规范 [S].北京：中国电力出版社，2007.

[2] 国家能源局.DL/T 5100—2014 水工混凝土外加剂技术规程 [S].北京：中国电力出版社，2014.

[3] 陈书军，王宝欣，等.外掺氧化镁面板混凝土力学及变形性能试验研究.西北水电，2022（2）.

[4] 中华人民共和国国家质量监督检验检疫总局，中国国家标准化管理委员会.GB/T 23446—2009，喷涂聚脲防水涂料 [S].北京：中国标准出版社，2010.

作者简介

刘锦程（1988—），男，高级工程师，主要研究方向：抽水蓄能电站土建施工管理等。E-mail：253375185@qq.com

机电技术方面

抽水蓄能电站标准体系建设管理与实践

罗　　胤[1]，魏春雷[2]，王瑞栋[2]，田　　侃[2]，秦鸿哲[2]

（1. 河南天池抽水蓄能有限公司，河南省南阳市　473000；

2. 国网新源集团有限公司，北京市　100761）

摘　要： 总结提炼抽水蓄能电站标准化设计、制造、造价和标准施工工艺成果及实际应用情况。详细介绍了目前围绕抽水蓄能设计、制造、施工及运维全产业链正在开展的标准化工作，以 3D 数字化为基础，实现设备数字化加工、施工模拟及工艺深化设计，提出工厂预制和模块安装提升工程管控水平，开展抽水蓄能电站二次系统集成工作，高效实现信息融合、共享。明确后续标准化建设思路和展望，开展典型机型、洞室开挖、设计接口、设备配置、智能抽水蓄能电站等标准化建设工作，提高抽水蓄能电站建设和运维管理水平。

关键词： 标准化；抽水蓄能电站；设计；制造；安装

0　引言

随着我国"双碳"战略实施，抽水蓄能中长期发展规划、价格形成机制意见、容量电价核定等系列文件的发布，推动我国抽水蓄能行业进入爆发式发展期[1]。然而，抽水蓄能工程建设快速发展与建设资源进一步摊薄的矛盾突显，现有条件下如何提升抽水蓄能电站工程建设质效，保证行业高质量发展是一个值得研究的问题。加快构建国家新型电力系统，积极推动标准化建设[2]，是提升抽水蓄能电站规划设计、设备制造生产、工程施工建设、安装调试及运维全产业链工作质效的重要举措；有助于推进机械化施工、工厂化预制、模块化安装，提升抽水蓄能电站综合建管效益；可有效提升抽水蓄能电站通用化、系列化、集成化程度，发挥规模化、集约化、集团化效益，适应抽水蓄能电站高速建设发展需求，实现提质增效，是行业发展的必然趋势。

1　已有抽水蓄能行业标准化成果与应用

自"三通一标"（通用设计、通用设备、通用造价、标准工艺）成果发布以来，已全面指导新建抽水蓄能电站可研和招标设计，应用效果良好；随着国内不同水头、容量的抽水蓄能机组相继投运，各主机厂、设计院、施工单位以及建管单位积累了丰富经验，为进一步深化抽水蓄能标准化建设研究应用创造了条件。

1.1　标准化设计

2014—2020 年，陆续出版了地下厂房、开关站、进出水口、工艺设计、细部设计、通风系统、物防和技防、装修材料、装修设计、上下库区域地表工程 10 部通用设计分册，在指导各抽水蓄能项目标准化建设方面发挥了重要作用。以地下厂房分册为例，明确电站厂房布置，分不同水头、转速及装机台数，提出了 5 个典型设计方案；明确主厂房、副厂房、主变压器洞、尾闸洞等各层设备布置方案；在各方案工程特性表中，对于机组间距、主厂房、副厂房、母线洞、主变压器洞、尾闸洞等主要尺寸给出了建议值。

在实际应用方面，通过前期对在建抽水蓄能项目的工程特性参数进行收集及分类梳理，各设计院仍存在沿用其传统设计方案的情况，通用设计成果应用成效打了折扣。仍以地下厂房分册中的厂房开挖为例，4 台 428.6r/min 机组的抽水蓄能电站，通用设计方案中厂房开挖尺寸为 170.5×24.4×54.8（m×m×m），实际情况见表 1。

表 1　　　　　额定转速 428.6r/min 电站厂房、主变压器洞开挖尺寸

项目名称	台数（台）	容量（万 kW）	厂房开挖尺寸（长×宽×高，m×m×m）
重庆蟠龙	4	120	169×25.5×52.4
新疆阜康	4	120	173.5×24.3×56.3
福建厦门	4	140	177×25×56.5
浙江宁海	4	140	179×25×57
内蒙古芝瑞	4	120	166×24×54.4
浙江衢江	4	120	176.5×26.0×56.5
河北抚宁	4	120	162.0×25.0×54.5
新疆哈密	4	120	173.5×24.3×56.3
山西垣曲	4	120	170×24.5×54.5
浙江磐安	4	120	171.8×24.5×54.7
江西奉新	4	120	171×23.5×55.55
浙江泰顺	4	120	171×24.5×54.7

下阶段，在梳理抽水蓄能电站标准化体系的基础上，制定相关管理办法，明确通用设计成果应用要求及考核标准，强化设计成果执行；同时，对通用设计应用及落实情况进行调研，分析应用过程中存在的问题和不足，甄别不满足当前建设实际的方案，征求意见建议，对通用设计成果进行修订、更新、补充和完善。例如，考虑不同装机容量，如 4×350MW、6×350MW；考虑不同转速，如 333.3r/min、375r/min 等；考虑西北电网的特殊电压等级，如 330kV、750kV 等补充编制新的通用设计方案。

1.2　标准化设备

2020 年发布了水力机械、电气、电缆、控制保护与通信、供暖通风、消防、金属结构 7 个通用设备分册，主要为优选设备提供技术支持。结合以往工程的运行维护和相应的规范、反措要求，科学提出设备的技术要求和参数，致力于从设备选型设计阶段提高设备质量水平，在设备选型原则、技术参数、结构性能等方面提出明确要求。应用情况总体良好，尤其是在指导招标技术规范编制方面，很好地将设备全生命周期管理理念落实到设备选型当中，进一步规范抽水蓄能电站配置。

1.3 标准化造价

2020 年出版了地下厂房、上下水库、输水系统、机电设备安装、筹建期工程 5 个通用造价分册，为抽水蓄能电站前期阶段投资决策、招标阶段控制价确定和投标报价合理性判断，实施阶段造价管控，提供评判尺度。通用造价通过典型方案、基本模块和工程单价三个层次实现对项目的造价管理应用，并调整组合出不同方案的工程造价。应用情况总体较好，在抽水蓄能电站规划选点投资匡算、预可研投资估算、可研设计概算、招标限价和工程变更方面提供参考标准和依据。

1.4 标准化施工

2011 年印发了《抽水蓄能电站工程施工工艺示范手册》，制定了 72 项（土建 34 项、机械 16 项、电气一次 14 项、电气二次 8 项）标准施工工艺，引入标准化施工管理理念，把施工工艺标准化贯穿于工程建设的各个环节。手册对抽水蓄能电站施工工艺流程、工艺要点和工艺质量措施进行了规范，对质量检查、质量验收和成品保护作了一定的要求，尤其是通过 3D 图片和实物照片对工艺进行了直观的示例，是对抽水蓄能电站施工工艺的全面总结。在实际应用方面，手册统一工艺标准，规范施工行为，提升工艺水平，在促进工程建设质量提高方面起到了积极作用，在指导施工方案编制、完善技术交底材料和工艺样板制作等方面起到了示范引领作用。

手册已实施 12 年，在此期间，抽水蓄能建设领域已应用了一批"五新"技术，如主变压器卸车方式、整体磁轭、整体座环等施工工艺，这将作为下一步工艺编修的补充内容。此外，标准工艺手册修编重点考虑新增通风空调系统安装、柴油发电机安装、密集型母线安装等施工工艺章节内容；补充球阀工作密封、检修密封、枢轴组装等关键工序内容；完善电缆敷设、电缆桥架就位、电缆终端制作等重点工序质量控制标准；细化避雷器基础安装、设备接地、电气试验等关键工序质量验收内容；制作标准施工工艺视频和动画，满足施工现场可视化安装的需求。

2 正在开展的抽水蓄能行业标准化工作

2.1 数字 3D 设计、 制造与安装

抽水蓄能电站主机设计全部采用建筑信息模型（BIM）3D 设计，产品结构设计的标准化、单元（模块化）保证了参数化 3D 模型已经完全实现向 2D 图纸的转化[3]。在设备制造工厂内，建立标准常用零件库和标准的物料系统，规定各种物料命名号段、层级及分组，提高了零件和物料的管理效率。采用数字化 3D 设计可以在工厂内最大程度完成装配，减少零部件现场因为组装而产生的周期，优化工地现场加工的需要，提高效率，工厂内每个部件都制定了标准工艺流程。

鉴于主机的全部部件都为实体 3D 模型设计，可以更好地实现有限元计算分析、可视化安装及动态模拟、设备运动干涉检查及演示等工作。以水泵水轮机安装为例，见图 1。

2.2 标准工艺深化设计

开发数字一体化管控平台，融入 GIS、CIM 及"大云物移智"技术，在开展 3D

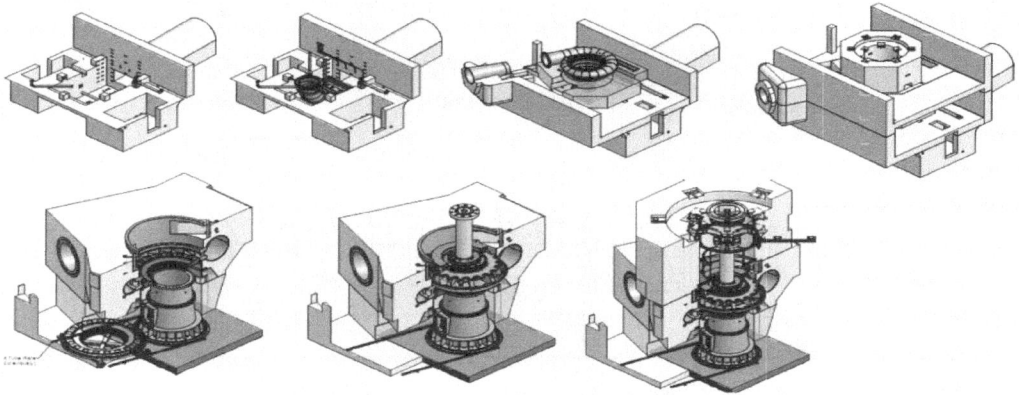

图 1　实体化水泵水轮机安装模拟

工艺设计的基础上，进一步深化桥架及电缆敷设、小管路及明敷接地等二次深化工艺设计，同步进行施工漫游、碰撞检查及可视化安装等工作，提高机电安装标准化水平和施工质量。以电缆敷设为例，采用专用深化设计软件[4]，现场施工人员也可基于浏览器等移动终端随时"掌"控设计成果，见图 2。

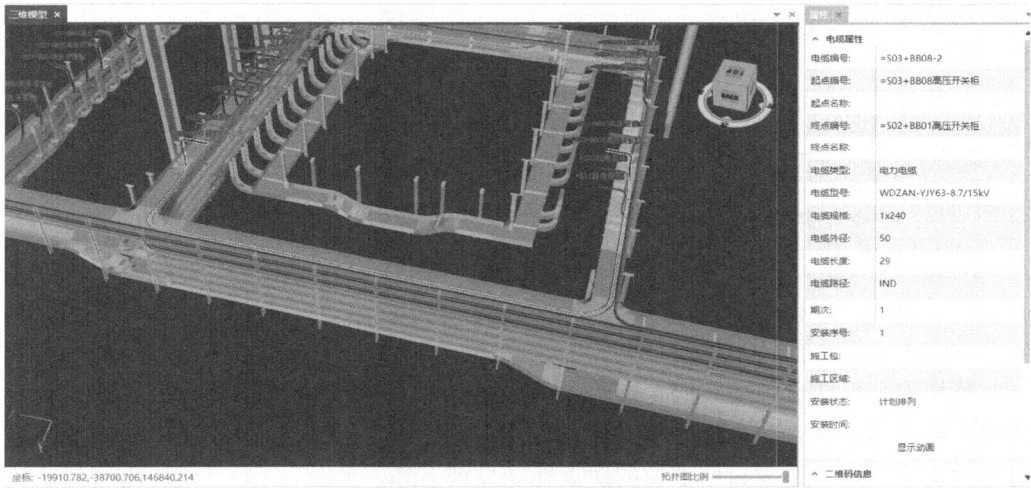

图 2　电缆敷设二次工艺深化设计示例

2.3　工厂预制和模块安装

工厂预制和模块安装是提升工程现场安全、质量、进度的两项重要抓手。以管路工厂预制为例，抽水蓄能工程管路施工的工作量大，对安装品质要求高，传统现场手工焊接方式进行管路安装作业，受焊接位置、焊接环境及焊工技能水平影响，容易出现飞溅、咬边及焊瘤等缺陷，采用工厂预制可以缩短现场管路安装所需工期，节约人力及各种材料，减小对施工现场环境污染，保证焊接质量。管路工厂预制，关键在于对管路布置图进行分解，并对分解后的预制管路及管件进行编号，见图3。

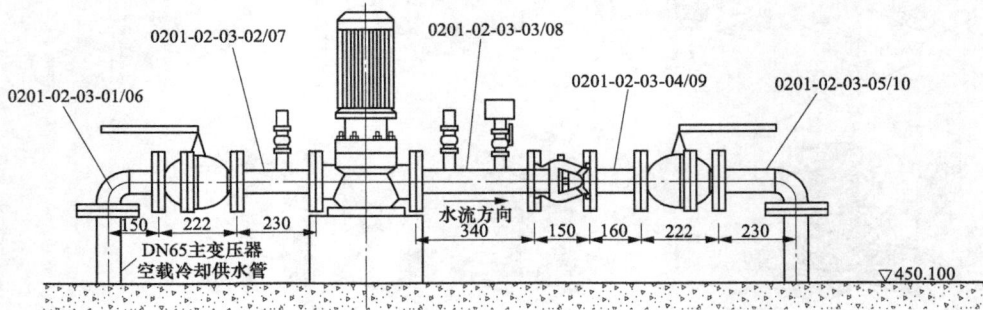

图 3　预制管路及管件分解编号

预制件零件图的图号与布置图中编号一致，同一套图中，同一管路名称所对应管道沿管路走向依次编号；同规格不同管道名称的管路依次编号，见图4。

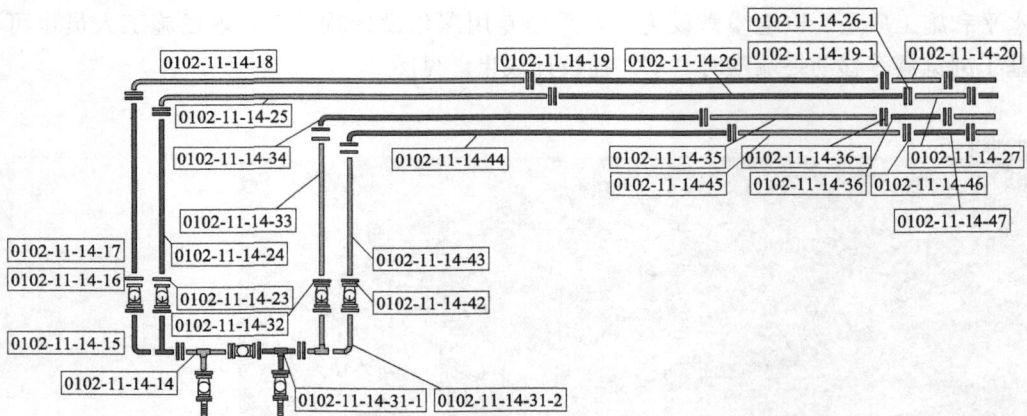

图 4　预制管路及管件编号

模块安装以防火封堵为例，抽水蓄能电站相关部位的密封性封堵常规做法是采用阻火包、防火泥、防火板的形式进行封堵，但经过长时间运行，材料风化会影响封堵的实际效果，造成封堵部位的防火性能显著下降，见图5（a）。模块化密封系统采用阻燃高分子材料和无磁性金属材料构成，不仅可以显著提升封堵部位的耐火时限，还可以起到水密、气密、减震、固定、支护的作用，维持封堵部位的设备长期安全稳定运行，且安装方便，具备变径技术，可适应引入的各类规格的电缆，后期随着检修、升级、技术改造等需求，增加或更换线缆的情况较多，而模块化防火封堵支持冗余设计，松开压紧装置，取出密封模块再次接入或更换电缆还原即可，不再增加额外的材料成本，见图5（b）。

工厂预制和模块安装可以大量减少抽水蓄能电站工程现场配管和焊接，现有的模块化设计，项目通用性强、尺寸准确、定位精确，加上现场的经验反馈，车间就

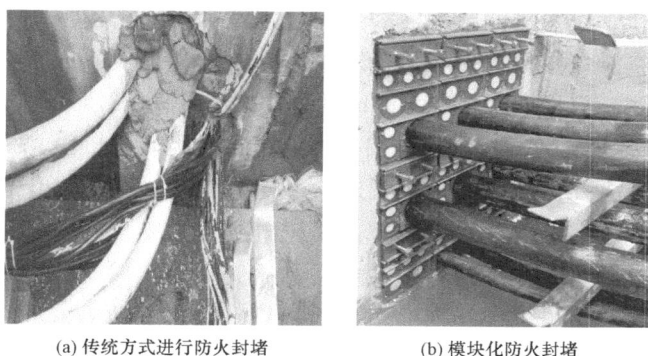

(a) 传统方式进行防火封堵　　　　　(b) 模块化防火封堵

图 5　模块化封堵与传统封堵对比

可以把这些施工空间条件不好的管路焊好，减少现场焊接质量差的风险，同时也可以提速安装周期。以顶盖为例，抽水蓄能机组运行工况复杂，振动大，且顶盖尺寸小，现场操作空间狭小，一旦现场施工出现潜在质量问题，未来投运后管路发生渗漏的风险大。因此，现有顶盖内部管路已按照工厂焊接要求实施，见图 6。

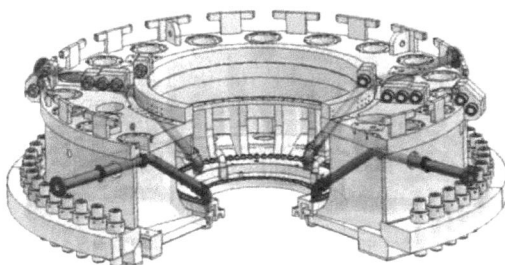

图 6　工厂内焊接顶盖内部管路

2.4　二次系统集成化建设

抽水蓄能电站二次系统主要包括监控、调速、励磁、SFC、状态监测、继电保护等系统。开展二次系统集成标准化工作，实现二次核心系统信息共享、融合，减少业务协调，提高二次核心系统产品质量和安装调试效率，便于电站运行维护，支撑抽水蓄能电站智能化建设[5]。将抽水蓄能电站二次系统集成于一体，由现地自动化系统、高速光纤传输网络和一体化管控平台组成，采用数字扁平化智能网络架构，打通各系统间的数据流和业务流，通过数字化技术实现光缆替代电缆，减少电缆数量，实现 I/O 测点标准化、通信协议标准化、监视控制标准化等。

3　后续抽水蓄能行业标准化建设思路

3.1　典型机型标准化

3.1.1　产品机型系列化

根据抽水蓄能电站水轮机工况额定水头，开展不同水头段主机设备单机功率和额定转速的系列化工作，并针对不同参数的抽水蓄能电站的水泵水轮机、球阀、发电电动机提出基本参数和相关要求。按照水头、转速和容量等主要参数划分机组系列，确定主要机型，提出机型基本参数；开展 250～450MW 水泵水轮机对水头适应性的研究，建立 200～700m 水头段主要机型的水力模型转轮的型谱库和对应的主要性能参数；研究各主要机型典型结构型式、总体布置特征参数；开展 250～450MW 发电电动机对转速、电压适应性的研究，确定电机典型结构型式、总体布置特征参数；开展球阀对电站水头与机组容量适应性的研究，确定球阀典型结构型式、总体布置特征参数。最终提出机型系列的水泵水轮机、发电电动机、进水球阀的主要技术参数、结构型式、总体布置特征参数等指导性文件。

3.1.2　典型机组规范化

对同一机型水泵水轮机、球阀、发电电动机总体设计和各部套设计进行综合性结构规范，形成典型机组规范化技术资料和标准设计图样。通过对抽水蓄能行业内可研、在建和运行电站主要参数的梳理，目前考虑典型机型包括"4-4-3""5-5-3""3-3-3"机型。下阶段重点对上述 3 类典型机型开展标准化研究工作，后期根据项目建设需要，再拓展其他机型标准化成果。

"4-4-3"机型：指 400～500m 水头段、428r/min、300MW 机组。

"5-5-3"机型：指 500～650m 水头段、500r/min、350MW 机组。

"3-3-3"机型：指 300～400m 水头段、375r/min、300 MW 机组。

针对 3 类典型机型规范化开展研究工作，根据主要输入条件/参数开展总体级和部套级的结构设计规范工作，细化典型机型的机组布置、总体结构、主要技术参数；研究与机组相关的厂房的布置、管路布置；研究机组油水气等用量参数、辅助设备主要参数；研究自动化设备和元件布置。做到输入条件/参数规范统一，形成典型机型的总体选型和设计规范化，规范机组总体结构、机组及附属设备布置，以达到缩短抽水蓄能机组设计、制造及安装周期，提高同类型机组维护的一致性和便捷性。此外，在典型机组规范化的基础上，配套开展用于机组及其附属设备安装的专用工具的设计和研制，实现专用工具配套化。

3.1.3　主要零件通用化

在主机及其附属设备规范设计化的基础上，对一些使用功能相同、参数一致、结构类似的零部件采用通用化设计，构建抽水蓄能机组通用图体系；对关键设备的零部件的零部件进行通用化设计，促进同类型抽水蓄能机组备品备件的需求互通，推动机组备品备件区域化管理的可行性，压降备品备件库存，节省运营成本。通过研究最终形成典型机型关键部套零部件通用化设计手册，以供参考借鉴。

3.1.4　辅助设备模块化

与机组配套的一些辅助设备，如外泵外循环系统、高压油顶起系统、主轴密封技术供水系统等开展集成化设计，模块化安装，简化内外部接口，降低设备空间占用率，提升厂房布置美观性，提高制造质量和安装效率。辅助设备模块化设计效果见图 7。

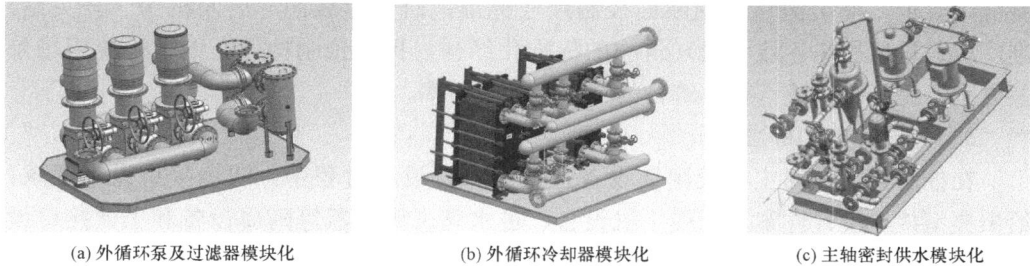

(a) 外循环泵及过滤器模块化   (b) 外循环冷却器模块化   (c) 主轴密封供水模块化

图 7 辅助设备模块化设计效果

开展机组配套辅助设备模块化系统图的标准化设计，规范辅助设备的设计参数，统一相关采购要求，形成外泵外循环系统、高压油顶起系统、主轴密封技术供水系统、水导外循环冷却系统等独立功能系统的模块化设计模板或样本，为工厂整体制造奠定基础。

3.1.5 安装、调试技术文件标准化

结合典型机组规范化，对机电安装和调试工序流程、工艺质量要求、验收评定标准、安装作业指导书、运行维护手册、模块化接口说明、技术交底材料等进行统一要求，实现机电安装标准化。形成用于抽水蓄能电站机电安装工程建设的标准化安装调试指导文件，并采用三维软件动态模拟，动画演示主机设备组装和拆卸的全过程，实现设备安装技术交底可视化；形成设备分步调试、机组整组启动调试的制度或标准，细化调试项目，规范机组启动前的检查内容和试验条件，完善试验内容、危险点分析和安全措施。

3.1.6 招标技术规范及合同文本要求统一化

招标技术规范及合同文本按照标准化、系列化成果，对主要设备采购进行统一技术要求、减少差异性条款。在规划和初设阶段，机组参数选择尽可能向型谱靠近，以稳定可靠为原则减少个性化要求。抽水蓄能机组与常规机组相比，功率大小和水头范围在相对更窄的范围内，这为标准化设计提供一定的条件。因此，在招标技术规范及合同文本应明确机组水头、转速、GD2、额定功率、效率、压力、温升、功率因数、进相调相、电抗短路比等参数；应同步提出材料、振摆、绝缘试验/性能、刚强度、辅助设备类型/数量/要求等、备品备件的要求。

3.2 洞室开挖标准化

根据抽水蓄能电站不同单机容量、装机台数、额定转速等建设条件，综合考虑电站水头等参数差异，研究地下厂房（主厂房、主变压器洞、尾闸洞、母线洞等）开挖标准化方案，分机型系列提出地下厂房洞室轮廓尺寸和布置设计，开挖控制尺寸标准，为后期开展机械化施工、工厂化预制及模块化安装打下基础，实现主厂房、主变压器洞、副厂房的轮廓尺寸统一和各层设备布置的位置、方位统一的目的；同步开展交通洞、通风洞、出线洞、排水廊道、引水及尾水洞等洞室开挖控制尺寸及

支护方式研究，根据定直径 TBM、可变径 TBM 以及竖井掘进机 SBM 等大型机械设备应用要求，提出洞室开挖断面控制尺寸标准；研究出线洞、启闭机房、开关站、副厂房、排风机房等建（构）筑物的标准化结构，提出预制构件、钢结构应用场景及方案，提高电站建（构）筑物的装配率和预制率。

3.3 设计接口标准化

在抽水蓄能电站主机及附属设备选型和布置设计过程中，明确接口设计要求，给出典型接口设计方案。开展主机设备、进水阀、调速器等附属设备和土建接口设计标准化，主要包括荷载、基础、开孔等内容；开展主厂房蜗壳层、水轮机层、母线层机墩边设备典型布置设计标准化，主要包括油、水、气、电等接口方位和机坑进人门等，典型布置设计示例见图 8；开展机组水力量测系统设备、自动化元件布置典型化设计标准化；开展进水阀油压装置、调速器油压装置等设备的油、气、水管路及电缆布置典型化设计标准化；开展机组自动化元件及其线缆、端子箱，I/O 柜接口标准化设计，实现减少协调设计工作量，简化接口设计的目的。

图 8 机墩边设备典型布置设计示例

3.4 设备配置集约化

结合机组转速、水头、容量等，进行电站水力机械辅助设备配置标准化，尽量统一标准化辅机设备设计参数，为后期进行集中采购、发挥公司集约化建设管理奠定基础。分水头段、单机容量开展水力机械辅助设备配置标准化，包括技术供水系统、渗漏排水系统、检修排水系统、中低压压气系统、油系统、水力量测系统、机电设备消防等系统设备；同步开展典型机型油气水量、自动化配置和用电负荷信息设计，形成标准化配置清单，为指导辅机系统设备设计和采购，推动辅机设备工厂化预制和模块安装奠定基础，促进各系统集成，简化设备接口，优化空间布置。

3.5 智能抽水蓄能电站建设

在实现抽水蓄能电站二次核心系统集成化的基础上，进一步探索实现数字化智能型电站的可行性。建设数字一体化业务平台，采用可靠的高速光纤传输网络，以 IEC 61850 标准在现地数据化传输层实现标准化信息传送，实现计算机监控系统、继电保护系统、调速系统、励磁系统、状态监测系统、辅助设备系统全部信息交互实时化，在此基础上发展高级应用模块，实现设备资产全寿命周期管理、机组状态检修、设备运维智能诊断、三维全景虚拟漫游等功能。

4 结束语

（1）抽蓄"三通一标"成果应用效果良好，在指导抽蓄项目标准化建设方面发挥了重要作用，但在应用过程中仍存在问题和不足。下一步，将结合近年来的经验，对"三通一标"成果进行修订、完善。

（2）及时总结数字 3D 设计、制造与安装成果，提炼二次深化标准设计方面的经验，用于提升抽蓄电站工程的建设质效；推广已有工厂预制和模块安装等"五新"应用成果，适应抽蓄电站高速建设发展；确保二次系统集成成果落地，支撑抽蓄电站工程标准数字化建设。

（3）紧密结合依托后续抽蓄电站工程项目，研究细化典型机型、洞室开挖、设计接口等标准化建设方案，并付诸实施，在试点项目上取得阶段性成果后，推广应用到同类工程项目上，分步实施、尽早见效。

参考文献

［1］张博庭 . 发展抽水蓄能对实现"零碳"目标至关重要 ［J］. 水电与抽水蓄能，2022，8（1）：1-3.

［2］叶宏，李林杨 . 加快推进抽水蓄能行业标准体系建设 ［J］. 水电与抽水蓄能，2021，7（6）：21-23.

［3］岳伟志，张新，和扁 . Bentley 软件在抽水蓄能电站设计中的应用分析 ［J］. 人民长江，2020，51（S2）：112-114.

［4］陈冶修，叶笑莉，唐波 . 琼中抽水蓄能电站电缆三维敷设简析 ［C］//中国水力发电工程学会电网调峰与抽水蓄能专业委员会，抽水蓄能电站工程建设文集 2020，2020 年 12 月 31 日，北京 .

［5］叶宏，孙勇，韩宏韬 . 抽水蓄能数字化智能电站建设探索与实践 ［J］. 水电与抽水蓄能，2021，7（6）：17-19.

作者简介

罗胤（1986—），男，高级工程师，主要研究方向：抽水蓄能电站机电安装工程建设与机组调试管理。E-mail：yin-luo@sgxy. sgcc. com. cn

魏春雷（1981—），男，正高级工程师，主要研究方向：抽水蓄能电站机电安装工程建设与机组调试管理。E-mail：chunlei-wei@sgxy. sgcc. com. cn

王瑞栋（1983—），男，高级工程师，主要研究方向：抽水蓄能电站机电安装工程建设与机组调试管理。E-mail：ruidong-wang@sgxy. sgcc. com. cn

田侃（1981—），男，高级工程师，主要研究方向：抽水蓄能电站机电设备技术管理。E-mail：kan-tian@sgxy. sgcc. com. cn

秦鸿哲（1989—）男，高级工程师，主要研究方向：抽水蓄能电站建设管理。E-mail：hongzhe-qin@sgxy. sgcc. com. cn

抽水蓄能电站机组启动试运行调试标准化研究与应用

王瑞栋[1]，魏春雷[1]，王庭政[2]，罗　胤[3]，田　侃[1]

(1. 国网新源集团有限公司，北京市　210003；

2. 国网新源控股有限公司抽水蓄能技术经济研究院，北京市　100761；

3. 河南天池抽水蓄能有限公司，河南省南阳市　473000)

摘　要： 在国家"双碳"目标的战略引领下，可再生能源发电大规模增长，积极推动了储能行业的快速发展。抽水蓄能作为当前主要的储能方式，在蓄能行业尤为重要，而抽水蓄能电站机组启动试运行调试工作又是机组投产的关键阶段，对机组投产后安全稳定运行至关重要。本文依据国家、行业相关标准及规范，通过调查、研究深入总结现有调试管理、技术经验，编制、形成一整套调试标准化管理和技术文件，规范机组启动试运行调试工作，明确机组启动试运行调试管理流程，指导调试过程技术管理，提升公司标准化建设管理水平，为后续抽水蓄能电站机组大规模投产及稳定运行提供有力支撑。

关键词： 抽水蓄能电站；调试；标准化

0　引言

近年来，国家能源局相继出台抽水蓄能电站电价政策和抽水蓄能中长期发展规划，国家电网有限公司发布加快抽水蓄能开发建设6项举措。政策利好与行业需求双效叠加，抽水蓄能发展持续提速，已进入开发、建设、投产高峰叠加期和快速发展期。

公司近年来始终坚持标准引领，安全有序推动抽水蓄能电站建设，为电力系统安全稳定运行和可靠供电提供支撑。随着投产项目逐步增多、调试主体更加多元化，调试单位专业人员的技术水平及工作经验无法适应本质安全发展的需要，标准化调试成为当前破解这一问题的必然。同时，抽水蓄能电站机组调试属技术密集型的工作，复杂程度高、调试节奏快、协调组织工作量大，机组启动试运行调试标准化管理是提升调试质量、保证电站大规模建设与投产后安全稳定运行内在需要。本次研究在国内抽水蓄能行业首次提出标准化试调试的理念，通过调查、研究总结提炼抽水蓄能电站建设经验和方法，完善现有标准、规范，规范机组启动试运行调试管理流程；明确相关调试内容、方案等技术文件，形成调试标准化管理和技术体系化成果，规范机组启动试运行调试工作，提高调试质量效率，支撑公司集团化、集约化、专业化、标准化发展需要。

1 调试标准化体系建设的必要性、可行性探讨

1.1 抽水蓄能电站大规模开发建设与投产需要

在"双碳"目标的大背景下，加快构建新型电力系统，抽水蓄能电站的基础性调节作用、综合性保障作用和公共性服务作用更加凸显。国家、公司相继出台抽水蓄能电站开发建设文件，促进抽水蓄能行业加快进入开发、建设、投产叠加期和快速发展期。抽水蓄能电站机组调试属技术密集型的工作，对基建项目单位、调试单位都是全新的挑战。技术经济研究院作为公司技术支撑单位，具有丰富的调试经验、技术能力，但人员较为紧张，难以满足后续大规模建设调试任务需求。因此，机组启动试运行调试标准化管理是提升调试质量、保证电站大规模建设与投产后安全稳定运行内在需要。

1.2 公司标准化建设的必然要求

公司牢固树立"集团化、集约化、专业化"发展理念，大力推进"标准化建设、机械化施工、数字化管控、绿色化建造"管理思路。公司在国内水电行业首次提出标准化设计理念，总结提炼抽水蓄能电站建设经验和成果，率先完成抽水蓄能电站"三通一标"体系建设。目前，已全面应用于公司在建项目，并对电站设计、建设、运行起到积极的指导意义。"十四五"期间，公司开工电站数量多，管理难度愈发加大，专业化管理要求愈加强烈，面对艰巨的建设和投产任务，在此背景下，公司大力推进标准化建设，以标准化促进建设效率提升，推动建设经验的传承与发扬。提高现场调试工作标准化水平，优质高效开展现场调试工作，助力安全管控水平提升。投产项目调试主体更加多元化，包括施工单位、主机厂家或网省公司电科院等，调试单位专业人员的技术水平及工作经验参差不齐，对公司的管理要求及标准不熟悉，调试工作的准备、开展、总结都存在较大差异，无法适应集约化、专业化发展的根本需要，标准化调试成为当前破解这一问题的必然要求。

1.3 解决专业化管理人员紧缺必由之路

面对公司高速发展，人才队伍的建设是一个重要的制约因素，机电设备专业管理就面临这样的困境，项目单位青年员工较多、人才储备不足，尤其在懂技术会管理的人员尤其欠缺。一个合格机电管理人员不仅需要专业技术的支撑，更需要相关技术经验的积累。通过机组启动试运行调试标准化成果的形成，既能指导性调试工作开展，也能培训调试管理人员。能够指导相关管理人员按照标准化流程启动相关工作，按照标准化专业技术文件管理调试工作的开展、记录、总结等工作。同时，技术经济研究院作为公司抽水蓄能领域的科技创新基地、技术支撑平台、战略研究智库，在机组调试、性能试验和紧急支援等方面都起着重要的支撑作用。面对新的形势和任务，机组启动试运行调试标准化工作的总结也是技术经济研究院自身人员专业能力培养、拓展支撑服务业务网、增强专业综合能力的内在要求。

2 调试标准化方法、 成果研究

组织技术经济研究院有关技术人员对已建抽水蓄能电站调试工作开展广泛调研，认真总结各电站整组调试经验及存在的问题，在充分调研、精心编制、反复论证的基础上，编制形成了抽水蓄能电站机组启动试运行调试标准化工作成果，包括流程管理标准化文件和技术管理标准化文件两类。其中流程管理标准化文件编制机组启动验收阶段相关管理工作，主要包括机组启动验收委员会成立，启委会会议流程、决议、鉴定书等文件范本。技术管理标准化文件编制机组启动验收阶段相关技术工作，主要包括机组启动试运行试验大纲、试验方案、试验报告、检查项目表及其他调试记录文件。

2.1 修编完善制度标准

2.1.1 管理制度编制

依据 NB/T 35048《水电工程验收规程》、GB/T 18482《可逆式抽水蓄能机组启动试运行规程》《国家电网有限公司水电工程验收管理办法》编制《国网新源集团有限公司工程建设机电设备管理办法》，对公司内电站机组启动试运行阶段相关管理工作作出明确的规定，详细提出关于机组启动验收委员会成立、机组启动试运行大纲编制、机组启动、调试、试运行及启动验收相关工作管理流程要求，对机组启动试运行阶段相关管理工作开展的规范性和时效性有显著提升，在建电站应按照该管理办法规定及时开展相关工作。

2.1.2 技术标准修订

修编《抽水蓄能电站机组启动试运行前应具备条件技术导则》，完善抽水蓄能机组启动试运行前具备条件的内容及要求。修订《抽水蓄能电站机组启动试运行试验大纲编制导则》，规定了抽水蓄能电站机组启动试运行试验大纲编制的格式、内容和技术要求，为机组启动试运行相关工作提供坚实的技术支撑。

试验大纲是整个调试工作的核心框架，是指导试验方案编制的主要依据，通过对以往调试工作的总结，通过修编《抽水蓄能电站机组启动试运行试验大纲编制导则》进一步规定机组启动试运行试验大纲的编制标准要求，指导电站机组调试工作和调试单位编写调试作业指导书。通过示例的形式明确试验大纲编制的内容、格式等，为机组启动试运行工作的顺利开展提供参考依据。试验大纲标准化首先规定大纲的框架结构和章节构成，应包含工程概述、编制依据、机组启动试运行组织机构及职责、机组启动试运行范围、启动前必须具备的条件、机组启动试运行调试项目、机组启动试运行职业健康及安全管理、机组启动试运行试验质量管理、机组启动试运行调试计划、机组整组启动隔离措施等附件 10 个章节，这些都是机组启动试运行大纲中必不可少的。

2.2 规范启委会相关文件

经调研绩溪、沂蒙、敦化、荒沟、丰宁等电站发现，各电站启委会相关文件都不尽相同，每个电站在相关工作阶段都需要各自编制相关文件，既增加工作负担，也便于统一管理。通过对各电站启动试运行阶段相关管理流程文件进行梳理，研究形成在建电站关于机组启动验收委员会成立文件的起草、申请和批复文件模板，明确了第一、二次启委会会议的主要流程、汇报工作的主要内容、会议决议及启动验收鉴定书模板。在建电站可根据自身项目特点、对照相关文件模板，有序开展提出成立启委会的申请请示、按标准化流程组织召开会议、形成相关会议成果等管理工作。通过统一相关文件要求，提高项目单位相关工作效率、质量，提高公司标准化建设管理水平。

2.3 统一试验技术文件

试验大纲是现场开展启动试运行工作的纲领性文件，试验方案是具体试验实施的依据和保障，试验报告是对试验过程和结果的分析和总结，三者相辅相成，是机组启动试运行工作的重要保障和机组投运的必要条件。对大纲、方案和报告进行标准化梳理总结和要求，为进一步提升调试质量、提高调试效率，保障启动试运行工作安全顺利开展提供有力支撑。

2.3.1 机组启动试运行试验方案

试验方案是现场试验实施的保障依据，确保试验开展的完整性、正确性、安全性，所以试验方案的质量对现场试验开展至关重要。机组启动试运行试验方案标准化成果依据试验大纲标准化成果中明确的试验项目，分别按抽水和发电工况各编制53个试验方案模板，见图1。每个试验方案包含试验目的、试验标准及依据、试验涉及范围、试验条件及隔离措施、试验项目、组织措施、安全措施和环境、职业健康安全风险因素辨识和控制措施等8个章节。试验内容在总结调试经验的基础上形成，具备很强的实践性和可实施性。

试验方案的试验目的要明确清晰，经过对标准和规范梳理，同时结合现场经验的补充，标准化成果中每个方案都列出了明确的试验目的，防止试验缺项漏项，项目单位可参照编制执行，保证调试质量。每个方案应制定专项的试验条件检查表和临时隔离措施表，在试验前对试验条件进行逐项检查，将隐患在试验前排除，确保试验安全顺利进行。

方案编制时对技术图纸、资料等充分消化，明确每个试验的考核指标及关注点，并去现场核对实际情况是否与技术图纸相对应，然后针对每个试验的试验目的及试验过程的需要特别关注的地方，将试验步骤编制成类似于操作票形式的表格样式。设备均采用双重名称编号，试验步骤与试验过程相对应，在试验过程中，检查完成的每一项试验步骤与试验方案一致，并对试验过程相关反馈信号或数据进行逐项记录，确保试验过程记录全面、准确，试验过程能控、可控，在试验结束后保存数据并进行分析，看是否符合标准或设计要求；如不符合，优化后再次验证。方案的标准化编制与执行的创新，等同于将电力系统按票操作作业的优良理念应用于现场调试试验中，在现场应用中取得了良好的效果，有效提升调试质量，提高试验过程安

001 机组及公用部分的水淹厂房模拟试验方案
002 机组蜗壳与尾水管充水试验方案
003 机组调速器静水试验方案
004 机组主进水阀静水试验方案
005 机组主进水阀与尾水管动水试验方案
006 机组机械保护及安保护联动模拟试验方案
007 机组监控系统流程模拟试验方案
008 机组静态压水试验方案
009 机组静止变频器（SFC）、监控与励磁的配合试验方案
010 机组静止变频器（SFC）拖动试验方案
011 机组抽水方向平衡试验方案
012 机组抽水方向周期并网试验方案
013 机组抽水方向周期甩网试验方案
014 机组抽水带满负荷试验方案
015 机组抽水调相自动控制试验方案
016 机组抽水工况额定热稳定试验方案
017 机组抽水功率试验方案
018 机组抽水保护试验方案
019 机组抽水工况机械保护试验方案
020 机组水泵断路试验方案
021 机组抽水工况启动试验方案
022 机组抽水工况额定热稳定试验方案
023 机组背靠背启动试验方案
024 一管双机切换安全技术方案
025 机组手动开停机/发电方向试验方案
026 机组发电方向平衡试验方案
027 机组过速试验方案

028 机组发电机升压升流试验方案
029 机组发电机空载特性及空载特性试验方案
030 机组水轮机空载稳定试验方案
031 机组调速系统空载试验方案
032 机组励磁系统空载试验方案
033 发电机机组主变压器及高压配电装置试验
034 机组电气制动试验方案
035 机组首次发电并网试验方案
036 机组首次发电并网试验方案
037 机组发电工况机械保护与电气保护试验方案
038 机组调速系统负载试验方案
039 机组发电方向甩负荷试验方案
040 机组发电方向甩负荷试验方案
041 机组带负荷试验方案
042 机组发电工况启动试验方案
043 机组发电工况50%和100%负荷轴承热稳定试验方案
044 机组事故配压阀试验方案
045 机组自用电切换试验方案
046 机组电制动保护时间试验方案
047 机组发电机组工况启动试验方案
048 机组发电机组工况额定热稳定试验方案
049 一管双机电负荷安全技术方案
050 机组发电机与发电机工况转换试验方案
051 机组抽水转发电试验方案
052 机组抽水工况转换试验方案
053 机组考核试运行试验方案

001 机组及公用部分的水淹厂房模拟试验方案
002 机组蜗壳与尾水管充水试验方案
003 机组调速器静水试验方案
004 机组主进水阀静水试验方案
005 机组主进水阀与尾水管动水试验方案
006 机组机械保护及安保护联动模拟试验方案
007 机组监控系统流程模拟试验方案
008 机组静态压水试验方案
009 机组静止变频器（SFC）、监控与励磁的配合试验方案
010 机组手动切换阀与电气保护试验方案
011 机组发电方向平衡试验方案
012 机组开速试验方案
013 机组发电机升压升流试验方案
014 机组发电机空载特性及空载特性试验方案
015 机组水轮机空载稳定试验方案
016 机组调速系统空载试验方案
017 机组励磁系统空载试验方案
018 机组电气制动试验方案
019 机组电气制动试验方案
020 机组发电方向周期模拟试验方案
021 机组首次发电并网试验方案
022 机组发电机械保护与电气保护试验方案
023 机组调速系统负载试验方案
024 机组发电方向甩负荷试验方案
025 机组带负荷试验方案
026 机组发电工况启动试验方案
027 机组发电工况启动试验方案

028 机组发电工况50%和100%负荷轴承热稳定试验方案
029 机组调速系统自动试验方案
030 机组自用电切换试验方案
031 机组发电保护时间试验方案
032 机组发电机组工况额定热稳定试验方案
033 机组发电机组工况额定热稳定试验方案
034 一管双机电负荷安全技术方案
035 机组抽水方向平衡试验方案
036 机组抽水方向周期并网试验方案
037 机组抽水方向周期甩网试验方案
038 机组抽水方向周期并网试验方案
039 机组抽水调相自动控制试验方案
040 机组抽水保护试验方案
041 机组抽水调相自动控制试验方案
042 机组抽水功率试验方案
043 机组抽水次数试验方案
044 机组抽水工况机械保护试验方案
045 机组水泵断路试验方案
046 机组抽水工况启动试验方案
047 机组抽水工况额定热稳定试验方案
048 机组背靠背启动试验方案
049 一管双机切换安全技术方案
050 机组发电机与发电机工况转换试验方案
051 机组抽水转发电试验方案
052 机组抽水转发电工况转换试验方案
053 机组考核试运行试验方案

图 1　试验方案标准化成果（抽水/发电方向）

全把控能力。

2.3.2　机组启动试运行试验报告

机组启动试运行试验报告是对整个机组调试过程的分析和总结，对设计合理性、设备制造水平及安装质量的全面"诊断"，当于机组的"体检报告"，试验结果是否合格将直接影响机组的投运工作；同时，通过对机组启动试运行试验结果的总结，对投运后机组的维护和后期电站建设的改进有很大帮助，所以机组启动试运行试验报告的质量非常重要。

试验报告标准化成果首先规定了大纲的框架结构和章节构成，应包含前言、试验目的、试验依据、试验项目、测试设备及测点布置、信号分析取值方法、试验结果及分析、结论与建议 8 个章节，这些都是机组启动试运行试验报告中必不可少的。

试验结果及分析章节是报告的核心章节，该部分应详细分析所完成全部试验项目的试验结果，试验过程中进行了哪些优化，试验结果是否满足相关标准、设计及合同要求，如不满足，是否具有可优化空间，并说明相关原因和提出相应的改进建议；若无法优化，应给出后期运行维护建议。标准化报告模板中对每个试验的结果分析应该达到的技术水平提出了具体要求，并给出附图和附表样本，供后期机组启动试运行试验报告编制参考。

结论与建议章节是对整个调试及调试过程进行总结，明确机组是否具备商业运行条件，也包含试验过程中的主要项目完成是否齐全、参数是否满足要求等方面进行总结，同时对试验过程中存在的问题给出相关改进建议。

2.4　细化现场检查项目

为更好地开展机组启动试运行前现场检查和机组进入考核试运行前现场检查工

作，结合相关标准和现场经验梳理、总结形成《机组启动试运行前现场检查项目表》和《机组进入考核试运行前现场检查项目表》，检查表明确检查的项目、检查的具体内容和要求以及具体对应的规范和合同要求，从根本上指明相应阶段的工作重点，指导在建电站可根据检查表项目进行对照自查，防止工作遗漏。同时也为公司管理部门开展相关督导工作提供依据。

2.4.1　机组启动试运行前现场检查项目表

《机组启动试运行前现场检查项目表》是依据《可逆式抽水蓄能机组启动试运行规程》（GB/T 18482）等标准要求，在总结现场经验的基础上梳理而成。项目表以设备系统划分为 15 个部分，对每个分系统的检查分别详细列出了检查内容及要求、检查依据要求和检查方式，在建电站机组启动前现场检查工作可对照相关检查项目对各分系统进行逐项检查验收，填写检查结果和相关数据，管理部门根据检查表自查结果进行针对性的检查。

2.4.2　机组进入考核试运行前现场检查项目表

《机组进入考核试运行前现场检查项目表》是对机组调试结果的梳理汇总，用于调试工作完成后的检查和验收工作。项目表分别明确列出了各项试验应达到的技术要求，试验结果应符合相关标准及设计要求，是批准机组考核试运行必要条件。项目表检查系统的分项列举及试验结果的逐项检查对提高电站试验结果自查、整改及上级部门的检查工作效率效果明显。

2.5　明晰调试工作记录

抽水蓄能电站机组调试属技术密集型的工作，现场工作存在复杂程度高、调试节奏快、协调组织工作量大等特点，因此，现场调试过程记录管理是现场试验管理的重要方面。调试记录文件标准化成果给出了调试日志和缺陷记录管理模板，便于现场管理。

2.5.1　调试日志模板

调试日志是调试工作的过程管理文件，用于现场调试工作的过程记录总结。模板对调试日志编写的格式及内容提出相关要求，日志应包含本日完成工作、调试过程中存在的问题及明日工作计划等内容，试验过程及结果记录应详细、明确，知晓各参建方确认。

2.5.2　调试消缺记录模板

调试工作就是不断发现缺陷、消除缺陷的过程，最终使设备高质量投产，因此有效的调试消缺管理是调试现场管理的重要环节。调试消缺记录模板中包含消缺单台账模板、消缺单模板和缺陷处理流程见图 2，明确调试期间现场缺陷处理及相关记录的要求。消缺单台账模板用于调试期间的缺陷登记管理，便于梳理和查找管理；消缺单模板是现场缺陷处理的流转管理文件，用于调试现场缺陷处理的闭环管理，也为后期设备运维提供可靠的信息查询依据。

2.5.3　调试周报模板

调试周报用于调试工作的计划管理工作，周报应通过模板中明确周报的编制要

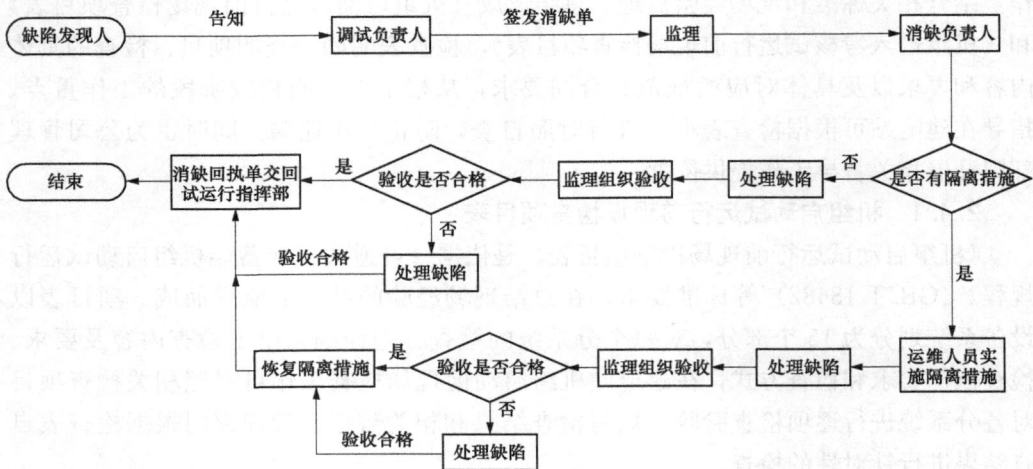

图 2　缺陷处理流程示意图

求，后续电站整组启动试验期间应参照执行。调试周报的报送按照《国网新源集团有限公司工程建设机电设备管理办法》相关要求执行。

3　调试标准化成果应用实践效果

3.1　提质增效，安全高效开展工作

机组启动试运行标准化成果的形成对提升调试效率、提高调试质量、保障机组调试工作安全高效开展取得了良好的效果。

近年来，公司先后开展洪屏、绩溪、敦化、丰宁、金寨等电站的机组启动试运行工作。技术经济研究院分别承担了洪屏、仙居、绩溪、丰宁电站机组启动试运行整组调试工作和金寨电站相关工作的技术咨询服务。通过历次调试工作的经验总结，修编机组启动试运行试验大纲编制导则时，针对不同启动方式，给出合理安排试验顺序和试验工期建议。目前，该标准化成果已在丰宁、金寨、天池、文登、厦门等电站逐步开展，对比发现调试效率明显提升，技术经济研究院相关调试项目首台机组整组启动时长呈现明显下降趋势，也较同期同行业调试单位效率高（见表 1）。尤其是金寨电站在首台机组启动试运行工作中，基本按照调试标准化开展，并经现场调试单位优化现场过程实施，整组启动时长创公司新纪录。整组试验周期的缩短，加速了机组投产发电，使得电站更早地实现投产收益。

在调试安全方面，机组启动试运行试验大纲中分别对电气、水、气系统的隔离措施总结了措施实施的技术要点；启动试运行标准化方案中，对每个方案制定了专项的试验条件检查表和临时隔离措施表，提前排除隐患，操作票式的试验步骤执行表精准把控试验过程，全面辨识风险因素辨识，保障试验顺利开展。

表 1 　　　　　　　　有关电站首台机组启动试运行时长统计表

项目单位	洪屏	仙居	绩溪	敦化	沂蒙	荒沟	丰宁	金寨	文登	天池	厦门
调试单位	经研院	经研院	经研院	辽宁东科	十四局	辽宁东科	经研院	江苏方天	中实易通	葛洲坝	十四局
年份	2016	2016	2019	2021	2021	2021	2021	2022	2022	2022	2023
用时	112 天	113 天	71 天	58 天	112 天	60 天	44 天	31 天	90 天	59 天	41 天
备注	经研院承担荒沟、金寨、天池电站调试咨询服务工作，文登、厦门均参照调试标准化开展相关工作，文登因土建工程影响整体滞后，实际用时约为 45 天										

3.2 标准引领，全面规范调试管理

机组启动试运行调试标准化研究是公司基建管理标准化建设的一项重要举措，研究成果将全面引领公司机组整组调试工作。以应对当前调试主体多元化现状，适应数字化电站建设需要，满足公司各项管理要求。通过本次调试标准化应用研究工作的开展修订形成 1 项公司管理办法、2 项技术导则，编制形成 5 类 9 份启委会文件模板、53 个试验方案模板（抽水、发电工况首次两类）、1 个试验报告模板、2 项现场检查表、3 项现场记录表单模板。填补了行业空白，助力公司标准化建设提升。调试标准化成果框架图见图 3。

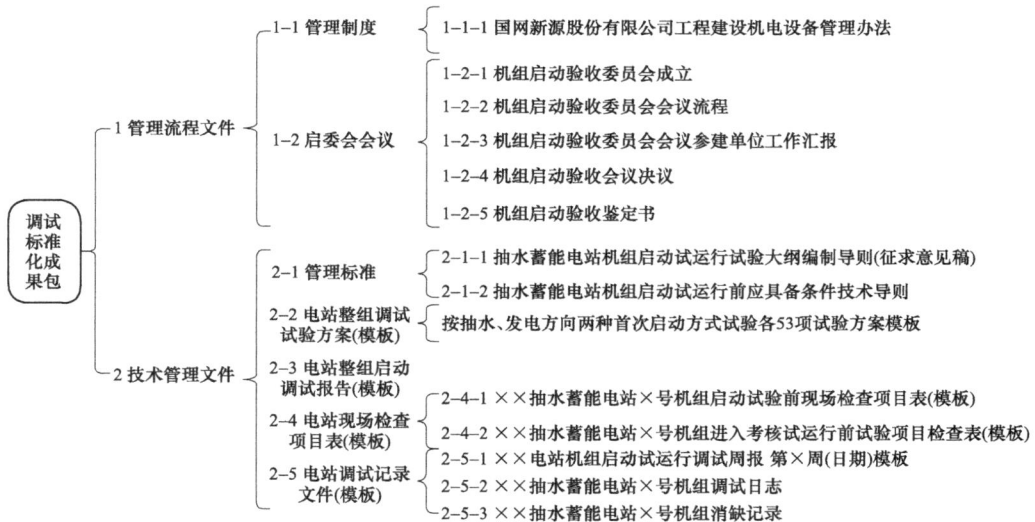

图 3 　调试标准化成果框架图

目前，丰宁、金寨等电站均已参照启委会相关文件模板开展相关工作，不仅在形式上得到统一，管理流程上也提高了工作效率。丰宁、金寨的部分机组已按照技术管理文件成果开展相关工作，不同调试单位间调试准备、过程开展、结论报告更加统一，将很大程度上降低公司管理成本，同时也能为后续数字化电站建设提供统一文本数据，全面规范公司调试管理工作，保障电站机组顺利投产和安全高效运行，

受到公司相关项目单位的一致认可。

为保证调试标准化成果应用效果和广泛适用，多次组织编写组召开研讨会，在系统内外征集意见，组织行业内有关抽水蓄能机组调试单位的专家全面评审，受到专家的一致认可，建议在公司范围内普遍推广应用。全面应用于公司在建项目，并对电站设计、建设、运行都产生积极的指导意义。增强公司行业引领，提升行业影响力，有力地促进了新形势下抽水蓄能行业的健康发展。

3.3 人才培养，队伍结构逐步优化

全面落实公司"六要素"管理工作要求，加强队伍管理工作落实，切实提高项目单位技术管理人员业务水平。通过调试标准化成果落地应用，更加系统地指导现场相关调试工作，为相关管理人员提供必要技术、管理指导，也为现场学习提供必要的培训素材。

调试现场工作是很好的学习锻炼机会，公司一直重视青年员工的培养，机组启动试运行标准化成果对新入职员工专业水平提升效果明显，将新入职员工安排调试现场学习锻炼，对项目单位专业技术人员的培养行之有效。目前，相关项目单位通过调试期间跟班实训，已培养了一批能独立开展相关调试的青年业务骨干，为基建转生产提供了生产运维必要的人才储备。同时，技术经济研究的相关青年员工也通过调试标准化工作的开展，在完成现场调试工作的同时，更加系统地加速提升调试技术管理水平，近年来已培养 10 多名机组调试负责人。

4 结束语

本文通过对抽水蓄能电站调试工作的研究、论证，总结、完善了公司现有管理制度、技术导则等。确实通过规范管理流程、内容，修编技术文件，构建抽水蓄能电站调试标准化体系，通过近期投产电站的应用，证明调试标准化管理切实有效提高机组调试质效。虽然在应用中还有需要差异化应用的问题，但已为目前大规模机组投产提供有效保障，今后还将不断总结、完善，进一步助力公司标准化建设发展，提升公司专业支撑能力和行业影响力。

参考文献

[1] 中华人民共和国国家质量监督检验检疫总局，中国国家标准化管理委员会．GB/T 18482—2010 可逆式抽水蓄能机组启动试运行规程［S］．北京：中国标准出版社，2011．

[2] 国家能源局．NB/T 35048—2015 水电工程验收规程［S］．北京：中国电力出版社，2015．

[3] 国家能源局．NB/T 10072—2018 抽水蓄能电站设计规范［S］．北京：中国水利电力出版社，2019．

[4] 国家电网有限公司．国网（基建/3）1048—2021 国家电网有限公司水电工程验收管理办法［S］．北京：中国电力出版社，2021．

[5] 冯雁敏，黄琢，李明．某抽水蓄能电站蓄能首台机组整组启动调试技术分析［J］．水电能源科学，2018，36（1）：156-159．

［6］邓磊，散齐国，周东岳，等．洪屏抽水蓄能电站蓄能首台机组抽水特性研究［J］．机电与金属结构，2016，42（8）：80-82．

作者简介

王瑞栋（1983—），男，高级工程师，主要研究方向：抽水蓄能电站机电安装工程建设与机组调试管理。E-mail：ruidong-wang@sgxy. sgcc. com. cn

魏春雷（1981—），男，正高级工程师，主要研究方向：抽水蓄能电站机电安装工程建设与机组调试管理。E-mail：chunlei-wei@sgxy. sgcc. com. cn

王庭政（1991—），男，高级工程师，主要研究方向：抽水蓄能电站机组调试与技术攻关。E-mail：tingzheng-wang@sgxy. sgcc. com. cn

罗胤（1986—），男，高级工程师，主要研究方向：抽水蓄能电站机电安装工程建设与机组调试管理。E-mail：yin-luo@sgxy. sgcc. com. cn

田侃（1981—），男，高级工程师，主要研究方向：抽水蓄能电站机电设备技术管理 E-mail：kan-tian@sgxy. sgcc. com. cn

阜康抽水蓄能电站导水机构数字化
预装技术及其应用

何文波[1]，罗　胤[2]，左　建[1]，王瑞栋[3]，田　侃[3]，李革新[1]

(1. 新疆阜康抽水蓄能有限公司，新疆维吾尔自治区阜康市　831500；

2. 河南天池抽水蓄能有限公司，河南省南阳市　473000；

3. 国网新源集团有限公司，北京市　100761)

摘　要： 抽水蓄能水轮机导水机构的预装既是水轮机制造过程中重要的生产环节，也是水轮机安装过程中重要的安装节点。导水机构整体预装，其过程复杂、工期较长、成本较高。阜康抽水蓄能电站水轮机导水机构制造和安装过程中，采用了一种全新的基于三维测量技术与逆向建模分析的导水机构数字化预装技术，该技术可实现无需实物整体预装即可对产品相关数据进行精准高效的测量和分析。

关键词： 阜康；抽水蓄能；导水机构；数字化预装

0　引言

随着现代能源体系的高速发展和实现双碳目标的战略规划，近年来，我国密集性地发展大量抽水蓄能电站。抽水蓄能电站作为绿色巨型充电宝，对电网具备调频、调相、事故备用、黑启动、系统特殊负荷等功能。根据目前抽水蓄能发展的态势，水轮机设备制造及安装能力必然需要全方位提升才能满足高峰期多电站的建设需求。

传统导水机构预装采用实物整体预装的工艺方案，虽能较高程度地模拟电站实际安装情况，但工艺过程繁多、工期较长，且涉及较多工具装备以及操作人员，成本较高。近年来，随着三维测量技术、逆向建模及装配干涉分析技术、大数据处理及集成控制技术的发展，使得水轮机产品通过基于测量数据的数字化装配代替原有的人工实物预装的可靠性大大增加，并加速推动了该技术在水轮机产品制造业的应用落地。基于该技术的发展，针对抽水蓄能电站导水机构预装，通过多次研究验证，开发了一种全新且可靠的导水机构数字化预装技术，并在阜康抽水蓄能电站水轮机导水机构的制造和安装过程中进行了初步应用。

1　导水机构数字化预装技术方案

根据阜康抽蓄电站机坑建设和机电安装的特点，水轮机导水机构的产品交付需要先将水轮机底环交付，以满足土建相关要求，水轮机导水的顶盖、导叶等相关导水部套件会延后一段时间交付。这就使阜康电站水轮机导水机构不能满足每台份实物预装的需要，只能通过首台或前两台导水机构预装验收来判定供货质量的稳定性，后续台份导水机构由于底环全部交付电站，只能采用简装方案。

同时，阜康电站现场安装过程中，导水机构安装是有预装要求的，这是为了保证导水机构在现场安装后其端面间隙满足图纸要求。这个预装工作量较大，尤其是顶盖只能分半吊入机坑进行组圆的情况下，需要来回地组圆和解体。

1.1 相关准备

（1）准备激光跟踪测量系统：具有反射球测量、手持测头测量、非接触式扫描测量三种功能。

（2）待测工件所有待测表面的缺陷、磕碰、划伤等应予以标记，不允许对其进行清理、打磨或焊接等处理。待测工件测量前应首先按预装要求进行装配。全面清理所有待测工件的待测区域表面杂质、油污等，确保测量数据的准确性。

（3）涉及三维测量时，激光跟踪测量系统对测量环境也有相应的要求。首先根据工件的大小、形状以及测量需求，在待测工件上或工件旁边的场地上放置 2～3 个振动监测点（$RMS \leqslant 0.05mm$），用以判断测量前及测量中周边环境的振动情况是否满足测量需要。其次在三维测量前，待测工件周围 5m 范围内应停止打磨和重型起吊作业，以避免较大的振动干扰和粉尘污染。

1.2 数据测量

导水机构数字化预装的数据测量分为多个分装各自单独执行，数据内容包含单件测量、小分装预装后测量两种类型，数据测量主要以三维测量为主，所有的测量数据共同作为导水机构数字化预装验收的数据基础。

1.2.1 底环与止漏环装配

按图 1 所示，底环过流面朝上平放于装配平台上。将跟踪仪主机放置在底环中心附近，可用方箱对跟踪仪进行垫高，使得调整后的跟踪仪主机测头可以将所有待测要素均覆盖在其测量范围内。

通过依次对底环导叶密合开挡面、导叶轴孔柱面、底环基圆柱面、止漏环圆柱面进行测量。其中，导叶密封开挡面测量时应在周圈平面上均匀采点，且测量点数不少于导叶轴孔数。止漏环圆柱面应均匀采点且数目一般不少于 16 个，针对多梳齿的止漏环一般只测量内径最大的一环。

图 1 底环测量跟踪仪就位

通过非接触式扫描头测量底环的过流面如图 2 所示，测量范围为内侧止漏环至过流平面外圆。扫描测量时首先应保证所有待测表面无杂质、粉尘等异物，其次测量过程中若需转站测量时应提前布置好转站基准点，并监测其重复精度是否满足换站的精度需要。另外，扫描测量时应注意将轴孔的编号示意出来，以便后续数字预装时能与对应编号的导叶进行配对。

1.2.2 顶盖与止漏环装配

按图 3 所示，顶盖过流面朝上平放于装配平台上，通过支墩将顶盖垫高，确保顶盖上轴孔以下具有足够的测量空间。将跟踪仪主机通过工装支垫的方式放置在顶盖中心处，调节其高度确保所

图 2 底环扫描测量示意图

有待测要素均在测量范围内。依次对顶盖导叶密合开挡面、导叶中轴孔柱面、顶盖基圆柱面、止漏环圆柱面进行测量，测量过程、方法及要求同前文底环装配所述。

在顶盖及其下方的装配平台上合理地布置若干转站测量所需的公共基准点。由于顶盖上轴孔测量时需要进行多次转站，所以布置转站点时应尽可能保证基准点能处于多次转站后的视野范围内。为保证转站前后测量数据的一致性，布置的公共基准点应在高度方向至少形成上下两个空间平面，且每个平面有不少于 3 点的基准点。顶盖上层平面转站点可沿顶盖过流平面外侧的圆周方向进行布置，下层平面转站点可布置在顶盖中心下方的装配平台上。如图 4 所示，将跟踪仪适当远离顶盖后平放于装配平台上，调节主机头的高度确保尽可能多的上轴孔处于测量视野范围内。采用智能手持测头通过转站测量依次对上轴孔进行测量。

图 3 顶盖测量放置示意图

图 4 顶盖转站测量

针对顶盖过流面的扫描测量则采用非接触式扫描测量，方法和要求同前文底环过流面所述，测量范围为内侧止漏环至过流平面外侧的圆柱面。

1.2.3 控制环装配

按图 5 所示，采用支墩对控制环进行支垫后倒放至于装配平台上。将跟踪仪通过支墩进行垫高后置于控制环旁边，调整跟踪仪与控制环的距离及主机测头的高度，使得控制环的所有待测要素均处于测量范围内。

首先采用镜面反射球或智能手持测头先在控制环的精加工底平面上进行平面测

量，然后采用智能手持测头对控制环一侧的大耳孔及其附近位置的任意两个相邻小耳孔进行三维测量，大小耳孔测量时应在其圆柱面上进行均匀采点，最后通过智能手持测头对控制环与顶盖配合处的圆柱面进行测量。

1.2.4 活动导叶

如图 6 所示，采用吊车通过导叶上轴颈端面的起吊螺孔将导叶竖直平放于地面上，将跟踪仪放于导叶旁边，使得跟踪仪主机测头视野方向与瓣体 X-X 线方向大致重合，以保证跟踪仪在一个站位下即可完成所有待测区域的测量工作，通过非接触式扫描测量的方式对导叶轴身、瓣体等全表面进行扫描测量。

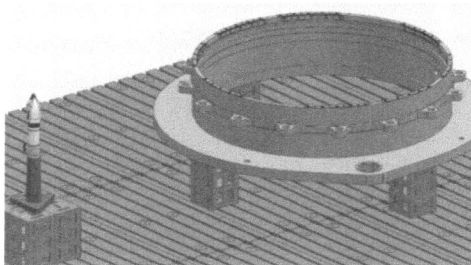

图 5　控制环装配测量示意图　　　　图 6　活动导叶测量示意图

1.2.5 电站加工后座环及底环

在座环加工完成、底环就位且浇筑后，对底环过流面、基圆、座环的上平面、座环的止口圆面进行测点扫描。将跟踪仪主机通过支垫的方式放置在座环中心处，调节其高度确保所有待测要素均在测量范围内。

1.3 数据分析

基于三维扫描得到的孪生点云数据以及千分尺测量得到的实物数据，将成为逆向建模生成实物模型的数据支撑。

1.3.1 单件和小分装的数据分析

对于底环、顶盖、导叶等单件产品的检查，需要根据测量数据在电脑上逆向建模，再将其与产品理论模型进行最佳匹配对比，通过综合加工质量评价色谱图能直观、高效地计算出实物产品的各项数值与偏差。

表 1 与图 7 分别为阜康抽水蓄能电站其中一台机组活动导叶应用数字化预装工艺计算出的各项检查数据和综合加工质量评价色谱图，其余零部件或小分装的数据分析方法及过程与此相同。

表 1　　　　　　　　　　　　活动导叶检查记录表　　　　　　　　　　mm

编号	上轴颈	中轴颈	下轴颈	上轴颈同心度	中轴颈同心度	下轴颈同心度	瓣体高度
1 号	299.845	309.840	309.847	0.032	0.025	0.019	353.475
2 号	299.847	309.843	309.837	0.011	0.056	0.049	353.465

续表

编号	上轴颈	中轴颈	下轴颈	上轴颈同心度	中轴颈同心度	下轴颈同心度	瓣体高度
3 号	299.851	309.837	309.839	0.046	0.038	0.046	353.475
4 号	299.872	309.838	309.870	0.064	0.047	0.035	353.48
5 号	299.879	309.842	309.851	0.047	0.046	0.065	353.47
6 号	299.849	309.840	309.870	0.047	0.046	0.065	353.47
			...				
允差	300(−0.11, −0.162)	310(−0.11, −0.162)	310(−0.11, −0.162)	0.1	0.1	0.1	353.5±0.1

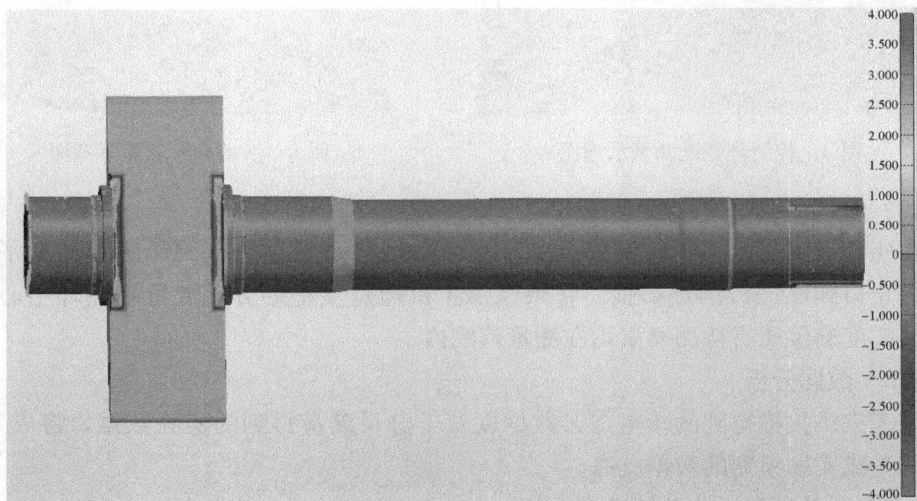

图 7　活动导叶综合加工质量评价色谱图

1.3.2　导水机构预装的数据分析

对于导水机构整体预装的检查，导水机构开档高度、导叶端面立面间隙、顶盖底环止漏环同心度和活动导叶开度值是必须检查的重要数据。这需要在三维扫描逆向建模的基础上，分别计算出各导叶轴孔投影圆心坐标的极坐标值、止漏环及所有导叶轴孔的同心度等值，依次通过旋转寻优和平移寻优来实现顶盖与底环之间的位置调整，待寻找到最佳拟合位置后，通过计算实测点与其对应理论模型的距离得出需要的各项检查数据。

表 2 和图 8 分别为阜康抽水蓄能电站其中一台机组活动导叶应用数字化预装工艺计算出的导叶立面间隙和全开位置评价色谱图，其余装配数据的分析方法及过程与此相同。

表 2 　　　　　　　　　　　**活动导叶立面间隙（全开）**　　　　　　　单位：mm

导叶编号	导叶上部	导叶下部	立面最大差值
1～2 号	442.464 5	442.437 1	0.027
2～3 号	442.431 3	442.411	0.020
3～4 号	442.124 6	442.095 6	0.029
4～5 号	442.202 6	442.212 8	0.010
5～6 号	442.280 1	442.274 9	0.005
		...	
允差			0.05

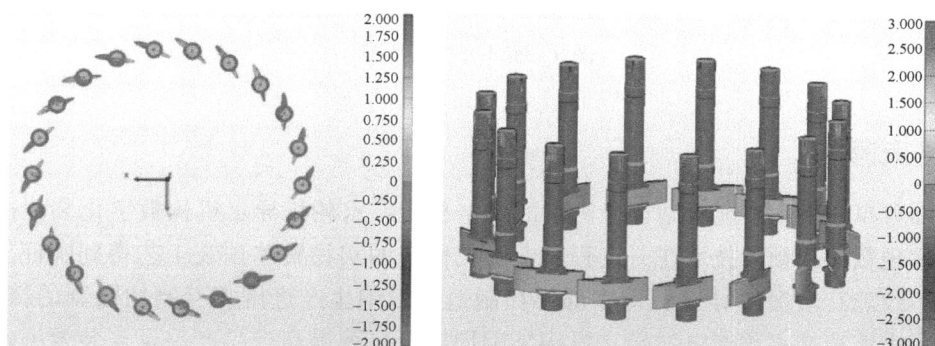

图 8　活动导叶全开位置评价色谱图

1.3.3　工地导水机构预装的数据分析

工地导水机构整体预装的检查，导水机构导叶端面间隙、顶盖底环止漏环同心度是必须检查的重要数据。表 3 和图 9 分别为阜康抽水蓄能电站其中一台机组工地导水机构数字化预装计算出的导叶端面间隙和座环开挡尺寸图。

表 3　　　　　　　　　　**工地导水机构预装开挡及端面间隙**　　　　　　单位：mm

导叶编号	虚拟装配开挡	理论预紧量	预紧后开挡	导叶瓣体高度	端面总间隙
1 号	354.231	0.2	354.031	353.475	0.556
2 号	354.180	0.2	353.980	353.465	0.515
3 号	354.230	0.2	354.030	353.475	0.555
4 号	354.250	0.2	354.050	353.48	0.570
5 号	354.180	0.2	353.980	353.47	0.510
6 号	354.240	0.2	354.040	353.47	0.570
			...		
					0.4～0.6

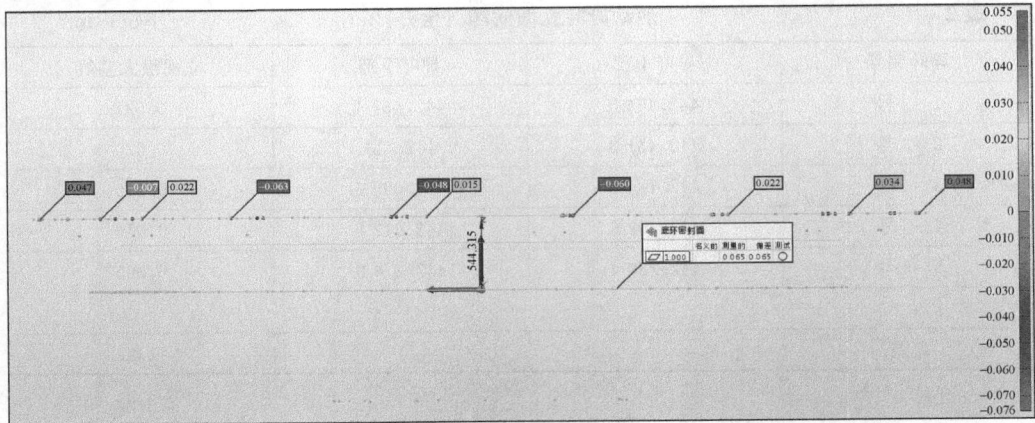

图 9　座环开挡尺寸图

2　结束语

随着阜康抽水蓄能电站首台机组的发电投运，水轮机导水机构数字化装配逆向建模实现数字化预装技术在一定程度上取代传统的实物整体预装工艺得到验证。该技术不仅能有效缓解导水机构零部件在制造过程中生产进度相互制约限制的情况，也能大大缩短抽水蓄能电站导水机构装配周期，显著提高产品产出及安装效率，同时极大地降低了人工及时间成本。通过阜康抽水蓄能电站导水机构数字化预装技术全面应用，其先进性、高效性、准确性得到充分验证，将在多个抽水蓄能项目上实施，并推广至常规机组导水机构预装应用，也为水电制造及安装的其他场景应用提供了借鉴。

参考文献

［1］ 杜宁，李采文．对水轮机导水机构预装与安装工艺技术的探讨［J］．水电站机电技术，2017，40（10）：8-9.

［2］ 米明威．水轮机导水机构数字化装配精度分析［D］．哈尔滨：哈尔滨工业大学，2021.

［3］ 肖明．抽水蓄能电站机组导水机构现场预装及取消预装的可行性探讨［J］．四川水力发电，2017，36（3）：65-66.

［4］ 李佳，万文，罗海泉．基于虚拟仪器的圆柱度误差可视化评定系统设计［J］．机床与液压，2015，43（8）：145-147.

［5］ 张中日，李明，韦庆玥．基于 PolyWorks 虚拟装配间隙面差计算分析研究［J］．计量与测试技术，2021，48（1）：42-46.

［6］ 张天绪．基于 PolyWorks 软件的三维点云数据建模的研究［J］．科技创新与应用，2016（4）：49.

作者简介

何文波（1995—），男，助理级工程师，主要研究方向：抽水蓄能电站机电安装工程建设与机组调试管理。E-mail：wenbo-he@sgxy. sgcc. com. cn

罗胤（1986—），男，高级工程师，主要研究方向：抽水蓄能电站机电安装工程建设与机组调试管理。E-mail：yin-luo@sgxy. sgcc. com. cn

左建（1986—），男，高级工程师，主要研究方向：抽水蓄能电站机电安装工程建设与机组调试管理。E-mail：jian-zuo@sgxy. sgcc. com. cn

王瑞栋（1983—），男，高级工程师，主要研究方向：抽水蓄能电站机电安装工程建设与机组调试管理。E-mail：ruidong-wang@sgxy. sgcc. com. cn

田侃（1981—），男，高级工程师，主要研究方向：抽水蓄能电站机电设备技术管理。E-mail：kan-tian@sgxy. sgcc. com. cn

李革新（1993—），男，中级工程师，主要研究方向：抽水蓄能电站机电安装工程建设与机组调试管理。E-mail：gexin-li@sgxy. sgcc. com. cn

抽水蓄能变速机组安装探索与实践

宋兆新，雷华宇，王英伟，杨圣锐

（河北丰宁抽水蓄能有限公司，河北省丰宁市　068350）

摘　要： 河北丰宁抽水蓄能电站共安装 12 台 300MW 抽水蓄能机组，包括哈电 6 台定速机组、东电 4 台定速机组、安德里茨 2 台变速机组，电站分两期开发，总装机容量 3600MW，一、二期工程装机容量分别为 1800MW，其中一期工程安装 6 台（1～6 号机组）单机容量 300MW 的定速机组，二期工程安装 4 台（7～10 号机组）单机容量 300MW 的定速机组和 2 台（11～12 号机组）单机容量 300MW 的变速机组，目前 10 台定速机组已全部投产发电，首台变速机组（12 号机组）计划 2024 年 5 月投产。

关键词： 变速机组；发电电动机；水泵水轮机；交流励磁

0　引言

目前国内没有成熟的变速抽水蓄能机组技术经验，为填补国内技术空白，打破国外技术资源垄断，国家电网有限公司在河北丰宁抽水蓄能电站引进我国抽水蓄能行业首台套交流励磁变速机组。相比于定速机组，交流励磁变速机组具有以下特点：一是抽水工况运行时可在一定范围内调节输入功率，根据电网频率进行自动控制；二是通过调整转子励磁电流，实现有功功率高速调节；三是较强的进行运行能力，可以吸收无功而不失去稳定；四是机组通过交流励磁实现自启动，替代外接变频器及背靠背启动方式；五是通过改变转速较好地适应运行水头，提高机组运行稳定性及效率，更好地服务于电网。

1　发电机简介

变速机组采用悬式结构，发电机采用交流励磁方式启动，转子中心体与发电机轴为一体式，发电机定子铁芯采用 0.5mm 硅钢片叠置而成，共 252 槽，并联 4 支路，采用叠绕组方式，其绕组采用侧向波纹板进行固定；转子铁芯采用具有较高机械性能和低电磁损耗的 0.5mm 硅钢片叠置而成，共 294 槽，并联 2 支路，采用波绕组方式，其绕组采用 U 形槽衬纸进行固定，转子上下端部采用内支撑环＋外护环结构（热套）；共有 264 个电刷、16 个空气冷却器，外置推力油箱与高压油顶起系统为一体式结构，为延长电刷的使用寿命及监测其运行状态，配置了集电环加湿器及测温装置。

1.1　铁芯叠装

定速机组转子铁芯采用磁轭段叠装而成，与定速机组转子铁芯相比，变速机组转子铁芯采用 0.05mm 厚的硅钢片堆叠而成，由于变速机组转子绕组与定子绕组安装方式相同，所以控制转子铁芯的叠装尺寸是转子绕组顺利安装的关键因素，如何在转子铁芯压紧时控制铁芯齿部、槽底与根部的相对尺寸，保证铁芯周向波浪度，是转子铁芯叠装工艺流程中应进行仔细思考加以研究的方面。

按照工艺要求，变速机组转子铁芯在完成叠装后，要开展铁芯加热工作用于降低硅钢片漆膜厚度及整体高度，增加铁芯紧实度。在转子第一次加热后，对转子铁芯进行尺寸测量时，发现转子铁芯背部与齿部高度差 5mm 左右，整个转子铁芯出现内底外高的变形。结果如表 1 所示。

表 1	整体压紧后铁芯高度测量结果		单位：mm
部位	齿部	槽底	内部
点位 1	3310.5	3304	3305
点位 2	3310	3304	3305
点位 3	3310	3303	3305
点位 4	3310.5	3304	3305
点位 5	3310	3303.5	3305

经过对数据进行分析，转子在加热过程中导致产生变形的主要原因是铁芯上、下端齿压板的齿部未受到油压装置压紧，导致铁芯内外漆膜厚度变化不均匀。现场立即采用转子铁芯齿部专用压紧工具，在槽口位置放置拉紧螺杆，上下端安装独立的齿部压板，利用拉伸器进行齿部拉伸。同时在加热过程中，保持齿压板齿部压力，使得转子铁芯与齿部尺寸同步变化，最终保证转子铁芯尺寸满足设计要求。

1.2　护环热套

变速机组转子端部采用内支撑环＋外护环（热套）结构，以保证转子在旋转过程中绕组端部的支撑、冷却功能。护环通过热套的方式固定在绕组端部，分为加热设备布置、护环同心度检查、护环热套尺寸测量等工艺工序。

1.2.1　护环加热设备安装

护环加热设备由 24 片 520mm×550mm 履带式加热片构成，加热片共分为 6 组，使用 M10 的螺栓——相连将护环进行包裹。为保证加热片整圈的紧度与加热时的涨量，M10 螺栓的一头放置耐高温高强度弹簧。在加热片与护环间布置一层 Nomex 纸用来防止加热片与护环直接接触，通过温控箱设置加热温度及温升梯度，护环在加热过程中温度缓慢上升，过程中定时观察护环加热情况，防止局部过热。

1.2.2　护环吊具对中与调整

用三点中心可调式的护环吊具来调整护环与转子的同心度，在护环吊装过程中，吊爪至吊具螺杆设计长度为 727mm，用于检查吊具的水平度。为保证吊装可靠性，在拖板两侧设置可拆除挂钩，后侧设置可供护环膨胀时滑动的顶板，同时在护环上侧设置压板。在护环下落至加热位置时，拆除拖板两侧挂钩，同时利用铅垂线，复测拖板位置与护环下落至齿压板位置是否满足要求。

1.2.3 加热过程数据测量

护环加热过程中，分别在布置 RTD 的两侧取 2 个测量点，共 12 个测量点位，以防止护环局部过热或者受热不均匀，导致护环局部膨胀过大。为保证测量结果的准确性，采用接触式测温仪进行测量。

护环加热过程中，每隔一个小时对护环的变形量进行监视，采用护环热套专用模板进行测量，护环膨胀至与模板之间无间隙时，此时的护环与模板之间的间隙为 0mm，即可满足护环热套的条件。为保证顺利完成护环热套，确保热套过程中与转子端部绕组无接触，一般将护环膨胀量继续加热，当护环与模板之间的间隙达到 −1mm 时，将护环缓慢安装至铁芯齿部，并与齿压板接触。膨胀量测量见图 1，护环热套完成见图 2。

图 1　膨胀量测量

图 2　护环热套完成

1.3 转子无线测温

定速机组转子一般不设置温度监视，变速机组转子与定速机组转子不同，是采用下线的方式形成转子绕组，其结构与定子绕组、铁芯结构基本相同，需对转子绕组及铁芯温度进行监测。

为有效监测机组运行过程中转子温度，采用无线测温的方式对其设备进行有效监测，变速机组转子无线测温装置由 PT100 采集模块、控制模块、感应电源、固定接收模块、数字解码器和线圈环等组成。

在转子铁芯处均匀分布安装 21 个 PT100 测温电阻，转子绕组处均匀分布安装 18 个 PT100 测温电阻，这些测温电阻在转子组装过程中进行装配，通过线管预留甩头至转子下端轴处与转子下端轴处线圈环连接。测温电阻及线圈环安装应牢固可靠，可以较好承受转子高速旋转产生的离心力，并确保各部件不被甩出，在安装测温电阻时，测温电阻线的裸露部分、穿管部分应使用硅胶固定牢靠。

采集模块、控制模块、感应电源（受电端）被固定在线圈环中，线圈环被固定在转子大轴下端随转子一起旋转，被采集的温度数据通过总线电缆连接到线圈环中的控制模块，控制模块提供高频信号，通过布置在线圈环上的信号线圈将数据传输到固定接收模块，如图 3、图 4 所示。

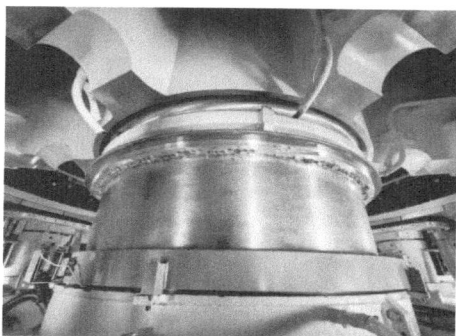

图 3　转子无线测温实物安装

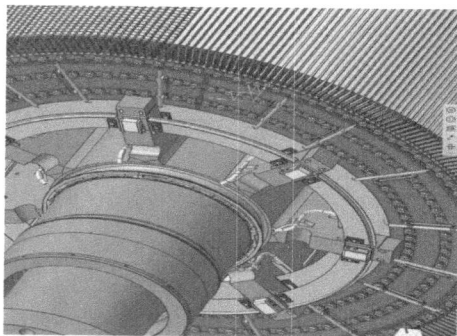

图 4　转子无线测温装置示意图

在下机架上布置外部电源（供电端）及固定信息接收模块，外部供电电源通过线圈环中布置的电源线圈感应至转子下端轴线圈环上的非接触式感应电源受电模块，以达到非接触式供电目的。下机架上布置的固定信息接收模块用来接收线圈环上的高频信号。

转子无线测温供电模块及数据处理器安装在发电机主端子柜中，并将独立的信号转换为软信号，通过以太网 TCP/IP 连接到控制系统。

1.4　转子吊装

转子专用吊具主要包含起吊轴、平衡梁、螺栓及附件，其中平衡梁重量约为 32.7t，起吊轴重量约为 5.16t，转子专用吊具装配后总重约为 37.86t；转子在安装间组装完成后总重约为 455t。

采用两台桥机并车方式吊装转子，转子吊装需要穿过运行区域，吊装难度大，转子吊装前经四方联合验收后且具备吊装条件后，指挥桥机缓慢启动向 12 号机组运行，到达 12 号机组中心停止。

缓慢下降转子至定子上方，当转子下护环下降至距离定子上端铁芯约 200mm 高时暂停桥机，在转子上挂线坠检查间隙，通过桥机微调转子位置，位置调整完成后气隙测量人员使用 8 件 3mm×50mm×4000mm 玻璃纤维条在定转子间隙抽动，恢复桥机继续下降转子，转子平稳地穿过定子落在顶起装置上。

转子下落至与主轴间隙为 100mm 左右时，调整转子方位与水机轴方位一致缓慢下降。检查转子与制动器之间间隙和水平，确保转子下端各接触面均完全接触制动器上。

转子吊装完成后，因空气间隙较小，需采用白布对定转子气隙进行防护，防止异物掉入气隙内。转子吊装如图 5 所示。

2　水轮机简介

变速水泵水轮机型式为立轴、单级、混流、可逆式水泵水轮机。水泵水轮机安装高程为 EL966.50m，转轮高压侧直径为 4153mm，低压侧直径为 2162mm。与定

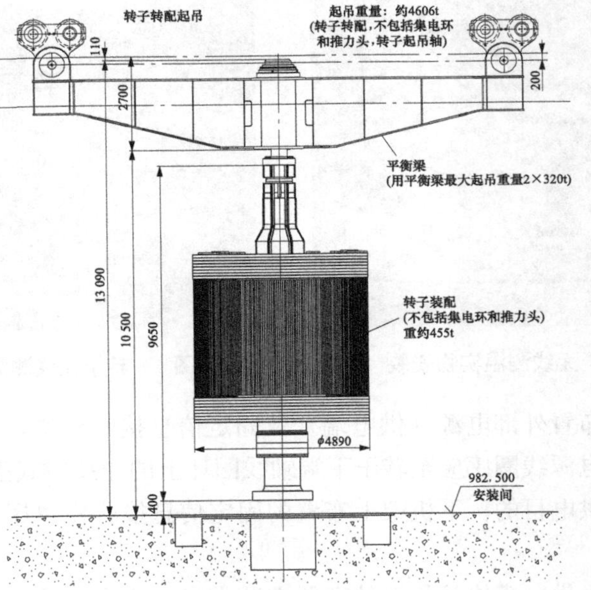

图 5 转子吊装

速机组安装差异主要为锥管与底环连接采用中间环连接、螺栓把合形式，而中间环经过二次精加工后进行正式安装，现对此进行分析。

2.1 底环分瓣解体

使用力矩扳手将底环分瓣面 M80×6 的超级螺栓（28 颗）松掉，用铜棒将 4 颗分瓣面定位销取出，用 M30 的螺栓装入分瓣面顶起螺孔将两瓣底环撑开。

2.2 底环拆除

单瓣底环放在支撑上，吊一瓣吊出机坑；将 3 个底环吊装工具 3 个 M90 旋转吊环装于底环上；320t 桥机在副钩上挂 3 根 ϕ44、12m 压制钢丝绳单根对折，挂上两台 10t 葫芦，将带密封槽的底环调平后提起，底环高过座环上法兰面后，快速安装 X 侧座环上法兰面的 4 个底环支撑，将底环落在支撑上；将吊出机坑这瓣底环分瓣面用橡胶包裹做好防护，在上升过程中人员应在机坑里衬上段最窄处用木板防护，防止底环磕碰到里衬。底环吊出机坑后放置在枕木上，将底环吊装工具拆除装到另一瓣底环上。剩余这瓣底环用副钩提起后旋转到组圆拼装位置落在＋X 侧的底环支撑上，将分瓣面密封条取出并对分瓣面做好防护。

2.3 中间法兰吊出机坑

将中间法兰与底环把合面的特殊密封和 ϕ10 的密封圈取出，将 4 个 G1/2 吊环安装在中间环吊点位置，在桥机小钩上挂上两根钢丝绳以及两台手拉葫芦，先将中间法兰平吊提起，将中间法兰尽量往－X 侧移动（底环在＋X 侧）。由于中间法兰直径为 2860mm，需要用葫芦将中间法兰小角度调整倾斜吊出机坑。

2.4　中间环更换吊装

将 $\phi10$ 的密封条安装在锥管密封槽，将更换后的中间法兰吊入机坑放置在锥管上，并用 2 颗临时螺栓进行临时把合固定，在底环安装完成，进行锥管与中间环底环螺栓连接，中间环 $\phi25$ 锥销孔与底环之前钻铰孔如果重合性不够，可适当开孔调整，完成中间环安装。中间法兰如图 6 所示。

图 6　中间法兰

3　交流励磁

交流励磁系统变频装置采用交—直—交电压源型变频器，功率器件采用 IEGT 全控型功率器件，冷却方式采用强迫水冷系统，交流励磁系统包括输入交流断路器、交流励磁变压器、交流励磁主回路母线、变频装置、过电压保护装置、水冷却装置、空调冷却装置，以及所必需的硬件及软件等。交流励磁电源采用 4 组单元并联方式运行。交流励磁变压器布置在主变压器洞；交流励磁系统 4 组功率柜、冷却单元、跨接器柜等设备布置在母线洞二层；交流励磁控制柜布置在发电机层上游侧，如图 7 所示。

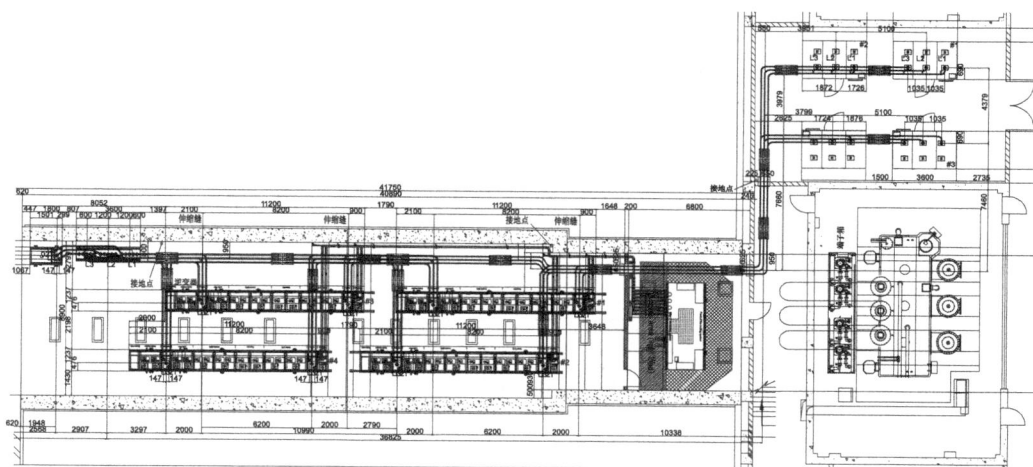

图 7　交流励磁布置示意图

3.1　全支吊架的安装

3.1.1　钢结构安装

按照现场设备的实际安装顺序，先开展发电机层母线洞支吊架的安装。然后开展主变压器洞上游侧廊道及励磁变压器室的钢结构。此安装顺序主要取决于现场的施工条件，并无严格的顺序。由于母线洞的拱顶是弧形结构，施工难度比较大，到货的钢结构支撑也有一定的弧度（18.5°）。

中压母线钢结构如图 8 所示。

3.1.2 母线支撑的安装

由于三角支撑本身的结构，现场调节的灵活性比较高，如图 9 所示，可通过调节三角支撑，让母线处于支撑或者悬吊。

图 8　中压母线钢结构

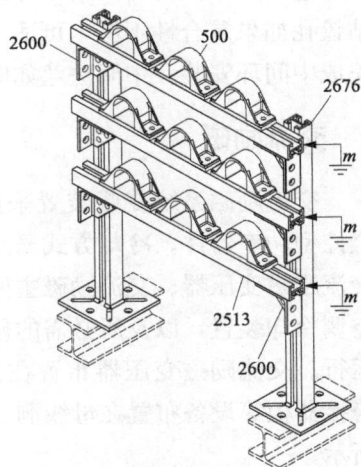

图 9　母线支撑
注：图中数字指材料编号。

3.2 母线及套管的安装

3.2.1 套管安装

根据不同的电流等级，共用 AL36PA55、AL55PA80、AL226×15CrNi250 三种母线，分别对应 DE55、DE80、DE250 套管，套管内接地，安装的时候要注意，接地端向下。套管结构如图 10 所示。

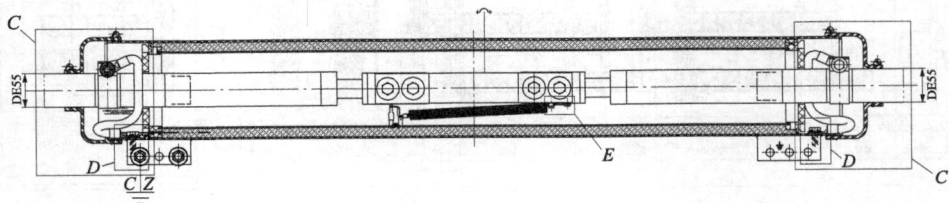

图 10　套管结构

3.2.2 母线安装

全绝缘母线导体由型号为 EN AW-6101B T7 的铝合金圆柱制成。绝缘层直接位于导体上，由在真空下干燥并用环氧树脂浸渍的包装纸组成。在包裹绝缘层的过程中嵌导电分级层，用于电场控制。绝缘层中嵌了 50mm^2 的铜接地屏蔽。绝缘本体由优质聚酰胺波纹管（PA12）保护。此外，波纹增加了母线端部的爬电距离。全绝缘母线剖面图如图 11 所示。

交流励磁中压母线为定制产品，单根最长为 10m，通过母线绝缘套筒内的软连接在现场连接在一起，接头是刚性的，由绝缘套管进行电气屏蔽。母线安装完成后将交流励磁冷却装置及四组变频装置倒运至母线层二层室内，将冷却装置冷却水管与变频装置进行连接，中压母线与变频装置进行连接，至此，交流励磁系统安装完成。交流励磁室如图 12 所示。

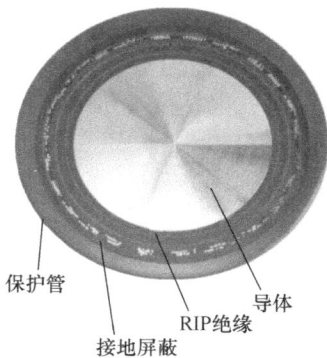

图 11　全绝缘母线剖面图

图 12　交流励磁室

4　结束语

目前，河北丰宁抽水蓄能电站 12 号变速机组发电方向一次并网成功，为后续机组按期投产发电奠定了良好基础，丰宁电站将全力以赴，开展好两台变速机组安装调试工作，同时做好数据统计与经验总结，培养、锻炼出中国首批变速机组相关的水机、电气、控制和保护等全专业工程技术人员，为国内变速机组的设计和建设提供经过实践检验的、成熟的技术支持，为变速机组国产化贡献力量。

参考文献

[1] 宫玉龙，徐衡 . 大容量抽水蓄能发电电动机转子工地安装技术研究 [J]. 电工电气，2018（3）：62-64，73.

[2] 张君桃 . 立式水轮发电机和发电电动机的安装 [J]. 东方电机，1989（3）：92-125.

[3] 姜立锐，陈林 . 宝泉抽水蓄能电站水泵水轮机安装施工技术 [J]. 水利水电技术，2011，42（9）：80-83.

[4] 李万长 . 大型混流可逆式水泵水轮机安装工艺探讨 [J]. 青海电力，2009，28（z2）：10-14.

[5] 周若愚 . 大型可逆式水泵水轮机导水机构安装工艺技术 [J]. 水利技术监督，2021（12）：110-115，239.

[6] 杨树涛，夏春燕，杨波 . 基于 IGBT 的交流励磁发电技术 [J]. 电力设备，2007，8（12）：35-37.

[7] 赵博，杜诗悦，高翔，等 . 抽水蓄能机组静止变频器启动的调试方法 [J]. 水电与抽水蓄能，2023，9（1）：115-120.

作者简介

宋兆新（1996—），男，助理工程师，主要研究方向：抽水蓄能电站变速机组发电电动机安装调试。E-mail：1120404716@qq.com

雷华宇（1991—），男，助理工程师，主要研究方向：抽水蓄能电站变速机组发电电动机安装调试。E-mail：865482094@qq.com

王英伟（1992—），男，工程师，主要研究方向：抽水蓄能电站变速机组交流励磁系统安装调试。E-mail：823673986@qq.com

杨圣锐（1991—），男，工程师，主要研究方向：抽水蓄能电站变速机组水泵水轮机安装调试。E-mail：759992385@qq.com

三机式抽水蓄能机组应用探索与研究

李东阔，张　飞，赵毅锋，桂中华，丁景焕

（国网新源控股有限公司抽水蓄能技术经济研究院，北京市　100161）

摘　要： 随着我国抽水蓄能项目的加速开发，800m 水头以下的抽水蓄能电站的站址资源越发紧张。三机式抽水蓄能机组是抽水蓄能机组布置方法的一种，一般由水轮机、水泵和发电电动机组成，故称三机式。由于水轮机可以采用冲击式水轮机，故可应用于水头高于 800m 的超高水头抽水蓄能电站中。本文介绍了典型的三机式抽水蓄能电站，总结了现阶段超高水头三机式抽水蓄能电站机组主要结构和关键技术，最后对处于前期规划阶段的三机式电站进行了调研。研究成果可用于超高水头抽水蓄能电站的研究开发，助力我国新型电力系统的加快建设与完善。

关键词： 三机式抽水蓄能电站；水力短路；液力耦合器

0　引言

在超高水头下，冲击式水轮机机型的运行稳定性和可行性已得到国内外工程实际的广泛验证，而国内外学界目前在超高水头大容量三机式抽蓄机组研发方面鲜有研究，该领域具备充分的研究价值。我国西南地区的高水头水力资源丰富，具备高能量密度的三机式抽水蓄能电站建设的自然条件。在中长期规划布局的超高水头重点实施项目中，三机式抽水蓄能机组的推广应用可有效提高电网调节能力和灵活性。因此，进行超高水头三机式抽水蓄能机组前瞻应用技术研究，可推动我国相关领域的工程应用，其方案也将在国内抽水蓄能电站建设领域开辟不同于传统可逆式机组方案的新赛道，可成为我国下一阶段抽水蓄能建设中的新增量，助力我国新型电力系统的加快建设与完善。

1　超高水头三机式抽水蓄能机组简介

1.1　超高水头三机式抽水蓄能机组建设必要性及特点

为适应新型电力系统建设和大规模高比例新能源发展的需要，我国《抽水蓄能中长期发展规划（2021—2035 年）》等文件提出要加快抽水蓄能电站建设，并明确到2025 年全国抽水蓄能投产总规模达到 6200 万 kW 以上、2030 年达到 1.2 亿 kW 的发展目标。电站选址是抽水蓄能电站建设面临的首要问题，需要综合地理位置、地形、地质、水源条件、生态保护等多个因素进行考虑。在高于 800m 的超高水头工况下，传统水泵水轮机转轮内部剧烈的能量转化过程将使得其转轮水力稳定性急剧下降，因此传统抽水蓄能电站中可逆式水泵水轮机组的运行水头均不超过 800m。随着我国抽水蓄能项目的加速开发，800m 水头以下的抽水蓄能电站的站址资源越发紧张。

三机式抽水蓄能机组是抽水蓄能机组布置方法的一种，一般由水轮机、水泵和发电电动机组成，故称三机式。由于冲击式水轮机（适用水头范围为 100～3000m）可以很好地适用于水头高于 800m 的运行工况，故冲击式机型可被选为超高水头三机式抽水蓄能机组中的原动机部件，应用于水头高于 800m 的超高水头抽水蓄能电站中。采用冲击式水轮机、水泵和发电电动机组成的超高水头三机式抽水蓄能机组的主要特点为适用更高水头条件，进而有效拓宽了抽水蓄能机组的选址范围；可"水力短路"运行，即用水轮机的出力对水泵入力进行补偿，使三机式机组实现入力可调；其发电和抽水时的机组旋转方向相同，工况转换和负荷响应速度更快，机组稳定性更高。基于以上特点，三机式抽蓄机组相对于定速/变频抽蓄机组具有优势，是当前抽水蓄能技术面向新型电力系统发展的主要方向之一。

1.2　典型超高水头三机式机组简介

1.2.1　Kops Ⅱ抽水蓄能电站

奥地利 Kopswerk Ⅱ（简称 Kops Ⅱ）抽水蓄能电站是为了用水轮机和泵的运行调节电网而设计的，该电站利用 Kops 水库（海拔 1800m）和 Partenen-Rifa 水库（海拔 1000m）之间的落差来建设。Kops Ⅱ抽水蓄能电站与 1969 年投产的 Kops Ⅰ水电站的用水均取自位于 Gaschurn 和 Partenen 之间的 Rifa 水库。新电站在 Kops Ⅰ的 430GWh 产能基础上增加了约 600GWh，且无需额外的水消耗。

Kops Ⅱ抽水蓄能电站位于奥地利福拉尔贝格州的加舒恩，是一座三机式抽水蓄能电站，即每个三机式机组由一台冲击式水轮机、一台三级离心泵以及同步电动机/发电机组成。该电站几乎全部建在阿尔卑斯山山体内部，以降低对周围环境的影响并保护蒙塔丰山谷的自然景观。Kops Ⅱ抽水蓄能电站如图 1 所示。

(a) 蓄水库　　　　　(b) 厂房

图 1　Kops Ⅱ抽水蓄能电站

机组按"水力闭路循环"设计，即蓄能泵和水轮机相互独立、可同步运行。若从电网获取的过剩电能仍不足以驱动水泵，则可同步运行水轮机以成功蓄能。为进行水轮机和水泵工况的切换，为机组配置一个进行停机和启动（水轮机）切换用的离合器或同步扭矩转换器，使用该变换器可在数秒内由静止启动泵或水轮机至满负荷运行，发电模式、蓄能模式切换的过渡时间均较短。

Kops Ⅱ抽水蓄能电站的主要作用是为了在用电需求高峰期向电网供电，并保证电网长期稳定。作为储能设施，Kops Ⅱ抽水蓄能电站只需几秒钟就可将高达 52.5 万 kW 的峰值电能并入电网，或从电网获取 45 万 kW 过剩的电能，稳定了区域电力供给。

1.2.2 羊卓雍湖电站

羊卓雍湖电站是我国目前唯一一座三机式抽水蓄能电站，该电站兴建于 20 世纪 80 年代末期，机组主要设备由奥地利 ELIN 和 VOITH 公司引进，电站的上池是位于浪卡子县境内的大型高原封闭湖泊——羊卓雍湖（羊湖），下池是西藏高原最大的河流——雅鲁藏布江（雅江）。雅江水量充沛，江水位变化较小，与羊湖相距 9.5km，高差为 843m。电站最终装机容量为 11.25 万 kW，其中 4 台 2.25 万 kW 为三机式抽水蓄能机组，预留一台 2.25 万 kW 常规发电机组机坑。图 2 所示为羊卓雍湖电站的外景图和机组布置截图[1]。

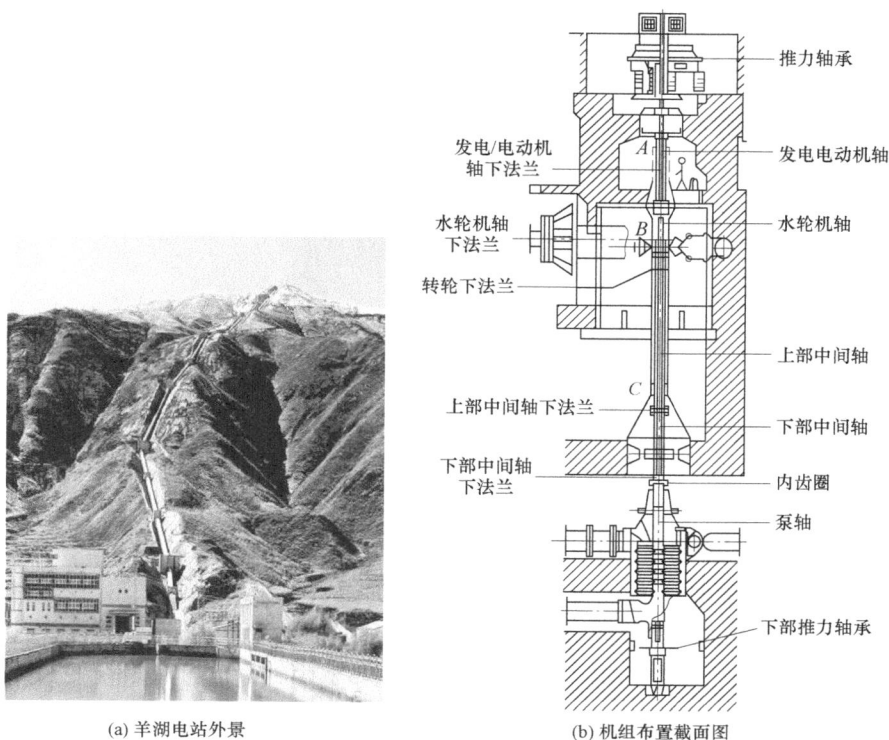

(a) 羊湖电站外景   (b) 机组布置截面图

图 2　羊卓雍湖电站

羊卓雍湖电站三机式抽蓄机组的水轮机部件是立轴冲击式水轮机，水泵部件采用竖轴单吸多级离心式，级数为 6，发电电动机的形式是悬式、密闭自循环冷却。

羊卓雍湖三机式抽水蓄能电站数据见表 1。

表 1 羊卓雍湖三机式抽水蓄能电站数据

参数	符号	单位	值
水轮机额定水头	H	m	816
水轮机额定流量	Q_{turb}	m³/s	3.16
水泵流量	Q_{pump}	m³/s	2
水轮机额定功率	P_{turb}	MW	23.1
水泵额定功率	P_{pump}	MW	19.1
转速	n	r/min	750

2 超高水头三级式机组主要结构

由于水轮机、泵的旋转方向相同，因此在从发电工况转换为耗能工况或由耗能工况转换为发电工况时不需要改变方向。在三机式抽水蓄能机组中，发电电动机、水轮机、泵沿同一轴线排列[3,4]。

2.1 水轮机和泵

根据三机式抽水蓄能机组中的水头和流量，水轮机可采用混流式或冲击式。冲击式水轮机具有适用水头高、部分负载下更好的效率，并可实现极低负载状态下的运行。除了水力性能之外，其他标准如维护成本或含沙的水可能会影响水力机械的选择。对于泵，根据水头使用单级或多级泵。

2.2 主轴及其布置

三机式抽水蓄能机组可采用水平或垂直布置方案。最初的装置是以水平方式设计为主的；而垂直布置更适合于输出功率更高的情况。目前主轴采用水平布置方案的极限仍在不断向更高的输出功率发展。对于水平布置的机组，目前已经实现了三喷嘴的冲击式水轮机与泵的连接，而具有更高喷嘴数（最多 6 个）的冲击式水轮机则主要应用在垂直布置的三机式机组上。

2.3 机电结构的布置

对于水平三机式抽水蓄能机组，发电电动机通常位于中心，水轮机、泵位于两侧。对于垂直三机式抽水蓄能机组，机组的各种布置都是可以的。在许多情况下，发电机位于顶部，然后安装水轮机、泵。在其他布置中，也可以水轮机安装于顶部，发电机安装于中间，泵安装于底部。在这些情况下，必须确保水轮机和发电机之间的防水密封。

2.4 联轴器与液力耦合器

三机式抽水蓄能机组的机器可以排列在同一轴上，固定在一起或通过联轴器相互连接。

发电电动机和水轮机之间通常使用固定连接或联轴器连接。一般来说，固定连接会产生更高的流量损失。通过水轮机的联轴器，可以在泵调相时与水轮机叶轮脱离，并因此减少流量损失。自切换同步联轴器是一种机械联轴器，只要两个旋转部件的旋转速度相似，它就会自动连接。驱动部分和从动部分必须达到相似的旋转速度，然后联轴器会调节被驱动部分和联轴器的速度。使用集成齿轮联轴器，只要两个部件处于同步速度，就可以传递扭矩。对于三机式抽水蓄能机组，该装置可用于水轮机的连接。当水轮机启动、发电电动机以同步速度旋转时，只要发电电动机和水轮有相似的旋转速度，同步联轴器就会调节速度并连接两台机器。连接后，齿轮联轴器会在运行期间传递机具扭矩。

将泵连接到发电电动机可以采用固定连接或在静止状态下可切换的连接，例如弯齿连接。如果使用液力耦合器，甚至可以在旋转过程中将泵连接到发电电动机上。液力耦合器是一种特殊的液压设备，可以将泵与发电电动机同步和连接。它由驱动轴上的泵和从动轴上的水轮机叶片组成，并通过在泵和水轮机叶片之间循环的水来运行。在启动过程中，液力耦合器中会充满水，并且泵叶轮通过旋转将水驱动到水轮机叶轮中，驱动水轮机叶轮。当驱动和从动轴接近相同的速度，就会启用齿轮联轴器，并通过齿轮联轴器传递扭矩。泵和水轮机叶片会重新排水，因此流量损失仅通过空隙处的旋转而发生。液力耦合器的优点是同步时间短、流量损失低。此外，水消耗量比较少并且可以从尾水库补充消耗，因此不会发生能量损失。

2.5 轴承布置

在三机式抽水蓄能机组的排列中，选择联轴器的类型与轴承的数量和排列密切相关，见图 3。对于轴承的每个可拆卸部分，都需要单独的推力轴承和至少两个导轴承，图 3 给出了垂直三机式抽水蓄能机组典型布置的示例。

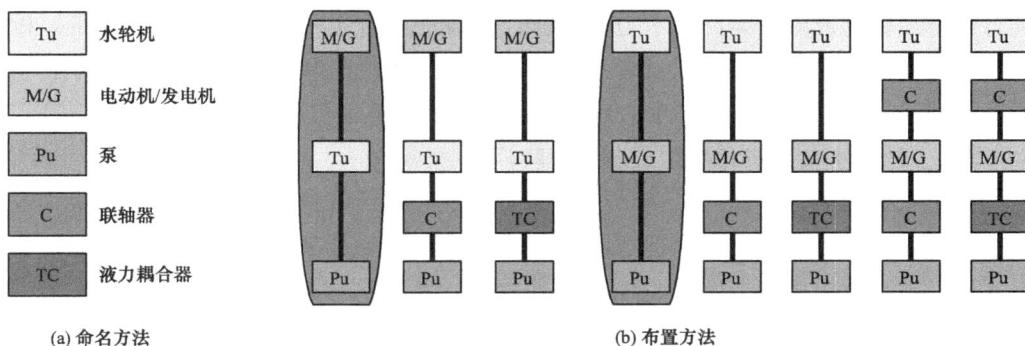

(a) 命名方法　　　　　　　　　　(b) 布置方法

图 3　垂直三机式抽水蓄能机组布置的示例

3　超高水头三机式机组关键技术

3.1　水力闭路循环系统

三机式机组主要优势在于可以进行水力短路运行。由于水泵及水泵水轮机在偏工况运行时水力效率下降显著、内部流态恶化明显,因此抽水蓄能机组电站中,抽水工况人力通常不可调节。

Kops Ⅱ 电站装有 3 台三机式抽蓄机组,机组单机容量为 150MW,水轮机为竖轴 6 喷嘴冲击式水轮机。水泵机型为单吸多级离心泵,级数为 3。三机式抽水蓄能机组中,泵与水轮机是独立流道的两个流动部件,当水泵人力与电网需求不能直接匹配时,可以将水由水泵出口导入同一抽蓄机组的水轮机中,如图 4 所示,这种操作模式被称作"水力闭路循环"或"水力短路"[5,6]。

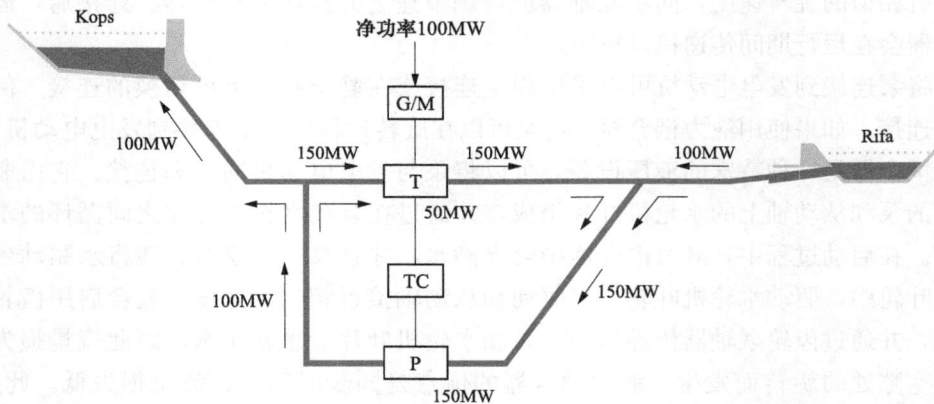

图 4 Kops Ⅱ 三机式机组的水力闭路循环示意图

水力短路运行时,机组总负荷可以通过调整水轮机组的出力而改变,实现机组的负荷几乎从零到额定功率的全功率调节能力,达到增强电网稳定性的效果,并可用于与风、光电站联合运行模式中平抑负荷波动。水力短路系统是电网中具有多年实行运行经验的成熟方案。在水力短路操作过程中,发电机可以保持同步不变,因此由空转变换到水泵名义工况或者水轮机工况的过程耗时很短。由于冲击式水轮机通常在非设计工况下具有较高水力效率,因此水力短路运行对于该类机型尤其有效。

3.2 超高水头三机式机组工况快速转换

三机式机组的主要优势是由于水轮机和水泵同轴连接且旋转方向一致,电动发电机的旋转方向在发电工况和抽水工况是一致的,机组可从抽水工况快速转换到发电工况,电动发电机不需要在反向转动前停机,从而大大缩短工况转换时间。图 5 列出了常规可逆式水泵水轮机机组和三机式抽水蓄能机组的典型工况转换时间[7]。

图 5 显示,相比可逆式水泵水轮机机组,三机式抽水蓄能机组各类工况转换时间大幅缩短,其中缩短幅度最大的是水泵启动时间与水轮机工况和水泵工况相互转换的时间,而工况转换时间的大幅缩减为三机式机组运行调节能力带来巨大的优势。例如,考虑新能源大规模的并网发电,夜间机组以水泵运行抽水。若电网供电快速下降,则机组可快速从抽水工况转换成发电工况,即从电网吸收能量模式转换成释放能量模式,能够减轻系统频率波动的影响。

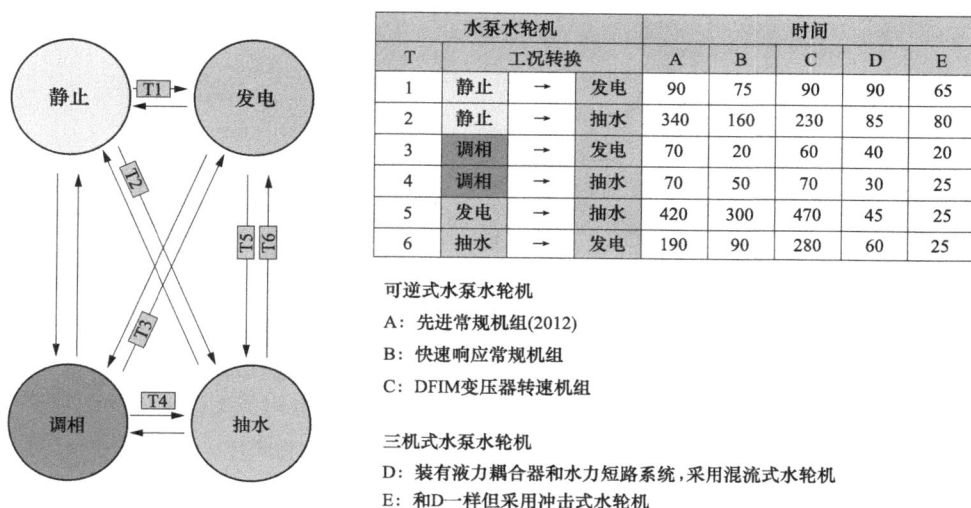

水泵水轮机			时间				
T	工况转换		A	B	C	D	E
1	静止	→ 发电	90	75	90	90	65
2	静止	→ 抽水	340	160	230	85	80
3	调相	→ 发电	70	20	60	40	20
4	调相	→ 抽水	70	50	70	30	25
5	发电	→ 抽水	420	300	470	45	25
6	抽水	→ 发电	190	90	280	60	25

可逆式水泵水轮机
A：先进常规机组(2012)
B：快速响应常规机组
C：DFIM变压器转速机组

三机式水泵水轮机
D：装有液力耦合器和水力短路系统，采用混流式水轮机
E：和D一样但采用冲击式水轮机

图 5   常规与三机式抽蓄机组的工况转换耗时

3.3   液力耦合器

三机式抽水蓄能电站机组中，水泵与电机、电机与水轮机之间各需要一个联轴器。三机式抽蓄机组缩短工况转换时间的关键在于水泵与电机之间采用了基于赫尔曼-弗廷格原则设计的液力联轴器，即液力耦合器。液力耦合器安装在蓄能泵和机组主轴之间，一端水泵主轴与泵叶轮固定连接，另一端水轮机主轴与转轮固定连接，可将电动机的电能传输给液力耦合器中的水，也可将水泵抽水中的能量重新转换成轴的机械能。当液力耦合器内部为空时，产生的出力损失非常低；在开停机过程中，液力耦合器中充满水，全部能量被转换，水泵轴可以实现在数秒内的加速或减速；当主轴与水泵轴以相同的转速旋转时，液力耦合变换器没有明显磨损。目前最大容量的液力耦合器已经应用于单机容量 150MW 的机组，而且理论上还可以应用于更大单机容量的机组。图 6 所示为液力耦合器的剖面图和实物照片。采用液力耦合器的主要优势在于可极大地缩短开机时间；使空载损失最小化；耦合器造成的能量损失不足名义出力的 0.05％；无需要外部调速器的自调节至同步运行；使得耗水量最小化；水从尾水获得，液力耦合器无需消耗压力钢管中的水。

Kops Ⅱ电站的三机式布置方案中，三机式机组主轴是立轴式布置，冲击式水轮机在上方，发电电动机在中部，水泵在下方，因此三机式机组地下厂房的纵向开挖量需要足够大以容纳总共高 38m 的三机式机组。相比二机可逆式抽水蓄能机组，三机式机组的劣势主要是系统整体复杂度高、所需厂房空间更大、管路和阀门更多、工程开挖量更大，因此单位千瓦造价相对较高。

4   三机式抽水蓄能电站工程应用前景

当前阶段，我国也规划选建了一些超高水头抽水蓄能电站，但是尚无核准开工

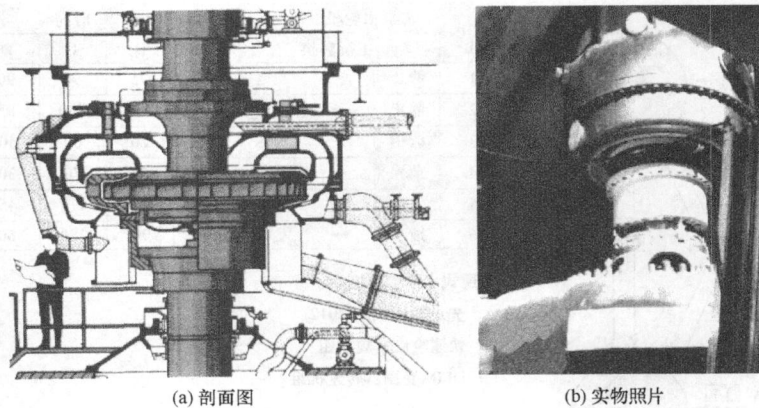

(a) 剖面图   (b) 实物照片

图 6 　Kops Ⅱ 电站液力耦合器的剖面图与实物照片

的电站，具体可选电站如下。

4.1　乡城超高水头抽水蓄能电站

乡城超高水头抽水蓄能电站位于甘孜州乡城县正斗乡尼斗村境内，距离成都市460km，距离已建乡城500kV变电站56km。乡城超高水头抽水蓄能电站水头范围为786.0～835.0m、扬程范围为810.0～856.0m。乡城县城有村公路到达下水库位置，但该段公路路况较差，对外交通条件一般。乡城抽蓄电站可服务甘孜州新能源基地开发，兼有为四川省电力系统安全、稳定运行承担调峰、调频、调相和紧急事故备用等功能。乡城抽蓄电站下库集雨面积较大，存在一定的天然径流，而其所需调节库容不大，因此可满足抽水蓄能电站初期蓄水和正常运行期间补水的水量需求，乡城抽蓄电站水源条件好。

4.2　石棉县龙头石抽水蓄能电站

采用一级开发方案，以改扩建后的茨格达水库为上库，以龙头石水库为下库，利用1180m落差采用一级开发。经计算该方案装机容量为340万kW。

4.3　秭归县抽水蓄能电站

拟规划的秭归县罗家抽水蓄能电站位于湖北省宜昌市秭归县茅坪镇，距离秭归县直线距离约6km，距离三峡大坝约10km，距离宜昌市约35km，距离武汉市约320km。位于湖北宜昌市秭归县，规划建设单机容量600MW、运行水头1000m的三机式或四机式抽水蓄能电站，目前在前期论证规划阶段。工程开发任务为承担湖北电网电力系统调峰、填谷、储能、调频、调相和备用等，并促进鄂西地区风电、光伏等新能源消纳。电站规划采用500kV电压等级接入电网。

拟规划建设的该抽蓄电站水轮机工况发电水头变幅范围为932～1010m，水泵工况抽水扬程变幅范围为959～1033m。该水头扬程变幅超过了目前抽蓄电站的设计制造水平。目前800m水头及以上，国内外为多级叶轮抽蓄机组或多级泵＋冲击式机组串联组合的结构型式，带来厂房开挖高度加大和单机容量受限问题。

5 总结

本文对超高水头三机式抽水蓄能电站进行了深入的资料调研。首先，介绍了三机式抽水蓄能电站的特性、必要性以及两座具有代表性的三机式抽蓄电站。随后，我们详细研究了超高水头三机式机组的主要结构布置。此外，本文还总结了三机式机组的关键技术。通过深入的资料调研，我们对三机式机组在前期论证规划阶段的现状进行了汇总。值得一提的是，三机式机组与常规机组相比，其水力闭路循环系统（100%人力可调）和工况快速转换技术更能满足新型电力系统的需求。然而，三机式机组比常规机组多出一个机组，这会导致厂房纵向开挖量增大，也会增加一些投资成本。总的来说，本文的研究成果对超高水头抽水蓄能电站的开发具有重要的指导意义，有助于我国新型电力系统的快速建设和完善。

参考文献

[1] 羊湖电站简介 [J]. 水利水电技术，1995 (1)：3-5.

[2] 刘其园，岳曦. 羊卓雍湖抽水蓄能电站三机同轴式机组安装的轴线控制 [J]. 水力发电，2001 (3)：2-4.

[3] 刘保华. 羊卓雍湖三机式抽水蓄能电站的运行方式和过渡工况计算 [J]. 水力发电学报，1992 (2)：25-38.

[4] 刘保华，王宪平. 羊卓雍湖三机式抽水蓄能电站过渡工况计算 [J]. 水电站设计，1990 (4)：30-36.

[5] Soumyadeep Nag. Kwang Y. Lee. Power System Resiliency Enhancement with Ternary Pumped-Storage Hydropower [2020-01]. https：//www. researchgate. net/publication/350914334.

[6] Leif Bredeson. Phylicia Cicilio. Hydropower and Pumped Storage Hydropower Resource Review and Assessment for Alaska's Railbelt Transmission System [2023-04-20]. https：//www. md-pi. com/1996-1073/16/14/5494.

[7] Fisher R K，Koutnik J，Meier L，et al. A Comparison of Advanced Pumped Storage Equipment Drivers in the US and Europe [C] //Hydrovision. 2012. DOI：10. 13 140/2. 1. 1082. 4967.

作者简介

李东阔（1992—），男，工程师，主要研究方向：抽水蓄能电站过渡过程及水力性能研究。E-mail：lidongkuo1992@163. com

张飞（1983—），男，高级工程师，主要研究方向：抽水蓄能机组性能测试与评价研究。E-mail：spiritgiant@126. com

赵毅锋（1982—），男，高级工程师，主要研究方向：抽水蓄能机电设备运维技术研究。E-mail：yifeng-zhao@sgxy. sgcc. com. cn

桂中华（1976—），男，正高级工程师，主要研究方向：抽水蓄能机组运行稳定性与故障诊断技术研究，E-mail：guizh@163.com

丁景焕（1982—），女，正高级工程师，主要研究方向：抽水蓄能电站过渡过程与运行控制、水机及相关专业咨询与管理。E-mail：122777158@qq.com

关于提高高水头、 大容量水泵水轮机稳定性的研究与应用

马信武，李　宁，杨忠坤

（吉林敦化抽水蓄能有限公司，吉林省敦化市　133700）

摘　要： 抽水蓄能电站在电网中承担着调峰、填谷、储能、调频、调相和紧急事故备用等任务，由此，抽水蓄能机组的稳定可靠运行，对电网的调节与稳定，以及新能源的充分利用具有十分重要的作用。本文依托敦化等抽水蓄能电站，从电站的设计、水泵水轮机的主要性能参数匹配等方面，对高水头大容量水泵水轮机稳定性进行了深入的探讨，提出了影响抽水蓄能机组稳定性的主要因素，并对提高抽水蓄能机组稳定性提出了建议，为后续高水头大容量抽水蓄能机组的设计制造提供了重要的参考与借鉴。

关键词： 抽水蓄能机组；稳定性；研究与应用

0　引言

随着抽水蓄能技术的进步，抽水蓄能机组向着高水头、大容量、高转速发展，国内外也相继建成一批高水头大容量抽水蓄能电站，如日本的葛野川（水泵工况最大扬程为778m）、神流川（最大扬程为728m）、小丸川（最大扬程为714m），以及我国的天荒坪（最大扬程为614m）、西龙池（最大扬程为703m）、洪屏（最大扬程为578.2m）、敦化（最大扬程为712m）、绩溪（最大扬程为651.4m）、长龙山（最大扬程为764m）、阳江（最大扬程为706m）等，可以说国内外的制造商积累了一定的高水头大容量抽水蓄能机组的设计制造经验。但是，值得注意的是，国内高水头大容量，尤其是600m及以上水头的大容量抽水蓄能机组的投运时间还不是很长，机组运行稳定性还有待接受时间的考验，到目前为止，一些电站的机组也出现了一些稳定性问题，如低水头空载并网稳定性问题、高扬程区稳定性问题、水轮机工况部分负荷振动问题、水泵工况启动稳定性问题等，而这些问题，往往与机组的选型设计、水泵水轮机的水力设计及结构设计等息息相关。

上述工程中，其中敦化是我国首个自主设计、制造、试验、调试、运行与管理的700m级超高水头大容量抽水蓄能电站。该电站于2021年6月首台机发电，2022年4月4台机组全部投产发电。本文将结合敦化抽水蓄能电站机组的研究与应用，对高水头大容量抽水蓄能机组的稳定性问题展开探讨。

1　高水头大容量水泵水轮机选型需注意的问题

机组的选型设计与主要技术参数的选择，是保证机组稳定运行的基础，敦化电

站及机组主要技术参数见表 1。目前高水头大容量水泵水轮机应用最为广泛的为单级定转速可逆式水泵水轮机，在确定好单机容量后，其他主要技术参数的选择包括水头变幅、额定水头、额定转速、吸出高度等。

表 1 敦化抽水蓄能电站主要参数

名 称	单 位	数量
装机容量/台数	MW/台	1400/4
单机容量	MW	350
上库正常蓄水位	m	1391.0
上库死水位	m	1373.0
下库正常蓄水位	m	717
下库死水位	m	690
水轮机工况最大水头	m	693
额定水头	m	655
水轮机工况最小水头	m	638
额定转速	r/min	500
水泵工况最大扬程	m	712
水泵工况最小扬程	m	661
转轮直径	m	4.367（1、2 号机组）/4.25（3、4 号机组）
最大瞬态飞逸转速	r/min	740
吸出高度	m	−94

1.1 水头变幅的选择

在水泵工况，由于导叶调节作用极小，高效率区狭窄，过大的扬程变幅将导致效率急剧降低，易产生机组振动，导致机组运行不稳定，严重时甚至抽不上水；另外，过大的扬程变幅，最大扬程及最小扬程的空化性能将变得更差。

对于水轮机工况，由于水泵水轮机一般按水泵工况进行水力开发、水轮机工况进行复核，故水轮机工况均偏离最优工况。尽管水轮机工况运行时导叶调节性能好，允许的水头变幅可适当增大，但由于其偏离水轮机最优工况，在最小水头工况压力脉动较大，尤其是最小水头部分负荷工况。由此，过大的水头变幅将有可能造成机组低水头工况及部分负荷运行不稳定，甚至在低水头工况并网困难。

表 2 所示为《抽水蓄能电站设计规范》（NB/T 10072—2018）建议的水头变幅，表 3 所示为国内外部分最大扬程 600m 以上抽水蓄能电站水头变幅统计表。

表 2 N_{st} 与 H_{pmax}/H_{tmin} 关系

N_{st}(m·kW)	<90	90～120	120～200	200～250
H_{pmax}/H_{tmin}	<1.15	≤1.25	≤1.35	≤1.45

表 3 国内外部分最大扬程 600m 以上抽水蓄能电站水头变幅统计表

序号	电站名称	N_t (MW)	N_{st} (m·kW)	N_{sp} (m·m³/s)	H_{pmax} (m)	H_{tmin} (m)	H_{pmax}/H_{tmin}	运行年份	备注
1	Kazunogawa 葛野川 （3、4号）	412	86.96	27.2	778	681	1.142	1999	变速
2	Kannagawa 神流川	482	105.16	29.2	728	617	1.18	2005	
3	Omarugawa 小丸 川，600±4%	310	102.5	29.3	720	624.1	1.154	2007	变速
4	Linthal （500r/min±6%）	255	—	—	715	560	1.277	2016	变速
5	敦化	357	90.2	26.8	712	630	1.13	2021	
6	西龙池	306	85.92	26.6	703	611.6	1.149	2008	
7	Chaira 茶拉	216	85.68	26.4	701	578	1.213	1987	
8	绩溪	306.1	93.2	29.3	651	565.9	1.15	2019	
9	BajmaBasta 巴斯塔	315	86.4	27.6	621	497.5	1.249	1980	
10	天荒坪	306	110	34.3	615	520	1.183	1998	

对于高水头大容量水泵水轮机，水头变幅不宜过大，对其选择时需考虑的因素较多，对于500m及以上的可逆式水泵水轮机，有的厂家建议不宜大于1.2，当时敦化设计时，其水头变幅控制在1.13左右，略小于设计规范规定的1.15，这也为敦化后续的水力开发及稳定运行提供了良好的前提条件。

1.2 额定水头的选择

合理地选择水轮机工况的额定水头是一项涉及多方面的综合性的工作，要考虑电站运行方式、机组稳定性、参数匹配等问题。额定水头的选择与电站的水头变幅有关。如果电站的水头变幅很大，而额定水头又选得低，转轮的运行工况偏离最优工况太远，可能会出现不稳定现象。从水泵水轮机水力设计考虑，过低的额定水头会加大机组过流量，并偏离最优工况区较远，这样低水头运行时水轮机工况空载稳定性差，小负荷时效率低，水泵工况高扬程运行稳定性差。采用较高的水轮机额定水头，运行稳定性会有所改善。

国内某知名机组制造厂家认为，电站设计中在注意控制水头变幅的同时，额定水头的选择也尤为重要，额定水头多选择靠近平均水头（一般上限在高于平均水头的4%，下限在低于平均水头的1%，即 H_r/H_{taver}＝0.99～1.04），对机组水力设计是有利的。敦化抽水蓄能电站平均水头为661.42m，H_r/H_{taver}为0.99，控制在有关制造厂家推荐的经验值范围内。

1.3 比转速及额定转速的选择

在电站运用水头不断提高的同时，水泵水轮机也在向高比转速方向发展。比转速是表征水轮机、水泵等水力机械的一个重要综合参数。和常规水电机组一样，水头越高比转速越小，混流可逆式水泵水轮机的比转速一般用水泵工况最低扬程的比转速 $n_{sp} = n \cdot Q_{max}^{0.5} \cdot H^{-0.75}$ 来表示，用比速系数 $K = n_{sp} \cdot H^{0.75}$ 来衡量比转速水平和水泵水轮机的设计制造水平。对于目前大容量高水头水泵水轮机，其最小扬程比速系数一般在 3400～3900 之间，图 1 所示为国内外部分混流可逆式水泵水轮机的扬程-比速系数统计曲线，其中敦化抽水蓄能电站机组单机容量为 350MW，额定转速选择 500r/min，相应机组最小扬程比转速系数 K 为 3500 左右。

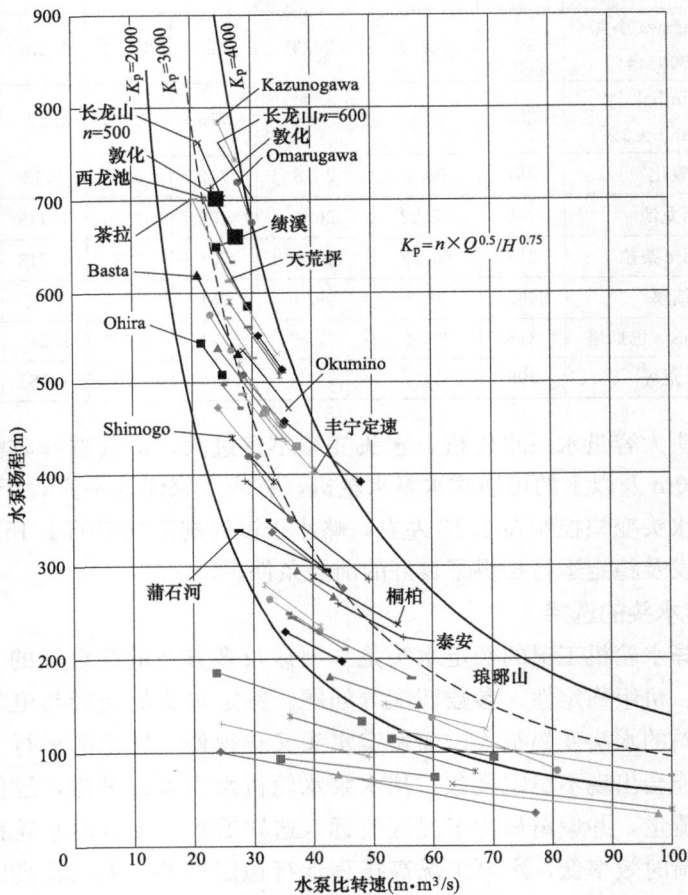

图 1　国内外部分混流可逆式水泵水轮机的扬程-比速系数统计曲线

1.4 吸出高度的选择

对水泵水轮机而言，水泵工况的空蚀性能比水轮机工况差。水泵水轮机吸出高度的选择应按照水泵工况无空化的条件考虑。同时，对于高水头大容量水泵水轮机，由于扬程高，比转速低，转轮进、出口直径（D_1/D_2）大，机组转轮制动效应明显，在吸出高度选择时除应保证机组在无空化条件下运行的同时，还应对过渡过程进行复核，确保尾水管不出现水柱分离。敦化抽水蓄能电站 D_1/D_2 达到 2.1 左右，吸出高度选择－94m。适当加大的埋深不仅保证了机组能够无空化运行以及输水发电系统过渡过程的安全，同时也为水力研发平衡各性能创造了条件。

2 水泵水轮机稳定性能及水力设计

水泵水轮机稳定性能影响的因素众多，其中最为关键的还是水力设计，如果说合理的参数选择是为机组稳定运行创造良好的条件，则优秀的水力设计则是水泵水轮机运行稳定的根本。近些年来，随着科学技术的进步，CFD 分析技术及水力模型试验研究等技术日趋成熟，水泵水轮机综合性能也得到了长足的进步。但是，由于水泵水轮机流道内水流流态异常复杂，有些电站有些工况出现了稳定性问题，这主要表现在水轮机工况低水头空载稳定性问题、无叶区压力脉动水力激振甚至引起共振问题、水泵高扬程稳定性问题、导叶自激振问题、卡门涡激振问题、迷宫环间隙谐振问题等。

2.1 水轮机工况低水头空载稳定性

水泵水轮机空载稳定性是指水轮机工况空载开度飞逸状态下的稳定性。高水头低比转速水泵水轮机相对而言转轮直径大、转速高、惯性作用力大，导致进口处水流受到的离心作用力大。在水轮机工况，尤其是大开度工况下，当机组的转速达到飞逸后易因较强的惯性力作用而进入制动区。水泵水轮机的"S"特性可能会导致空载工况的不稳定性，这取决于它的"S"特性区与机组运行区在特性曲线上的位置关系。一旦水轮机空载工况不稳定，表现为压力、流量、转矩和转速产生较大幅度振荡，水轮机启动过程中将会出现并网困难甚至不能并网。因此，在水泵水轮机的水力开发过程中，必须通过水力设计将"S"特性区远离水轮机正常运行范围之外。经过分析研究得出，影响"S"区特性主要因素有转轮叶片包角、高低压边安放角、翼型型线以及导叶型线等。为使机组远离"S"区，国内有的厂家建议水泵水轮机低水头空载宜留出 6%～8% 额定水头的"S"区余量。敦化抽水蓄能电站水泵水轮机"S"区余量分别为 59.58m（1 号、2 号机组模型）及 80m（3 号、4 号机组模型），实际运行良好。

2.2 压力脉动引起的水力振动

在高水头大容量的水泵水轮机稳定性的众多指标中，以压力脉动最为关键，压力脉动的水平直接影响了机组的运行品质，其压力脉动的特点为活动导叶后和转轮前所在的无叶区是压力脉动最为显著的区域，其幅值超过了尾水管涡带引起的压力脉动。无叶区的压力脉动主要受动静干涉的影响，因此相应的优化改进措施必须降低动静干涉引起的压力脉动。

依托敦化抽水蓄能电站，通过数值模拟及模型试验分析与研究，可以得出：

（1）水泵水轮机无叶区压力脉动频率特性主要为叶片通过频率，压力脉动幅值主要以转轮与活动导叶动静干涉为主；尾水管压力脉动频率特性随工况变化，主频也随之而变化。

（2）无叶区压力脉动主要是由涡流所产生，转轮叶片通过所产生的压力脉动已退居次要地位，涡流已发展到活动导叶流道内，甚至形成冲向无叶区的二次回流，从而造成无叶区能量很大的低频压力脉动。

（3）在水泵水轮机水力设计中，通过对活动导叶翼型、活动导叶进出口角度、固定导叶进口安放角、固定导叶和活动导叶的相对位置、叶片进出口安放角、叶片进出水边型线、叶片数等几何优化设计，尤其是对双列叶栅与转轮的匹配关系的优化，可减小无叶区压力脉动幅值。

（4）通过优化叶片翼型、叶片出水边几何形状以及尾水管轮廓形状和过流断面面积分布规律等参数，可改善叶轮出口流态，使无涡带区的位置更为合理，从而达到了降低尾水管涡带强度、减小尾水管压力脉动幅值的目的。

2.3　高扬程区稳定性

随着水泵扬程增加、抽水量减少，转轮中的流态由稳态变为紊态，导致二次回流产生，即驼峰区。在该区域运行时，转轮叶片在水泵进口方向发生空化，效率下降，机组振动和噪声增加。在水力设计时，应该尽量避免机组在这个范围内运行，一般应留有不小于 2% 的驼峰区余量。流场解析结果表明，高强度不稳定涡流的存在引起流道内水能耗散的急剧增加，是导致"驼峰"区扬程下降的主要原因。

结合敦化抽水蓄能机组驼峰区的数值模拟与试验研究，控制上冠和下环附近的非稳态绕流，减小湍流涡的能量耗散是改善水泵"驼峰"区特性的主要途径。相应地，敦化水泵水轮机水泵工况"驼峰"区余量（49.8Hz）分别为 2.56%（1 号、2 号机组模型）及 2.28%（3 号、4 号机组模型），机组运行正常。

2.4　相位共振分析

相位共振（Phase Resonance，PR）是指转轮叶片旋转与静止导叶动静干涉引起的压力脉动通过静止导水流道传播到蜗壳中干涉、反射和叠加形成的共振现象。影响相位共振的主要因素有几何参数和流动参数，几何参数通常包括转轮叶片数、静止导水流道（活动导叶或固定导叶）的数量、蜗壳流道的等效直径，流动参数通常包括转轮的旋转速度、压力波的传播速度，以及流道中介质水的流速和压力水平等。

具体地来说，以敦化抽水蓄能电站为例，额定转速 500r/min，对应的角速度为 52.36rad/s，水泵工况转轮的出口直径为 4.252 5m，转轮出口的圆周速度达到 111.3m/s，这个速度超过高铁的运行速度。试想水泵水轮机的转轮在密度比空气大 750 倍且几乎不可压缩的高压水并在周围有静止叶栅的导水结构中正向或反向地高速旋转，它将引起两个结果。

（1）每个高速旋转的转轮叶片靠近和离开周围的静止导叶叶片都对该区域内的流动形成高频强幅值的压力扰动。

（2）所形成的高频强幅值压力扰动会通过由固定导叶和活动导叶组成的流道向

外传播到蜗壳中，压力波在蜗壳传播的过程中会出现叠加和反射。

敦化抽水蓄能机组转轮采用 9 叶片，配 20 个活动导叶。对应 Dörfler 提出的相位共振风险评判系数（风险因子）约为 14％，小于 25％，同时通过对声速敏感性分析表明，风险因子均在安全范围内，不存在相位共振的风险。

2.5　机组水力激振分析

水泵水轮机在机组启动、运行、变负荷的情况下运行，不应产生有害的压力脉动、振动或共振。水泵水轮机抗振设计提供的振动分析，一般包括过流部件的卡门涡频率、尾水管压力脉动频率、水流通道的激振频率；固定导叶、活动导叶、顶盖、转轮、叶片的自振频率等。

水泵水轮机抗振设计的主要内容包括 3 个方面：①找出水流通道中可能出现的激振频率；②计算过流部件在水中的固有频率；③通过设计使部件的固有频率与水力激振频率错开一定的范围，避免共振。

除无叶区压力脉动及相位共振外，水泵水轮机发生的激振频率可以分为 4 类，分别是叶栅尾部的卡门涡、部分负荷下尾水管涡带、小流量时的叶道涡以及导叶流迹对转轮叶片的影响。经过分析研究，敦化机组可能的激振频率见表 4。

表 4　　　　　　　　　敦化机组可能的激振频率

激励力名称	激励力频率（Hz）	
	1、2 号机组	3、4 号机组
转动频率	8.333	8.333
导叶通过频率	166.66	166.66
转轮叶片通过频率	74.99	74.99
2 倍转轮叶片通过频率	149.99	149.99
转轮叶片出口卡门涡频率	1204.5～3000	—
固定导叶卡门涡频率	532～2067	237.7～484.9
活动导叶卡门涡频率	1034～1435	198.5～248.7
涡带（Rope）频率	（0.25～0.6 倍转频）2.083～5.0	低频涡带频率：2.315 中频涡带频率：8.33～9.163

在机组各部件设计时，其运行状态下的固有频率与各激振频率之间的余量不宜小于 15％。目前，敦化 4 台机组均已投入商业运行，运行状态良好，没有发现共振现象。

2.6　主要性能参数

2021 年 6 月 4 日，敦化抽蓄电站首台机组投入运行，机组振动、摆度、压力脉动等稳定性参数变化优异。机组稳定运行时各部导轴承摆度均小于 0.1mm，机组主要稳定性参数如表 5 所示。

表 5　　　　　　　　　　　　　敦化水泵水轮机主要性能参数

序号	项目		参　数	
1	加权平均效率（%）（模型试验）	水泵工况	91.71	
		水轮机工况	90.60	
2	无叶区压力脉动（%）（模型试验）	水泵运行区	3.00	
		水轮机额定工况	2.70	
		水轮机50%负荷	6.00	
3	空化安全余量（%）（模型试验）	最高扬程	1.65	
		最低扬程	2.80	
4	S区余量（m）		59.58	
5	最高扬程驼峰区余量（%）		2.56	
6	额定负荷发电工况下振动摆度（真机）（μm）	上导摆度+X		82
		上导摆度+Y		74
		下导摆度+X		40
		下导摆度+Y		41
		水导摆度+X		68
		水导摆度+Y		94
		顶盖振动+X		22
		顶盖振动+Y		20
		顶盖振动+Z		17

　　敦化抽水蓄能电站于 2021 年投运 3 台，最后一台于 2022 年 4 月投入商业运行，投运时间最长的已达到两年半，最后一台机组也投运一年零八个月。在投入商业运行期间，机组经历了各水头/扬程的运行，以及各种运行工况的转换，机组运行状况良好，经受住了各种工况的考验。

3　结论

　　影响高水头大容量水泵水轮机稳定性因素众多，其中合理的设计参数是保证机组稳定运行的前提条件与重要基础，优秀的水力设计则是确保机组稳定运行的根本。其中设计参数中最为重要的是水头变幅、额定水头、额定转速、吸出高度等的合理选择与确定；而水力设计中，最为关键的是低水头"S"区稳定性、高扬程稳定性、无叶区压力脉动，以及相位共振等稳定问题的试验研究与控制，在选择合理的叶片数、导叶数组合的基础上，设计出水力性能优越的转轮及导水机构。当然，机组的稳定性还与结构设计及安装工艺等密切相关，在满足强度的基础上，适当增加机组的刚度将有助于机组的稳定运行。

参考文献

［1］梅祖彦. 抽水蓄能发电技术. 北京：机械工业出版社，2000.

［2］H. Tanaka，T. Takanashi. New Developments Improve the Performance of Pumped Storage Hydro Schemes. Modern Power Systems，September 1984.

［3］田中宏. 高水头水泵水轮机的关键技术开发. 水电与抽水蓄能，2017（1）.

［4］刘德民，陈元林，易忠有，等. 700m 级 350M 水泵水轮机组稳定性研究与专题报告. 中国电建集团北京勘测设计研究院有限公司，2019.

［5］易忠有，李仕宏，等. 700m 级 350MW 水泵水轮机选型研究专题报告. 中国电建集团北京勘测设计研究院有限公司，2019.

作者简介

马信武（1969—），男，学士，高级工程师，主要研究方向：水电站动力工程。E-mail：xinwu-ma. dh@sgxy. sgcc. com. cn

李宁（1982—），男，学士，高级工程师，主要研究方向：水电站动力工程。E-mail：709712212@qq. com

杨忠坤（1986—），男，学士，高级工程师，主要研究方向：热能与动力工程。E-mail：853423069@qq. com

抽水蓄能电站工厂预制及模块安装的探索与实践

罗　胤，杨恒乐，高　鑫，赵　颖，李青楠，郭昕昕

(河南天池抽水蓄能有限公司，河南省南阳市　473000)

摘　要：随着抽水蓄能行业的发展，设备工厂预制的比例逐渐增加，提高了现场安装调试的质效，整体座环、整体磁轭和外循环冷却系统集成等减少现场装配的工作量；管路工厂预制技术在抽水蓄能行业内的应用，提高了管路设计标准，节约了制造材料，保证了焊缝无损检测一次合格率；辅机设备模块化设计、制造并整套运输至工程现场进行安装，大量减少了现场施工作业，优化了机坑周边布置，在保证质量的同时，节约工期和造价；采用模块化防火封堵设备提高了抽水蓄能电站室外线缆入户穿墙部位的密封质量和防火性能。本文梳理了天池电站工厂预制和模块安装的探索之路，总结了实践经验，供在建项目参考。

关键词：工厂预制；蜗壳座环；管道；模块安装；防火封堵

0　引言

天池电站在主机设计阶段明确提出提高设备工厂预制比例，现场辅助设备采用模块化安装的要求，以期优化设备现场安装工序，提升设备整体质量，缩短机电安装工期。蜗壳座环作为抽水蓄能电站最重要的埋件设备，现场座环精加工制约机组发电主线工期，采用整体座环无需现场加工，仅需对部分蜗壳瓦块和进水段进行焊接；抽蓄电站在实际运行中，管路或多或少存在"跑、冒、滴、漏"缺陷隐患，采用工厂内加工管路，仅预留部分管路和凑合节在现场安装的方式，可以较好改善该问题；油泵外循环系统、高压油顶起系统、主轴密封供水系统等开展集成化设计和制造，模块化安装，标准化布置，可以简化内外部接口，降低设备空间占用率，提升厂房布置美观性；模块化防火封堵采用阻燃高分子材料和无磁性金属材料构成，水密、气密等性能均优于传统的防火包、防火泥和防火板等材料，且美观耐用，可进一步推广应用。

1　工厂制造的整体座环

1.1　制造、运输方案的确定

蜗壳座环传统加工方式为在工厂整体焊接，分瓣运输，这样便于控制尺寸，运输难度小，且现场安装工艺较为成熟，但焊接体积比整体方案大，座环上、下法兰面需要现场精加工（打磨处理），将影响机电安装直线工期。考虑到整体座环更有利于保证质量、优化工期，天池电站在主机合同专用技术条款中明确座环与蜗壳优先采用在工厂整体焊接、整体运输，部分蜗壳瓦片可在现场焊接的方式。

在设计联络会期间，天池电站深入对比分析分瓣、整体两种方案的优缺点（具体见表1），详细论证整体制造、运输方案的可行性。座环整体结构方案，蜗壳及座环在工厂内已全部焊接为整体，蜗壳部分瓦节连接在座环上一体发货，两侧瓦块在工厂焊接好的基础上，经切割后运输至工地。蜗壳两侧瓦片及进水管段需现场挂装及焊接。

表1　　　　　　　　　　分瓣、整体两种方案的优缺点分析

方案对比	座环设计模型	设备制造	运输条件	安装实施
整体方案		制造较简单，座环为整体结构，蜗壳部分瓦节焊接在座环上一体发货，受运输宽度限制，两侧瓦块、进水管段需在工地现场焊接	超宽超重件运输，运输难度大、成本高、周期长	1. 仅需对部分蜗壳瓦块和进水段进行焊接，焊接工作量较少。 2. 不需要对座环进行现场加工，缩短安装工期。 3. 对蜗壳座环浇筑质量要求比较严格
分瓣方案		制造较复杂，需对环板增设分瓣法兰。座环分瓣结构，分瓣面沿固定导叶间空挡布置，现场对环板进行拼焊。环板分瓣面处蜗壳及进水管段在工地现场焊接	尺寸控制较灵活，易于满足运输限制条件	1. 现场焊接工作量较多，座环上、下环板工地拼焊难度较大。 2. 在蜗壳浇筑后需对座环进行现场加工，工地安装周期较长

整体方案的主要制约因素是运输尺寸，根据运输方案，运输重量约为76.4t，运输尺寸为10.381m（长）×6.7m（宽）×2.566m（高），见图1，其中从高速公路口到天池电站段公路宽度为7.2m，是限定能否采用整体座环的关键。

针对蜗壳超宽运输难题，协调交管部门，拆除高速路口部分设施，并提前封路，在保证设备安全进场的同时，构建"亲清"政企关系，打造"政企一家"的良好局面，见图2。

鉴于运输限制问题，首先确定整体和分瓣两种方案的厂内切割方案，工厂切割尺寸与现场的焊接体积关系密切，

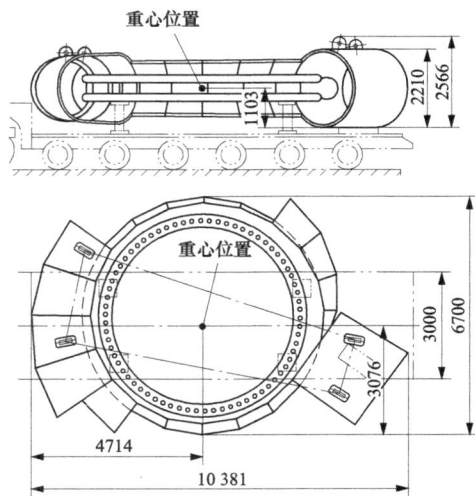

图1　整体座环运输尺寸

在设计联络会期间，现场焊接工作也是两种方案的焦点问题。整体方案焊接部位为2大节蜗壳瓦片，焊缝有4条环缝、4条纵缝（蝶形边焊缝），具体见图3（a）。分瓣

图 2　天池电站蜗壳座环运输

方案的焊接部位为分瓣座环组合面，分瓣座环因有组合连接螺栓，组合面焊缝为水封焊，两节蜗壳凑合节 4 条环缝、蜗壳凑合节与座环过渡板（蝶形边）4 条纵缝，具体见图 3（b）。经统计，整体方案现场焊接工作量少于分瓣方案。

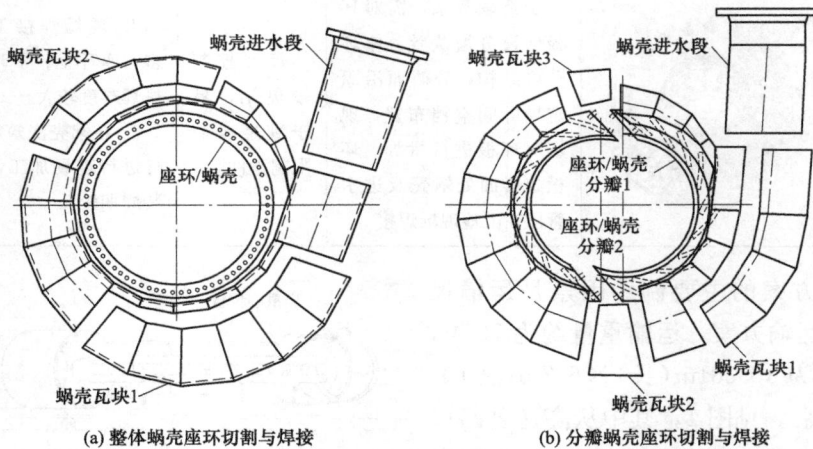

(a) 整体蜗壳座环切割与焊接　　　　(b) 分瓣蜗壳座环切割与焊接

图 3　切割焊接方案对比

　　经对比分析且实地踏勘运输路线，综合考虑制造安装质量和工期安排等因素后，确定采用工厂制造的整体座环方案。

1.2　安装流程及工艺控制

　　整体座环较传统分瓣座环，安装流程及工艺控制有较大区别，不需对座环上、下环板进行工地拼焊，不用在蜗壳保压浇筑后对座环进行现场精加工，质量控制要点在于瓦片焊接变形控制和蜗壳保压浇筑变形控制。

　　整体蜗壳座环到货后，先在安装间进行拼装。卸车后首先用均布的 6 组钢支墩及楔形板将其垫高，随后挂装 2 幅蜗壳瓦片，装配间隙控制在 4mm 以内，过流面错牙不超过 1.5mm。施焊前需采用电加热方法预热，预热温度不低于 80℃，采用焊接智能温控设备，确保温控和热处理效果良好。焊接方法为手工电弧焊，采用多层多道、分段退焊的方式，环缝采用四分区焊接，由 2 名焊工同步对称施焊。在 X、Y 轴四向架设 12 块蓝牙百分表实时监测焊接过程变形情况，直观指导焊接过程，每日定时利用高精度水准仪测量环板水平度，内径千分尺测量圆度，多重举措下焊接变形得以有效监测与控制。所有焊缝在焊后温度高于 80℃前进行消氢处理，消氢后进行 100％PT、UT 及 TOFD 无损检测，4 台机组蜗壳座环焊接一次合格率 100％，焊接变形控制在 0.02mm 以内。

机坑内半埋式底环的水平和方位调整完毕，蜗壳座环组焊后经整体吊装和蜗壳保压浇筑，最终实现 4 台机组蜗壳座环水平度不大于 0.15mm，优于国标不大于 0.20mm 的要求。

2　一次成型的管路工厂预制

2.1　预制内容及范围

采用传统手工焊接方式进行管路安装作业，受焊接位置及焊工技能水平影响较大，容易出现飞溅、咬边及焊瘤等缺陷，外表不美观，一次检测合格率低，安装后存在"跑、冒、滴、漏"等缺陷隐患。为避免传统焊接方式的弊端，部分抽蓄电站已开展管路现场车间化预制技术的应用[1-3]，对管道切口局部凹凸度、管路对口错边、焊缝咬边深度等问题进行了研究与改进，提高了管路制作过程中各工序的质量。在此基础上，天池电站进一步研究应用一次成型的管路工厂预制技术，深化二次工艺设计，提高技术标准，节约制造材料成本，保证管路制造过程的焊缝无损检测一次合格率达到 99.9％以上。天池电站所有明管路均采用工厂预制的一次成型工艺，具体预制内容见图 4，工厂化预制范围包括全厂油、气、水系统所有明装管路，管路材质均为不锈钢（06Cr19NI10），规格 DN15～DN400，壁厚 3～12mm。

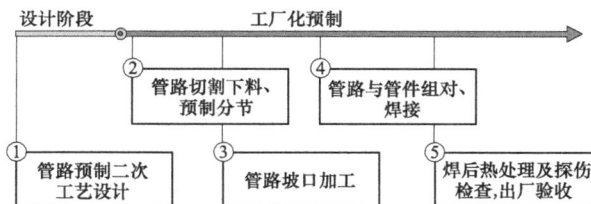

图 4　工厂化预制的主要内容

2.2　深化设计

对管道布置图进行合理分解，并对分解后的预制管路及管件进行编号，深化相应预制管路的二次工艺设计。带编号的管路布置图中标明各预制件的编号，见图 5。预制件零件图的图号与布置图中编号一致。图中包括预制管路、管件所采用的标准、材质、外形尺寸、坡口尺寸以及配割裕量等。

同一套图中，同一管路名称所对应管道沿管路走向依次编号；同规格不同管道名称的管路依次编号，见图 6，管道编号规则：图号倒数第三位数-图号倒数第二位数-材料号-厂家分节编号。

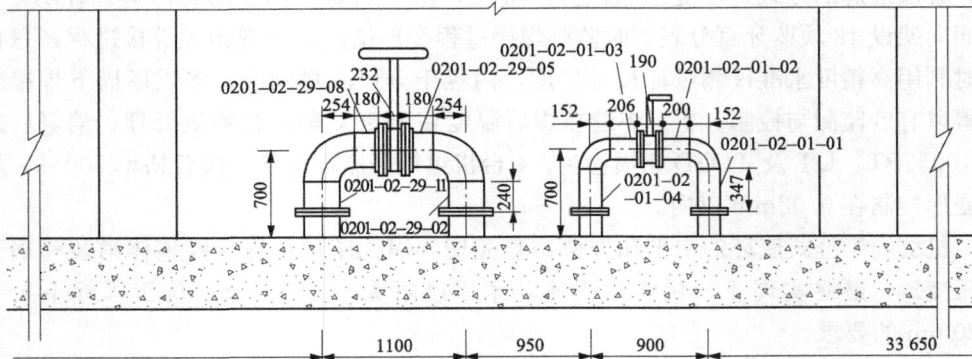

图 5　预制管路及管件分解编号

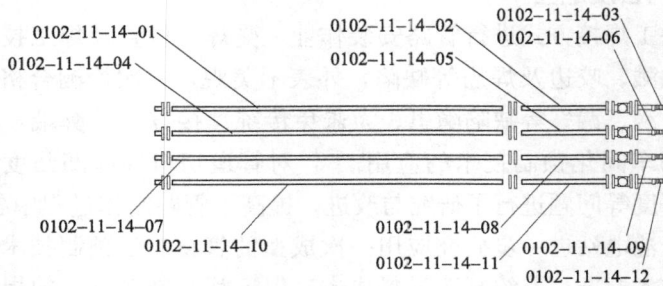

图 6　预制管路及管件编号深化设计图

2.3　预制原则及工艺流程

2.3.1　预制基本原则

一是管路分节应使设备解体或移动部件检修时，与系统干扰最小。管道需拆卸的部位，设置法兰。二是为避免现场返工，法兰由机电安装单位在施工现场与预制好的管路进行装配与焊接。三是与埋管相连接部位的明管由机电安装单位在现场开坡口或根据施工单位提供的准确尺寸在厂内开坡口，现场焊接。四是全厂管路（直管段不小于 6m），工厂内开坡口，现场焊接，法兰由机电安装单位现场根据实际配置。五是分节后的预制件应考虑现场布置及安装偏差，在分节后的部分管段端部预留不少于 100mm 的配割裕量。

2.3.2　预制工厂的选择

鉴于管路工厂预制技术在化工、石油及食品加工等行业已广泛应用，且其他抽蓄电站已在工程现场开展管路现场车间化预制，但预制车间建设繁琐，设备（切割机、坡口机、自动焊等）购置或租赁价格昂贵，车间占地面积大等缺点。天池电站选用管路预制工厂进行管路预制加工。

2.3.3　预制效果

管路按照超声波探伤Ⅰ级标准开展工厂预制，高于国标要求的Ⅱ级标准，焊接后一次探伤合格率达 99.9％以上。保证隐蔽部位及高压管路的质量，尺寸定位更加精准，外形美观，提升管路本质安全，管路安装实现了标准化、规范化、统一化的目标，使用自动焊接和工厂化标准生产线代替手工焊接和现场制作，效率效益显著，安装效果如图 7 所示。

(a) 预制管路焊接效果

(b) 预制管路组焊成品

(c) 主轴密封供水管路

(d) 技术供水管路

图 7　管路工厂预制效果

3　工厂预制的辅助设备

3.1　辅助设备模块化设计、 制造

模块化设计、制造、安装可以有效提升抽蓄电站通用化、系列化、集成化程度，发挥规模化、集约化、集团化效益，适应抽蓄电站高速建设发展需求，实现提质增效。在主机设备招标咨询阶段，天池电站组织设计院及主要主机设备制造厂开展技术交流，提出开展机组配套辅助设备模块化系统图的标准化设计要求，规范辅助设备的设计参数，统一相关采购要求，形成油泵外循环系统、高压油顶起系统、主轴密封供水系统等独立功能系统的模块化设计模板或样本，为工厂整体制造奠定基础。在设计联络会阶段确定辅助设备均采用模块化设备，仅预留与外部的接口，不单独安装泵组、冷却器等设备。

3.2　现场应用

天池电站机电安装工程现场采用模块化制作的辅助设备主要有各部轴承冷却装置、球阀/调速器油箱、高压油顶起装置、主轴密封供水及迷宫环供水装置。各部轴承冷却装置模块化设备包括支座、循环泵组、过滤器、冷却器、油水管路及各类自动化元器件，整套供应至现场，见图 8。调速器、球阀回油箱模块化设备包括回油箱本体、泵组、各类阀组、管路以及各类自动化元器件等。辅助设备模块化是抽蓄电站实现标准化的基础，保证各个抽蓄电站辅助设备功能一致，各项性能参数需求基本一致，有利于提升设计、制造、安装全产业链的质效。

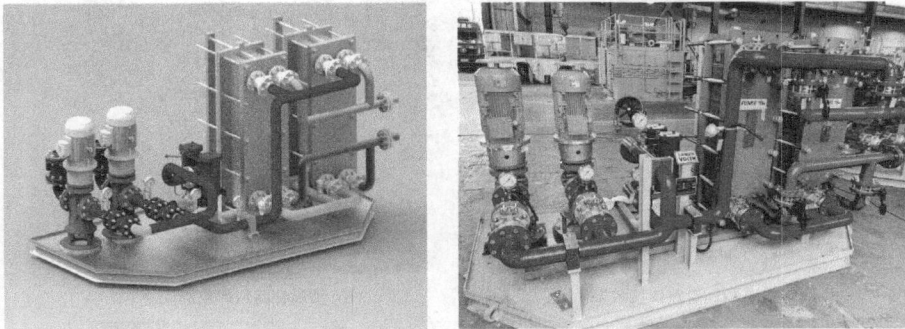

图 8　水导轴承冷却装置模块设计与制造

4　模块化的防火封堵设备

根据《电力工程电缆设计标准》（GB 50217—2018）、《防火封堵材料》（GB 23864—2009）、《电力工程防火封堵施工工艺导则》（DL/T 5707—2014）等规程规范要求，电缆穿墙、桥架穿墙、电缆穿盘柜、IPB 和 GIS 套管穿墙、油气水管路穿墙、电缆沟进入建筑物等位置应实施密封性封堵，以提升系统的安全性。抽蓄电站相关部位的密封性封堵常规做法是采用阻火包、防火泥、防火板的形式进行封堵[4-5]，但经过长时间运行，材料风化会影响封堵的实际效果，造成封堵部位的防火性能显著下降。模块化密封系统采用阻燃高分子材料和无磁性金属材料构成，不仅可以显著提升封堵部位的耐火时限，还可以起到水密、气密、减震、固定、支护的作用，维持封堵部位的设备长期安全稳定运行。具体两种封堵方案技术性能比对见表 2。鉴于模块化防火封堵设备的技术性能优异，综合考虑性价比等因素，天池电站在户外电缆入室、GIS 穿墙孔洞两个重要部位采用了阻火模块系统设备。

表 2　　　　　　　　　　两种封堵方案技术性能比对

项目	模块化防火封堵	传统防火封堵
使用材料	阻火模块封堵材料（阻燃 EPDM、陶瓷纤维、聚四氟乙烯）	传统防火封堵材料（防火泥、防火包、防火板等）
结构	强度高，可承受压力，不因温度等环境影响而降低	结构强度低，单纯的防火泥还会因高温流淌、坍塌
耐火时间	满足 GB 23864，耐火≥3h	满足 GB 23864，耐火≥2h
水密性能	≤0.2MPa，杜绝水患	不具备防水能力

项目	模块化防火封堵	传统防火封堵
气密性能	≤0.1MPa，防止烟雾渗透	不具备气密性能
规范性	外形美观整齐，电缆间距适中	外形观感差，电缆间距不统一
使用寿命	30 年以上	防火泥 3～5 年；防火包 15 年左右
安装方式	需结合土建作业，已敷设电缆也可安装	仅堆叠防火包或防火板与防火泥组合封堵，已敷设电缆也可安装
拆装时间	1h/处	2h/处
维护	免维护	需定期检查、维护
检修	模块化可剥离技术，支持冗余设计，可无损增加或更换电缆	不具备同等功能，更换设备或电缆时会破坏原封堵构造
升级改造	支持冗余设计，可无损打开并再次安装	需拆除原有材料，更换新材料重新填补

5 结束语

天池电站在机电安装过程中应用了座环整体设计、制造、运输、安装，辅助设备及管路工厂预制，模块化防火封堵等先进技术，探索了工厂预制和模块安装的实践经验，将现场部分工程量转移至施工环境较好的预制工厂内开展，减少现场焊接作业等施工量，提升了安全文明施工形象，提高了机电安装质效，值得推广。

参考文献

[1] 魏金波，韩四保，王长营，等. 丰满水电站重建工程管路工厂化预制系统应用与研究 [J]. 水利水电技术（中英文），2021；52(S1)：142-145.

[2] 彭兵. 水电站管路预制及数字化装配施工技术研究 [J]. 中国设备工程，2022(1)：216-217.

[3] 李明，陈大森，姚镇勇. 管道工厂化预制技术在电站机电安装中的应用 [J]. 人民黄河，2020；42(S2)：241-242＋245.

[4] 吴旭鹏，凤俊敏，周五洋. 电缆穿墙密封系统在电力封堵行业中的应用 [J]. 上海节能，2021(5)：515-521.

[5] 唐浩. 10kV 变配电工程电缆防火封堵施工工艺 [J]. 安装，2023 (8)：46-48.

作者简介

罗胤（1986—），男，高级工程师，主要研究方向：抽水蓄能电站机电安装工程建设与机组调试管理。E-mail：yin-luo@sgxy. sgcc. com. cn

杨恒乐（1990—），男，工程师，主要研究方向：抽水蓄能电站工程技术研究及建设、运维管理等。E-mail：hengle-yang@sgxy. sgcc. com. cn

高鑫（1994—），男，工程师，主要研究方向：抽水蓄能电站工程技术研究及建设、运维管理等。E-mail：xin-gao@sgxy. sgcc. com. cn

赵颖（1990—），男，工程师，主要研究方向：抽水蓄能电站工程技术研究及建

设、运维管理等。E-mail：ying-zhao@sgxy.sgcc.com.cn

李青楠（1997—），男，助理工程师，主要研究方向：抽水蓄能电站工程技术研究及建设、运维管理等。E-mail：qingnan-li@sgxy.sgcc.com.cn

郭昕昕（1994—），女，助理工程师，主要研究方向：抽水蓄能电站工程技术研究及建设、运维管理等。E-mail：xinxin-guo@sgxy.sgcc.com.cn

提升机组安装调试质效的措施研究与应用

钱志强，张靖彦，王　鹏，梁崇宸，周　源，李玉豪

（山东文登抽水蓄能有限公司，山东省威海市　264200）

摘　要： 山东文登抽水蓄能电站六台机组已于 2023 年 9 月 19 日提前投产，各项质量指标均优于国家相关规程规范，实现了"九月六投"的投产目标，各机组目前运行安全、稳定，发挥了巨大的综合效益。本文对文登电站机组安装、调试中的做法进行了总结，供后续机组与类似电站借鉴。

关键词： 质效；管理；技术

0　引言

山东文登抽水蓄能电站位于山东省威海市文登区界石镇境内，电站总装机容量为 1800MW，安装 6 台混流可逆式水泵水轮发电电动机组，是山东省境内装机规模最大的抽水蓄能电站。文登电站机组安装工程于 2020 年 11 月 7 日（首台机蜗壳吊装）开始建设，至 2023 年 9 月 19 日 6 台机组全面投产，共经历两年零十个月。在机组安装和调试期间通过管理层面、技术层面的各项措施，实现了"九月六投"的投产目标。

1　机组安装质效提升措施

1.1　确保物资准时到货

文登电站机组安装高峰期组织设计、监理、设备厂家、施工单位，充分考虑施工过程中的人、机、料等资源进行合理调配，制定符合施工现场实情的施工进度计划，并以施工计划为基础提前谋划设备供货计划，考虑进口、运输、仓储等各种因素，所有机组安装相关甲供货物按照提前 3 个月预控到货时间，设备主人与物流负责人共同实时跟踪货物生产、运输情况，实现过程监督，节点把控。对于存在不满足现场安装需要的设备，派专人进行驻厂监造，把控设备制造进度和质量，确保机电设备全部如期到达施工现场，避免了施工队伍窝工等设备的情况发生。

1.2　开展新形式的安全、技术交底

文登电站在机电安装前期发现安全、技术交底流于形式，现场违章作业和不按照技术要求施工的情况频出，导致作业面停工、返工，既耽误了施工进度又影响了施工质量。为有效减少此类情况，文登电站进行了"反向"交底的尝试，在施工方案审定后，由施工班组一线作业人员进行安全、技术交底，设计、监理、业主、施工单位项目部人员进行旁听和补充。交底结束后，由监理对施工班组所有施工人员逐一抽查技术、安全要点。"反向"交底的模式，确保了交底内容能够百分之百地贯

彻到施工人员，让施工人员充分知悉作业要点和安全注意事项，有效降低了违章现象出现，有效提高了施工质量。

1.3 强化质量验收

文登电站针对现场施工质量检查表简单及检查项目涵盖内容不全问题，梳理国标、合同及施工图、细部工艺、验收规范、反措和厂家安装技术相关要求，验收标准按照就高不就低原则，分系统建立 W/H/S 点质量验收检查记录表，完善细化检查项目，强化质量验收管理。

1.4 优化尾水管拼装方案

从机组中心线至尾水管出口断面，长度为 20m，厂家图纸设计共 13 节尾水管，文登电站为缩短工地安装时间，充分调研货物尺寸和运输道路情况，在出厂验收时，要求生产厂家在出厂前将 1～3、4～5、7～8、9～10、11～12 节拼装为单元节，6、13 节为单节，共 7 个单元节到货，每台机缩短工地焊接时间约 12 天。到货后，利用安装场空间，将第 1 单节与第 2 单节、第 6 单节与第 7 单节进行组拼焊接，探伤检查合格后，利用厂房 32t 桥机进行吊装。安装间和生产厂环境温度优于机坑，有利于控制焊接质量，并且不占用安装工期，每台机缩短安装时间约 3 天。

1.5 导水机构预装

采用转轮参与导水机构预装技术，避免顶盖二次拆装，缩短工期约 25 天，同时顶盖螺栓由于空间限制，只能采用加热方式进行拉伸，从主机厂采购了一套磁涡流加热装置，解决了电加热装置加热、冷却周期长，加热棒易损坏，高温状态存在烫伤风险等的问题，单个螺栓由加热 30min 缩短至 5～8min。

1.6 底环提前安装

文登电站在主机设计过程中，考虑土建工期优化，要求由主机厂供货底环悬挂工具。在厂房浇筑时，因底环整体到货，直径尺寸大于机坑里衬上段尺寸，在机坑里衬上段安装收口前，提前吊入底环，从而使得座环打磨不占用主线工期，在完成发电机层混凝土浇筑之后，使用底环吊装工具悬挂底环，在其下方安装座环打磨工具，再进行座环加工，节省土建工期约 1 个月。

1.7 管道预制

设置管道预制加工厂，应用管道自动焊、相贯线切割、自动切割等先进设备，对人员技术要求较低、作业条件好、施工效率高、节约劳动力成本、焊接质量高，此外，也减少了材料的浪费和丢失。应用大口径电气预埋管喇叭口制作装置，10kV 电缆穿管敷设施工过程中，应用了一种喇叭口制作装置，通过 4 根拉杆，配合 3 个顶盘，利用 100t 短式液压千斤顶，在现场进行电缆喇叭口的制作。该装置可快速组装拆除，方便运输，一次操作可成型两个喇叭口，减小埋管焊接的工作量和施工难度。

1.8 基于 BIM 的电缆桥架施工

文登电站使用 BIM 软件建立所有的电缆桥架支架的三维模型，根据现场的实际安装结果，进行二次深化设计，为电缆敷设提供良好的通道。并使用博超 CCM 软件导入电缆清册，进行电缆敷设，使电缆敷设时最大程度减少了交叉和碰撞，并且可以通过设定容积率来确保电缆桥架最大容量敷设电缆。根据三维模型，筛选出非标准件的异型桥架，在厂家进行预制加工，减少了现场桥架加工的时间，确保了桥架安装的美观。

2 机组调试质效提升措施

2.1 做好机组调试前的准备工作

（1）明确参建各方职责，在调试前明确了调试单位、安装单位、监理单位、设计单位等参建各方在设备调试过程中的具体分工与职责。在机组调试过程各单位按照分工要求处理调试过程发现的相关问题，确保调试效率。

（2）做好技术准备，在设备调试前，收集调试设备相关技术资料，包括设备相关一二次图纸、产品功能及特性说明书、厂内功能和特性试验记录报告、设备参数和设定值清单（包括装置内部和传感测量装置）、设备功能和特性试验合格验收标准（参考国家标准、行业标准或 IEC 标准）等资料。并将所有图纸资料打印成册，存放至现场调试指挥部，便于查阅。

（3）做好人员准备，要求设备调试单位安排熟悉电站设备性能、原理，且具有丰富经验的技术人员执行现场调试工作。组织主机厂、SFC 系统、励磁系统、监控系统等与机组调试相关的厂家安排人员配合调试。调试前，参与调试人员应进行必要的安全教育与培训，掌握相关安全技能并熟知应急疏散路线。

（4）做好设备检查，在机组开始整组调试前 3～5 天，组织调试单位、安装单位、监理单位、设计单位对设备进行联合检查，形成问题清单，将问题分为影响机组调试需立即整改项和后期整改项，在机组调试前对立即整改项再次进行检查，确保机组调试的安全稳定性。

2.2 "阶梯式" 机组分部调试

机组分部调试工作涉及工作面广，工作内容复杂，多设备同步开展，协调量大，通过统筹调试计划，可有效提升机组分部调试效率，避免调试资源浪费，同时整体提升运维队伍整体技术水平。为保障文登电站机组整体调试进度，实现电站机组又好又快投入商业运行，文登电站组织施工单位开展"阶梯式"机组分部调试工作，提高机组调试效率。

在机组调试正式开展之前，文登电站已组织相关部门专责开展共计 100 余项所辖设备系统调试规程规范梳理工作，同步梳理设备调试应具备的条件，此两项文件作为施工单位机组安装调试的指导文件，以此文件为纲要要求施工单位控制机电设备安装调试进度安排，最终实现"有计划""分阶段"分部调试工作，优化施工方人员配置及施工进度，做到不赶工、不窝工，推动机组安装调试良性向前推进。开展"阶梯式"机组分部调试的探索与实践基于现场机电设备实际情况，机电设备调试情况分为有条件制约、无条件制约项目两大类，其中有条件制约项目内又细分为受油源制约、受水源制约、受气源制约三大类，调试前优先安排机旁盘电源形成，提前开展无条件制约机组调试项目调试，后结合机组总装进度开展受条件制约的机组调试项目调试，期间需做好机组启动涉网设备与调度的联调工作，在最短时间内将单部调试工作完成。

自 2022 年 7 月—2023 年 8 月，文登电站利用"阶梯式"机组分部调试方法，开展 1～6 号机组分部调试工作，分部调试工作开展顺利。利用机电设备安装间隙同步开展两台机组分部调试工作，前台机组分部调试时提前安排后台机组的安装调试工作，在前台机组完成受制约的调试项目的同时，后台机组的非受限制的项目也具备调试条件，整组调试期间后台机组的分部调试工作逐步开展，各部门、各单位有序合作，推动机组调试工作积极向前。

2.3 开展自主调试

为解决施工单位调试力量不足影响调试进度、质量的问题，文登电站在进行机组调试的过程中，为分担调试压力，文登电站组织青年员工成立了"调试组"，调试组成员从机组单部调试至整组调试全过程深入参与调试任务。1～5 号机调试期间，"调试组"成员与施工单位同进同出，共同商讨调试方案及计划，共同完成设备安装查线，共同进行设备单部、整组调试，设备缺陷消除工作，实战练兵，以干促学，做好理论与实践的完全融合。截至六号机组调试时，文登电站"调试组"成员已初步具备全面调试机组的能力，为了加速年轻骨干的成长，文登公司决定 6 号机组 50 余项整组调试工作均由"调试组"成员担任主调，调试单位进行配合。6 号机组整组调试共计 15 天，与前序机组调试时间持平，各项调试数据优良，一次性通过 15 天试运行。文登电站通过成立"调试组"既减轻了调试单位的调试压力，提高了调试效率，提升了调试质量，也达到了人才培养的目标，目前，"调试组"成员已全部进入公司设备部，更加熟悉设备情况的他们成为保障文登电站机组稳定运行的中坚力量。

3 结束语

文登电站六台机组均实现一次安装完成、一次启动成功、一次调试成功、一次通过 15 天试运行成功，完建期（电站首台机组投产至全部机组投产）由原计划 15 个月缩短至 9 个月，六台机组各项性能指标优良，机组振动、摆度、瓦温及噪声等关键技术指标均优于合同保证值或同类机组，机组稳态工况运行时，部分导轴承摆度达到 5 道（0.05mm 级）、关键部位振动值达到 1 道（0.01mm）。

作者简介

钱志强（1990—），男，工程师，主要研究方向：水泵水轮机。E-mail：zhiqiang-qian@sgcc.sgxy.com.cn

张靖彦（1992—）男，工程师，主要研究方向：电气一次。E-mail：jingyan-zhang@sgcc. sgxy. com. cn

王鹏（1991—）男，工程师，主要研究方向：水泵水轮机。E-mail：peng-wang@sgcc. sgxy. com. cn

梁崇宸（1993—）男，工程师，主要研究方向：发电电动机。E-mail：chongchen-liang@sgcc. sgxy. com. cn

周源（1992—）男，工程师，主要研究方向：电气一次。E-mail：yuan-zhou@sgcc. sgxy. com. cn

李玉豪（1996—）男，助理工程师，主要研究方向：电气二次。E-mail：yuhao-li@sgcc. sgxy. com. cn

发电机气体消防的研究与应用

吴少秋，付东成，华伟琪

（福建厦门抽水蓄能有限公司，福建省厦门市　361107）

摘　要： 本文提出了一种抽水蓄能电站发电机消防的应用方式，用气体灭火系统取代了传统的水喷雾灭火系统，并就气体灭火系统在抽水蓄能电站的应用、布置和运行等方面提供了实例，具有广泛的应用前景。

关键词： 发电机消防；气体灭火；IG100；抽水蓄能

0　引言

发电机是抽水蓄能电站最重要的电力设备之一，其火灾属于电气火灾，具有较大的危险性，需要采取适当的消防措施以保障设备和人员的安全。抽水蓄能电站传统的发电机消防是水喷雾灭火系统，必须考虑系统误动作喷水对发电机造成的影响以及对电站造成的损失。抽水蓄能的发电机组通常为立式，且布置在混凝土浇筑的"风洞"内，具备空间封闭的条件，这就给气体灭火的应用提供了可能。

1　气体灭火系统的优点

1.1　抽水蓄能发电机传统水喷雾灭火系统带来的问题

国内抽水蓄能发电机传统的灭火方式主要采用水喷雾灭火系统。这样必须在发电机风洞内设置水消防管道，会增加发电机风洞的进水风险。在机组停机稳态时，若水喷雾灭火系统误动误喷水，极有可能对发电机的绝缘带来不利影响，后续需要长时间的烘干和检查，机组需要长时间退出备用。在机组带电运行时，若水喷雾灭火系统误动误喷水，则会造成发电机短路，极有可能造成设备损坏。

1.2　发电机气体消防的优势

（1）快速灭火。发电机气体消防系统能够快速地扑灭火灾，原因为气体灭火剂可以迅速扩散到整个风洞，对火灾进行全面覆盖。

（2）无残留物。与传统的水系统相比，发电机气体灭火系统不会在灭火后留下任何残留物，避免了因残留物对设备造成的二次损害。

（3）清洁性。由于发电机气体灭火系统使用气体作为灭火介质，因此不会对环境造成污染。

（4）对设备损害小。由于气体灭火剂不会对设备造成损害，因此可以更好地保护设备，减少因火灾造成的损失。

综上所述，发电机气体消防具有快速灭火、无残留物、清洁性、对设备损害小等优势，是一种高效、环保、安全的消防系统。

2 气体灭火系统的选型

2.1 总述

对于气体灭火系统的选型，主要考虑以下几个方面。

（1）选择合适的灭火介质。

（2）根据防护区（发电机风洞）的面积、高度，地下厂房的设备分布等因素来选择适合的设备型号和数量。

（3）系统的安全性。发电机气体消防系统需要确保安全可靠，不会对人员和环境造成伤害。需要考虑系统的压力、温度、泄漏等安全因素，以及操作人员的安全培训和应急预案等措施。

2.2 灭火介质的选择

目前市场上常用的气体灭火介质主要包括七氟丙烷、CO_2、IG541（氮气、氩气和二氧化碳混合物）、IG100（纯氮气）等，其主要差别在于释放后对电站运行维护人员的潜在安全风险，其中 CO_2 释放后对人员潜在安全风险最高；IG541 次之；IG100 成分为纯氮气，释放后对人员的潜在安全风险最低；而由于每台机组为单独防护区，不适于七氟丙烷系统配置，因此优先选择 IG100 作为发电机气体灭火介质。

2.3 气瓶的配置

考虑发电机气体灭火系统气瓶在厂房内的布置和安装空间问题，4台机组共用一套 IG100 气体组合分配灭火系统。根据灭火设计浓度、防护区容积、灭火剂储瓶充装容量等，计算得出厦门电站灭火系统主放气瓶的容量配置为 50 瓶（含 100％备用气瓶），气瓶的容量按 1 主、1 备选择，不设置续放气瓶。

3 气体灭火系统的布置

抽水蓄能电站的机电设备主要布置在山体内开挖出来的地下厂房，空间相对有限，对 4 台抽水蓄能机组进行气体灭火消防配置，每台机组一个防护区域，采用组合分配式系统进行保护。在满足消防相关规程规定的要求下，主要考虑以下几个方面的内容。

3.1 气瓶间的布置位置

气瓶间不能与 4 台机风洞距离过远，相关文件规定，减压装置到最远喷头管道总长不宜超过 150m。因此，在目前国内抽水蓄能电站典型设计型式下，四机组电站最优方案是在中间层母线洞后廊道的 2 号和 3 号机组之间设立气瓶间。

3.2 传输管道的布置

由布置在母线洞后廊道的气瓶间分别通过 4 根 DN100 的钢管，经过母线洞后接至各风洞进气总管，详见图 1。

3.3 风洞与排烟管道的布置

风洞内为 DN65 环管，布置有 4 只喷嘴。风洞内有两根 DN400 的穿墙排风管，

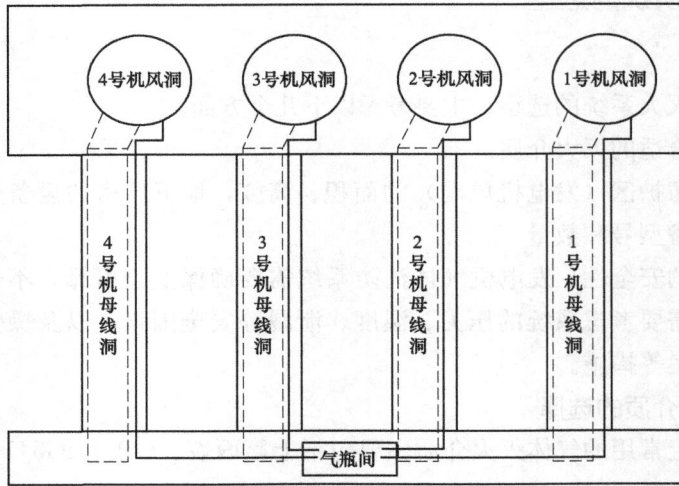

图 1　气体灭火外部管路布置示意图

机坑外设有两个手动蝶阀，正常运行时蝶阀常闭，保证风洞内为封闭空间，如发生火情，在灭火结束后打开，通过厂房的排烟系统排出，详见图 2。

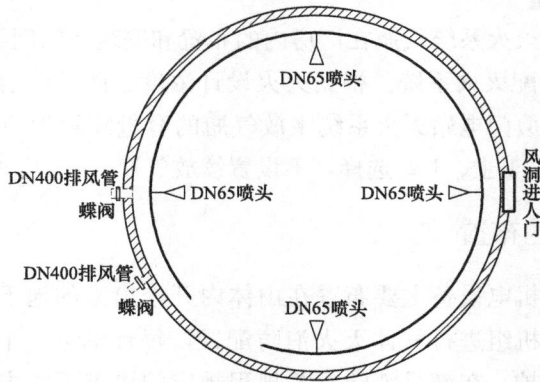

图 2　发电机风洞内气体灭火管路俯视示意图

4　气体灭火系统的使用和注意事项

4.1　气体灭火系统的使用

4.1.1　系统组成及功能

IG100 自动灭火系统管网系统由灭火剂储瓶、启动氮气瓶及其相应组件、机械启动装置、自动启动装置、高压软管、集流管、安全阀、单向阀、减压装置、选择阀、压力开关及管道和喷头等部分组成。系统采用纯氮气驱动，作为启动动力源开启灭火剂储瓶。启动管路为紫铜管，工作压力为 6.0MPa。系统具有火灾报警和自动灭火的功能。在正常运营时，由报警控制系统监视防护区的状态，在火灾时能自动报警并按预先设定的控制方式启动管网系统释放灭火剂、迅速扑灭防护区内的火灾。

4.1.2 操作方式

系统同时具有自动操作、手动操作和机械应急操作三种启动方式。自动操作状态下需满足烟感动作、温感动作、进人门关闭且隔离球阀打开才能联动气灭盘喷气，喷淋之前有 30s 延时，如在延时阶段发现是系统误报，或防护区确有火灾发生但仅使用手提式灭火器和其他移动式灭火设备即可扑灭的情况下工作人员可按住设在防护区门外的紧急止喷按钮暂时停止释放气体。手动控制拥有最高权限，按下后延时释放气体。如自动控制和手动控制均失效，可拉开灭火剂储瓶瓶头阀和选择阀上的机械启动器释放灭火气体。

4.2 气体灭火系统的注意事项

气体灭火系统在此前的抽水蓄能电站没有成熟应用的案例，其在长期运行过程中主要有两方面需要特别注意。一是当人员在风洞里时，要特别注意做好防止喷气的隔离措施，避免造成人员窒息。二是气体灭火系统喷气一次，按当前市场价约 60 万元的费用，费用较高，应注意日常维护。

气体灭火储瓶通常为 15MPa 或 20MPa 压力等级，属于特种设备。应按照特种设备操作规程或自定的安全检查事项，至少每月一次对气体灭火系统进行检查和维护，并保持记录。对其安全附件、保护装置、仪器仪表等进行定期校验、检修，并留有记录。气体灭火系统如在日常使用中发现异常应立即停止使用，待查明原因并消除异常后，方可继续使用。

5 结束语

本文提出了抽水蓄能发电机组灭火系统的一种应用方式，用气体灭火系统替代水灭火系统，避免了水灭火系统在实际应用中可能存在的一些顾虑，同时也介绍了气体灭火系统应用于抽水蓄能发电机组的选型、布置、注意事项等，为后续持续改进发电机灭火系统提供了思路和参考价值。但由于此前并无成熟应用模式，未经常年运行的考验，缺乏相关数据积累，本文也有不足之处，欢迎来函指正交流。

参考文献

[1] 中华人民共和国建设部，中华人民共和国国家质量监督检验检疫总局 . GB 50370—2005 气体灭火系统设计规范[S]. 北京：中国计划出版社，2006.
[2] 中华人民共和国建设部 . GB 50263—2007 气体灭火系统施工及验收规范[S]. 北京：中国计划出版社，2007.
[3] 中华人民共和国国家质量监督检验检疫总局，中国国家标准化管理委员会 . GB 20128—2006 惰性气体灭火剂[S]. 北京：中国计划出版社，2006.

作者简介

吴少秋（1996—）男，初级工程师，主要研究方向：发电机运行稳定性分析、

抽蓄电站消防设备优化等。E-mail：shaoqiu-wu@sgxy. sgcc. com. cn

付东成（1986—）男，高级工程师，主要研究方向：抽水蓄能电站设备安装管理、抽水蓄能电站设备生产运行等。E-mail：dongcheng-fu@sgxy. sgcc. com. cn

华伟琪（1988—）男，工程师，主要研究方向：电气设备管理研究、发电电动机消防设备等。E-mail：weiqi-hua@sgxy. sgcc. com. cn

蟠龙抽水蓄能电站智能开关站监控系统设计与应用

冯石穿，康　剑，吴　洪，王健峰

（重庆蟠龙抽水蓄能电站有限公司，重庆市　401452）

摘　要：为解决常规开关站中汇控柜与监控间采用复杂电缆接线所带来的运维难度、可靠性、资金成本等方面问题，智能开关站成为未来抽水蓄能电站建设的必然选择。本文基于 IEC 61850 标准技术体系，介绍了重庆蟠龙抽水蓄能电站中 500kV 智能开关站监控系统的设计与应用。蟠龙抽水蓄能智能电站智能开关站监控系统以"三层两网"架构实现物理-信息系统深度融合，不仅优化了开关站运行控制方式，增加了设备集成程度与使用灵活性。同时也顺应了新型电力系统发展要求，为智能化抽水蓄能电站建设提供参考与借鉴。

关键词：智能开关站；IEC 61850 标准；监控系统设计；抽水蓄能

0　引言

随着我国新型电力系统的建设，提高电网智能化水平已成为必然选择。而抽水蓄能在电力系统中承担着调峰、调频、调相、事故备用、黑启动等重要任务[1]。因此，在当前新发展形势下对抽水蓄能电站的智能化建设、运行维护提出了更高要求。

抽蓄电站智能开关站取消了大量电缆接线，采用智能电子设备（Intelligent Electronic Device，IED）从根本上实现数字化、网络化、高效信息集成与共享[2]。通过高速网络通信技术，智能开关站将常规开关站的设备冗余转变为了信息冗余。打破了常规站中各项功能独立、配置重复的局面，有效提高系统集成程度。重庆蟠龙抽水蓄能电站智能开关站基于 IEC 61850 标准技术体系，采用"三层两网"架构，在 500kV 开关站中成功探索与应用了智能监控系统。实现站内信息高效集成、网络高速通信、数据标准共享，显著提升抽蓄电站的智能化水平。

本文首先介绍了蟠龙抽水蓄能电站工程概况，智能开关站概念。然后基于 IEC 61850 标准，详细阐述蟠龙抽水蓄能电站智能开关站监控系统的设计与应用。最后总结蟠龙抽水蓄能电站采用智能开关站所带来优势。

1　蟠龙抽水蓄能工程概况

蟠龙抽水蓄能电站鸟瞰图如图 1 所示。

蟠龙抽水蓄能电站位于重庆市綦江区中峰镇境内，总装机规模为 1200MW，地下厂房共安装 4 台单机容量为 300MW 的单级立轴单转速混流可逆式水泵水轮电动发电机组。电站设计年发电量 20.04 亿 kW·h，年抽水电量 26.72 亿 kW·h，调节性能为完全日调节，计划于 2023 年底完成首台机组投产发电。

图 1　蟠龙抽水蓄能电站鸟瞰图

作为西南地区首座大型抽水蓄能电站，蟠龙抽水蓄能电站采用了 500kV 智能开关站，并以一回 500kV 线路一级电压接入重庆电网隆盛变电站。蟠龙抽水蓄能开关站电气一次接线如图 2 所示。

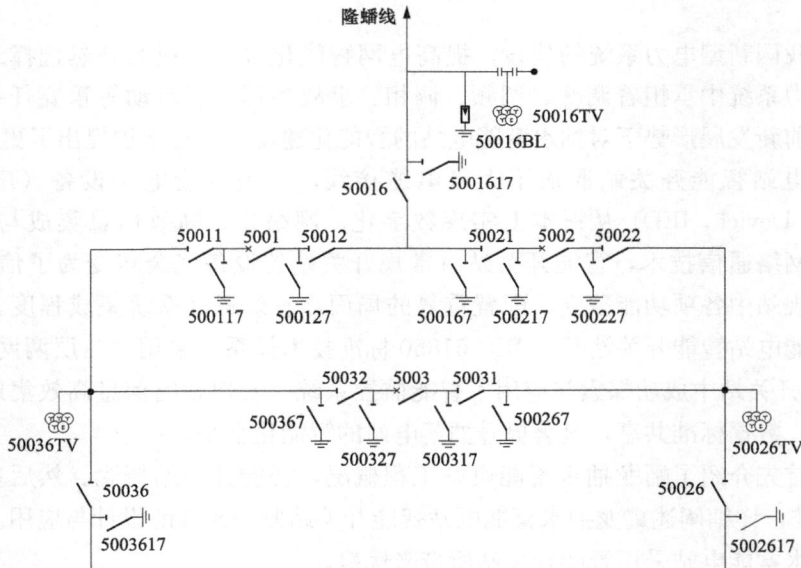

图 2　蟠龙抽水蓄能电站开关站电气一次接线示意图

2　智能开关站概念

智能开关站采用先进 IED，通过标准化的数据平台将全站信息数字化、通信网络化。具体体现为在 IEC 61850 规约下，通过高速的网络通信传递电子互感器数字信号实现开关站内设备无盲区的监测控制[3,4]。原本各功能单一、布置分散的现地控制装置被集合成结构紧凑、系统集成、功能合理的数字化智能设备,开关站与控制中心无缝通信。不仅简化了控制维护过程,同时也提高了可靠性与可用性。

简而言之,智能开关站是整合了智能化电气一次、二次设备与各项基础应用功能(信息采集、测量、控制、保护等)、高级应用功能(智能调节、在线监测、告警及分析决策、分布式状态估计等)的综合系统。智能开关站示意如图 3 所示。

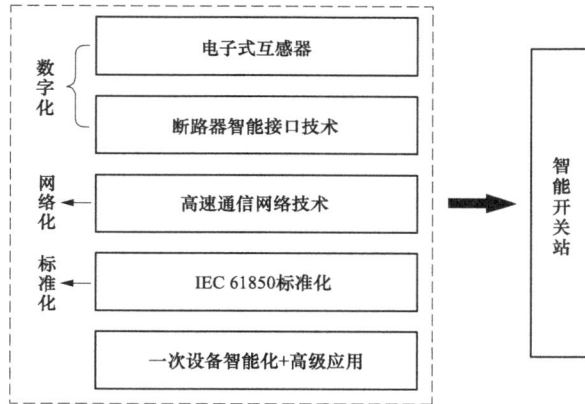

图 3　智能开关站示意图

3　蟠龙抽水蓄能电站智能开关站监控系统设计应用

3.1　智能开关站总体方案

智能开关站是当前抽水蓄能电站智能化发展的重要组成。配置有智能终端、智能测控装置以及智能保护装置,一次、二次系统智能信息化,实现对 500kV 开关站设备的调控。智能开关站为"三层两网"结构,在功能、信息均实现了开关站内一次设备、二次设备的数据共享、互操作。根据逻辑将其分为站控层、间隔层、过程层、过程层网络、站控层网络。

站控层主要功能为基于网络通信汇集、输送数据,通过人机交互界面承担全站设备的实时监控、操作闭锁控制、保护信息管理任务,是全站的监控中心、管理中心。主要设备有由中央监控系统主机、操作员站、通信网关机、数据服务器、打印机等。

间隔层主要功能为采集汇总间隔过程层的实时数据,对被采集数据间隔的电气一次设备进行保护控制、闭锁操作、同期等控制。由于间隔层处于站控层和过程层中间,也肩负承上启下的数据传输功能。主要设备有智能保护装置、测控装置、计量采集装置、故障录波器、网络记录分析装置等子系统。并且,若站控层和网络故障情况下,间隔层依旧能够独立完成对过程层电气一次设备的就地监控任务[5,6]。

过程层主要功能为针对电气一次设备进行电气量采集、继保运行状态值监测、控制命令的执行等。主要设备包括智能终端、合并单元等装置。其中智能终端既连接光缆也连接电缆。其使用电缆与电气一次设备相接,光缆与二次设备相接。实现对一次设备如断路器、隔离开关的信号采集、控制操作等功能。过程层网络与站控层、间隔层网络完全独立。

站控层网络链接了间隔层设备与站控层设备，由制造报文规范（Manufacturing Message Substation，MMS）网和面向通用对象的变电站事件（Generic Object Oriented Substation Event，GOOSE）网组成。主要功能为传递监控系统内全站实时信息数据、控制指令报文、电子设备间的间隔闭锁信号、跳闸信号[7]。过程层网络能够实时、可靠传递过程、间隔层设备之间的电气量采样数据，由 GOOSE A、B 网组成。智能/常规开关站对比图如图 4 所示。

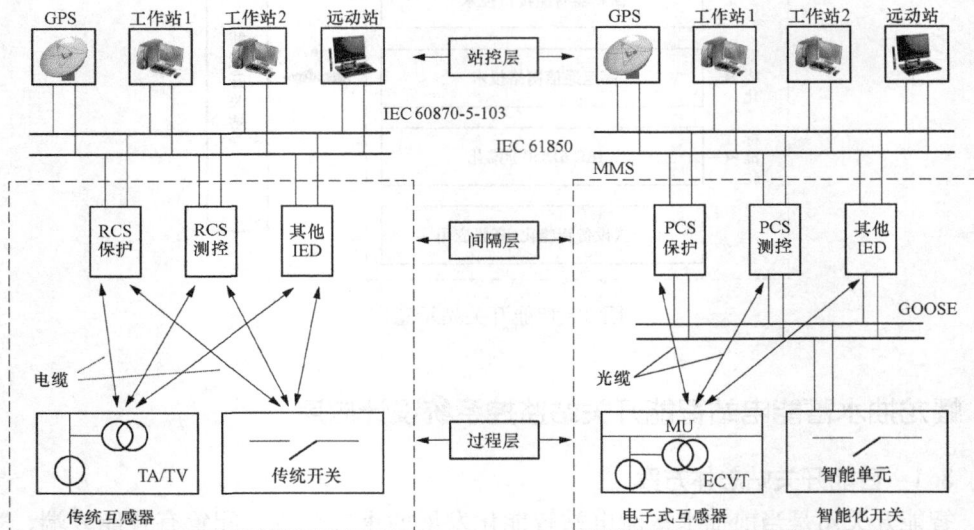

图 4　智能/常规开关站对比图

3.2　智能开关站监控系统设计应用

蟠龙抽水蓄能电站 500kV 智能开关站工程实际如图 5 所示。站控层配置有实时兼历史数据服务器、网关机、时钟同步装置、操作员站、网络报文记录分析系统等设备。同时，根据《电力监控系统安全防护规定》，计算机网络业务系统中的生产控制大区可分为安全Ⅰ区、安全Ⅱ区。安全Ⅰ区网关机与计算机监控系统网络连接，安全Ⅱ区网关机与故障录波系统、调度数据网连接。

间隔层设备置于地面 GIS 室内，其中继电保护系统每回 500kV 线路配置两套线路保护，每套保护单独组屏。500kV 三角形接线，配置 4 套短引线差动保护，每两套组一屏。每台 500kV 断路器配置两套断路器保护，每两套组一屏。保护均双重化配置，提高了可靠性与安全性。

站内含有 3 个断路器间隔，每个断路器间隔配置一套智能测控装置。与每个断路器间隔相接的智能汇控柜设置两台智能终端 A、B。将智能终端 A 接入过程层GOOSE 的 A 网，智能终端 B 接入 GOOSE 的 B 网。测控装置能够实现交流电气量、状态量的采集，GOOSE 模拟量采集、通信、对时、控制等功能。智能终端通过点对点的 GOOSE 通信与保护装置交换信号。GOOSE/MMS 网交换机如图 6 所示。

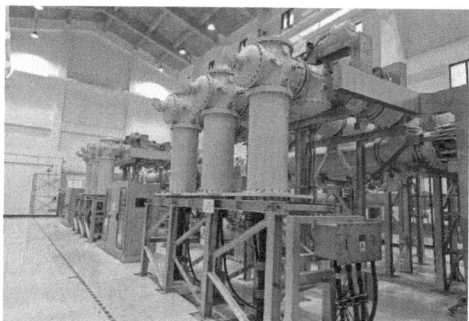

图 5　蟠龙抽水蓄能电站智能开关站　　　　图 6　GOOSE/MMS 网交换机

网络设备上，配置了两台 MMS 主交换机柜 A/B、一台 GOOSE 主交换机柜。MMS 主交换机 A 柜含有两套 MMS 网主交换机，分别接入 MMS 的 A、B 网。MMS 主交换机 B 柜含有 4 套 MMS 网主交换机，两套以级联形式组成 MMS 的 A 网，另外两套级联组成 B 网。同时 GOOSE 主交换机柜含有 4 套 GOOSE 网主交换机，组网形式与 MMS 主交换机 B 柜相同。形成双重配置。MMS 规范了控制系统的通信，让不同厂家的多设备之间能够交互操作。GOOSE 网交换机采用 24 个百兆多模光口（含光模块）。MMS 网交换机采用 4000M 多模光（含光模块）＋24 千兆/百兆电口。均支持 IEC 61850、国网网安以及两路 DC 220V 供电。

相比于常规智能开关站，蟠龙抽水蓄能电站采用 500kV 智能开关站后具有以下优势。

（1）采用光缆显著提高了信息传递能力。少量光缆代替大量电缆，节约成本，增加信息传输带宽与速度。同时就地采集模拟量转换为数字量，通过标准规约网络传输，避免电磁干扰，提高信号传输可靠性。

（2）优化二次设备屏柜布局。根据继保六统一规范公共部分——压板设置，智能开关站中只设置"远方操作""保护检修状态"硬压板，保护投退功能通过软压板实现。继电保护压板的投入退出更加简明、便捷，工作人员可直接在屏幕上对软压板进行操作。

（3）简化二次回路接线。基本取消硬接线，智能终端 A、B 接收跳/合闸指令，经软件逻辑判断后输出跳/合闸信号。继电保护的联闭锁以及控制的联闭锁也由网络通信（GOOSE 报文）完成。

（4）增强了对开关站监控能力。由于采用了网络通信、虚端子、报文等智能技术，因此有效避免发生传统控制回路物理接线带来的错接、松动等问题。物理接线发生问题时难以寻找故障点，而网络接口出现问题则会在工作后台实时、直观地反馈，同时现地控制装置发出报警，具有完善的自检能力。

（5）有效提高运行管理工作自动化水平。在数字技术下，故障分析、状态检测等功能均可实现自动化，降低运行维护难度与工作成本。

蟠龙抽水蓄能电站智能开关站监控系统网络结构图如图 7 所示。

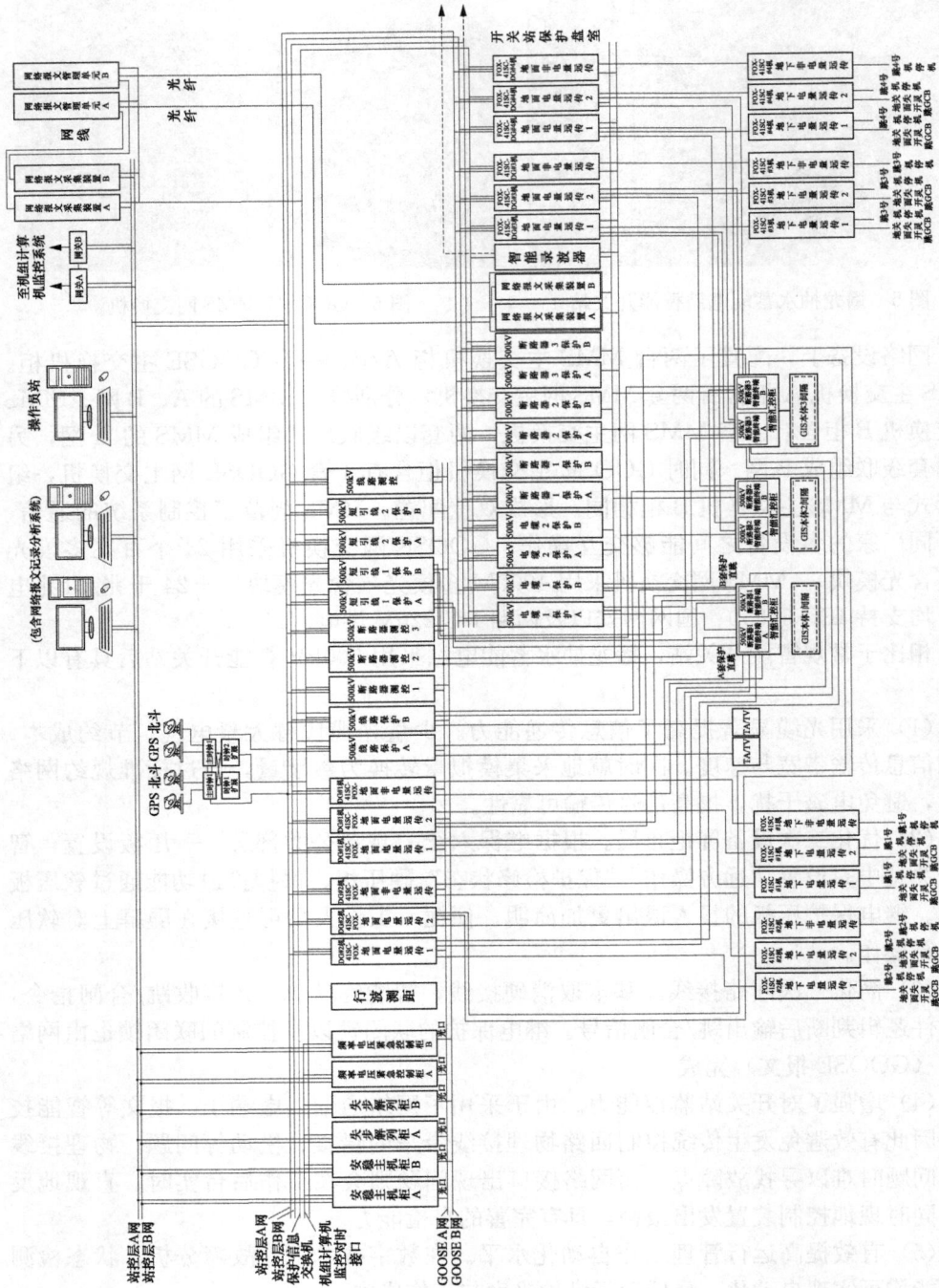

图 7 蟠龙抽水蓄能电站智能开关站监控系统网络结构图

4 结束语

在加快构建新型电力系统背景下，智能化抽水蓄能电站是未来抽水蓄能电站发展的必然要求与趋势。本文介绍了重庆蟠龙抽水蓄能电站对 500kV 智能开关站监控系统的探索与应用。基于 IEC 61850 通信规约，以"三层两网"架构进行设计，系统性完成智能开关站建设，带来以下显著优势：提高信息传递能力、优化布局、简化接线，降低成本、极大地提高电站智能化水平和运行管理效率。本设计方案在蟠龙抽水蓄能电站中取得了较好的应用效果，具有较强工程推广应用价值。

参考文献

[1] 倪晋兵，张云飞. 抽水蓄能在新型电力系统中发展的思考 [J]. 水电与抽水蓄能，2022，8（6）：5-7.

[2] 李鹏，李洪凯，朴在林，等. 基于 IEC 61850 标准的智能变电站过程层组网技术研究 [J]. 东北电力技术，2016，37（3）：52-55.

[3] 刘秋华，胡睿，黄慧民，等. 基于 IEC 61850 标准的智能化水电站设计探讨 [J]. 水电与抽水蓄能，2018，4（1）：104-109＋90.

[4] 刘洪. 基于智能控制的向家坝水电站 GIS 保护监控一体化系统 [J]. 水力发电，2014，40（10）：46-48＋51.

[5] Xinbo H, Shuxia T, Liehua W, et al. IEC 61850 Information Modeling and Communication Realization of Online Monitoring System of Intelligent Substation [J]. Guangdong Electric Power, 2014.

[6] 钮彬. 智能变电站状态监测系统架构设计与信息建模 [D]. 上海交通大学，2012.

[7] 窦中山，魏勇，王兴安，等. 智能变电站网络报文分析关键技术研究 [J]. 电气技术，2014（6）：96-99.

作者简介

冯石穿（1996—），男，助理工程师，主要从事抽水蓄能运行及管理工作。E-mail：fscian@163.com

康剑（1995—），男，助理工程师，主要从事抽水蓄能运行及管理工作。E-mail：18209205711@163.com

吴洪（1995—），男，助理工程师，主要从事抽水蓄能运行及管理工作。E-mail：1335854910@qq.com

王健峰（1988—），男，工程师，主要从事抽水蓄能设备管理工作。E-mail：330747195@qq.com